中国轻工业"十四五"规划教材
国家级一流本科课程配套教材
江苏省研究生优秀课程配套教材

高等学校食品科学与工程类专业教材

食品无损检测技术

邹小波　主编

中国轻工业出版社

图书在版编目（CIP）数据

食品无损检测技术 / 邹小波主编. -- 北京：中国轻工业出版社，2025.4. -- ISBN 978-7-5184-4622-3

Ⅰ．TS207.3

中国国家版本馆CIP数据核字第2024LG6076号

责任编辑：马　妍　　责任终审：白　洁
文字编辑：黄小艳　　责任校对：吴大朋　　封面设计：锋尚设计
策划编辑：马　妍　　版式设计：砚祥志远　　责任监印：张　可

出版发行：中国轻工业出版社（北京鲁谷东街5号，邮编：100040）
印　　刷：三河市万龙印装有限公司
经　　销：各地新华书店
版　　次：2025年4月第1版第1次印刷
开　　本：787×1092　1/16　印张：20
字　　数：530千字
书　　号：ISBN 978-7-5184-4622-3　　定价：52.00元
邮购电话：010-85119873
发行电话：010-85119832　010-85119912
网　　址：http://www.chlip.com.cn
Email：club@chlip.com.cn
版权所有　侵权必究
如发现图书残缺请与我社邮购联系调换
211222J1X101ZBW

本书编写人员

主　编　邹小波　江苏大学
副主编　石吉勇　江苏大学
　　　　　田师一　浙江工商大学
　　　　　李艳肖　江苏大学
　　　　　黄晓玮　江苏大学
参编人员（按姓氏笔画排序）
　　　　　王佳华　武汉轻工业大学
　　　　　申婷婷　江苏大学
　　　　　孙　力　江苏大学
　　　　　孙宗宝　江苏大学
　　　　　李志华　江苏大学
　　　　　杨增玲　中国农业大学
　　　　　张　文　重庆大学
　　　　　张　迪　江苏大学
　　　　　张新爱　江苏大学
　　　　　欧阳琴　江苏大学
　　　　　姜　松　江苏大学
　　　　　徐艺伟　河南工业大学
　　　　　郭志明　江苏大学
　　　　　谢丽娟　浙江大学
　　　　　翟晓东　江苏大学

PREFACE 前言

无损检测是食品工业发展必不可少的有效工具，在一定程度上反映了食品工业发展水平。食品无损检测课程是一门应用型课程，包含了常用的光、声、电、磁检测技术和新型生物传感检测技术的介绍。食品无损检测课程注重理论与实际问题的联系，培养学生在掌握原理的基础上将技术应用于实际生产。

无损检测技术能在不破坏被测对象、无需预处理的情况下，获取食品质量与安全信息，是食品检测领域的"朝阳技术"，由于其具有客观、快速、易于在线检测等技术优势，已成为食品加工业走向信息化、食品装备业走向智能化的重要技术保障。食品无损检测技术的发展十分迅速，国际上在这方面的研究开发工作日新月异，食品无损检测的内容和方法在不断扩展和更新。为此，本书编写组邀请国内从事该领域研究和教学的人员，结合自身多年的科研成果和教学经验，编写《食品无损检测技术》一书，以便于本领域人员对这些新技术和新方法的理解和应用，促进我国食品无损检测科研水平和技术水平的提高，同时本书也是国家级一流本科课程"食品无损检测技术"的配套教材。

本书共16章，从光学到声学，从电学到核磁共振，从X射线到生物传感器等，一一介绍大量不同原理的无损检测传感技术。一些处于实验室转化到应用阶段的传感器和装置也进行详细介绍。第一至三章由邹小波、李艳肖、欧阳琴、孙力编写，第四、五章由郭志明、王佳华、邹小波、孙宗保、申婷婷编写，第六章由杨增玲、郭志明、邹小波编写，第七章由孙力、李志华编写，第八章由谢丽娟编写，第九章由石吉勇编写，第十章由田师一、李志华编写，第十一章由黄晓玮、翟晓东编写，第十二章由姜松、李艳肖、张迪编写，第十三章由徐艺伟、张文编写，第十四章由张新爱、邹小波编写，第十五章由邹小波、翟晓东编写，第十六章由石吉勇、邹小波编写。全书由邹小波负责统稿。

本书以检测技术和方法，而不是以检测对象来进行章节的组织，全书内容丰富、知识系统，涉及多种技术手段，体现多种学科的交叉。另外，本书涉及食品无损检测的各个方面、各种技术手段，并能反映先进的检测手段和新的检测方法，可作为高等学校食品科学与工程类专业教材，同时还可以供研究生及其他专业参考。书中介绍的大量实例，也大多基于各位编者的科研成果和研究论文，有明显的时代特征和很强的实用价值，很多内容是第一次和读者见面。编者的这些思考能否得到读者们的认可还要通过实践来检验。

本书内容涉及多个学科，知识面广，内容繁杂多样，由于编者知识的局限性，书中有疏漏和不当在所难免，衷心希望同行和读者不吝指正。

编者

2024.9

CONTENTS | 目录

第一章 绪 论 ·· 1
    第一节 食品无损检测技术 ··· 2
    第二节 发展趋势 ·· 11

第二章 光与紫外可见光谱检测技术 ··· 15
    第一节 光与光谱 ·· 15
    第二节 电子跃迁 ·· 21
    第三节 紫外-可见光谱检测技术 ·· 25
    第四节 紫外-可见分光光度法在食品检测中的应用 ····················· 32

第三章 计算机视觉技术 ·· 37
    第一节 计算机视觉技术及应用概况 ······································· 37
    第二节 计算机视觉的图像处理技术 ······································· 40
    第三节 计算机视觉技术在食品检测中的应用 ··························· 51

第四章 近红外光谱技术 ·· 53
    第一节 近红外光谱分析技术概述 ·· 53
    第二节 化学计量学方法与建模流程 ······································· 56
    第三节 近红外光谱分析技术在食品领域中的应用 ····················· 64

第五章 拉曼光谱检测技术 ··· 71
    第一节 拉曼光谱检测技术概述 ·· 71
    第二节 拉曼光谱检测技术原理及系统组成 ······························ 72
    第三节 拉曼光谱成像技术原理及系统组成 ······························ 76
    第四节 拉曼光谱在食品质量安全检测中的应用 ························ 77

第六章 光谱成像检测技术 ··· 91
    第一节 光谱成像检测技术简介 ·· 91
    第二节 近红外高光谱成像技术及其应用 ································· 94
    第三节 显微光谱成像技术及其应用 ······································· 100

第七章　X 射线、LIBS 与微波检测技术 …… 111
第一节　X 射线技术 …… 111
第二节　LIBS 分析技术 …… 118
第三节　微波分析技术 …… 134

第八章　太赫兹波谱检测技术 …… 143
第一节　太赫兹波谱检测技术原理与特点 …… 143
第二节　太赫兹波谱检测系统 …… 146
第三节　太赫兹波谱检测关键技术 …… 151
第四节　太赫兹波谱检测技术在无损检测中的应用 …… 156

第九章　核磁共振波谱分析技术 …… 163
第一节　核磁共振波谱分析技术基本原理 …… 163
第二节　质子核磁共振谱 …… 164
第三节　碳的核磁共振谱 …… 168
第四节　核磁共振波谱分析技术在食品分析中的应用 …… 171

第十章　人工嗅觉、人工味觉检测技术 …… 175
第一节　人工嗅觉、人工味觉检测技术概述 …… 175
第二节　人工嗅觉、人工味觉的传感器阵列及模式识别 …… 181
第三节　人工嗅觉、人工味觉技术在食品检测中的应用 …… 188

第十一章　气味可视化检测技术 …… 195
第一节　气味可视化技术 …… 195
第二节　气味可视化技术与指示膜技术 …… 196

第十二章　食品声学和力学检测技术 …… 201
第一节　食品的声学检测技术 …… 201
第二节　食品的力学检测技术 …… 211

第十三章　电化学技术 …… 221
第一节　电化学技术概述 …… 221
第二节　电化学仪器 …… 226
第三节　电化学定量分析方法 …… 230
第四节　电化学技术在食品领域中的应用 …… 231

第十四章　纳米探针和生物芯片检测技术 ······ 235
第一节　纳米探针检测技术 ······ 235
第二节　生物芯片的概念及历史沿革 ······ 243
第三节　生物芯片主要类型 ······ 246
第四节　生物样品处理与芯片杂交 ······ 247
第五节　生物芯片及自动化仪器在食品安全检测中的应用 ······ 253

第十五章　多传感器信息融合检测技术 ······ 257
第一节　多传感器信息融合检测原理 ······ 257
第二节　多传感器信息融合的数据处理 ······ 263
第三节　多传感器信息融合检测技术在农产品品质评定中的应用 ······ 267

第十六章　无损检测数据处理技术 ······ 283
第一节　无损检测数据预处理 ······ 283
第二节　模式识别技术 ······ 285

参考文献 ······ 308

第一章

绪　论

学习目标

掌握无损检测技术的原理与分类以及未来发展趋势。

重点和难点

重点是无损检测技术在食品农产品领域的应用方式。

随着中国食品工业的高速发展和国民收入的持续增长，饮食也从食物短缺进入数量充足、种类丰富的年代，市场需求已经由"温饱型"和"小康型"正逐渐过渡到"健康型"。自2004年起，中国已从食品出口国转变为进口国，国家市场监督管理总局对进出口食品的监管也从以出口为主，转变为对出口、进口食品进行同样严格的监管，并将监管的链条由国内延伸到境外原产地。食品质量安全的检测内容并不仅限于食品中异物的检测、化学污染检测、动物侵害性污染检测（如虫害等）、食品腐败变质检测、食品造假、食源性疾病等，政府和消费者对食品功能、溯源等方面的要求也越来越严格，要求食品供应商、制造商和超市提供详细且真实的食品成分和来源信息。因此，如何在食品供应链的复杂过程中，对每个环节实现食品质量安全的在线检测，是我国食品行业发展的重点和难点。

另外，随着食品生产、供应、销售的全球化发展，食品供应系统已发展成为全球性的复杂供应系统，现有的质量认证体系及抽样检查手段已难以满足市场的需求。食品供应链的复杂程度已经和智能手机制造的复杂程度类似，且整个供应链非常脆弱。任何一个供应环节出了问题都会影响到食品的质量安全，这一特点对现有的食品质量安全保障系统提出了严峻的考验。在每一个环节保证食品质量对于食品生产和食品供应安全至关重要，也是中国食品行业走向国际化的有力保障。

常用的食品质量安全检测方法很多，如感官评定法用于颜色、形状、表面缺陷、气味和滋味的检测；免疫酶法、脱氧核糖核酸（deoxyribonucleic acid，DNA）检测法、蛋白质检测法和质谱法用于掺假、掺杂和有毒有害物质等的检测。但它们大多成本高、破坏样本、操作复杂、费时费力，而且对操作人员技术水平要求很高。近年来，无损检测技术结合数据分析方法被广泛用于食品品质检测，与传统的检测方法相比，无损检测技术在检测过程中不破坏样本，不使用有毒有害化学试剂，且检测速度快、成本低，对操作人员专业技能水平要求不高。

本书将介绍一些可用于食品质量与营养保障的无损检测传感技术进展。从光学到声学，从电学到核磁共振，从X射线到生物传感器等，大量不同原理的无损检测传感技术将一一介绍。一些处于实验室转化到应用阶段的传感器和装置也将进行详细介绍。

第一节　食品无损检测技术

食品无损检测是指在不破坏待测物原来的状态、化学性质等前提下，利用对象本身的光、声、力、电、磁、气味等特性，得到大量能反映被检测对象品质的特性信息，进而进行质量与安全检测。它具有检测速度快、操作方便和易实现在线检测的优点。如图1-1所示，食品无损检测所采用的技术手段有很多种，目前主要有光学技术（包括计算机视觉技术、光谱分析技术、高光谱技术等）、超声波技术、力学检测技术、核磁共振技术、电子鼻和电子舌技术等。这些技术中，基于物理学原理的光学和声学技术在实际应用中非常广泛，如计算机视觉技术提供食品颜色、形状、大小及外部缺陷等信息；超声波检测技术适用于检测食品内部品质，如韧性、脆性及内部缺陷等。

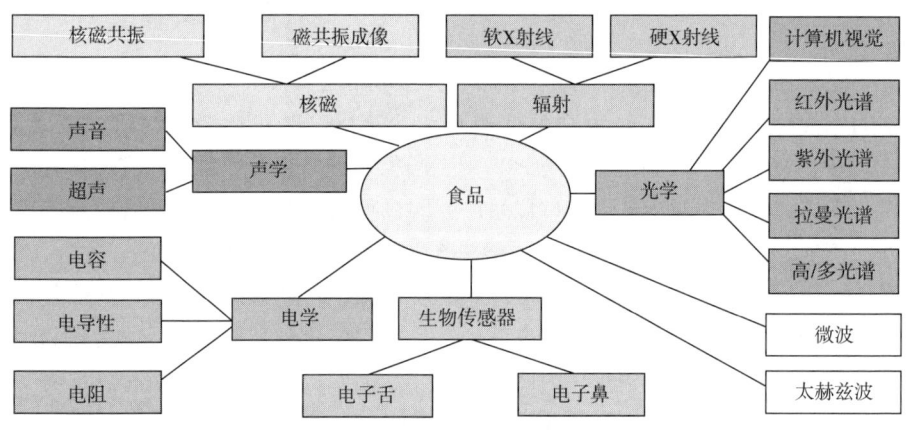

图1-1　可以用于食品品质无损检测的技术

一、光学技术

光学技术通常依赖于电磁波光谱辐射到食品上产生的吸收、散射、反射等强度变化来表征食品的物理化学性质，如图1-2所示。电磁波由γ射线、X射线、紫外线、可见光、红外线和无线电波在真空中按照波长或频率递增或递减顺序排列构成。电磁波谱的信号表征主要是测定电磁波谱与待测样本之间产生的漫反射（diffuse reflection，I_{fd}）、透射（transmission，I_t）和发射（emission，I_e）三个指标。I_{fd}，I_t和I_e可以通过食物对电磁波谱的吸收和散射信号，提供食物结构和化学成分的相关信息。可用于食品检测的电磁波分别位于紫外（ultraviolet，UV）、可见（visible，Vis）、近红外（near infrared，NIR）、红外（infrared，IR）等区域，这些区域对应紫外/可见光谱技术、荧光光谱技术、计算机视觉技术、高光谱及多光谱图像技术、可见/近红外光谱技术等。

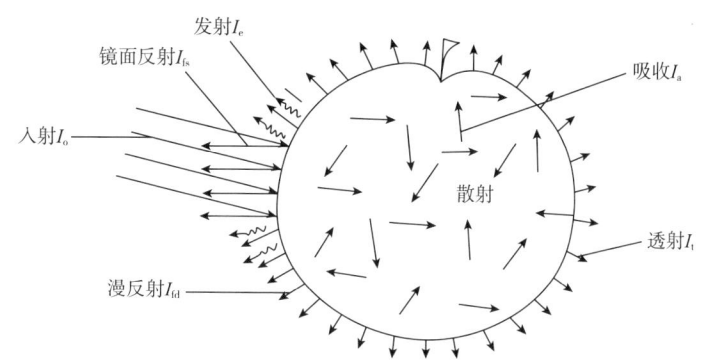

图 1-2 电磁波谱与待测样本之间产生检测信号

1. 计算机视觉技术

计算机视觉也称机器视觉,是一种利用计算机与摄像模块结合来模拟人类视觉的技术。它通过一系列设备和相关处理技术获取物体的图像,将图像转换成数字信号,并利用计算机模拟人的判别准则去理解和识别信号,达到分析图像和作出结论的目的。该项技术是20世纪70年代在遥感图像处理和医学图像处理技术成功应用的基础上逐渐兴起的,并应用于多种领域。计算机视觉在食品检测领域主要用于检测食品的尺寸、形状、颜色、纹理。计算机视觉系统也可以与X射线、紫外光谱、近红外光谱、红外光谱等人眼不可见的电磁波光谱检测手段相结合。随着硬件和软件系统的不断发展,计算机视觉在食品检测领域的应用也越来越广泛,不仅局限在食品外观的检测,也能够用于区分不同成熟度的苹果;还能通过分析鳃的图像检测鱼肉品质和新鲜度等。

2. 可见/近红外光谱技术

近红外光谱是波长介于可见区与中红外区的电磁波,其波长范围为 0.8~2.5μm,波数范围为 4000~12500cm^{-1}。近红外反射光谱分析是利用近红外谱区包含的物质信息,主要用于有机物质定性和定量分析的一种分析技术。近红外光谱区兼备了可见光谱区信息容易获取与红外光谱区信息量丰富两方面的优点,加上该谱区自身具有的谱带重叠、吸收强度较低、需要依靠化学计量学方法提取信息等特点,使近红外反射光谱分析成为一类新型的分析技术。与中红外光谱相比,可见/近红外光谱对水分的吸收相对较低,并且具有较好的穿透力和散射性,可以避免水分的干扰且可以深入到生物组织内部,能够提供食品质量安全信息的指纹图谱。结合先进的化学计量技术,可见/近红外光谱可以用于食品品质的检测,例如,不同收获季节用于制作红酒的葡萄的品质、转基因食品品质的检测。另外,也有研究将其用于与食品质量安全相关的理化指标检测,如新鲜度、水分含量、可溶性固形物含量、酸度、花青素含量等。

3. 荧光光谱技术

荧光光谱技术是利用物质本身发散出来的荧光,对其进行检测的一种方法,而这种物质是否可以发散出荧光,取决于物质本身的分子结构和所处的外界环境因素。荧光光谱技术的光谱范围在X射线光谱区到红外光谱区之间,可用于物质的定性和定量分析,具有灵敏性高、选择性好、线性范围广等优点。荧光光谱技术可以结合时间分辨技术、偏振技术、同步扫描和三维扫描等实验新技术,在食品检测中有广泛应用。

荧光光谱技术可以在不使用化学试剂的情况下检测食品的功能、组成和营养成分,其原理是食物中的化合物分子可以分解成若干个基态振动能级，具有荧光性的分子吸收入射光的能量后，其中的电子从基态 S_0（通常为自旋单重态）跃迁至具有相同自旋多重度的激发态 S_2^*，处于激发态 S_2^* 的电子可以通过各种不同的途径释放其能量回到基态。几种常见的食品成分的固有激发和发射波长如表 1-1 所示，这些固有波长可以作为食品成分的指纹波长。荧光光谱可以用于食品品质的检测，例如，利用表面荧光光谱技术检测不同冷藏条件下鱼肉的新鲜度等级，检测米酒品质，也可以用于食源性微生物的鉴别。

表 1-1 常见食品成分的固有激发和发射波长 单位：nm

成分	激发波长	发射波长
芳香族氨基酸、核酸	250	280~480
色氨酸残基	290	305~400
蛋白质和还原型辅酶Ⅰ（NADH）	336	360~600

4. 高光谱及多光谱图像技术

光谱成像技术（如高光谱和多光谱）集中了光学、光电子学、电子学、信息处理、计算机科学等领域的先进技术，把传统的二维成像遥感技术和光谱技术有机地结合在一起，在用成像系统获得被测物空间信息的同时，通过光谱仪系统把被测物上的光分解成不同波长光谱，能在一个光谱区间内获得每个像素几十甚至几百个连续的窄波段信息，通常精度可达到 2~3nm。所以高光谱图像技术具有超多波段、高光谱分辨力和图谱合一的特点。光谱成像技术能够快速无损获取检测对象物理形态特征以及内在化学成分和分子信息，因而已成为食物安全质量检测的工具。高光谱数据量较大，需要从海量数据中优选出特征光谱，仅有特征光谱构成的系统即为多光谱。结合不同的图像采集方式（如反射/透射和反射/荧光）的多光谱成像系统比仅使用一种成像模式的系统检测能力更强，这样的图像采集方式结合数据融合技术能够构建多任务的食品检测系统。已有很多研究将高光谱图像技术用于食品化学成分分布的可视化检测、食品分类和分级、缺陷检测及病害检测等。

5. 拉曼光谱技术

拉曼散射是光通过介质时由于入射光与分子运动相互作用而引起的频率发生变化的散射，拉曼光谱常用来表征分子的结构特征，也被称为分子的"指纹谱"。与红外光谱产生的机制不同，拉曼光谱是由于分子极化率变化诱导产生的，而红外光谱是由于分子偶极矩变化产生的，同一化合物的某个特定化学键的红外吸收波数与拉曼位移完全相同，红外吸收波数与拉曼位移均在红外光区，两者都反映分子的结构信息。但是红外检测的是偶极矩的变化；拉曼检测的是极化率的变化。有些基团振动时偶极矩变化非常大，红外吸收峰很强，如 C—O 和 O—H 的吸收；有些基团振动时偶极矩没有变化，不出现红外吸收峰，这种振动拉曼峰会非常强，如 C=C 和非极性官能团。拉曼光谱不仅能对物质的结构和成分进行定性定量，在检测过程中还不会破坏样本且分析速度快，为食品检测和分析带来了很大的便利。拉曼光谱学在食品质量方面具有良好的应用前景，对水等极性物质不敏感，已有不少研究将拉曼光谱用于食品品质分析，例如，利用傅立叶变换拉曼区分不同品质的橄榄油，利用可见光-显微拉曼检测果汁成分等。

光学技术的应用范围非常广，大到行星小到微生物，都可以用光学技术检测，且检测过程中不与待测样本接触，通过测定光学辐射与待测样本之间的反射、透射、散射或扩散参数来评估。光学仪器价格便宜，体积小，非常适合制备成工业应用的便携式设备，且具有操作简便、非破坏性、分析效率高等特点，已成为一种理想的食品品质快速无损检测手段，可以用于肉、蔬菜、水果等食品的品质检测。图1-3以猪肉为例，展示了各种光学技术用于猪肉品质检测的效果图。

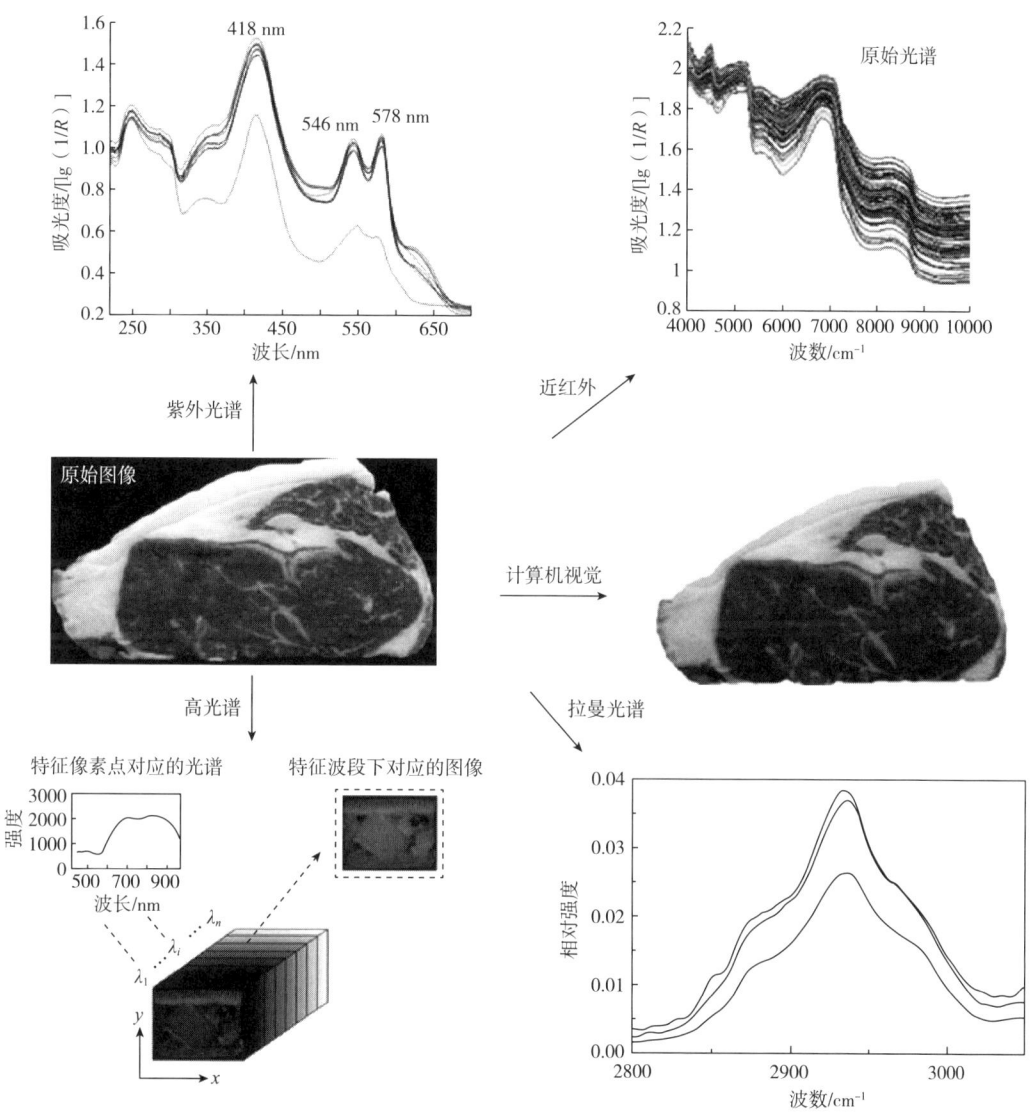

图1-3 各种光学技术用于猪肉品质检测

二、声学技术

近年来，声学技术，尤其是小功率超声技术被越来越多地用于食品检测，主要通过检测食品的声学特性，以获得食品结构或成分特征的信息。食品的声学特性是指：食品在声波作用下的反射特性、散射特性、吸收特性、衰减系数和传播速度及其本身的声阻抗与固有频率等，它们反映了声波与食品相互作用的基本规律。利用这些声学特性可以检测食品的很多物理性质，如液体溶解度、悬浮液中的固体含量、固体的粒度、多孔物质中的相体积比和气泡线度、乳液中的颗粒大小等，也能够用于监测加工或贮藏过程中食品成分和理化性能的变化。声学技术在检测过程中不与检测对象相接触，并且检测速度快，通过检测食品的声学特性，可以实现加工过程中食品特性的实时在线检测以提高食品质量。图1-4所示为不同频率范围对应的声音。

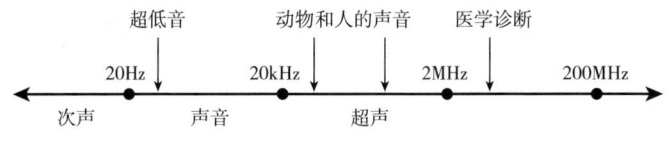

图1-4 不同频率范围对应的声音

声学成像技术主要包括声学扫描显微成像和超声成像（超声波成像）两种。声学扫描显微成像是将聚焦的超声电波发射到样品后，以脉冲回声的形式返回散射信号。超声成像一直以来被用作医学诊断技术，探针产生的超声波与物体接触后返回的声波使探头的单元振荡并使振荡转化为电脉冲，脉冲由探头发送至超声主机，然后将脉冲信号转换成数字图像形式。已有研究将声学成像技术用于食品密封包装条的缺陷检测，蜂蜜掺假，以及蛋白质聚集状态、大小和类型的检测。

三、电学技术

食品的组织、成分、结构、状态等与它们的电特性有着密切的关系，食品的电特性广义地可分为两大类，一是主动电特性，二是被动电特性。主动电特性是由于食品中的能源可能产生一个电动势或电势差，其在生物系统中表示为生物电势，在压电晶体中表现为应变诱导电势。被动电特性反映了影响食品所占空间内电场和电流或电荷分布特性，还可以影响电场中食品的行为，它是由食品化学成分和物理结构所决定的固有特性。作为一种快速、无损的检测方式，电特性检测食品品质时主要的测量参数为电流密度、磁导率、绝对介电常数（电容率）、电导率等。

介电特性是指生物分子中的束缚电荷对外加电场的相应特性。主要参数有相对介电常数、介电损耗、损耗角正切（$\tan\delta$）和介质等效阻抗（$|Z|$）等。介电常数表示该物质储存电场能量的能力，反映该电介质提高电容器电容量的能力；介电损耗反映电介质在电场中损耗的能量；损耗角正切是交流电的总电流与电容电流的夹角，反映了能量的损耗。很多因素都会影响食物的介电常数，如检测所用的交流电电场频率、含水量、体积密度、温度等。在常温条件下，食物的介电常数（ε'）和损耗系数（ε''）随着频率的下降而上升。穿透深度（PD）随频率、温度和含水量的增加而降低。在高微波频率条件下，只有含盐食物的损耗系数会随着温度的增加而增加，多种食物的ε'和ε''都会随着水分含量的增加而增加。对于蔬菜和水果而言，ε'总是随着温度的增加而增加，而ε''只有在低频率的条件下才会随着温度的增加而增加，在高频率条件下ε'随着温度的增加而降低。对于肉类而言，在恒温条件下ε'和ε''随着频率的降低而增加，而在恒定的频率条件下，ε'随着温度增加而下降，ε''则随着温度的增加而增加。对于鱼来讲，在冰点附近观察到介电性能的急剧增加，在恒定温度条件下ε'和ε''随着

水分含量的增加而增长,与脂肪含量高的金枪鱼相比,脂肪含量低的金枪鱼 ε' 和 ε'' 增长幅度更大。鱼肉的 ε' 和 ε'' 随着水分含量的增加呈非线性增长。介电特性在食品、农产品品质检测方面应用较广,如蔬菜水果的生长、成熟、腐烂过程,谷物的含水量,以及肉品在冷藏过程中的水分含量变化等。

四、X 射线技术

X 射线是由高速运动的电子撞击金属靶时急剧减速、动能转换为电磁辐射而产生,所以 X 射线和可见光、无线电、γ 射线一样属于电磁辐射,但其波长比可见光短得多,介于紫外线与 γ 射线之间,为 0.001~10nm。X 射线的频率大约是可见光的 10^3 倍,所以它的光子能量比可见光的光子能量大很多,表现出明显的粒子性。X 射线的波长范围为 0.01~10nm,对应频率为 30PHz~30EHz,能量为 10^2~10^5 eV。X 射线中波长较短的部分能量大,穿透物体的能力最强;波长较长的部分能量小,穿透能力相对较弱。X 射线划分只是相对而言,没有严格的科学区分。通常将 X 射线按照产生的管电压的不同划分为软 X 射线(光子能量 100~10keV,波长略大于 0.5nm)和硬 X 射线(光子能量在 10~100keV,波长略短于 0.1nm)。

基于 X 射线的食品质量和安全的检测主要有 4 种技术:①透射成像,例如,检测食品中异物时,当产品通过垂直的 X 射线平面时,用医学或线扫描方法获得的二维射线扫描;②用于显微结构检测的 X 射线显微断层扫描;③X 射线荧光光谱检测法,主要用于食品中微量元素的检测;④对食物成分结构分析的小角度测量,如蛋白质结构、过敏原、淀粉结构等的检测。在这 4 种技术中,X 射线透射成像技术被广泛应用于食品工业。

对于食品工业而言,异物和外源污染物是消费者投诉最多的原因,在整个食品供应链中应用良好的生产实践和危害分析是预防和减少污染最有效的方法,从而达到保护消费者的目的。X 射线具有很强的穿透性,当射线穿透物质时,由于射线和构成物质的原子相互作用而产生吸收和散射的衰减称为物质引起的衰减。由于食品和外源物的密度不同,导致 X 射线透射过食品和外源物能量的衰减程度不同,因此,所成图像上会呈现出不同的颜色。可以应用 X 射线成像技术检测食品中的有机玻璃、软塑料和纤维素。利用康普顿散射 X 射线还可以检测食品中的异物,这种方法可以快速检测到水、速溶咖啡和慕斯中 4mm 大小的玻璃片。X 射线检测方法,可以自动检测鱼片中的鱼骨;光栅干涉仪可以对食品中混入的纸张和昆虫等有机异物进行检测。

另外,通过 X 射线成像的图像还可以直接反映食品和农产品的内部缺陷、结构组织的变化等,X 射线透射成像检测技术作为一种快速无损检测技术,在食品、农产品内部质量方面具有巨大的潜力,并已广泛应用于食品工业检测食品质量和安全。对于水果蔬菜的一些肉眼不可见的内部损伤问题,也可以用 X 射线检测,例如,检测患有木栓斑病、苦心病、水心病和腐朽病的苹果,冻伤的柑橘,空心、发青、发芽以及黑心的马铃薯等。由于这种方法主要依赖于组织的密度,而不是化学成分,所以可用于的检测领域是有限的,很难区分密度相近的不同物质。

五、核磁共振与磁共振成像技术

核磁共振(nuclear magnetic resonance imaging,NMRI),即在静磁场中,具有磁性的原子核存在不同能级,用特定频率的电磁波照射样品,当电磁波能量等于能级差时原子核吸收电磁能发生跃迁，产生共振吸收信号，并通过记录仪自动描记为图谱，即核磁共振波谱。迄今为止，自旋量子数为1/2的原子核才能够被利用，这些原子核为^{1}H、^{13}C、^{23}Na和^{31}P。自20世纪50年代起，核磁共振技术已被用于食品和农产品内部指标的检测，但是由于数据处理速度较慢，只能用于小样本量的检测，限制该技术的在线检测应用。随着大型磁体在医学领域的应用，一种新型的磁体和射频线圈应用于核磁工程领域。核磁共振对水、油、糖等物质较敏感，这些物质也是食品和农产品的主要组成部分。因此，核磁共振敏感核在食品、农产品内部质量的无损检测研究中具有相当大的应用潜力。

①^{1}H-NMR主要适用于持水力（WHC）、肌内脂肪（IMF）和总水分含量的检测。另外，^{1}H-NMR还可以识别蛋白质中水-蛋白质相互作用的变化。已有研究利用^{1}H-NMR分析不同产地猪肉脂肪酸、蛋白质和水分分布的区别，实现猪肉的产地溯源。

②^{31}P-NMR主要用于表征生物样本组织和体液的磷脂组成及肌肉的结构。例如，利用^{31}P-NMR结合^{1}H MAS和NMR技术分析兔肉肌肉的持水力。

③^{13}C-NMR光谱通常用于分析食品成分的分子结构，通过各食品成分中^{13}C原子核的化学位移值不同来区分含碳官能团，如—CH$_3$、—C＝O、—C＝C＝C—、—N＝C＝O等，从而识别出分子所含官能团的类型，进而解析分子结构。在食品检测领域，已有研究将^{13}C-NMR用于多糖、氨基酸等物质的区分检测，利用^{13}C-NMR区分两种芒果核里的淀粉分子的流动性；利用^{13}C-NMR对葡萄酒成分进行监测分析，区分不同酒龄的葡萄酒。

④^{23}Na-NMR常用于肉类产品和鱼类产品盐分含量的定量分析，例如，利用^{23}Na-NMR技术检测冷冻和新鲜鳕鱼在盐浸腌渍、风干腌渍过程中盐含量和盐分分布的变化。

磁共振成像技术（magnetic resonance imaging，MRI）和核磁共振原理相同，主要适用于生物样本中水、脂肪、油和盐分布的检测，也可以从这些物质中区分出某一种或几种。因此，MRI可以用于水果、蔬菜的内部缺陷检测，如小番茄冻伤检测，苹果水心病病情发展状况的监测，番茄采后成熟的监测，水果内部疏松检测。MRI也可以用于食品物性检测，如果蔬的尺寸、形状和体积等，以及肉品水分分布、黏弹性和肌肉结构等的分析。MRI最大的优势在于可以用于定量、局部、动态的在线检测，如Campos等用MRI监测鸡肉烹饪过程中水分含量的变化。

与X射线扫描成像技术相比，MRI信息采集速度较慢。图1-5为X射线扫描成像和MRI用于健康苹果和患有水心病苹果病症区域的成像图，虽然两者的成像原理不同，但是这两种方法均可以清晰地区分出健康苹果和水心病苹果的病症区域。电子计算机断层扫描（CT）成像主要利用的原理是水心病苹果病症区域被水浸泡后密度增加而产生图像信号不同；而MRI是利用病症区域水的流动性与健康组织不同而产生不同图像信号的原理。核磁共振技术在在线分级、分类和新鲜农产品质量评价方面有巨大的潜力。

六、微波与太赫兹波技术

微波是指波长为1~300mm，频率为300~300000MHz的电磁波，具有频率高、直线传播、空间衰减少、能被金属良好反应等特点。微波在食品检测中主要用于水分含量的测定，利用微波作用于食品物料产生功率、幅度、相位或功率改变信息推算食品物料的水分含量，微波测定水分一般采用微波加热烘干法，该测定方法时间短，尤其适合用于生产过程中食品物料水分含量的在线检测。微波用于水分含量的检测方法主要有：透射法、反射法、腔体微扰法。

谷物等散体食品物料的水分含量检测通常采用微波反射法和透射法；单体食品物料的水分含量检测通常采用微波谐振腔体微扰法。根据检测信号强度要求，低浓度水分用微波透射技术，高浓度水分用微波反射技术。微波水分含量测定法可以用于肉类、果蔬、谷物和坚果中水分含量的测定。

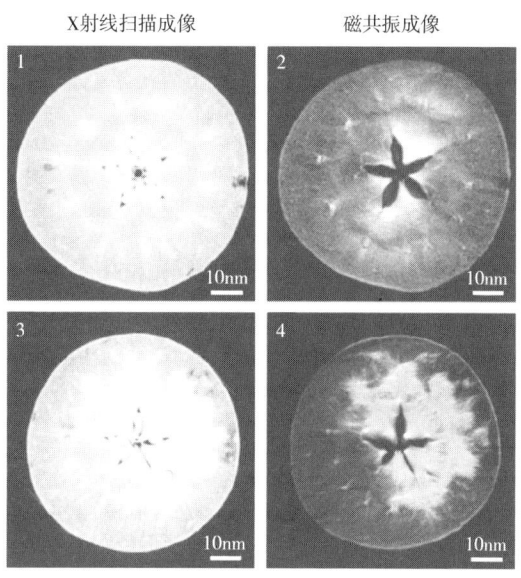

图1-5 （1）健康苹果X射线CT图，（2）健康苹果MRI图，
（3）水心病苹果X射线CT图，（4）水心病苹果MRI图

太赫兹（terahertz，THz）波是对一个特定波段的电磁辐射的统称，其频率范围为0.1~10THz，对应的波长为30~3000μm，波数为3.3~3300cm^{-1}。在电磁波谱中，THz波位于微波和红外辐射之间，是电子学向光子学过渡的特殊区域。由于其光子能量较低，THz波不会使包括生物组织在内的被检测物质发生光致电离，也不会对其造成伤害，因此，与X射线相比，THz技术比较安全，不会对操作人员生命健康产生伤害。THz光谱学作为一种无损检测方法受到科学界的广泛关注，这种低光子能量法尤其适用于食品活性物质的检验。

THz辐射对于水分子有强烈的吸收，因此其在食品检测领域通常用于分析产品中水分的含量，以此来对产品的质量进行控制。同时，许多的非金属非极性材料对THz射线的吸收较小，THz辐射也可以用于食品中异物的检测。利用THz技术能够检测巧克力中直径1mm大小金属螺丝钉、小石子和玻璃碎片等杂质，并进行THz光谱和成像分析。还可以将坚果同其他杂质从果仁巧克力中区分出来，并通过对THz图像的处理分析，检测出果仁巧克力中混入的玻璃碎片。另外，许多分子，如氨基酸、生物肽和农药分子的振动和转动能级间的间距正好处于THz频率范围，THz辐射还可以用于食品中杀虫剂的检测和牛奶中抗生素的检测。

虽然已有不少研究证明THz可以用于食品检测分析，但该技术仍存在一定的不足。其中最大的局限性在于THz辐射在极性液体（如水）中穿透率非常低并且对水分有较高的吸收，因而不适合用于厚度大于1mm高水分含量样本的湿度检测。THz技术走向实用性面临的另一个挑战是对材料的折射率（如粒子尺寸）物理变化的影响，当固体颗粒大小可与THz波长相比较时，消光光谱受到散射损失的严重影响，所产生的散射效应可能对某些材料中THz吸收的测量产生不利影响。

七、生物传感器技术

1. 电子鼻和电子舌技术

气味和滋味是食品品质评价中最敏感、最直观的表现，在食品感官评定中，人的嗅觉和味觉仍是评判滋味的主要手段，但是，这种传统的方法存在主观性强、重复性差的缺点，评判结果往往不够客观。而化学分析方法，如气相色谱、液相色谱等，样品前处理复杂，耗时耗力，不适合大样本量的在线检测。因此，寻求一种客观准确，且不破坏样本的快速在线检测方法来代替人的嗅闻和品尝是非常重要的。

生物的嗅感是指气体分子与鼻腔中的嗅觉神经反应引起的刺激感产生一些嗅感信号，这些信号经过传递与处理进入大脑，大脑进行识别后做出判断。电子鼻技术是模拟生物嗅觉，当气味分子被电子鼻系统中的传感器阵列吸附，传感器阵列产生电或光信号，信号处理经过加工与传输后，再经模式识别系统作出判断（原理如图1-6所示）。电子鼻系统的核心元件是气敏传感器，选择合适的传感器对提高电子鼻检测系统整体的性能至关重要。气敏传感器的关键部分是敏感材料，不同的敏感材料可以构成不同类型的气敏传感器。电子鼻常用的气敏传感器可分为5类：①电导型气敏传感器，包括金属氧化物半导体电导型气敏传感器和有机聚合物膜电导型气敏传感器；②光学气敏传感器；③基于电荷功耗作用的金属氧化物半导体场效应管气敏传感器；④质量敏感型气敏传感器，包括石英晶体微天平气敏传感器和表面声波气敏传感器；⑤离子迁移谱气敏传感器。与单个传感器相比，传感器阵列不仅检测范围更宽，而且其灵敏度、可靠性都有很大的提高，因而现有的电子鼻系统均使用气敏传感器阵列作为传感器。电子鼻在食品检测领域的应用范围非常广，对不同比例油菜蜜和大米糖浆的掺假蜂蜜，识别率达到了94.7%，还可用于检测荔枝的成熟度、鉴别霉变玉米、检测鲈鱼的新鲜度等。

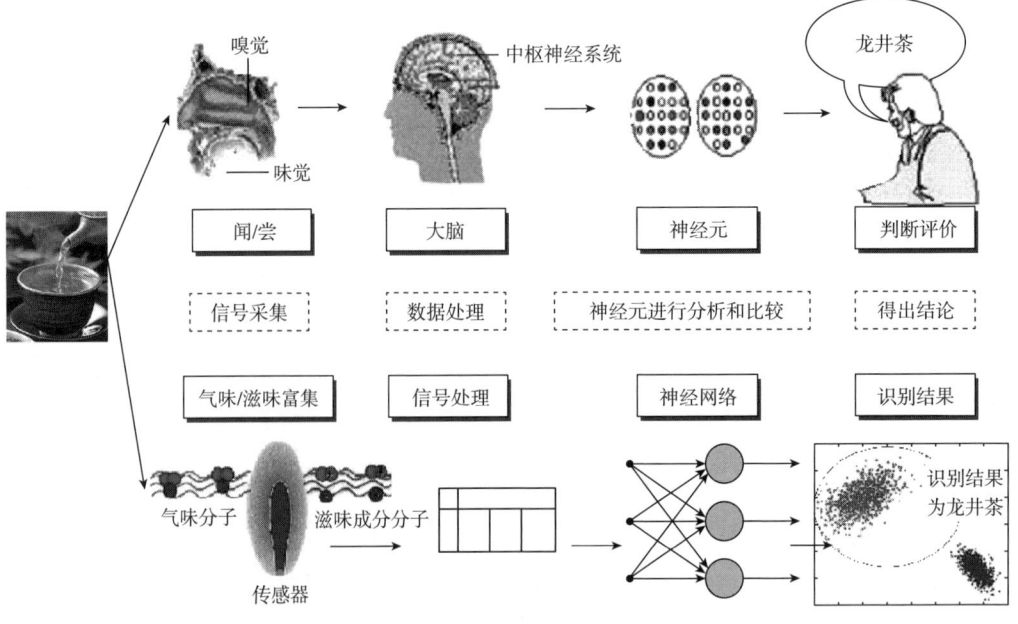

图1-6 电子鼻和电子舌原理示意图

与电子鼻相似,电子舌也是模拟生物味觉分析食物中可溶性成分的分析(原理如图 1-6 所示)。电子舌装置由传感器阵列组成,与化学计量学方法相结合可以用于复杂液体样品滋味成分的检测。虽然电子舌只能在液体介质中工作,但它比人类味觉系统的灵敏度要高得多,且功能更广泛。电子舌可以模拟人的嗅觉和味觉进而能辨别液体或液化产品的味道,也可用于液体或固体相的挥发性物质中各种可溶性物质的定量检测。

电子鼻和电子舌都是由 3 个主要部分构成:①取样部分;②由具有不同选择性的化学传感器构成的阵列;③使用适当的模式识别方法处理信号并得到结果。因此,电子鼻和电子舌系统的另一个共同特征是,通过模式识别方法将一系列非特定的传感器和数据处理结合在一起。最常用于电子鼻和电子舌传感器的数据处理方法是人工神经网络(artificial neural network,ANN),基于人类大脑中学习和识别过程的建模,另外一些常用的数据处理方法有主成分分析(principal component analysis,PCA)、线性判别分析(linear discriminate analysis,LDA)、偏最小二乘算法(partial least squares,PLS)、功能区别分析(functional discriminate analysis,FDA)、聚类分析(cluster analysis,CA),模糊逻辑(fuzzy logic)也被广泛用于多传感器系统的数据处理。其中 PCA、PLS、LDA、FDA 和 CA 是线性判别方法,模糊逻辑、ANN 是非线性判别方法。

2. 气味可视化技术

气味可视化技术是根据化学响应色素与待测物挥发性物质发生反应后,导致自身或者载体光信号、电信号等发生变化,并依据变化的信号来定性定量分析待测物的一种技术。气味可视化技术主要是依赖于化学响应色素分子的共价键、离子键和氢键等强作用力,具有不易受环境中水蒸气等干扰因素的影响的优点。常用的化学响应色素为卟啉、金属卟啉、酞菁和 pH 指示剂等。为了能够更好地区分结构、功能相似的化合物,电子鼻技术采用通过基于某组聚合物的性质(例如,质量、体积、电导率)或一组加热的金属氧化物上电化学氧化的变化的多个传感器组成交叉响应的传感器阵列,能够有效提高气味可视化传感器的灵敏度和选择性。

第二节 发展趋势

随着计算机技术的发展,无损检测技术日益广泛地用于食品质量安全的保障,它可以提供检测对象的组织结构、物理和力学性能、组成和化学成分等特性信息,对样本进行实时在线检测,满足消费者对食品质量安全不断增长的要求,因而被视为未来食品工业和市场的理想检测工具。表 1-2 为用于食品质量安全的无损检测技术特征,每种技术都有自己的优劣势,如何充分发挥每种技术在食品质量与安全检测中的优势,并与食品供应链结合起来,是未来无损检测技术的一个重要发展方向。

表 1-2　　　　　　　　　　用于食品质量安全的无损检测技术特征

类别	技术	检测目标	检测深度	价格	应用场合	缺点
光学技术	计算机视觉	颜色、大小、形状、表面缺陷	表面	便宜	实验室、便携、商业	不能检测化学信息
	红外光谱	组成、活性成分、物理性质	1~10mm	适中	实验室、便携、商业	易受湿度影响,只能检测单点,需要建立预测模型

续表

类别	技术	检测目标	检测深度	价格	应用场合	缺点
光学技术	紫外光谱/荧光	化学成分、缺陷、腐败	1~10mm	适中	实验室、便携、商业	易受光线和其他化学物质的影响,需要建立预测模型
	拉曼光谱	组成、活性成分、物理性质	1~10mm	昂贵	实验室、便携	对极性物质不敏感,价格昂贵,需要建立预测模型
	多/高光谱	化学成分、分布、物理性质	1~10mm	适中偏昂贵	实验室、便携	数据量大,需要建立预测模型
声学技术	声音	内部物理性质	1~10cm	便宜	实验室、便携	仅限于声阻抗
	超声	内部物理性质和化学成分	1~10cm	适中偏昂贵	实验室、便携	
核磁	核磁共振	内部化学成分、分布	1~10cm	适中偏昂贵	实验室	设备昂贵
辐射	软X射线	内部异物	1~10cm	适中偏昂贵	实验室、商业	有辐射危险
	双能量X射线	密度、厚度、化学成分	1~10cm	适中偏昂贵	实验室	
电学技术	电导率	物理性能、含水量	1~10cm	便宜	实验室、便携	需要建立预测模型
	介电性能	物理结构、化学成分	1~10cm	便宜	实验室、便携	
微波		水分含量	1~10cm	便宜	实验室、便携、商业	
太赫兹		组成、活性成分、物理性质	1~10cm	昂贵	实验室	易受湿度影响
生物传感器	电子鼻	气味成分	—	适中	实验室、便携	需要建立预测模型
	电子舌	滋味成分	—	适中	实验室、便携	
	气味可视化	气味成分	—	便宜	实验室、便携	需要建立预测模型

从检测食品特性的角度来看,计算机视觉、光谱成像技术可以用于检测食品的外部属性如颜色、大小、缺陷等,现在已广泛用于食品的在线分拣;光谱、超声、X射线和核磁共振等可以用于食品内部质量的检测;电子舌和电子鼻技术模拟人类感觉系统,可以用于食品风味和滋味的评价。

从传感器研究的角度来看,无损检测技术在食品质量安全检测中具有较大的应用潜力,但仍处于发展的早期阶段,特别是生物传感器技术,想要将其应用到实际生产中,还需要更深入的研究。无损检测技术用于食品质量安全检测最大的挑战是如何提高灵敏度和信噪比,以及可穿戴式系统的开发和无损检测技术与智能手机相结合,一方面将开启全民监督食品质量与安全的模式,另一方面将获得一种食品质量与安全检测的全新视角,食品质量与安全将得到进一步保障。另外,传感器表面的污染、信号漂移和校准稳定性也亟待解决。

从技术的角度来看,将多种无损检测技术融合,用于食品质量安全检测具有极大市场应用潜力,能够更全面地分析食品特征,也能够最大限度地减少生物多样性给食品品质分析带来的影响。融合多种传感器所采集到的信号,通过人工智能技术加以分析及综合判断,可以有机整合各种传感器的优点和缺点,扬长补短。与单一技术相比,多技术融合已经成为提高食品检测准确性的发展趋势。然而多技术融合面临的最大挑战就是信号兼容性问题,另外数据的获取和筛选、组织和存储、处理和应用等各个环节的计算也需要寻求有效的方式。以计算为中心的数据管理和处理模式由于其自身的局限性,难以有效应对数据体量大、数据来源和类型繁多、数据增加和变化的速度快、数据的真实性难以保证等,在此过程中,可能需要转变传统的计算模式及其计算系统演进方式。

从食品产业链角度来看,无损检测技术可以跟踪食品生产中的每一个环节,并且能在全球供应链中的食品溯源问题中发挥作用。如图1-7所示,传感器可以部署在卫星、无人机、机器人以及生产线上。遥感测量传感器(如高光谱成像和微波成像)部署在卫星上可以用于监视气候变化对农业的影响,监视全球农作物和天然植被状况,以及用于指导喷洒农药和灌溉等;光谱仪、空气超声传感器和微波传感器等部署在无人机上可以用于田间或温室内的精细农作,例如,根据土壤水分来实施播种和灌溉等操作;将无损检测传感器部署在机器人上,可以用于温室、工厂等环境里在线操作,无损检测传感器作为机器人的眼睛,并与数据集成技术融合来实现"视觉新途径",指导机器运行和传感器部署。

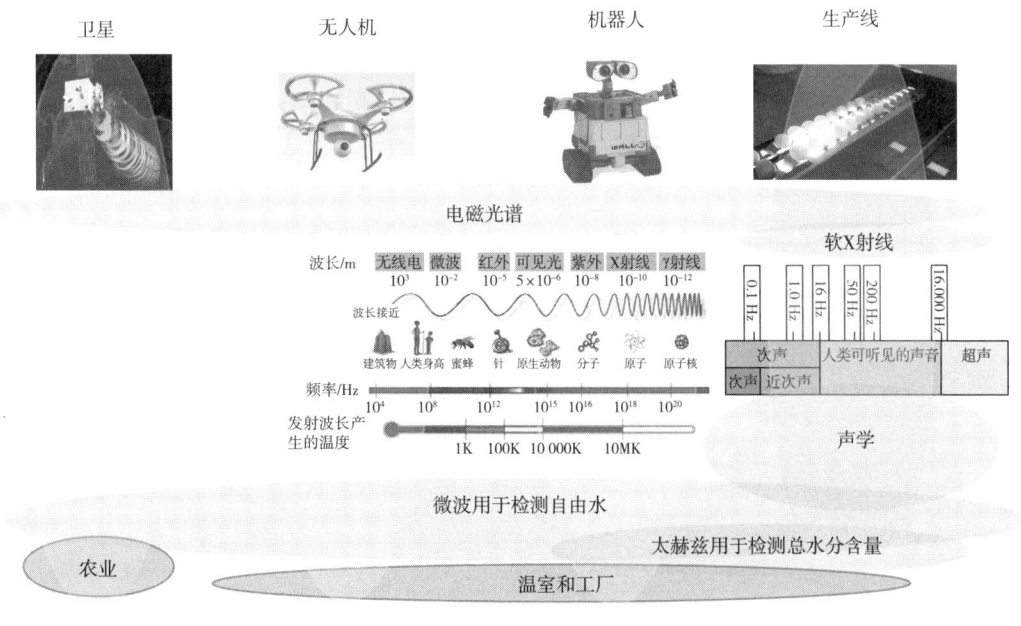

图1-7 远程无损检测技术的应用领域

随着计算机、机械等行业的快速发展，无损检测技术在食品质量安全领域的应用也越来越广泛。凭借着不破坏样本、检测速度快、成本低、便携等优势，无损检测技术为食品工业的发展带来了极大的便利。同时，为实现无损检测技术在食品领域在线应用的进一步发展，需要提倡一些新的无损检测理念和新的检测思路。以数字化、图像化和信息化为典型标志的绿色无损检测是未来食品质量安全检测领域的发展方向。

思考题

无损检测技术根据检测原理可以分为哪几类？无损检测技术与常规检测技术相比，主要的优势在哪些方面？

第二章
光与紫外可见光谱检测技术

学习目标

掌握光、光谱和紫外可见光谱的概念,以及它们作为检测技术的检测原理。

重点和难点

重点是紫外可见光谱法在食品、农产品中定性、定量检测方法以及数据处理方法。

在介绍各种光谱检测方法和技术之前,本章先简要介绍一下光与光谱。由于紫外-可见分光光度法在食品分析中的应用很广,如在食品的营养成分、限制性成分及有害成分分析等方面都有相当广泛应用。该方法由于操作方便、成本低等优点,在食品卫生国家标准中被广泛采用。紫外-可见分光光度法虽然主要用于有损检测,但该方法的原理可以用于无损检测,同时该方法检测的结果可以用于无损检测方法的对照值。因此本章也将简要介绍紫外-可见光谱检测方法。

第一节 光与光谱

一、光与电磁波

光的本质是一种电磁波。γ射线、X射线、微波、无线电波等也是电磁波,将电磁波按波长(或频率、能量)顺序排列成的谱图,称为电磁波谱,各种电磁波参考尺寸、波段及来源示意图见图2-1。整个电磁波谱的范围很大,常划分成几个较小的区域,如表2-1所示。

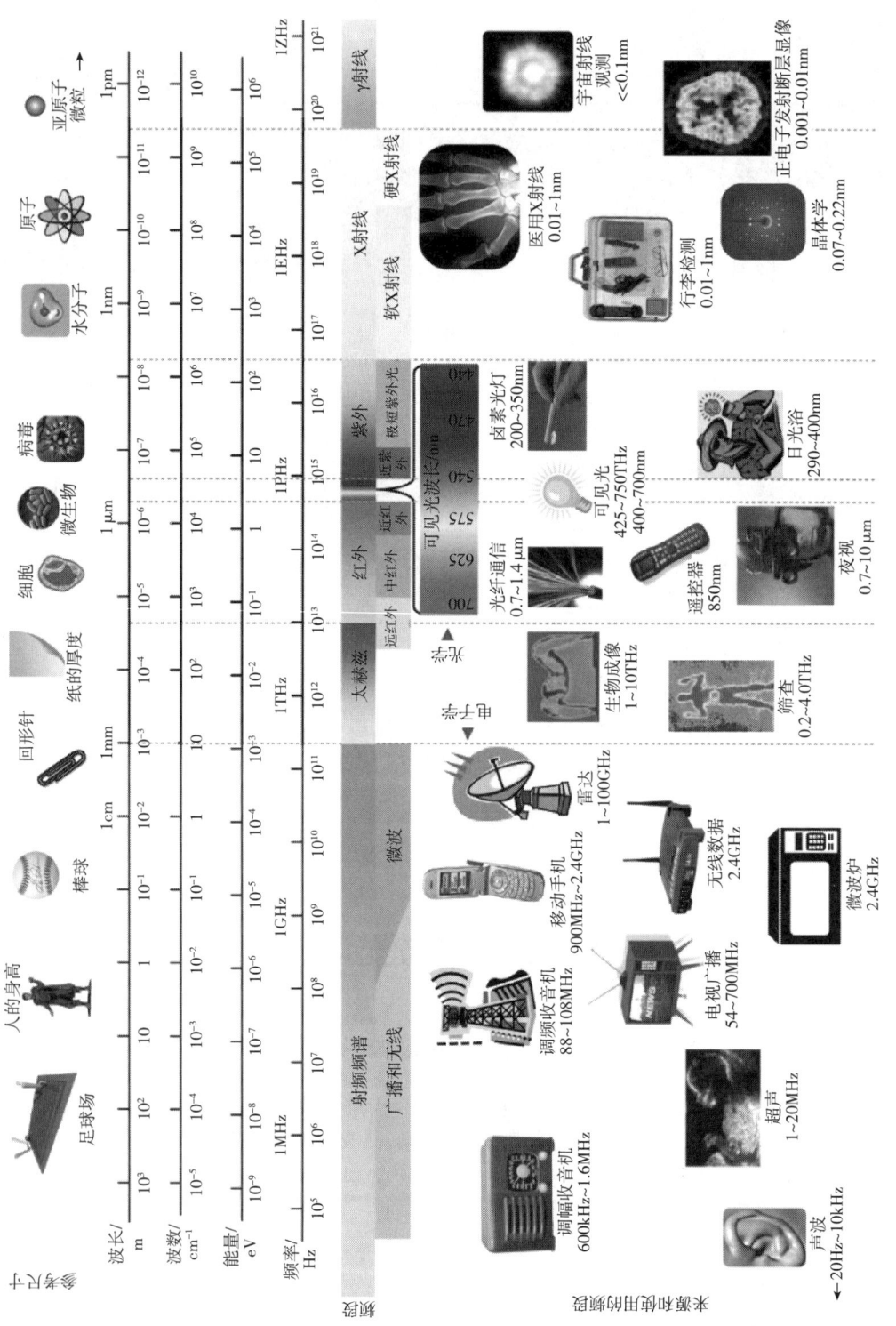

图2-1 各种电磁波示意图

表 2-1　　　　　　　　　　　电磁波谱表及相应的光谱分析法

区域	波长	对应能级跃迁类型	相应光谱分析方法
γ射线	0.0005~0.14nm	核能级	γ射线发射
X射线	0.01~10nm	内层电子	X射线(吸收/发射/荧光/衍射)光谱法
远紫外	10~200nm	价电子	真空紫外吸收光谱法
紫外-可见	180~780nm	价电子	紫外-可见(吸收/发射/荧光)光谱法
红外	0.78~250μm	分子振动与转动	红外吸收和拉曼散射光谱法
远红外	250~1000μm	分子振动与转动	远红外光谱法
微波	0.001~0.3m	分子转动与磁场中电子的自旋	微波吸收光谱法(0.75~3.75mm)及电子自旋共振波谱法（≤3cm）

电磁波在真空中与空气中传播速度的比值为 1.00027，因此，一般近似地认为电磁波在空气中的传播速度等于光速。电磁波在介质中的传播速度、波长和频率三者间满足式（2-1）：

$$v = \lambda v \tag{2-1}$$

式中　v——电磁波在介质中的传播速度；

　　　λ——电磁波在介质中的传播波长；

　　　v——电磁波的频率（与传播介质无关，它只取决于辐射源）。

光的波动性能够解释光的干涉、衍射和偏振等现象，也能够解释光与物质相互作用时的部分现象，如吸收，散射和色散等，但却不能解释光和物质相互作用的另一些现象，如光电效应、康普顿效应及各种原子和分子发射的特征光谱的规律等，在这些现象中，光表现出粒子性。爱因斯坦通过光电效应建立了光子学说，该学说认为光波具有能量且能量是"量子化"的。光波的能量是由许多分立能量元组成的，这种能量元称为"光量子"，简称"光子"。光子的能量取决于式（2-2）：

$$E = hv \tag{2-2}$$

式中　E——光子的能量；

　　　h——普朗克（Planck）常数，为 $6.626×10^{-34}$ J·s；

　　　v——光的频率。

二、光谱

（一）发射光谱

量子理论认为，物质的原子、离子或分子有确定的不连续的能级，它们只能处于一定的能级上。当组成物质的原子、离子或分子处于最低能级时，物质处于基态，当组成物质的原子、离子或分子被激发到较高的能级时，物质则处于激发态。在常温下物质一般都处于基态。当组成物质的粒子（原子、离子或分子）所处的能级发生改变时，它所吸收或发射的能量应完全等于两能级之间的能量差，当吸收或发射的能量为辐射能时则有式（2-3）：

$$E_a - E_0 = h\upsilon = h\frac{v}{\lambda} \tag{2-3}$$

式中　E_a——较高能级的能量；

E_0——较低能级的能量；

h——Planck 常数，为 6.626×10^{-34} J·s；

υ——吸收或发射的辐射的频率；

v——辐射在介质中的传播速度；

λ——辐射在介质中的传播波长。

物质吸收一定的能量则由基态被激发到激发态。物质处在激发态的寿命很短，为 $10^{-15}\sim10^{-5}$ s。物质由激发态弛豫回到基态时，一般以辐射的形式放出能量，所产生的光谱称为发射光谱。实现物质由基态改变到激发态的途径有：①用电子或其他基本粒子轰击，一般可以发射 X 射线；②使其暴露在高压交流火花之中，或电弧、火焰、热炉子之中，一般可以产生紫外、可见或红外辐射；③用电磁辐射照射，可以产生荧光或磷光；④放热的化学反应，可以产生化学发光。其中，只有电磁辐射的能量是一份一份的，是不可"分割"的，其能量必须恰好等于激发态与基态的能量差，才能发生能级跃迁，而其余三种形式的能量只要大于或等于激发态与基态的能量差，就可以引发能级跃迁。

当受激发的物质是单个的气态原子（如钠、钾等金属气态原子）时，则产生紫外、可见光区的线光谱，谱线由一系列宽度约 10^{-5} nm 的锐线组成。但与紫外、可见光区的发射不同，元素的 X 射线与它们的环境无关，即产生辐射的物质不一定是单个独立的气态原子，可以是金属、固体粉体或者阳离子的配位化合物（配合物），所得到的 X 射线光谱都是相同的。当受激发的物质中存在气态基团或小分子时，会产生带光谱。带光谱是由许多量子化的振动能级叠加在分子的基态电子能级上而形成的。它们由一系列靠得很近的线光谱组成，常因使用的仪器不能分辨完全而呈现出带光谱。

若以热能激发固体物质至炽热时，则发射连续光谱，这类热辐射称为黑体辐射。一般来讲，随着温度的升高，最大辐射能向短波方向移动。要使热激发源发射更多的紫外光，必须有非常高的温度。被加热的固体所发射的连续光谱，是红外、可见及近紫外光区分析仪器的重要光源。

（二）吸收光谱

若让波长连续的复合光通过一均匀介质（如固体、液体或气体物质）时，能量（$h\upsilon$）等于物质的基态 E_0 和某一激发态（E_a）之间能量差的光子则会被物质吸收。当透射出来的光再通过棱镜（或光栅）时，便可得到一组不连续的光谱，这种光谱称为吸收光谱。由于不同物质其量子化的能级差不同，所以对吸收频率的研究可提供一种表征物质试样组成的方法。物质的吸收光谱差异很大，特别是原子吸收光谱和分子吸收光谱。一般来讲，它与吸收物质的组成、物理状态及其环境有关。

当一单色光被某物质吸收后，该物质则呈现该单色光的互补色。表 2-2 列出了物质的颜色及其互补色的波长。当将两互补颜色的光混合时则产生白色。这里的物质颜色和互补色虽是相对人类肉眼而言的可见光，但这种吸收光与互补光的关系不限于可见光。

表 2-2　　　　　　　　　　　　　　物质的颜色与吸收光颜色的关系

物质颜色	吸收光(互补色)	
	颜色	波长/nm
黄绿	紫	400~450
黄	蓝	450~480
橙	绿蓝	480~490
红	蓝绿	490~500
紫红	绿	500~560
紫	黄绿	560~580
蓝	黄	580~600
绿蓝	橙	600~650
蓝绿	红	650~750

1. 原子吸收

当一束紫外或可见辐射通过气态自由原子时，如钠蒸气，将只有少数几个非常确定的频率被吸收。这是因为这些粒子只具有很少几个可能的能态。激发作用是通过原子中一个或几个电子跃迁到较高能级后实现的。以钠原子为例，在通常情况下，钠蒸气中的所有原子基本上都处在基态，即它们的价电子位于 $3s$ 能级。如果以含有波长为 588.995nm 和 589.59nm 的光照射钠蒸气，则许多原子的外层电子将吸收光子并跃迁到 $3p$ 的两个能级上。实际上这两个能级的能量差是很小的。若该电子获得更大的能量，它能跃迁到比 $3p$ 更高的 $5p$ 能级上，相对应吸收的波长是 285nm。事实上，285nm 的吸收峰也是双峰，但因两峰的能级差太小，以至于许多仪器不能分辨它们。

紫外和可见光区的能量足以引起外层电子或价电子的跃迁，而能量大几个数量级的 X 射线，能与原子的内层电子相互作用，故在 X 射线光谱区能观察到原子最内层电子跃迁产生的吸收峰。

一般来讲，无论在哪一波长区内产生的原子吸收谱图，都是由有限数量的窄峰组成。

2. 分子吸收

分子即使是双原子分子，其吸收光谱也要比原子吸收光谱复杂得多。这是由于分子所具有的可能能级数目比原子的能级数目要多得多。在分子中，每个电子能级上有多个振动能级，而每个振动能级上又有多个转动能级，分子的总能量 $E_{分子}$ 可以用式（2-4）表示：

$$E_{分子} = E_{电子} + E_{振动} + E_{转动} \tag{2-4}$$

式中　$E_{电子}$——分子的电子能量；

$E_{振动}$——分子中各原子振动产生的振动能；

$E_{转动}$——分子围绕它的重心转动的转动能。

分子中电子能级差大于振动能级差大于转动能级差，即 $\Delta E_{电子} > \Delta E_{振动} > \Delta E_{转动}$。处于微波区和远红外区的辐射只能引起气体的基态转动跃迁；中红外区和近红外区的辐射可引起基态振动能级的跃迁，同时会伴有转动能级的跃迁；可见光区和紫外光区的辐射可以使分子中的电子能级发生跃迁,同时伴有振动能级和转动能级的跃迁。当发生电子能级跃迁时,由于每个电子能级上有多个振动能级,而每个振动能级上又有多个转动能级,而且振动能级差和转动能级差很小,使每个电子的跃迁都有几条靠得很近的吸收线。因此,分子光谱不像原子光谱,通常它是由一系列靠得很近的吸收线组成,呈带状光谱。此外,在凝聚态或有溶剂分子存在时,谱带会趋向平滑,变宽。

三、朗伯-比尔定律

当一束光强为 I_0 的单色光通过一定浓度为 C、厚度为 L 的溶液时,则一部分光强 I_R 被反射,一部分光强 I_A 被吸收,一部分光强 I_T 透过溶液,它们之间的关系是:$I_0 = I_R + I_A + I_T$。朗伯(Lambert)在1760年提出:如果溶液的浓度一定,则光的被吸收程度和液层的厚度有关,且成正比关系。而比尔(Beer)于1852年在研究了各种无机盐水溶液对红光的吸收后指出:如果吸收物质溶于不吸光的溶液中,吸光度和吸光物质的浓度成正比。朗伯定律说明了液层厚度与光的吸收程度的关系,比尔定律说明了物质的浓度与光的吸收程度的关系。两者合称为朗伯-比尔定律,朗伯-比尔定律说明了物质对单色光吸收的程度与吸光物质的浓度和厚度间关系。采用空白溶液消除了 I_R 及溶剂、试剂对光吸收程度的影响后,朗伯-比尔定律可用数学表达式(2-5)表示:

$$I_T = I_0 \times 10^{-KLC} \tag{2-5}$$

式中 K——比例常数,也称吸收系数。

将式(2-5)两边除以 I_0 得式(2-6):

$$\frac{I_T}{I_0} = 10^{-KLC} \tag{2-6}$$

I_T/I_0 称透光率(transmittance),以 T 表示,即透射光强度与入射光强度之比,其数值小于1,用百分透光率则表示为 $T = (I_T/I_0) \times 100\%$。为了方便起见,常用透光率的负对数表示溶液吸收光的强度,称为吸光度(absorbance, A),过去称为消光度(extinction, E)或光密度(optical density, OD),数学表达式如式(2-7):

$$A = -\lg T = \lg(T)^{-1} = \lg(10^{-KLC})^{-1} = \lg(10^{KLC}) = KLC \tag{2-7}$$

式(2-5)~式(2-7)为朗伯-比尔定律不同表达形式,式(2-7)说明了吸光度与溶液的浓度及液层厚度成正比,是吸收光谱中常用的定量关系式。

1. 吸收系数

吸收系数(K)是单位浓度、单位液层厚度的吸光度。在一定条件下(单色光、浓度、溶剂、温度),吸收系数是常数。最大吸收波长(λ_{max})处的吸收系数常作为物质的定性依据。

吸收系数常用摩尔吸收系数及百分吸收系数表示。摩尔吸收系数用 ε 表示,其意义是 1mol/L 的溶液,液层厚度为 1cm 时的吸光度。百分吸收系数用 $E_{1cm}^{1\%}$ 表示,是指浓度为 1g/dL 的溶液,液层厚度为 1cm 时的吸光度。二者的换算关系为 $E_{1cm}^{1\%}/M = \varepsilon$($M$ 为吸光物质的相对分子质量)。摩尔吸收系数多用于分子结构研究,百分吸收系数多用于含量测定。摩尔吸收系数一般不超过 10^5 数量级,通常将摩尔吸收系数大于 10^4 的划为强吸收,小于 10^2 的划为弱吸收,介乎两者之间的称为中强吸收。摩尔吸收系数不能直接测得,需用准确的稀溶液测得吸光度换算而得。

2. 吸光度的加和性

在多组分共存的溶液体系中，体系的总吸光度等于各组分吸光度之和，即 $A_{总} = \sum A_i$，在任一波长下，共存的多组分中各组分遵守朗伯-比尔定律。利用这一性质经过一定的数学处理，可进行多组分的含量测定。

3. 比尔定律的偏离

比尔定律指出，如果吸光物质溶于不吸光的溶液中，吸光度和吸光物质的浓度成正比，因此以 $A-C$ 作图绘制的标准曲线或工作曲线应是通过原点的直线。但是在实际工作中，尤其当吸光物质浓度比较高时，直线常发生弯曲（如图 2-2 中虚线所示）。此现象称为对比耳定律的偏离。如果在弯曲部分进行测定，将会引起较大的误差。出现偏离的原因主要有以下 4 个。

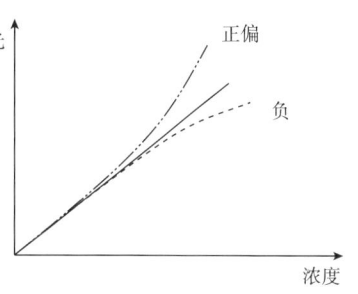

图 2-2 对比尔定律的偏离

（1）吸光物质浓度较高引起的偏离　在浓溶液中，吸光质点的相互碰撞和相互作用较强，这直接影响了它的吸光能力。因此，应选用适当浓度的溶液进行测定，最好使吸收光读数范围落在 0.16～0.80，这样，在假定光度计读数误差为 1% 的情况下，仍可以保证浓度测量相对误差不大于 4%。

（2）非单色光引起的偏离　严格地讲，朗伯-比尔定律只适用于单色光。但是目前部分分光光度仪器所提供的入射光并非是纯的单色光，这些非纯单色光会引起对比尔定律的偏离。

（3）介质不均匀引起的偏离　当吸光物质是胶体溶液、乳浊液或悬浮物时，由于吸光质点对入射光的散射而导致偏离。

（4）吸光物质不稳定引起的偏离　溶液中吸光物质常因条件变化而发生偏离、缔合和形成新的化合物等化学变化，从而使吸光物质的浓度发生变化，导致对比尔定律的偏离。

第二节　电子跃迁

常见的紫外光谱法、可见光谱法、近红外光谱法是农产品内部品质无损检测的有效方法。它是利用农产品对光的吸收、散射、反射、透射等特性确定农产品内部品质的一种方法，该技术可以广泛地用于谷物、果蔬等多种农产品的化学成分分析、物理学品质分析、色度学品质分析。以下介绍电子跃迁的种类。

物质 M（原子或分子）吸收紫外-可见光被激发到激发态 M^*，通过辐射或非辐射的弛豫过程回到基态；弛豫也可通过 M^* 分解成新的组分而实现，这个过程称为光化学反应。值得注意的是，M^* 的寿命一般都非常短，所以在任何时刻其浓度可以忽略不计，并且所释放的热量往往也无法测量。故除光化学分解发生外，吸光度的测量具有对所研究体系产生扰动最小的优点。

由于物质的紫外-可见吸收光谱决定于分子中价电子的跃迁，分子的组成不同，特别是价电子性质不同，则产生的吸收光谱也将不同。因此，可以将吸收峰的波长与所研究物质中存在的键型建立相关关系，从而达到鉴定分子中官能团的目的；更重要的是，可以应用紫外-可见吸收光谱定量测定含有吸收官能团的化合物。

根据结构理论，在分子中形成单键的电子称为 σ 电子，形成双键的电子称为 π 电子，未成键的孤对电子称为 n 电子。所有这些价电子在吸收能量后，可跃迁至分子的空轨道，即反键 σ^* 或 π^* 轨道中，反键轨道的能量比成键轨道能量高得多。在紫外-可见光区范围内，有机化合物的吸收带主要由 $\sigma \to \sigma^*$，$n \to \sigma^*$，$\pi \to \pi^*$，$n \to \pi^*$ 的跃迁及电荷迁移而产生；无机化合物的吸收带主要由电荷迁移和配位场跃迁（即 d-d 跃迁和 f-f 跃迁）产生。各种跃迁如图2-3所示。

从图2-3可以看出，由于电子跃迁的类型不同，实现跃迁需要的能量不同，因而吸收的波长范围也不相同。其中，$\sigma \to \sigma^*$ 跃迁所需能量最大，配位场跃迁所需能量最小，因此，它们的吸收带分别落在远紫外和可见光区。

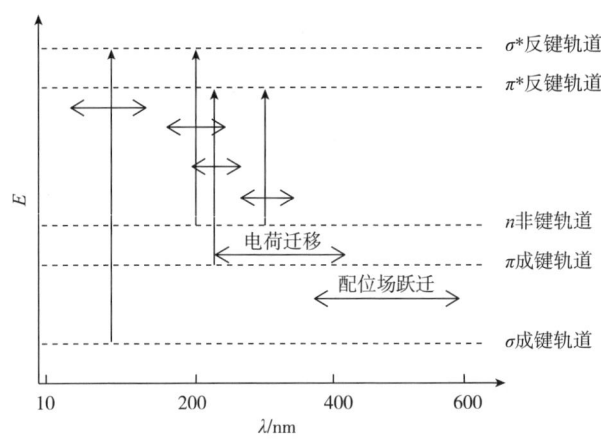

图2-3 典型电子跃迁类型及其吸收波长范围和相对能量示意图
→跃迁的类型　↔吸收波长的范围

（一）有机化合物的电子跃迁类型

1. $\sigma \to \sigma^*$ 跃迁

所需的能量最大，所以主要发生在远紫外区，吸收谱带都在200nm以下，饱和烃类只具有 σ 键，因此饱和烃类化合物在高于200nm区域内无吸收光谱，所以常用作紫外-可见吸收光谱分析的溶剂。

2. $n \to \sigma^*$ 跃迁

发生在含有未成键孤对电子杂原子的饱和烃分子中。由于 n 电子较 σ 电子易激发，所以这种跃迁所需能量比 $\sigma \to \sigma^*$ 稍低，但多数还是发生在200nm左右。例如，甲烷的 $\sigma \to \sigma^*$ 跃迁，吸收光谱在125~135nm，但 CH_3I 吸收峰在150~210nm（$\sigma \to \sigma^*$ 跃迁）和259nm（$n \to \sigma^*$ 跃迁），其吸收波长向长波长方向偏移了。这种能使吸收波长向长波方向移动（红移）的含有未成键孤对电子的杂原子基团，称为助色团，常见的助色团有—NHR、—SH、—OH、—OR、—SR、—Cl、—Br、—I、—NR_2、—NH_2 等，表2-3反映了一些助色团在饱和化合物吸收光谱中的特点。

表 2-3　　　　　　　　　　助色团在饱和化合物中的吸收峰

助色团	化合物	溶剂	λ_{max}/nm	ε_{max}
—	$CH_3CH_2CH_3$	气态	<150	—
—OH	CH_3OH	正己烷	177	200
—OH	C_2H_5OH	正己烷	186	—
—OR	$C_2H_5OC_2H_5$	气态	190	1000
—NHR	$C_2H_5NHC_2H_5$	正己烷	195	2800
—SH	CH_3SH	乙醇	195	1400
—SR	CH_3SCH_3	乙醇	210 229	1020 140
—Cl	CH_3Cl	正己烷	173	200
—Br	$CH_3CH_2CH_2Br$	正己烷	208	300
—I	CH_3I	正乙烷	259	400

3. $n \to \pi^*$ 和 $\pi \to \pi^*$ 跃迁

最常遇到的跃迁类型。这类跃迁易发生，相应照射波长大多>200nm，所涉及的基团都具有 π 不饱和键。这种含 π 不饱和键的基团称为生色基团，表 2-4 列出的是常见的含生色基团的化合物及它们的可见紫外吸收特性。

表 2-4　　　　　　　　　　常见生色基团的吸收特性

生色基团	例子	溶剂	λ_{max}/nm	ε_{max}	跃迁类型
烯	$C_6H_{13}CH=CH_2$	正庚烷	177	13000	$\pi \to \pi^*$
炔	$C_5H_{11}C\equiv CCH_3$	正庚烷	178	10000	$\pi \to \pi^*$
偶氮基	$CH_3N=NCH_3$	乙醇	339	5	$n \to \pi^*$
硝基	CH_3NO_2	异辛烷	280	22	$n \to \pi^*$
亚硝基	C_4H_9NO	乙醚	300	100	$n \to \pi^*$
硝酸酯	$C_2H_5—O—NO_2$	二氧杂环己烷	665	20	$n \to \pi^*$
羰基	CH_3COCH_3	正己烷	195 225	2000 160	$n \to \pi^*$ $n \to \pi^*$
羰基	CH_3CHO	正己烷	186 280	1000 16	$n \to \sigma^*$ $n \to \pi^*$
酰胺基	CH_3CONH_2	水	180 214	220 60	$n \to \sigma^*$ $n \to \pi^*$
羧基	CH_3COOH	乙醇	270 204	12 41	$n \to \pi^*$ $n \to \pi^*$

从 $n \to \pi^*$ 和 $\pi \to \pi^*$ 跃迁比较中发现：前者的吸收峰强度要比后者低。在 $n \to \pi^*$ 跃迁中，摩尔吸收系数 ε 通常比 $\pi \to \pi^*$ 跃迁小10%，而且在极性大的溶剂中 $n \to \pi^*$ 跃迁的吸收峰产生

紫移现象。而 $\pi \to \pi^*$ 跃迁却常表现出红移现象，即向长波方向位移。

在各类不饱和脂肪烃中，有单个双键（如乙烯），也有共轭双键的烯烃（如丁二烯），都涉及 π 电子及 $\pi \to \pi^*$ 跃迁。共轭双键可形成大 π 键。使各能级间的差距接近，故其电子易激发，所以吸收波长产生红移，生色效应加强。例如，乙烯的特征吸收为171nm，丁二烯的吸收波长为217nm，且其吸收强度也增加了。在共轭体系中，共轭双键越多，生色作用也越强。

在芳香烃环状化合物中，具有三个乙烯的环状共轭体系，可产生多个特征吸收。例如，苯（乙醇中）有 185nm、204nm 和 254nm 三处强吸收带。若在环上增加助色团，如 —OH、—NH_2、—X 等，由于 $n-\pi$ 共轭，则吸收波长会产生红移，而且强度也增加。增加生色团，并和苯环体系产生 π 共轭，同样会引起波长红移现象。各种取代基对苯的特征吸收的影响见表2-5。

表2-5　苯衍生物的吸收特性

化合物	分子式	溶剂	λ_{max}/nm	ε_{max}	$\lambda_{2,max}$/nm	$\varepsilon_{2,max}$
苯	C_6H_6	己烷	254	250	204	8800
甲苯	$C_6H_5CH_3$	己烷	262	260	208	7900
六甲基苯	$C_6(CH_3)_6$	己烷	271	230	221	10000
氯苯	C_6H_5Cl	己烷	267	200	210	7400
碘苯	C_6H_5I	己烷	258	660	207	7000
苯酚	C_6H_5OH	己烷	271	1260	213	6200
酚盐离子	$C_5H_5O^-$	稀碱液	286	2400	235	9400
苯甲酸	C_6H_5COOH	乙醇	272	855	226	9800
苯胺	$C_6H_5NH_2$	甲醇	280	1320	230	7000
苯胺盐离子	$C_6H_5NH_3$	稀酸液	254	160	203	7500

对 $n \to \pi^*$ 和 $\pi \to \pi^*$ 跃迁研究发现，可将所涉及的吸收带分为如下几类。

R 吸收带 [Radikal（基团）]：由生色基团和助色基团的 $n \to \pi^*$ 跃迁产生的。R 吸收带的强度较强。

K 吸收带 [Konjugation（共轭）]：由 $\pi \to \pi^*$ 跃迁产生的。含共轭生色基的化合物的紫外光谱都含有这种吸收带。

B 吸收带 [Benzenoid（苯的）]：是芳香族化合物的特征吸收带。当芳烃和生色基团连接时，就会产生 B 和 K 吸收带，有时还会有 R 吸收带，三者同时存在时则往往 R 带波长更长些。

E 吸收带是芳香族化合物的另一类特征吸收带。

4. 电荷迁移跃迁

所谓电荷迁移跃迁是指用电磁辐射照射化合物时，电子从供体向与受体相联系的轨道上跃迁。因此，电荷迁移跃迁实质是一个内氧化还原过程，而相应的吸收光谱称为电荷迁移吸收光谱。例如，某些取代芳烃可产生这种分子内电荷迁移跃迁吸收带。电荷迁移吸收带的谱带较宽，吸收强度大，最大波长处的摩尔吸收系数 ε_{max} 可 $>10^4$。

从广义讲，可以将各种类型的轨道（如 σ、π 等）都看作是电子供体或受体，但其中具有实用意义的是 π 轨道。

（二）无机化合物的电子跃迁类型

无机化合物的电子跃迁的形式有两大类：电荷迁移跃迁和配位场跃迁。

1. 电荷迁移跃迁

与某些有机化合物相似，许多无机配合物也有电荷迁移跃迁产生的电荷迁移吸收光谱。若用 M 和 L 分别表示配合物的中心离子和配体，当一个电子由配体的轨道跃迁到与中心离子相关的轨道上时，可用式（2-8）表示：

$$M^{n+} - L^{b-} \xrightarrow{h\upsilon} M^{(n+1)} - L^{(b-1)} \tag{2-8}$$

这里，中心离子 M 为电子受体，配体 L 为电子供体。一般来讲，在配合物的电荷迁移跃迁中，金属离子是电子受体，配体是电子供体。

不少过渡金属离子与含生色团的试剂反应所生成的配合物以及许多水合无机离子，均可产生电荷迁移跃迁。此外，一些具有 d^{10} 电子结构的过渡元素所形成的卤化物及硫化物，如 $AgBr$、PbI_2、HgS 等，也是由于这类跃迁而产生颜色。

电荷迁移吸收光谱出现的波长位置，取决于电子供体和电子受体相应电子轨道的能量差。若中心离子的氧化能力越强，或配体的还原能力越强，则发生电荷迁移跃迁时所需能量越小；反之，若中心离子还原能力越强，或配体的氧化能力越强，则发生电荷迁移跃迁时所需能量越大。

电荷迁移吸收光谱谱带最大的特点是摩尔吸收系数较大，一般 $\varepsilon_{max} > 10^4$，因此许多"显色反应"是应用这类谱带进行定量分析，以提高检测灵敏度。

2. 配位场跃迁

包括 d-d 跃迁和 f-f 跃迁。元素周期表中第四、五周期的过渡金属元素分别含有 $3d$ 和 $4d$ 轨道，镧系和锕系元素分别含有 $4f$ 和 $5f$ 轨道。在配体的存在下，过渡元素五个能量相等的 d 轨道及镧系和锕系元素七个能量相等的 f 轨道分别分裂成几组能量不等的 d 轨道及 f 轨道。当它们的离子吸收光能后，低能态的 d 电子或 f 电子可以分别跃迁至高能态的 d 或 f 轨道上去。这两类跃迁分别称为 d-d 跃迁和 f-f 跃迁。由于这两类跃迁必须在配体的配位场作用下才有可能产生，因此又称为配位场跃迁。

与电荷迁移跃迁比较，由于选择规则的限制，配位场跃迁吸收谱带的摩尔吸收系数小，一般 $\varepsilon_{max} < 10^2$。这类光谱一般位于可见光区。虽然配位场跃迁并不像电荷迁移跃迁在定量分析上重要，但它可用于研究配合物的结构，并为现代无机配合物键合理论的建立提供有用的信息。

第三节　紫外-可见光谱检测技术

一、紫外-可见分光光度计

（一）仪器基本构造

用可见光源测定有色物质的方法，称为可见光分光光度法，所用的仪器称为可见分光光度计；用紫外光源测定无色物质的方法，称为紫外分光光度法，所用的仪器称为紫外分光光度计。这两种仪器的基本原理相同,故在设计时往往将两种不同的光源及一套分光系统合并在一个仪器中,统称为紫外-可见分光光度计。紫外-可见分光光度计是在紫外-可见光区任意选择不同波长的单色光测定物质吸光度的仪器。目前,可见-紫外分光光度计的商品种类很多,但基本构造原理相似,一般由光源、单色器、吸收池、检测器、信号处理器、显示器等几个部分组成。

1. 光源

分光光度计用的光源有一些基本要求。第一能产生足够强度的光辐射,便于后续检测器能检出和测量;第二能提供连续的辐射,其整个光谱中应包含所有可能被使用的波长;第三光源在使用期间必须稳定。

常用可见光源为碘钨灯及钨灯,发射波长 320~2500nm 的连续光谱。碘钨灯比钨灯的发射强度强,寿命也长,因此多被采用。钨丝灯光源的辐射强度与温度有关。常用的工作温度为 2870K（K=℃+273.15）。由于该光源的输出能量随工作电压的四次方而变化,为了获得稳定辐射能,通常采用 6V 蓄电池或恒压电源供电。

常用的紫外光源有氢灯、氘灯、汞灯及氙灯,能发射 150~400nm 的连续光谱（汞灯发射不连续光谱）。在相同工作条件下,氘灯的辐射强度大于普通氢灯,因此目前氘灯多被采用。由于玻璃对紫外线有吸收,所以紫外灯的灯管上附有石英窗。

2. 单色器

单色器的功能是把从光源发射出的连续光谱分为波长宽度很窄的单色光。它包括色散元件、狭缝和准直镜三部分。

(1) 色散元件　色散元件是分光光度计的关键部件,它是将复合光按波长的长短顺序分散成为单色光的装置,其分散的过程为光的色散。色散后所得的单色光,经反射、聚光后,通过狭缝到达溶液。常用的色散元件是棱镜和光栅。

棱镜由普通玻璃或石英材料做成。当光从空气射入棱镜时,由于不同波长的光在玻璃介质中传播速度的不同,从而将混合光中所包含的各种波长的光从长波到短波依次分散成为一个由红到紫的连续光谱,如图 2-4 所示。得到的光谱短波间的距离较大,长波间的距离较小。玻璃棱镜色散能力大,分辨本领强,但由于玻璃吸收紫外线,所以它只

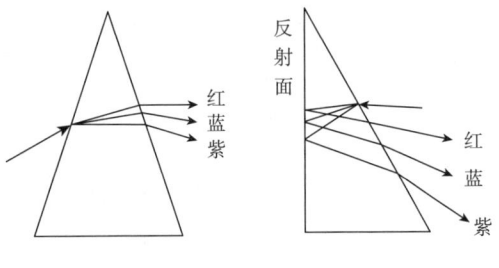

图 2-4　棱镜的光散射作用

能装置在可见分光光度计中。紫外区的光源必须用石英棱镜色散。

光栅是一种在玻璃表面上刻有许多等宽、等间距的平行条痕的色散元件。紫外-可见光谱用的光栅一般每毫米刻有 1200 条条痕。它是基于复合光通过条痕狭缝后,产生光的衍射与干涉作用,使不同波长的光发生色散。光栅色散元件有如下优点:它可用于从紫外光到近红外光的整个区域,而且其在整个区域的色散率是均匀一致的。所以目前光栅的应用日益趋于广泛。但光栅色散元件也有缺点,即各级光谱有所重叠而相互干扰,因此需要用适宜的滤光片除去杂光。

(2) 狭缝与准直镜　从光源发出的光在进入单色器之前,先要经过一个入射狭缝,使光线成为一细长条照射到准直镜上（使光线平行）,然后投射到色散元件上使之色散。色散后

的光又经准直镜反射到出射狭缝。转动棱镜可使光谱移动，将所需要的单色光从出射狭缝分出，投射到溶液中去。狭缝的制造工艺要求很高，它能直接影响单色光的纯度和能量，也影响单色器的分辨率。

3. 吸收池

吸收池是分光光度分析中盛放溶液样品的容器，材质通常有玻璃和石英两种。对吸收池的主要要求是吸收池的内部空间厚度（即光程）要准确，同一个吸收池的上下厚度须一致，以保证光程不偏移方向。所使用的一组吸收池一定要互相匹配，盛同一溶液于所有波长下测定其透光度，两者间的误差应在透光度 0.2%~0.5% 以内。玻璃吸收池只能用于可见光区，而石英池既可适用可见光区，也可用于紫外光区。此外，还有一次性使用的用于可见光区的塑料材质的吸收池。

4. 检测器

检测器是一个光电转换元件，它是测量光线透过溶液以后强弱变化的一种装置。在分光光度计中，最普遍采用的检测器是光电管或光电倍增管。

①光电管：光电管内装有一个阴极和一个丝状阳极。阴极的凹面涂一层对光敏感的碱金属或碱金属氧化物或两者的混合物。当光照射到阴极时，阴极上即发射电子，光越强，放出的电子越多。与阴极相对的阳极，有较高的正电位，吸引电子而产生电流。此光电流很微弱，需放大才能检出。目前，国产光电管有两种，一种是紫敏光电管，阴极为铯阴极，适用波长为 200~625nm；另一种是红敏光电管，阴极为银氧化铯阴极，适用波长为 625~1000nm。

②光电倍增管：光电倍增管与光电管一样，有一个涂有光敏金属的阴极和一个阳极。它们的不同点是光电倍增管还有几个倍增极（一般是 9 个），具有电流的放大作用。

光电管或光电倍增管将光信号转变成电信号后，此时的光电流很微弱，需经与检测器相连的电流放大器放大。

5. 显示器

常用的显示器有电表指示器、图表记录器及数字显示器等。

（二）紫外-可见分光光度计的类型

利用上述各部件，可设计成单光束、双光束、双波长分光光度计及多道分光光度计四种类型。

1. 单光束分光光度计

该类分光光度计用同一单光束依次通过参比池和试样池，以参比池的吸光度为 0，测出试样的吸光度。以 752 型仪器为例，其波长为 200~1000nm，氢灯为紫外光源，钨灯为可见光源，光栅为色散元件，检测器有紫敏光电管（适用于波长 200~625nm）及红敏光电管（适用于波长 625~1000nm）。吸收池配有玻璃与石英制作的两种，分别适用于可见光区和紫外光区。是一类精密、可靠、适用于定量分析的仪器，可用于吸收系数的换算测定。

图 2-5 是单光束分光光度计的光路示意图，其构造相对简单，操作方便，但其缺点是要求光源及检测系统必须具有高度的稳定性，且无法进行自动扫描，每一波长改变都需要校正空白。属于此类分光光度计的还有 751 型、753 型、WFD-8 型、Unican SP 500

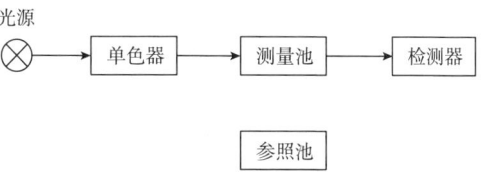

图 2-5 单光束分光光度计的光路示意图

型、Beckman DU 型以及 QV-50 型等。

另外，只适用于可见光区的简易分光光度计如 721 型、722 型、RX-727 型等也属于单光束分光光度计，这类分光光度计只有一个光源（钨灯或卤钨灯），工作波长范围为 330~830nm。色散元件为玻璃棱镜，检测器采用光电管，仪器结构简单，价格低廉，但单色光纯度较差。

2. 双光束分光光度计

双光束光路是被普遍采用的光路，图 2-6 为 UV-2100 型双光束分光光度计的光学线路。从单色器射出的单色光，用一个旋转扇面镜（又称斩光器）将它分成两束交替断续的单光束，分别通过空白溶液和样品溶液后，再用同一个同步扇面镜将两束光交替地投射于光电倍增管，使光电管产生一个交变脉冲信号，经过比较放大后，由显示器显示出透光率、吸光度、浓度或进行波长扫描，记录吸收光谱。扇面镜以每秒几十转到几百转的速度匀速旋转，使单色光能在很短时间内交替地通过空白溶液和样品溶液，可以减少因光源强度不稳而引入的误差。测量中不需要移动吸收池，可在随意改变波长的同时记录所测量的吸光度，便于描绘吸收光谱。这类仪器常见的有 740 型，Unican SP 700 型、SP 1700 型、SP 1800 型、200-20 型以及 UV-2100 型等。

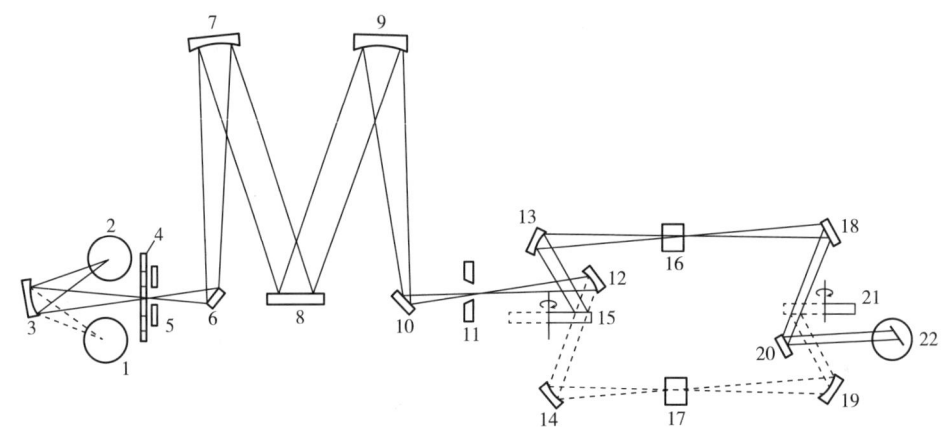

图 2-6　双光束的光学线路图

1—钨灯　2—氘灯　3—凹面镜　4—滤光片　5—入射狭缝　6、10、20—平面镜　7、9—准直镜　8—光栅
11—出射狭缝　12、13、14、18、19—凹面镜　15、21—扇面镜　16—参比池　17—样品　22—光电倍增管

3. 双波长分光光度计

在上面介绍的单波长分光光度计测量中，是用两个吸收池，其一装参比溶液，在选定的波长下调其透光度为 100%（即吸光度 $A=0$），然后再测量试样溶液的吸光度。当试液中含有两种吸收光谱互相重叠的成分时，用这种单波长分光光度计单独测量待测成分的吸光度就很困难，必须进行萃取分离或加掩蔽剂等才能完成测定。另外，由于必须使用两个吸收池，吸收池的差异常会影响测量的精度，使测定更微量的成分受到了限制。双波长分光光度计则克服了上述缺点，其方框图如图 2-7 所示。

从光源发出的光分成两束，分别经过各自的单色器后，得到波长为 λ_1 和 λ_2 的两束单色光。借切光器调制，这两束光以一定时间间隔交替照射装有试样溶液的吸收池。经检测器的光电转换和电子控制系统的工作，在数字电压表上显示出 λ_1 和 λ_2 的透光差值 ΔT，或是显示两者的吸光度差值 ΔA。

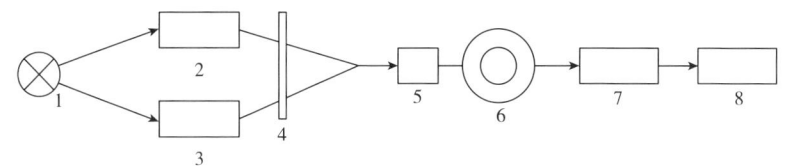

图 2-7 双波长分光光度计的方框图
1—光源　2、3—单色器　4—切光器　5—吸收池　6—检测器　7—电子控制系统　8—数字电压表

根据朗伯-比尔定律，试样溶液在两个波长 λ_1 和 λ_2 的吸光度的差值 ΔA 与溶液中待测物质的浓度成比例。双波长分光光度计可将待测成分吸收光谱的任意波长设为零点，测定它与任意其他波长间的吸光度差值。

双波长分光光度计具有下列优点。

①因为仅用一个样品池进行测量，不需要用参比吸收池，故可消除参比池与样品池的不同而引起的误差，使分析精度提高数倍；

②对混浊样品进行测定时，可消除不同混浊度所引起的背景吸收，即基线的变化几乎完全被消除；

③适当选择波长，可掩蔽共存组分的干扰，因此可简化混合组分同时测定的手续及数据处理，并可提高灵敏度和准确度；

④由于背景吸收及其他干扰的消除，可测定微小光度，能检测出 0.005~0.01 的吸光度值；

⑤可应用于薄层色谱及纸上色谱的定量分析，测定时可消除薄层厚度不均匀所引起的误差，使测量基线平稳。

但由于双波长分光光度计光路结构和电学线路较为复杂，仪器价格比较昂贵，目前国内专用双波长仪器并不普遍。应当指出，采用单波长分光光度计进行双波长分光光度法的定量分析也是可行的，只是选择的参比波长 λ_1 和测定波长 λ_2 要适当。

4. 多道分光光度计

多道分光光度计是在单光束分光光度计的基础上，采用多道光子检测器。多道分光光度计具有快速扫描的特点，整个光谱扫描时间不到 1s。为追踪化学反应过程及快速反应的研究提供了极为方便的手段，可以直接对经液相色谱柱和毛细管电泳柱分离的试样进行定性和定量测定。但这类型仪器的分辨率只有 1~2nm。

二、紫外-可见光谱检测技术

每一波长的入射光通过样品溶液后都可以测得一个吸光度 A。以波长作横坐标，以相应的吸光度 A 作纵坐标作图，便可得到如图 2-8 所示的吸收光谱图。现在很多仪器可以直接给出样品溶液在全波长或选定波长范围内的扫描图谱。

吸收光谱又称吸收曲线。由图 2-8 可以看出吸收光谱的特征：曲线 1 处的峰称为最大吸收峰，它所对应的波长称为最大吸收波长（λ 最大），在峰旁边有一个小的曲折（3 处）称为肩峰，很多物质是没有肩峰的；曲线 2 处的峰谷所对应的波长为最小吸收波长（λ 最小）；5 处为第二吸收峰；在吸收曲线波长最短的一端，吸收相当强而不成峰形的部分（4 处），称为末端吸收。一个物质在吸收光谱上，因为特殊的分子结构，有些物质会出现几个吸收峰，在

λ最大处是电子能阶跃迁时所吸收的特征波长,不同物质有不同的最大吸收峰,有些物质则没有吸收峰。光谱上的 λ 最大、λ 最小、肩峰以及整个吸收光谱的形状,取决于物质的性质,其特征随物质结构而异,所以它是物质定性的依据。而这些吸收峰的大小可以用于物质的定量分析。

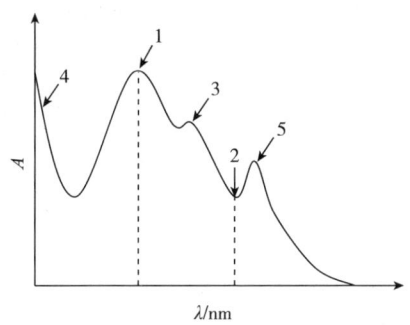

图 2-8 吸收光谱示意图
1—最大吸收峰 2—峰谷 3—肩峰 4—末端吸收 5—第二吸收峰

(一)定性分析

紫外-可见光吸收光谱可提供化合物的某些能吸收紫外-可见光的基团(大多是共轭的不饱和基团或含有芳香结构)的信息。紫外-可见分光光度法用于定性一般是根据吸收光谱、λ_{max} 和 ε 三者的一致性。由于所用单色光的纯度、样品的纯度、仪器的准确度、所采用的溶剂以及溶液的酸碱性等条件对吸收光谱的形状与数据都会产生影响,所以用分光光度法作定性分析时,要求仪器的准确度高、单色光性能好,试样的纯度要求经过多次重结晶,几乎无杂质,熔点敏锐,熔距短,另外还要求采用规定的溶液条件,这样所获得的结果才能可靠。

但紫外-可见光谱在定性检测方面有一定的局限性,所提供的定性信息不如红外吸收光谱优越。尽管相同的化合物在同一条件下测得的吸收光谱应相同,但吸收光谱相同不一定为同一化合物。这是由于紫外-可见光谱曲线吸收带不多,常常只含 2~3 个较宽的吸收带,光谱的形状变化不大,在成千上万种有机化合物中,若分子中发色团相同,而其他部分结构略有不同,则它们的紫外-可见吸收光谱常常十分相似。所以在得到相同的相似光谱时,应考虑到有并非同一物质的可能性。为了进一步确证,有时可换一种溶剂或采用不同酸碱性的溶剂,再分别将标准品和样品配成溶液,测定光谱图做比较。与红外吸收光谱、质谱、核磁共振谱一起,用以解析物质的分子结构。用紫外-可见分光光度法对化合物进行定性分析时,一般采用与标准品、标准谱图对照,对比吸收光谱特征数据及对比吸光度的比值三种方法。

(1) 与标准品、标准谱图对比 将样品和标准品以相同浓度配制在相同溶剂中,在同一条件下分别测定吸收光谱,比较光谱图是否一致。若二者是同一物质,则二者的光谱图应完全一致。如果没有标准品,也可以和标准图谱(如萨特勒标准图谱)对照,但这种方法要求仪器准确度、精密度高,而且测定条件要按标准图谱的要求相同。

(2) 对比吸收光谱特征数据 最常用于鉴别的光谱特征数据有吸收峰的波长 λ_{max} 和峰值处吸收系数 ε_{max}、$E_{1cm}^{1\%}$。对于具有不止一个吸收峰的化合物,也可同时用几个峰值作为鉴别依据。肩峰或吸收谷处的吸光度测定受波长变动的影响较小，有时也用谷值或肩峰值与峰值同时作为鉴别数据。

（3）对比吸光度的比值　有些化合物的吸收峰较多，如核黄素有 4 个吸收峰（220nm、265nm、372nm、444nm），就可采用在其中 2~4 个吸收峰处测定吸光度，求出这些吸光度的比值，规定吸光度在某一范围，作为鉴别化合物的依据之一。

（二）定量分析

紫外-可见分光光度法适宜测定微量物质的含量，如果物质的 $E_{1cm}^{1\%}$ 在 300 以上（相当于浓度为 10μg/mL 的该溶液的吸光度 $A_{\lambda max}$ 在 0.3 以上），就可以进行定量测定。本法具有准确、灵敏、简便和具有一定的选择性等优点，故在定量分析中是应用比较广泛的一种分析方法。

采用紫外-分光光度法进行定量分析时，除另有规定外，应以配制样品溶液的同批溶剂为空白对照，采用 1cm 的石英吸收池，在规定的吸收峰波长±2nm 以内测试几个点的吸光度，以核对样品的吸收峰波长位置是否正确。除另有规定外，吸收峰波长应在样品规定波长±1nm 以内，并以吸光度最大的波长作为测定波长。狭缝宽度的选择，应以减少狭缝宽度时样品的吸光度不再增加为准，或调节狭缝由小到大，直到样品吸光度不变为止。用于含量测定的方法一般有以下几种。

（1）吸收系数法　吸收系数是物质的物理常数，只要测定条件（溶液的浓度、酸度、单色光纯度等）不引起对比尔定律的偏离，即可根据样品测得的吸光度，用式（2-9）求出浓度。

$$C = \frac{A}{E_{1cm}^{1\%}} \qquad (2-9)$$

式中　C——溶液的质量分数；

A——吸光度；

$E_{1cm}^{1\%}$——吸收系数（可由文献查出）。

（2）标准曲线法　不是任何情况都可以用吸收系数 $E_{1cm}^{1\%}$ 来计算样品溶液浓度的，特别是在单色光不纯的情况下，吸光度的值会随所用仪器的不同而在一个相当大的幅度内变化不定，若仍用吸收系数来换算浓度，则将产生很大误差。但对于任一台工作正常的紫外分光光度计，固定其工作状态和测定条件，则浓度与吸光度之间的关系在很多情况下仍然是直线关系或近似于直线的关系，如式（2-10）所示：

$$A \cong KC \qquad (2-10)$$

此时，K 不是物质的常数，不能用作定性依据。K 值只是个别具体条件下的相对常数，不能互相通用。测定时，将一系列（5~10 个）不同浓度的标准溶液在同一条件下测定吸光度，考查浓度与吸光度成直线关系的范围，然后以吸光度为纵坐标，浓度为横坐标，绘制 A-C 曲线，称为标准曲线。也可用直线回归的方法，求出回归直线方程，再根据样品溶液所测得的吸光度从标准曲线来计算浓度。在仪器和方法固定的条件下，标准曲线或回归方程可多次使用。标准曲线法由于对仪器的要求不高，是分光光度法中最常用的简便易行的方法。

（3）直接比较法　该法是在相同条件下配制样品溶液和对照品（可以是标准品，也可以是浓度已知的对照样品）溶液，在所选波长处同时测定吸光度 $A_{样品}$ 及 $A_{对照}$，按式（2-11）计算样品溶液的浓度。

$$\frac{C_{样品}}{C_{对照}} = \frac{A_{样品}}{A_{对照}} \tag{2-11}$$

该法的测定误差比标准曲线法要大些,为了减少误差,应将样品溶液浓度与对照品溶液浓度配制得较为接近。

三、紫外-可见分光光度法的特点

1. 入射光接近单色光

与比色法相比,比色法的入射光是一段谱带较宽(如50nm)的光谱带,而分光光度法则不同,其入射光必须接近于单色光,光谱带宽度最多不超过3~5nm,最窄的在1nm以下。所以,分光光度法所需的入射光不是用滤色片(光电比色法采用滤色片分单色光)分离出来的,而是用棱镜或光栅分出不同波长的光。采用分光光度法的仪器称为分光光度计,其结构较光电比色计复杂、精密。

2. 分析对象广

紫外-可见分光光度法应用很广泛,对于有色化合物(或与某种物质反应后能产生有色物质的化合物)和分子含有不饱和键的无色化合物均可进行有效分析。例如,食品中维生素A、维生素D可在328nm、265nm波长下分别测定,食品中的添加剂苯甲酸可在225nm波长下测定,啤酒中的苦味成分异α-酸可在275nm波长下测定。

3. 灵敏度及准确度高

由于分光光度法的入射光是以棱镜或光栅为分色器,同时又用窄缝分出的谱带很窄的一束单色光,因此其测定的灵敏度、选择性和准确度很高。紫外-可见分光光度法可测定微量物质,测定灵敏度可达$10^{-7}\sim10^{-4}$g/mL,定量测定的精密度一般为0.5%,而在校正过的仪器上测定精密度为0.2%。

4. 选择性好,操作简便

由于分光光度法使用的是单色光,而且随着计算分光光度法的推广,用它来测定含有两种或两种以上组分的试样时,不必事先进行分离,而只要选用不同种特定波长的单色光即可,分析操作容易掌握。此外,紫外-可见分光光度法还具有仪器设备简单价廉的特点。

尽管紫外-可见分光光度法在定性方面不如红外光谱,在定量的准确度、精度及灵敏度等方面不如液相、气相、质谱、电子鼻和电子舌等高精度的仪器,但由于该法具有上述等方面的优点,考虑到仪器的性价比良好,因此,在食品分析中,特别是定量分析中,紫外-可见分光光度法的应用还是相当广泛的。

第四节 紫外-可见分光光度法在食品检测中的应用

紫外-可见分光光度法在食品安全国家标准中的主要应用情况如下:

GB 5009.87—2016《食品安全国家标准 食品中磷的测定》第一法、第二法。

GB/T 5009.18—2003《食品中氟的测定》第一法、第二法。

GB/T 5009.21—2003《粮、油、菜中甲萘威残留量的测定》第二法。

GB 5009.33—2016《食品安全国家标准 食品中亚硝酸盐与硝酸盐的测定》第二法、第三法。

GB 5009.34—2022《食品安全国家标准 食品中二氧化硫的测定》第二法。

GB/T 5009.151—2003《食品中锗的测定》第三法。

GB 5009.153—2016《食品安全国家标准 食品中植酸的测定》。

在科学研究及产品检验等分析实验中，作为研究的辅助手段更是常常用到。在此仅举两个分析实例，以便于加深对紫外-可见分光光度法的理解和掌握。

一、标准曲线法测定肉制品中亚硝酸盐的含量

（一）原理

肉制品捣碎后经处理除去蛋白质及脂肪，将亚硝酸盐分离于溶液中；在酸性条件下，与对氨基苯磺酸重氮化后，再与萘基盐酸二氨乙烯偶合生成红色配合物，于540nm波长处测光密度，用标准曲线法计算其含量。或者将含亚硝酸盐的溶液，在酸性条件下与对氨基苯磺酸重氮化后，再与α-萘胺偶合生成紫红色，于波长525nm处测光密度，用标准曲线法计算其含量。

（二）测定步骤

1. 样品处理

（1）肉制品（红烧肉类除外） 称取经捣碎混匀的样品5g于50mL烧杯中，加硼砂饱和溶液12.5mL，搅匀，以70℃左右的水约300mL将样品全部洗入500mL的容量瓶中，置沸水浴中加热15min。取出，一边摇动一边滴加硫酸锌溶液2.5mL，以沉淀蛋白质。冷至室温，加水至刻度，摇匀，放置片刻，撇去上层脂肪，溶液用滤纸过滤，滤液必须澄清备用。

（2）红烧肉类 按肉制品操作制成滤液后，取滤液60mL，置于100mL容量瓶中，加氢氧化铝乳液至刻度，过滤，滤液应无色透明，备用。

2. 测定

精密吸取上述样液40mL于50mL容量瓶中，另精密吸取5μg/mL的亚硝酸钠标准溶液0mL、0.2mL、0.4mL、0.6mL、0.8mL、1.0mL、1.5mL、2.0mL和2.5mL分别置于一组50mL容量瓶中。样液与标准瓶中各加4g/L对氨基苯磺酸溶液2mL，混匀，静置3~5min后，各加入2g/L N-（1-萘基）-乙二胺二盐酸盐溶液1mL，加水至刻度，混匀。静置15min后，用不含亚硝酸钠标准溶液的容量瓶中的溶液作空白溶液调节零点，于波长540nm处测定样品溶液及标准品溶液的吸光度，绘制标准曲线。

3. 计算

首先根据样品溶液的吸光度A及标准曲线求出样品溶液中亚硝酸盐（以亚硝酸钠计）的浓度C，再根据稀释的倍数计算肉制品中亚硝酸盐（以亚硝酸钠计）含量X_1（mg/kg）如式（2-12）计算：

$$X_1 = \frac{C}{W \times \frac{40}{500}} \qquad (2-12)$$

红烧肉类中亚硝酸盐（以亚硝酸钠计）含量X_2（mg/kg）如式（2-13）计算：

$$X_2 = \frac{C}{W \times \frac{60}{500} \times \frac{40}{100}} \tag{2-13}$$

式中　C——测定用样液中亚硝酸盐的含量（以亚硝酸钠计，μg）；

　　　W——样品质量，g。

二、双波长等吸收点法测定银杏果仁中直链淀粉和支链淀粉

银杏是我国的珍贵植物资源，有极大的利用价值，银杏果仁中含有大量淀粉。淀粉有直链淀粉和支链淀粉，支链淀粉含量越高，银杏的品质越好。

（一）原理

①根据朗伯-比尔定律，待测溶液在波长对 λ_1 和 λ_2 处的吸光度 $A_{\lambda 1}$ 和 $A_{\lambda 2}$ 的差值 ΔA 与待测物质的浓度成正比关系，如式（2-14）所示：

$$\Delta A = A_{\lambda 1} - A_{\lambda 2} = (\varepsilon_{\lambda 1} - \varepsilon_{\lambda 2})LC \tag{2-14}$$

式中　$\varepsilon_{\lambda 1}$、$\varepsilon_{\lambda 2}$——吸收系数；

　　　L——光程；

　　　C——待测物质浓度。

②对于含两个组分 α 和 β 的溶液，当在波长对 λ_1 和 λ_2 处测定混合溶液的吸光度时，根据吸光度加和性质，如式（2-15）：

$$\Delta A = A_{\lambda 1} - A_{\lambda 2} = (A_{\alpha, \lambda 1} + A_{\beta, \lambda 1}) - (A_{\alpha, \lambda 2} + A_{\beta, \lambda 2}) = (A_{\alpha, \lambda 1} - A_{\alpha, \lambda 2}) + (A_{\beta, \lambda 1} - A_{\beta, \lambda 2}) \tag{2-15}$$

若欲测定组分 α 的含量时，只要选择恰当的波长对 λ_1 和 λ_2，使 $A_{\beta, \lambda 1} = A_{\beta, \lambda 2}$，则有：$\Delta A = A_{\alpha, \lambda 1} - A_{\alpha, \lambda 2}$，这时，总吸光度之差已消除了组分 β 的干扰。

同理，若同时想测量组分 β 的含量时，只要另选一波长对 λ_1 和 λ_2，使 $A_{\alpha, \lambda 1} = A_{\alpha, \lambda 2}$，则有：$\Delta A = A_{\beta, \lambda 1} - A_{\beta, \lambda 2}$，这时，总吸光度之差就消除了组分 α 的干扰。波长对的选择采用作图法。

③在 pH=3 的条件下，室温显色反应 10min 以上，直链淀粉和支链淀粉能与碘分别形成稳定的有色复合物，可以采用可见分光光度法进行测量。

（二）溶液配制

1. 标准储藏液

准确称取 100mg 直链淀粉和支链淀粉标准品于 100mL 容量瓶中，加入 2mol/L 氢氧化钾溶液 10mL 在 75~80℃ 水浴中，分散溶解 10min，再用浓/稀盐酸调节溶液 pH=3，用去离子水定容至刻度，即成 1mg/mL 的标准储藏液。

2. 直链淀粉标准工作液

分别移取 0.1mL，0.2mL，0.4mL，0.6mL，0.8mL，1.0mL，1.2mL，1.4mL，1.6mL，1.8mL 直链淀粉标准储藏液于 50mL 容量瓶中，加 1mL 碘试剂（碘试剂：按常规方法配制成 2mg/mL 的碘试剂贮存在棕色瓶中，用去离子水稀释至刻度，静置反应 15min）。

3. 支链淀粉标准工作液

分别移取 1.0mL，1.5mL，2.0mL，2.5mL，3.0mL，3.5mL，4.0mL，4.5mL，5.0mL，

5.5mL 支链淀粉标准储藏液于 50mL 容量瓶中,加 1mL 碘试剂,用去离子水稀释至刻度,静置反应 15min。

4. 样品溶液的制备

银杏果仁去硬壳和软皮,捣碎烘干,粉碎至 60 目,用无水乙醚脱脂 10min,去除乙醚。精确称取脱脂样品 0.1g,加入 2mol/L 氢氧化钾溶液 10mL,在 75~80℃ 水浴中分散溶解 10min,用浓/稀盐酸调节至 pH=3,用去离子水定容 20mL,静置,吸取 1mL 上清于 50mL 容量瓶中,加 1mL 碘试剂,用去离子水稀释至刻度,静置 15min。

(三) 测定

仪器采用 MPS-2000 型多用途分光光度计。以 50 倍去离子水稀释的 1mL 碘试剂溶液作参比液。

1. 波长对的确定

用浓度适中的直链淀粉标准工作液和支链淀粉标准工作液在 400~800nm 上进行全波长扫描,得到各自的吸收曲线,如图 2-9,直链淀粉和支链淀粉的最大吸收波长分别为 568nm 和 512nm。按照等吸收点作图法确定测量直链淀粉的波长对为 568nm 和 420nm;测量支链淀粉的波长对为 512nm 和 648nm。

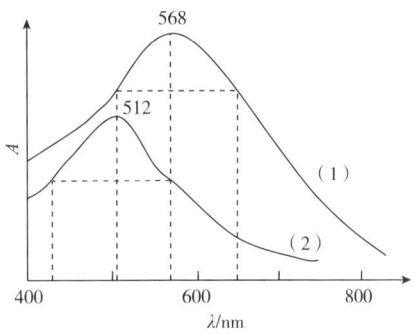

图 2-9 碘-直链淀粉 (1) 和碘-支链淀粉 (2) 吸收曲线

2. 直链淀粉回归方程

在波长对 568nm 和 420nm 处测定直链淀粉标准工作液的吸光度值。以吸光度差值 $\Delta A_{直}$ 对直链淀粉标准工作液的浓度进行一元线性回归,得直链淀粉回归方程。

3. 支链淀粉回归方程

在波长对 512nm 和 648nm 处测定支链淀粉标准工作液的吸光度值。以吸光度差值 $\Delta A_{支}$ 对支链淀粉标准工作液的浓度进行一元线性回归,得支链淀粉回归方程。

4. 测定

在波长对 568nm 和 420nm 及波长对 512nm 和 648nm 处分别测定样品溶液的吸光度的值,并计算样品溶液在两波长对处吸光度的差值 $A_{样,568} \sim A_{样,420}$,记为 $\Delta A_{样-直}$,$A_{样,512} \sim A_{样,648}$,记为 $\Delta A_{样-支}$。

5. 计算

将 $\Delta A_{样-直}$ 代入直链淀粉回归方程可以求出样品溶液中直链淀粉的浓度;将 $\Delta A_{样-支}$ 代入支链淀粉回归方程可以求出样品溶液中支链淀粉的浓度。然后根据提取时稀释的倍数关系求出银杏果仁中直链淀粉和支链淀粉的含量。

> **思考题**
>
> 光谱检测技术中发射光谱和吸收光谱的定义是什么,在检测过程中如何发挥作用?

第三章

计算机视觉技术

学习目标

掌握计算机视觉技术的原理,并熟悉计算机视觉技术的软硬件构成,以及计算机视觉技术在食品、农产品无损检测领域的应用。

重点和难点

重点是计算机图像处理技术的应用场景;难点是计算机图像信号处理的方法。

第一节 计算机视觉技术及应用概况

一、计算机视觉技术

计算机视觉技术是通过光学传感器获取物体的图像,将图像转换成数字矩阵,再利用计算机模拟人的判别准则去理解和识别图像,通过图像分析做出相应结论的实用技术。计算机视觉技术一般包含二维图像获取、处理和分析等过程。图像处理和图像分析是计算机视觉技术的核心。

图像按空间坐标和明暗程度的连续性可分为模拟图像和数字图像。模拟图像指空间坐标和明暗程度都是连续变化的图像。数字图像是一种空间坐标和灰度均不连续的、用离散的数字(一般用整数)表示的图像。图像处理包括模拟图像处理和数字图像处理,本章主要讨论数字图像处理。图像处理着重强调在图像之间进行的变换。而图像分析主要则是对图像中感兴趣的目标进行检测和测量,以获得它们的客观信息从而实现对图像的描述。如果说图像处理是一个从图像到图像的过程,图像分析则是一个从图像到数据的过程。

图像理解的重点是在图像分析的基础上,进一步研究图像中各目标的性质和它们之间的相互联系,并对图像目标的含义进行解释,从而发现其内在的规律性。

图像处理、图像分析和图像理解处在三个抽象程度和数据量各有特点的不同层面上,图像处理是比较低层的操作,它主要在图像像素级上进行处理,处理的数据量非常大;图像分析则进入了中层,分割和特征提取把原来以像素描述的图像转变成比较简洁的非图形式的描述；图像理解主要是高层操作，基本上是对抽象出来的符号进行运算，其处理过程和方法与人类的思维推理有许多相似之处。

二、计算机视觉技术在食品检测中的应用概况

目前，计算机视觉技术已经成功地用于水果、蔬菜、肉、鱼、比萨饼、奶酪和面包等农畜产品、水产品和食品的质量检测和质量评价中，可概括为如下几个方面。

1. 在尺寸和形状检测中的应用

食品原料和产品的外形尺寸、形状特征是产品分级的重要依据。利用图像分析技术可以评价膨化面包的横断面，计算周长、面积、窝眼的方位和孔积率等结构参数，揭示唯一确定的面包种类信息。通过图像分析技术提取秀珍菇菌盖的最大费雷特直径作为秀珍菇的大小特征，提取分形维数、菌盖偏心率、菌柄弯曲度和相对位移等参数描述秀珍菇的整菇、菌盖和菌柄的形状特征，结合模式识别对秀珍菇外观品质进行分级。在国外，根据鸡蛋、苹果等食品的外形特征，开发相应的计算机图像处理系统，提高了产品分级机械的速度和精度。

2. 在颜色检测中的应用

颜色是食品质量评价的首选特征之一，利用计算机视觉系统对产品色泽作出评价，可以克服人眼的疲劳和差异，同时还可以利用产品各部分颜色的不同作出相应判断。一个全真图像处理系统可比带有颜色滤波器的灰度图像系统提供更多的颜色信息，有助于对要评价的对象进行更精确的描述。在实际应用中，有许多不同的技术可用来提取和分析颜色信息，使用颜色图像系统可以识别水果的新鲜度。用颜色特征作为大豆质量检测指标之一，可区分霉变大豆。焙烤食品的质量控制是加工过程的关键环节，以前只能靠人工定性判断，现在可以利用计算机视觉技术检测焙烤食品的颜色来控制产品质量。一些食品技术人员也尝试利用计算机视觉技术检测比萨饼的颜色达到品质控制的目的。

3. 在产品表面缺陷和损伤检测中的应用

产品表面缺陷或损伤的自动检测一直是产品分级的难题。利用计算机视觉技术结合神经网络算法可以实现番茄、樱桃、苹果等水果表面缺陷的检测。计算机视觉技术可以实现鸡蛋裂纹检测，但大多是检测静止鸡蛋的图像，为了克服这种只能对一个方向进行缺陷检测方法的缺点，研究者提出了对连续旋转鸡蛋进行裂纹检测的新方法。稻谷裂纹（俗称爆腰）是稻米加工过程中产生碎米的主要原因，爆腰率的快速和实时检测对保证大米品质至关重要，国内利用计算机视觉技术检测爆腰大米也获得了成功。

4. 在食品成分检测中的应用

计算机视觉技术在食品成分检测方面的应用也很多，例如，根据比萨饼底部的数字化图像的颜色特征来判断赖氨酸含量。运用数字化图像技术分析面包横截面气孔面积及与整体面积的比例、大小均匀性、壁厚度和面包心亮度，判断乳化剂在面包烘焙中的作用。干酪功能性的评价目的是确保获得必要的质量，利用计算机视觉技术可以评价烹饪时干酪的熔化特性和褐变，为干酪功能性质分析提供了一种客观简便的方法。

5. 在食品感官质量评价中的应用

用计算机视觉技术可以获得膨化食品断面的彩色图像，并对图像进行纹理分析，从而对膨化食品质量进行评价。例如，利用计算机视觉技术获取膨化食品表面的颜色特征，其中颜

色 a^* 与硬度、亮度 I 与黏性之间存在高度的相关性，且非线性模型的相关性更好。牛肉纹理特征与嫩度之间存在较强的相关关系，用纹理分析方法也可以评价牛肉的品质，并可以准确预测牛肉的嫩度。提取牛肉的颜色、大理石花纹和表面纹理等图像特征参数，可以表征牛肉的嫩度、多汁性和风味感官品质。通过计算机视觉技术获取红茶发酵过程叶面的图像，提取颜色特征可以表征红茶发酵过程的感官品质。

6. 在在线质量控制中的应用

以图像处理方法和专家系统控制为基础，开发的机器人系统可以根据图像处理和图像分析的结果并参照以前积累的知识库，作出正确的判断，确定鱼片脊骨的位置，发出相应的指令，操纵高压水切割器剔除鱼片中的脊骨。在柑橘质量评价和分级作业中应用神经网络和图像处理技术，显示出神经网络和图像处理技术相结合的巨大的潜力。用于马铃薯和苹果颜色检测的计算机视觉系统的研制已经成功，主要用于区别好马铃薯和发芽马铃薯以及黄色和绿色的苹果，研究发现，HSI（色调 hue，饱和度 saturation，亮度 intensity）彩色系统用于颜色评价和图像处理是非常有效的，利用色调直方图表示颜色特征，采用多变量识别技术可使该系统在检测马铃薯和苹果颜色时达到 90% 以上的正确率。

20 世纪 80 年代以来，计算机视觉从单纯的视觉模拟发展到取代、解释人的视觉信息的研究。同时，由于传感技术的发展，人们对食品物料特性认识的深入，出现了对红外、近红外图像处理的研究，使计算机视觉从单纯的外观视觉向物料的性状、组成和成分分布等内部特性方向发展。另外，借助于三维可视化技术，可以对稻谷的外观品质、营养品质及蒸煮品质等进行更为直观和客观的观察与测定。尤其在对营养成分分布密度的评价、白米内部组织的分析、蒸煮过程中组织结构变化的观测等方面，取得了传统研究方法难以获得的结果。

三、计算机视觉技术特点

计算机图像处理技术是计算机视觉技术的主体，计算机图像处理技术的特点就代表计算机视觉技术的主要特点。图像处理基本可分为两大类：模拟图像处理和数字图像处理。数字图像处理一般都用计算机处理或实时的硬件处理，因此也称为计算机图像处理。其优点是处理精度高，处理内容丰富，可进行复杂的非线性处理，变通能力较强，一般只要改变软件就可以改变处理内容。其缺点是处理速度有待提升，特别是进行复杂的处理更是如此。分辨率及精度对处理速度有较大影响，分辨率及精度越高，处理速度越慢。数字图像处理技术表现出如下特点。

1. 图像信息量大

在数字图像处理中，一幅图像可看成是由图像矩阵中的像素组成的，每个像素的灰度级至少要用 6 bit（单色图像）来表示，一般采用 8 bit（彩色图像），高精度的可用 24 bit 或 32 bit。

2. 图像处理技术综合性强

在数字图像处理中涉及的基础知识和专业技术相当广泛。一般涉及计算机技术、电子技术、数学、物理学等方面的基础知识，除此之外还涉及大量专业技术领域的知识。扎实的数理基础及相关的边缘学科知识对图像处理科学的发展将产生越来越大的影响。

计算机已是图像处理的常规工具，在图像处理中涉及软件、硬件、接口等多项技术，特别是并行处理技术在实时图像处理中显得十分重要。

第二节　计算机视觉的图像处理技术

完整的数字图像处理流程一般包括图像信息获取、图像信息存储、图像信息处理、图像信息输出与显示等几个方面。

一、图像数字化的基本内容

1. 图像的输入

图像信息数字化的主要目的是把一幅图像转换成适合输入计算机或数字设备的数字信号，这一过程包括光电转换、图像摄取及图像数字化等几个步骤。通常图像获取设备有 CCD 摄像机、数码相机、扫描鼓、扫描仪等。

2. 图像信息的存储

图像信息的突出特点是数据量巨大。一般作档案存储主要采用磁盘、光盘等。为解决海量存储问题，需要研究数据压缩、图像格式及图像数据库技术等。

3. 图像的输出与显示

图像处理的最终目的是为人或机器提供一幅更便于解译和识别的图像。因此，图像输出也是图像处理的重要内容之一。图像的输出有两种，一种是硬拷贝，另一种是软拷贝。通常的硬拷贝方法有照相、激光拷贝、彩色喷墨打印等多种方法；软拷贝方法有阴极射线管（CRT）显示、液晶显示器、场致发光显示器等几种。

4. 计算机视觉系统

一般的计算机视觉系统如图 3-1 所示。

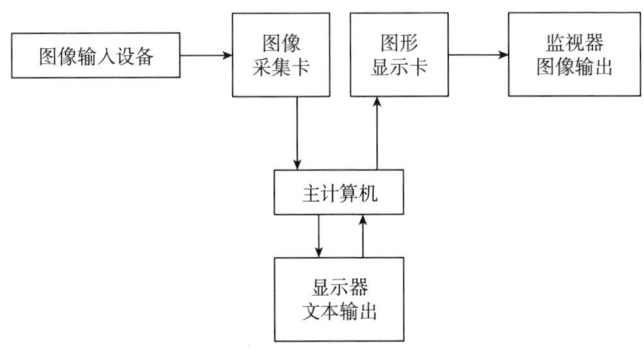

图 3-1　计算机视觉系统

主机配以图像采集卡及显示设备就构成了最基本的微型计算机视觉系统。微型计算机视觉系统成本低、设备紧凑、应用灵活、便于推广。特别是微型计算机的性能逐年提高，使得微型计算机视觉系统的性能也不断升级，加之软件配置丰富，使其更具实用意义。

主机配以图像采集卡及显示设备就构成了最基本的微型计算机视觉系统。微型计算机视觉系统成本低、设备紧凑、应用灵活、便于推广。特别是微型计算机的性能逐年提高，使得微型计算机视觉系统的性能也不断升级，加之软件配置丰富，使其更具实用意义。

二、图像的数学模型

简略地讲，一幅可见图像是一个平面能量分布图，其本身可以是一个发光物体辐射源，也可以是物体受光源照射后反射或透射的能量分布。这种分布图在数学上可用多变量函数来表示，见式（3-1）：

$$Q(x, y, \lambda, t) \tag{3-1}$$

其中，变量 x，y 为图像上像点的坐标位置，λ 为辐射能的波长，t 为时间。

一幅实际图像，其尺寸是有限的，为了使数学处理简便，总把图像的尺寸规格取成矩形，故有式（3-2）：

$$-L_x \leq x \leq L_x \text{ 和 } -L_y \leq y \leq L_y \tag{3-2}$$

五光十色的自然景物或电影、电视画面均是随时间而变的活动图像，但从中截取的每一个单幅图像却仍然只是静止图像（特定瞬间的图像），所以时间的因素可以不考虑。

视觉效果是由可见光刺激人眼引起的，如果光的辐射能量相同而波长不同，则引起的视觉效果也不同，人眼对图像明亮度的响应通常用式（3-3）衡量：

$$f(x, y) = \int_0^\infty Q(x, y, \lambda) V_s(\lambda) \mathrm{d}\lambda \tag{3-3}$$

其中，$V_s(\lambda)$ 为相对视敏函数，它是人眼对不同波长光的明亮度感觉的相对度量。对于彩色图像，根据原理，可分解成红、绿、蓝 3 幅单色图像，三基色相应值见式（3-4）、式（3-5）和式（3-6）：

$$f_R(x, y) = \int_0^\infty Q(x, y, \lambda) R_s(\lambda) \mathrm{d}\lambda \tag{3-4}$$

$$f_G(x, y) = \int_0^\infty Q(x, y, \lambda) G_s(\lambda) \mathrm{d}\lambda \tag{3-5}$$

$$f_B(x, y) = \int_0^\infty Q(x, y, \lambda) B_s(\lambda) \mathrm{d}\lambda \tag{3-6}$$

其中 $R_s(\lambda)$、$G_s(\lambda)$、$B_s(\lambda)$ 分别为人眼对红、绿、蓝三基色的相对视敏函数，$f_R(x, y)$、$f_G(x, y)$、$f_B(x, y)$ 三者的比例决定了总的色度感觉，而三者的合成决定了总的亮度感觉。

当彩色图像分解成红、绿、蓝 3 幅单色图像后，就可以只考虑能量值而略去波长，图像函数就能表示成平面上的二元函数 $f(x, y)$，该函数在某点的值称为图像在该点的灰度。因光的辐射能量总是非负且有界的，所以，灰度的值是一个有界非负的实数，从而满足式（3-7）：

$$0 \leq f(x, y) \leq B_m \tag{3-7}$$

其中，B_m 为最大亮度，图像所用的坐标如图 3-2 所示。

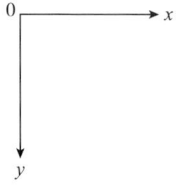

图 3-2　图像坐标

三、数字图像文件格式

数字图像由一系列在二维空间分布的像素点矩阵组成,本质上是带有一定标识信息的数字矩阵,如图 3-3 所示,每个像素点对应 1 个(灰度图像)或 3 个(彩色图像)灰度数据,通过数据的大小交替标识图像中的明暗交替(灰度级数)。最常见的灰度级数是 2、16 或 256,对应于每像素 1 bit、4 bit 或 8 bit 存储空间。

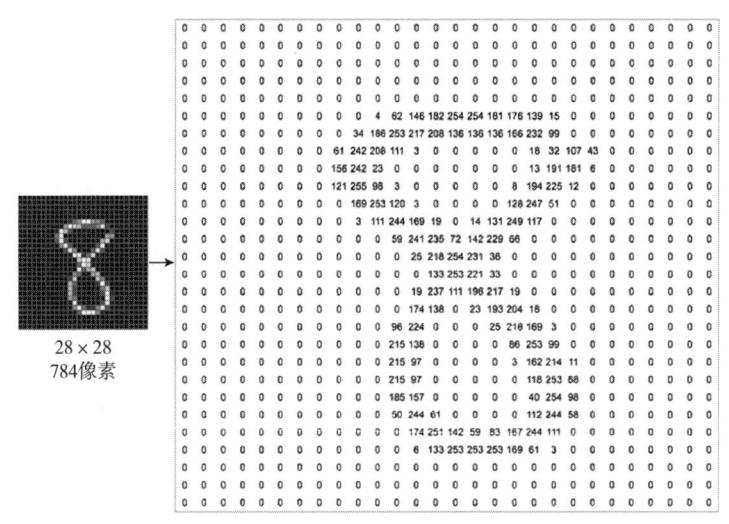

图 3-3 数字图像与矩阵之间的对应关系

数字图像处理通常会产生大量的含有数字的图像文件,而且每个文件数据量相当大。它们必须被存档,而且经常需要在不同的用户及系统间交换。这就要求有一些用于数字文件存储和传送的标准格式,常用的有 jpeg、bmp、gif、tiff 等。大多数图像文件格式除图像数据外还存储标签注释信息,这可能包括关于图像创建及格式的数据,以及用户提供的注释。

单色显示设备通常使用 8 bit 数模转换器电路产生视频信号,控制屏幕上所显示像素的亮度,这就提供了 256 级灰度能力。彩色显示设备使用 3 个 8 bit 数模转换器产生 3 个视频信号,分别控制所显示图像的红、绿和蓝分量的亮度。因此,它们具有 2^{24} 即超过 1.6×10^7 种不同颜色的能力。但考虑到显示管的不完善及人眼的局限性,实际上可辨别的颜色要少得多。

调色板是一个查找表,它使每个像素值与对应的显示颜色联系起来。因而一幅 4 bit 图像使用调色板后,可以从显示器理想状态下能显示的 1.6×10^7 种颜色中选择 16 种特定颜色进行显示。定义具体图像映射方式的调色板通常包含在图像数据文件中,并且控制着观察图像或打印图像时所用的显示设备。

四、彩色图像处理

(一)光度学和色度学基础

在食品图像分析中经常要用计算机视觉系统判断食品质量的优劣。因此,了解一些光度学和色度学知识显得十分必要。

1. 颜色的表示方法

颜色的表示大体上有两套方法。一种是设置一套作为标准的颜色样本,被试的颜色与样本进行比较,然后用特殊的记号来表示,具有代表性的例子就是芒塞尔(Munsell)表示系统。另一种方法是基于刺激光的物理性质和人眼颜色感觉的对应关系,根据许多观察者的颜色视觉实验进行规定,这就是国际照明委员会(CIE)制定的CIE表示系统。

2. 三基色及色度表示原理

几乎所有的颜色都能由三种基本色彩混配出来,这三种色彩就叫作三基色。由三基色混配各种颜色的方法通常有两种:相加混色和相减混色。彩色电视机上的颜色是通过相加混色产生的,而彩色电影和幻灯片等与绘画原料一样是通过相减混色产生各种颜色的。相加混色和相减混色的主要区别表现在以下三个方面:第一,相加混色是由发光体发出的光相加而产生各种颜色,而相减混色是先有白色光,然后从中减去某些成分得到各种彩色;第二,相加混色的三基色是红、绿、蓝,而相减混色的三基色是黄、青、品红,也就是相加混色的补色就是相减混色的基色;第三,相加混色和相减混色有不同规律。

著名的格拉斯曼定律反映了视觉对颜色的反应取决于红绿蓝三输入量的代数和这一事实。格拉斯曼定律包括如下四项内容:

①所有颜色都可以用互相独立的三基色混合得到;

②假如三基色的混合比相等,则色调和饱和度也相等;

③任意两种颜色相混合产生的新颜色与采用三基色分别合成这两种颜色的各自成分混合起来得到的结果相等;

④混合色的光亮度是原来各分量光亮度的总和。

3. CIE的RGB颜色表示系统

CIE选择红色(λ = 700.00nm)、绿色(λ = 546.1nm)和蓝色(λ = 435.8nm)三种单色光作为表色系统的三基色。这就是CIE的RGB颜色表示系统。

在数字图像处理中的终端显示通常用显像管(CRT)也就是用彩色监视器显示。由相加混色原理可知,白光(W)可由红(R)、绿(G)、蓝(B)三种基色光相加得到。产生光通量(Φ)1lm的白光所需要的三基色的近似值的亮度方程可表示为式(3-8):

$$1\Phi(W) = 0.30\Phi(R) + 0.59\Phi(G) + 0.11\Phi(B) \quad (3-8)$$

由式(3-8)可见,产生白光时三基色的比例关系是不等的,这显然给实际使用带来一些不方便。为了克服这一缺点,使用了三基色单位制,就是所谓的T单位制。在使用T单位制时,认为白光是由等量的三基色组成。因此,式(3-8)表示的亮度方程可改写为式(3-9):

$$1\Phi(W) = 1T(R) + 1T(G) + 1T(B) \quad (3-9)$$

比较式(3-8)和式(3-9)可以看出:1T单位红光为0.30lm;1T单位绿光为0.59lm;1T单位蓝光为0.11lm。由此可知,T单位与lm的关系,在需要的时候可以很容易地进行转换。T单位的采用避免了复杂数字带来的麻烦。

(二)颜色模型

通常使用的多数彩色模型或者是面向硬件设备,或者是面向应用的。以下介绍的RGB和CMY两种颜色模型都是面向硬件的,而HSI颜色模型则是面向用户的。在食品工程中常用的是RGB、CMY、HSI和CIE这四种模型,这里重点介绍这四种模型相关的内容。

根据三原色原理，彩色的颜色方程可写为式（3-10）：
$$F = \alpha(R) + \beta(G) + \gamma(B) \tag{3-10}$$
其中，α、β、γ 分别为红、绿、蓝三色的混合比例，一般称为三色系数。

颜色模型指的是某个三维颜色空间中的一个可见光子集，它包含某个色彩域的所有色彩。任何一个色彩域都只是可见光的子集，所以，任何一个颜色模型都无法包含所有的可见光。

1. RGB 颜色模型

根据三原色原理，RGB 颜色模型是最容易想到的颜色模型。RGB 颜色模型是三维直角坐标颜色系统中的一个单位正方体，如图 3-4 所示。在正方体的主对角线上，各原色的量相等，产生由暗到亮的白色，即灰度。(0, 0, 0) 为黑，(1, 1, 1) 为白，正方体的其他 6 个角点分别为红、黄、绿、青、蓝和品红。

RGB 颜色模型构成的颜色空间是 CIE 原色空间的一个真子集，通常用于彩色阴极射线管和彩色光栅图形显示器。RGB 三原色是加性原色。

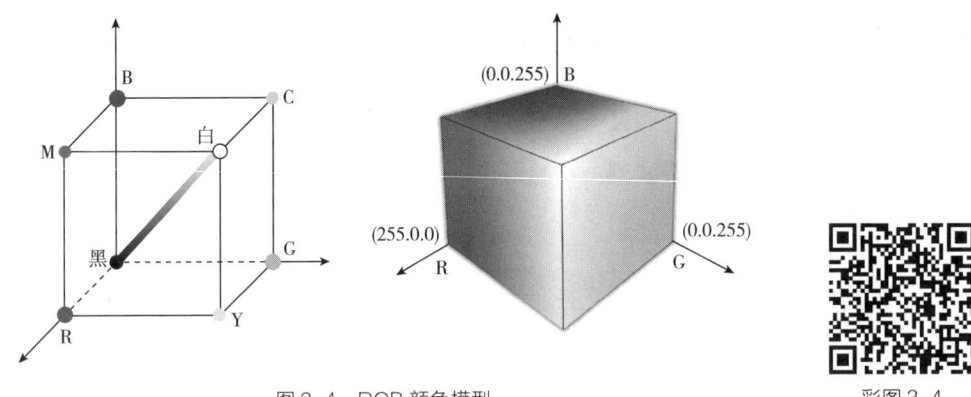

图 3-4 RGB 颜色模型　　　　　　　　　彩图 3-4

2. CMY 颜色模型

CMY 颜色模型是以红、绿、蓝三色的补色青、品红、黄为原色构成的颜色模型，常用于从白光中滤去某种颜色，故称为减色原色空间。CMY 颜色模型对应的直角坐标系的子空间与 RGB 颜色模型对应的子空间几乎完全相同。CMY 在原色的减色效果如图 3-5 所示。

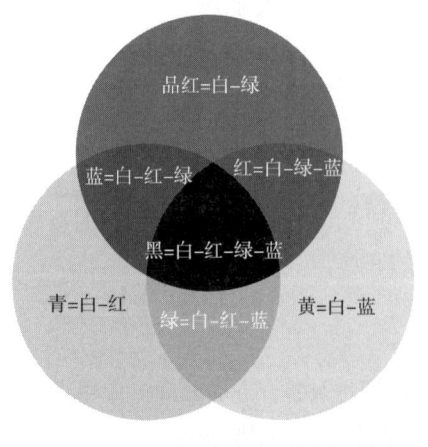 

图 3-5 CMY 在原色的减色效果示意图　　　　彩图 3-5

3. HSI 颜色模型

HSI 模型中，H 代表色调，S 代表饱和度，I 代表光强度（或亮度）。色调是描述纯色（纯黄、纯橙色或纯红色）的颜色属性，而饱和度提供了由白光冲淡纯色程度的量度。HSI 颜色的重要性在于两方面，第一，去掉强度成分在图像中与颜色信息的联系；第二，色调和饱和度成分与人眼感知颜色的原理相似。这些特征使 HSI 模型成为一个理想的研究图像处理运算法则的工具。因此，在食品工程中计算机视觉系统多用到 HSI 模型。

4. CIE 颜色模型

CIE 颜色模型是由国际照明委员会提出的，是基于人的眼睛对 RGB 的反应，被用于精确表示对色彩的接收。这些颜色模型被用来定义所谓的独立于设备的颜色，它能够在任何类型的设备上产生真实的颜色，例如，CIE 模型被广泛地使用在扫描仪、监视器和打印机上，因为它们很容易用于计算机描述颜色。

其中最著名的模型是：CIE XYZ 和 CIE $L^*a^*b^*$。

（1）CIE XYZ　XYZ 三刺激值的概念是以色视觉的三原色理论为根据的，它说明人眼是具有接收三原色（红、绿、蓝）的感受器，而所有的颜色均被视作该三原色的混合色。1931 年，CIE 制定了一种假想的标准观察者，配色函数 $\overline{x}(\lambda)$、$\overline{y}(\lambda)$ 和 $\overline{z}(\lambda)$，XYZ 三刺激值是利用这些标准观察者配色函数计算得来的。在此基础上，CIE 规定了 Yxy 颜色空间，其中 Y 为亮度，x、y 是从三刺激值 XYZ 计算得来的色坐标。它代表人类可见的颜色范围。

（2）CIE $L^*a^*b^*$　$L^*a^*b^*$ 颜色空间是在 1976 年制定的，它是 CIE XYZ 颜色模型的改进型，以便克服原来的 Yxy 颜色空间存在的在 x、y 色度图上相等的距离并不相当于所觉察到的相等色差的问题。其中 L^* 表示亮度、a^* 表示红绿度（$-a^*$ 表示绿，$+a^*$ 表示红）、b^* 表示黄蓝度（$-b^*$ 表示蓝，$+b^*$ 表示黄）。与 CIE XYZ 比较，CIE $L^*a^*b^*$ 颜色更适合人眼的感觉。利用 CIE $L^*a^*b^*$，颜色的亮度（L^*）、灰阶和饱和度（a^*，b^*）可以单独修正，这样，图像的整个颜色都可以在不改变图像或其亮度的情况下，发生改变。

（三）各种颜色模型之间的转换算法

1. RGB 与 CMY 颜色模型之间的转换算法

RGB 的取值通常是 0~255 的整数。从 RGB 颜色模型到 CMY 颜色模型之间的转换方法是非常容易的，见式（3-11）、式（3-12）、式（3-13）：

$$C = 255 - R \quad (3-11)$$

$$M = 255 - G \quad (3-12)$$

$$Y = 255 - B \quad (3-13)$$

反之亦然。

2. RGB 与 HSI 颜色模型之间的转换算法

RGB 颜色模型到 HSI 颜色模型之间转换的算法要复杂一些。

式（3-14）~式（3-16）可以把图像的 RGB 格式转换成 HSI 格式。

$$I = \frac{1}{3}(R + G + B) \quad (3-14)$$

$$S = 1 - \frac{3}{(R + G + B)}[\min(R, G, B)] \quad (3-15)$$

$$H = \arccos\left\{\frac{\frac{1}{2}[(R-G)+(R-B)]}{[(R-G)^2+(R-B)(G-B)]^{\frac{1}{2}}}\right\} \qquad (3-16)$$

3. RGB 与 CIE XYZ 颜色模型之间的转换算法

RGB 颜色转换到 CIE XYZ 颜色一般用式（3-17）计算：

$$\begin{pmatrix}X\\Y\\Z\end{pmatrix} = \begin{pmatrix}0.608 & 0.714 & 0.200\\0.299 & 0.587 & 0.114\\0.000 & 0.066 & 1.112\end{pmatrix}\begin{pmatrix}R\\G\\B\end{pmatrix} \qquad (3-17)$$

反之亦然。

4. CIE XYZ 与 CIE $L^*a^*b^*$ 颜色模型之间的转换算法

L^* 的范围是 0~100，a^*，b^* 的范围是 -300~300。从 $-a^*$ 到 $+a^*$ 表示由绿到红过渡，$-b^*$ 到 $+b^*$ 表示由蓝到黄过渡，如式（3-18）~式（3-21）计算：

$$L^* = 116f(Y/Y_n) - 16 \qquad (3-18)$$

$$a^* = 500[f(X/X_n) - f(Y/Y_n)] \qquad (3-19)$$

$$b^* = 200[f(Y/Y_n) - f(Z/Z_n)] \qquad (3-20)$$

其中，X_n，Y_n，Z_n 分别为白色对应的该参数的值。

$$f(x) = \begin{cases}x^{\frac{1}{3}} & x > 0.008856\\7.787x + 16/116 & x \leq 0.008856\end{cases} \qquad (3-21)$$

五、计算机图像分割方法

一幅图像可以根据某种颜色、几何形状、纹理和其他特征分成多个区。在应用中，为了便于进行图像分析，必须把图像分解成一系列的非重叠区，这种操作称之为图像分割。图像分割是在图像分析和理解过程中的前期处理之一。在数字图像处理中，图像分割定义为从图像中分离目标的过程。有时，分割也称为目标隔离。尽管图像分割的工作与人类视觉经验毫无相同之处，它在数字图像分析中占有相当重要的位置。

（一）图像的阈值分割

使用阈值进行图像分割是一种区域分割技术，阈值法对区分目标和背景尤其有效。假设目标放在对比度明显的背景上，使用阈值规则，每个像素的灰度值与阈值 T 比较，所有小于或等于阈值 T 的像素，认为是背景区，所有大于阈值 T 的像素认为是目标区，在把背景区与目标隔离开以后，背景区的信息将被删除。最优阈值的选择在图像分析中是一项重要和困难的工作，直方图技术是最优阈值选择的基础。在直方图技术中，图像所有的灰度值发生的频率被计算并绘制成图，背景和目标具有明显灰度差异的图像，直方图一般呈双峰状。筛选优化阈值的工作是在峰值之间选择一个灰度值，以便这个特殊的阈值尽可能把目标和背景分割开来，否则在后继对图像中的目标进行尺寸测量分析时将引起误差。

如果研究的物体具有比较一致的灰度值，并分布在一个具有另一个灰度值的均匀背景上，使用阈值方法效果就很好。如果物体同背景的差别在于某些性质（如纹理等）而不是灰度值，那么，可以先把那个性质转化为灰度，然后，利用灰度阈值化技术分割待处理的图像。

通常有两种技术可用来筛选优化阈值，一是自动选择技术，二是人工选择技术，在自动选择技术中，阈值的选择是以数学和统计学的方法为基础，选择过程没有人的干预。在人工选择技术中，操作者用试凑的方法由眼睛观察直方图的分布，选择一个分割效果较佳的灰度值作为阈值，由于人工选择阈值方法简单，在实际中有广泛的应用。

1. 全局阈值化

采用阈值确定边界的最简单做法是在整个图像中将灰度阈值的值设置为常数。如果背景的灰度值在整个图像中可合理地看作为恒定，而且所有物体与背景都具有几乎相同的对比度，那么，只要选择了正确的阈值，使用一个固定的全局阈值一般会有较好的效果。

2. 自适应阈值

在许多的情况下，背景的灰度值并不是常数，物体和背景的对比度在图像中也有变化。这时，一个在图像中某一区域效果良好的阈值，在其他区域却可能效果很差。在这种情况下，把灰度阈值取成一个随图像中位置缓慢变化的函数值是适宜的。

3. 最佳阈值的选择

除非图像中的物体有陡峭的边沿，否则灰度阈值的取值对所抽取物体的边界的定位和整体的尺寸有很大的影响。这意味着后续的尺寸（特别是面积）的测量对于灰度阈值的选择很敏感。由于这个原因，需要一个最佳的或至少是具有一致性的方法确定阈值。

（1）直方图技术 一幅含有一个与背景明显对比的物体的图像具有包含双峰的灰度直方图（图3-6）。两个尖峰对应物体内部和外部较多数目的点，两峰间的谷对应物体边缘附近相对较少数目的点。在类似这样的情况下，通常使用直方图来确定灰度阈值的值。

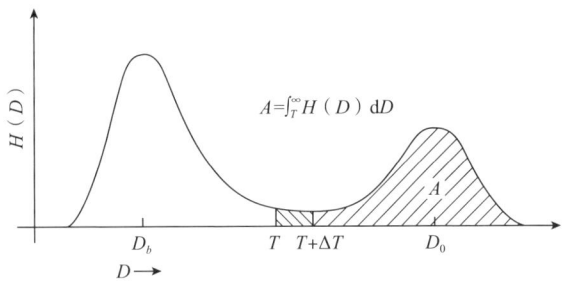

图3-6 双峰灰度直方图

利用灰度阈值 T 对物体面积进行计算的定义为式（3-22）：

$$A = \int_T^\infty H(D)\,dD \tag{3-22}$$

显然，如果阈值对应直方图的谷，阈值从 T 增加到 $T+\Delta T$ 只会引起面积略微减少。因此，把阈值设在直方图的谷，可以把阈值选择中的小偏差对面积测量的影响降到最低。

如果图像或包含物体图像的区域面积不大且有噪声，那么，直方图本身就会有噪声。除了凹谷特别尖锐的情况外，噪声会使谷的定位难以辨认，或至少是不同幅图像得到的结果不稳定可靠。这个问题在一定程度上可以通过用卷积或曲线拟合过程对直方图进行平滑加以克服。如果两峰大小不一样，那么，平滑化可能会导致最小值的位置发生移动。但是，在平滑化程度适当的情况下，峰值还是容易定位并且也是相对稳定的。一种更可靠的方法是把阈值设在相对于两峰的某个固定位置，如中间位置上，这两个峰分别代表物体内部和外部点典型（出现最频繁）的灰度值。一般情况下，对这些参数的估计比对最少出现的灰度值，即直方图的谷的估计更可靠。

可以构造一个只包含具有较大的梯度幅值的像素的直方图，例如，取最高的10%。这种方法排除了大量的内部和外部像素，而且可能会使直方图的谷点更易检测到。还可以用各灰度级像素的平均梯度值除直方图来增强凹谷，或利用高梯度像素的灰度平均值来确定阈值。

拉普拉斯滤波是一个二维的二阶导数算子。使用拉普拉斯滤波，并随之进行平滑，然后将阈值设在灰度值为0或略偏正，可以在二阶导数的过零点处分割物体。这些过零点对应于物体边缘上的拐点。由灰度—梯度组成的二维直方图也可以用来确定分割准则。

(2) 自动确定阈值方法　最大类间方差阈值分割算法（Otsu）是一种自动确定阈值方法。该方法的基础是辨别分析，这种方法的特点是并不要求任何有关阈值的前期信息。下面介绍这种方法的实施过程。首先计算图像的直方图，标准化后的灰度值直方图可由式（3-23）表示：

$$P_i = \frac{n_i}{N} \tag{3-23}$$

$$P_i > 0, \sum_{i=0}^{255} P_i = 1 \tag{3-24}$$

式中　i——灰度值；

n_i——灰度值为i的像素数；

N——像素总数，用$\sum_{i=0}^{255} n_i$计算得到。

图像的像素可以根据阈值T分成两类，背景和目标，背景区的像素由具有$0 \sim T$的像素组成，目标是指灰度值为$(T+1) \sim 255$区域，背景和目标的概率分布由式（3-25）、式（3-26）、式（3-27）、式（3-28）表示：

$$w_0 = \text{Prob}\{x \leq T\} = w(T) \tag{3-25}$$

$$w_1 = \text{Prob}\{x > T\} = 1 - w(T) \tag{3-26}$$

$$\mu_0 = \sum_{i=0}^{T} i \cdot \text{Prob}\{x \leq T\} = \frac{\mu(T)}{w(T)} \tag{3-27}$$

$$\mu_1 = \sum_{i=T+1}^{255} i \cdot \text{Prob}\{x > T\} = \frac{\mu_T - \mu(T)}{1 - w(T)} \tag{3-28}$$

式中　$w(T)$——阈值以下像素直方图的零阶累加矩，用$\sum_{i=0}^{T} P_i$计算；

$\mu(T)$——阈值以下像素直方图的一阶累加矩，用$\sum_{i=0}^{T} i \cdot P_i$计算；

μ_T——图像总均值，用$\sum_{i=0}^{255} i \cdot P_i$计算。

背景和目标的方差可表示为式（3-29）和式（3-30）：

$$\sigma_0^2 = \sum_{i=0}^{T} (i - \mu_0)^2 P_i / w_0 \tag{3-29}$$

$$\sigma_1^2 = \sum_{i=T+1}^{255} (i - \mu_1)^2 P_i / w_0 \tag{3-30}$$

式中　σ_0^2、σ_1^2——背景方差、目标方差。

阈值T可根据式（3-31）中不同的测量进行选择：

$$\eta = \sigma_B^2 / \sigma_T^2, \quad \eta_1 = \sigma_B^2 / \sigma_W^2, \quad \eta_2 = \sigma_B^2 / \sigma_T^2 \tag{3-31}$$

式中　σ_B^2——域间方差，用$W_0 W_1 (\mu_1 - \mu_0)^2$计算；

σ_T^2——总方差，用$\sum_{i=0}^{255}(1-\mu_T)^2 P_i$计算；

σ_W^2——域内方差，用$W_0\sigma_0^2+W_1\sigma_1^2$计算。

σ_W^2、σ_B^2是阈值T的函数，但σ_T^2与阈值T无关，σ_W^2由二阶统计获得，σ_B^2由一阶统计获得。因此，η是关于阈值T的最简单测量，可作为选择标准，来评估阈值的优劣，使η取最大值的最优阈值T_s可由式（3-32）得到：

$$T_s = \max_{0 \leq T \leq 255} \{\sigma_B^2(T)\} \tag{3-32}$$

式中 $\sigma_B^2(T) = [\mu_T w(T) - \mu(T)]^2 / \{w(T)[1-w(T)]\}$。

阈值确定以后，即可对图像进行分割处理。

（二）基于梯度的图像分割方法

阈值分割法是利用阈值来实现分割，而边界方法是利用边界具有高梯度值的性质直接把边界找出来。这里介绍三种分割方法。

1. 边界跟踪

假定从一个梯度幅值图像（图3-7）着手进行处理，这个图像是一幅与背景具有较大色度差的单一物体的图像。因为图像中梯度值最高的点必然在边界上，所以可以把这一点作为边界跟踪过程的起始点。

接着，搜索以边界起始点为中心的3×3邻域，找出具有最大灰度级的邻域点作为第二个边界点。如果有两个邻域点具有相同的最大灰度级，就任选一个。从这一点开始，启动一个在给定当前和前一个边界点的条件下寻找下一个边界点的迭代过程。在以当前边界点为中心的3×3邻域内，考察与前一个边界点位置相对的邻点和这个邻点两旁的两个点（图3-8）。下一个边界点就是上述三点中具有最高灰度级的那个点。如果所有三个或两个相邻边界点具有同样的最高灰度级，就选择中间的那个点。如果两个非邻域点具有同样的最高灰度级，可以任选其一。

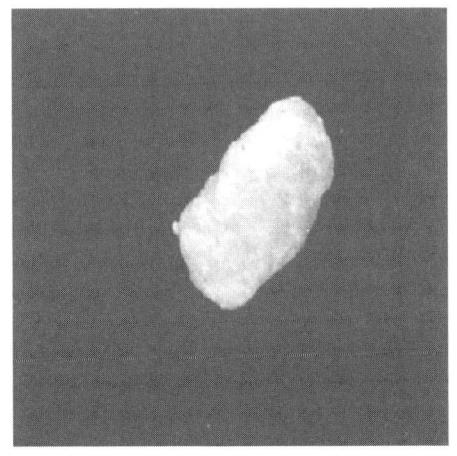

图3-7 膨化果图像

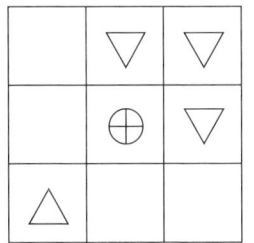 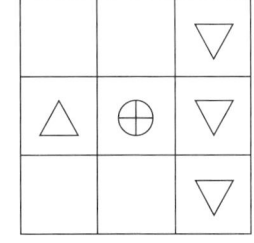

图3-8 边界跟踪

⊕—当前边界点 △—上一个边界点 ▽—下一个边界点候选

在一个无噪声的单调点状物图像中，这个算法将描画出最大梯度边界；但是，即使少量的噪声也可能使跟踪暂时或永远偏离边界。噪声的影响可以通过跟踪前对梯度图像进行平滑的方法来降低。即使这样，边界跟踪也不能保证产生闭合的边界，并且算法也可能失控并走到图像边界外面。

2. 梯度图像二值化

如果用适中的阈值对一幅梯度图像进行二值化，那么，将发现物体和背景内部的点低于阈值而大多数边缘点高于它（图 3-9）。基厄什（Kirsch）分割法利用了这种现象。这种技术首先用一个中偏低的灰度阈值对梯度图像进行二值化从而检测出物体和背景，物体与背景被处于阈值之上的边界点带分开。随着阈值逐渐提高，就引起物体和背景的同时增长，当物体和背景区域几乎接触而又不至于合并时，可用接触点来定义边界。这是分水岭算法在梯度图像中的应用。

图 3-9　Kirsch 分割法

虽然 Kirsch 分割法比二值化的计算开销大，但它可以产生最大梯度边界。对包含多个物体的图像来讲，在初始二值化步骤中分割正确的情况下，才能保证该分割的正确。预先对梯度图像进行平滑会产生较平滑的边界。

3. 拉普拉斯边缘检测

拉普拉斯算子是对二维函数进行运算的二阶导数标量算子。它定义为式（3-33）：

$$\nabla^2 f(x, y) = \frac{\delta}{\delta x^2} f(x, y) + \frac{\delta}{\delta y^2} f(x, y) \tag{3-33}$$

它通常可以以数字化方式用图 3-10 所示的卷积核（模板）之一来实现。

0	−1	0
−1	4	−1
0	−1	0

−1	−1	−1
−1	8	−1
−1	−1	−1

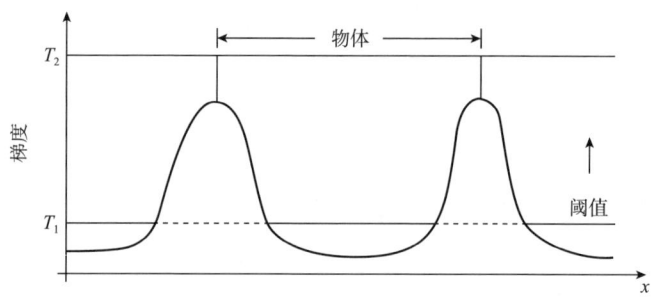

图 3-10　拉普拉斯卷积核

如果一个无噪声图像具有陡峭的边缘，可用拉普拉斯算子将它们找出来。对经拉普拉斯算子滤波后的图像用零灰度值进行二值化会产生闭合的、连通的轮廓，并消除了所有的内部点。由于是二阶微分算子，对噪声更加敏感，故对有噪声的图像，在运用拉普拉斯算子之前需要先进行低通滤波。

选用高斯低通滤波器进行预先平滑是很合适的。由卷积的结合律可以将拉普拉斯算子和高斯脉冲响应组合成一个单一的高斯拉普拉斯核，见式（3-34）：

$$-\nabla^2 \frac{1}{2\pi\sigma^2} e^{-\frac{x^2+y^2}{2\sigma^2}} = \frac{1}{\pi\sigma^4}\left[1 - \frac{x^2+y^2}{2\sigma^2}\right] e^{-\frac{x^2+y^2}{2\sigma^2}} \quad (3-34)$$

这个脉冲响应对 x 和 y 是可分离的，因此可以有效地加以实现。

第三节 计算机视觉技术在食品检测中的应用

一、食品膨化质量的自动检测

食品双螺杆挤压膨化机是食品膨化加工的主要设备。颜色和体积是膨化食品的重要质量特征，体积反映了膨化食品的膨胀度和密度；颜色则是膨化食品内部结构和其他物理性质的外部反映。因此，在膨化食品加工中，经常选择膨化食品的颜色和体积作为监控产品质量的参数。

物料在挤压腔内受高温、高压的作用，经圆形模头挤出机外，成连续圆柱条，由旋转刀片切成段状。由于膨化玉米段近似为旋转体，故当玉米段平躺在输送带上时，其俯视投影面积直接反映膨化玉米段体积的大小。颜色间接反映膨化玉米段的口感质量，经感官评定实验，中黄色口感最好，黄色、淡黄、浅黄次之，黄白最差。为了测量膨化玉米的俯视投影面积和颜色，开发了一个计算机视觉系统，分别用 RGB、CMY 和 HSI 模型对膨化玉米的颜色和投影面积进行对比分析。

用直方图刺激值的平均值作为颜色特征对膨化果质量进行评价。为了研究图像直方图的均值随膨化系统输入参数变化的规律，对 120 幅在不同条件下摄取的样本图像进行了统计分析，如表 3-1 所示。结果说明，图像的均值特征是加工系统输入参数的函数，并随系统参数的不同而变化。当喂入量为 45.4kg/h，含水量由 21% 变到 17% 时，膨化果的黄色成分减少，颜色由黄变为黄白，均值有较大幅度的变化。例如，由 215 变到 202，最大差值为 13。而当含水量为 19%、喂入量由 40.9kg/h 变到 49.9kg/h 时，各刺激值也随之变化，但变化幅度较小，变化仅在 207~209。由此可知，与喂入量相比，含水量对膨化果的颜色影响较大。

表 3-1　　刺激值均值和投影面积随系统参数的变化

工况	系统参数		产品特征		各彩色模型刺激值均值 $\bar{x_i}$								
	喂入量 /(kg/h)	含水量 /%	表面颜色	投影面积 /mm²	R	G	B	I	S	H	C	M	Y
1	45.4	21	黄	275	215	206	141	189	164	165	57	70	165
2	45.4	19	中黄	306	209	200	137	184	163	166	63	76	163
3	49.9	19	淡黄	309	207	199	136	183	162	167	63	76	159
4	40.9	19	浅黄	344	208	198	140	184	163	166	64	78	158
5	45.4	17	黄白	424	202	190	135	178	161	169	67	83	153

由表 3-1 可知：①在含水量为 19%，喂入量由 40.9kg/h 变到 49.9kg/h 过程中，黄色刺激的均值在喂入量为 45.4kg/h 处取得极值。②在相同条件下，RGB、CMY 的刺激值均值变化大于 HSI 的变化，具有较好的可区别性。③膨化果的投影面积随含水量和喂入量的变化而改变，变化的幅度比颜色变化幅度大得多，且产品的颜色越黄投影面积越小，膨化果投影面积的变化在二维平面内反映了膨化果体积的差别，膨化过程中，投影面积随颜色有规律变化的结果，说明膨化果的颜色和体积是相关的。

二、基于计算机视觉的冷却牛肉嫩度分析方法

肉的嫩度是评价肉的食用质量的重要指标之一。目前常用的检验方法有主观评价和客观评价两类。主观评价比较接近正常食用条件下对嫩度的评价，缺点是对评价人员素质要求高。

针对各部位牛肉脂肪和肌肉分布的特点，采用大理石纹对含脂肪牛肉进行研究。

为定量分析牛肉脂肪分布密度，需要从其图像中提取相应特征量作为评价依据，这就要求系统能够准确地将图像中像素点归属于脂肪和肌肉两个区域。脂肪组织在图像中表现为白色，肌肉组织在图像中表现为红色。

利用人工神经网络进行图像分割。从牛肉图像中得到脂肪组织和肌肉组织的样本。将组成样本的像素颜色信息作为网络输入，训练用于识别脂肪像素和肌肉像素的网络。

脂肪组织分割采用多层 BP 网络结构，包含 1 个输入层、1 个隐含层和 1 个输出层，隐含层节点数为 12。像素颜色信息由 R、G、B 3 个分量组成，输入层节点数为 3。有两种可能输出，故取输出节点数为 1，输出"0"表示该像素为脂肪，输出"1"表示该像素为肌肉。因为网络输出不是整数值，所以需要对其进行处理。对计算结果依据四舍五入原则取整，将其输出归类。

脂肪组织分割网络的训练测试过程是：从 1~28 号试验组肉在不同存放时间获得的图像中分割出有代表性的脂肪组织和肌肉组织的图像区域，共计 10087×2 个像素点（脂肪组织和肌肉组织的像素点各 50%），随机抽取 3000×2 个像素点作为测试样本集，余下像素点作为训练样本集。用测试集对网络性能进行评价时，对像素的正确识别率可达 97%，分割结果令人满意。

思考题

计算机图像阈值分割的方法有哪些？在食品、农产品检测中有何意义？

第四章

近红外光谱技术

学习目标

掌握近红外光谱技术分析原理,并熟悉近红外光谱仪的构成及功能,了解近红外光谱分析技术在食品领域中的应用。

重点和难点

重点是近红外光谱技术信号产生机制;难点是近红外光谱技术定量分析方法。

近红外光谱(near infrared spectroscopy,NIRS)分析理论日趋成熟和完善,近年来的实践应用证明,近红外光谱技术作为过程分析技术,在工业信息化与自动化融合发展的过程中起到了决定性作用,它可以实时、快速地为最优化控制提供数据基础,在保障产品质量的一致性的同时降低生产成本和资源消耗。

近红外光谱成像(near infrared spectroscopic imaging,NIRSI)技术又称为近红外化学成像技术,能够获取物料表面浅层空间信息和光谱信息。通过近红外光谱成像技术不但可以得到生物组织的清晰纹理、轮廓和化学成分分布信息,还可以通过化学计量学方法进行目标成分的定量或定性分析,以及构成样品目标物含量分布图像。

NIRS 和 NIRSI 集物性学、化学、光学、计算机科学、信息科学及相关技术于一体,已经发展成为一个十分活跃的研究领域。近红外仪器、数据处理技术也获得飞速发展,在农业、食品、制药、化工、纺织、医学等领域得到广泛应用。

第一节 近红外光谱分析技术概述

近红外光是介于紫外-可见光和中红外光(middle infrared,MIR)之间的电磁波,根据美国材料与试验协会(ASTM)光谱范围,波长为 780~2526nm,而在一般应用中往往把波长在 700~2500nm(波数 4000~14286cm^{-1})范围内的电磁波称为近红外谱区,是人们最早发现的非可见光区域。习惯上又将近红外光划分为短波近红外(700~1100nm)和长波近红外(1100~2500nm)两个区域。

一、近红外光谱产生机制

近红外光谱主要是由物质吸收光能使分子振动从基态向高能级跃迁时产生的。近红外光谱记录的是分子中单个化学键的基频振动的倍频和合频信息，它常常受含氢基团 X—H（X 为 C、N、O）的倍频和合频的重叠主导，所以在近红外光谱范围内，测量的主要是含氢基团 X—H 振动的倍频和合频吸收。由于动植物性食品和饲料的成分大多由这些基团构成，基团的吸收频谱表征了这些成分的化学结构。主要基团合频与各级倍频吸收带的近似位置见表 4-1。

表 4-1　　主要基团合频与各级倍频吸收带的近似位置

	波数/cm^{-1}				波长/nm			
	C—H	N—H	O—H	H—O—H	C—H	N—H	O—H	H—O—H
合频	4250	4650	5000	5155	2350	2150	2000	1940
一级倍频（2v）	5800	6670	7000	6940	1720	1500	1430	1440
二级倍频（3v）	6500	9520	10500	10420	1180	1050	950	960
三级倍频（4v）	11100	12500	13500	1330	900	800	740	750
四级倍频（5v）	13300				750			

红外光线的能量要被分子基团所吸收，必须满足两个条件：①光辐射的能量恰好满足分子振动能级跃迁所需的能量，即只有当光辐射频率与分子中基团的振动频率相同时，辐射才能被吸收；②振动过程中，必须有偶极矩的改变，只有偶极矩发生变化的振动形式才能吸收红外辐射。

二、近红外光谱测定的基本原理

近红外光照射到被测对象上时，主要有 6 种作用模式，如图 4-1 所示。漫透射光和漫反射光承载了样品内部信息，采用不同的收集方式即可获得样品漫透射光谱和漫反射光谱。漫透射光的光程较漫反射要大，获得的信息更加丰富，但是信号较弱，需要大功率的光源；而漫反射获得的是样品浅层信息，但是信号较强，对光源要求不严格。在实际应用中，针对不同检测要求，可以灵活选择光谱采集模式。

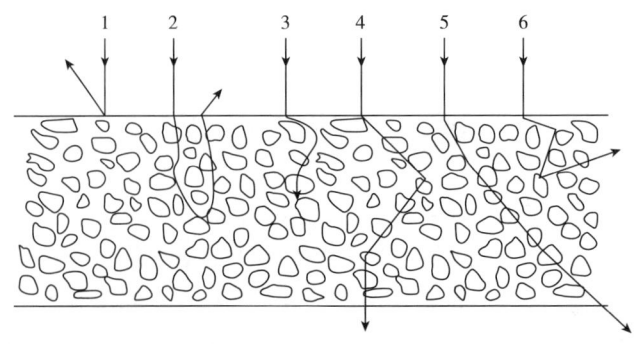

图 4-1　近红外光谱与固体样品作用示意图
1—全反射　2—漫反射　3—吸收　4—漫透射　5—折射　6—散射

近红外光谱的测定方法主要有：透射光谱法和反射光谱法。透射光谱法（多指短波近红外区，波长一般在 700~1100nm）是指将待测样品置于光源与检测器之间，检测器所检测的光是透射光或与样品分子相互作用后的光（承载了样品的结构与组成信息，见图 4-2）。

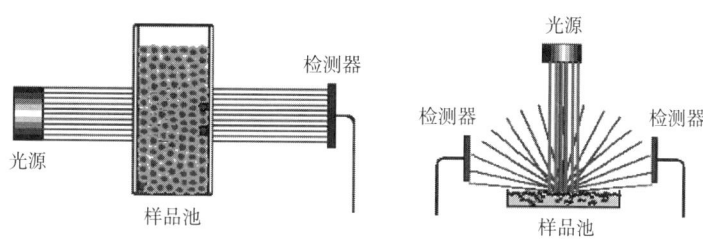

图 4-2　漫透射光谱技术示意图

物体对光的反射又分为规则反射（镜面反射）与漫反射。规则反射指光在物体表面按入射角等于反射角的反射定律发生的反射；漫反射是光投射到物体后（常是粉末或其他颗粒物体），在物体表面或内部发生方向不确定的反射。漫反射光谱法（多指长波近红外区，波长一般在 1100~2500nm）是指将检测器和光源置于样品的同一侧，检测器所检测的是样品以各种方式反射回来的光（图 4-2）。应用漫反射光进行的分析称为漫反射光谱法。

在漫反射条件下，由于库贝尔卡-蒙克（Kubelka-Munk）函数（与浓度 c 成比例关系）与吸光度之间不是线性关系，因此吸光度与试样浓度 c 之间也不是线性关系。但是在定量分析中所用到的吸光度变化范围都很小，并且当影响散射系数的因素（粒径、温度、颜色、组织疏密均匀度等）变化不大时，可以忽视散射影响，吸光度与浓度 c 之间可近似地按线性关系对待。包括反射率 R 在一定条件下，也可以认为与试样浓度呈线性关系，实践和试验也都证明了这一点。

三、近红外光谱的技术特点及应用难点

（一）近红外光谱的技术特点

近红外光谱分析技术之所以成为一种快速、高效、适合过程在线分析的有力工具，是由其技术特点决定的。近红外光谱分析的主要技术特点如下。

1. 测试方便，无需进行样品预处理

对于流动性较好的液体测量，可选用 2~10mm 范围光程的比色皿进行测量（牛奶、酒、醋等），甚至可以直接采用普通玻璃试管、烧杯、烧瓶等盛装进行测量（牛奶、蜂蜜、果汁等）；对于流动性较差的半液态物料，可采用聚乙烯薄膜包装进行漫反射测量（如调料、胶质、冰淇淋等）；对于粉体和小颗粒物料，直接采用漫反射测量（面粉、奶粉、果珍、大豆等）；对于表面不规则物料，可采用非接触式漫反射测量（如腐竹、烟草、方便面饼等）；对于大块状物料以及水果，可以采用接触式漫透射或非接触式漫反射模式测量（如马铃薯、红薯、苹果、梨、桃、柑橘等）。

2. 分析效率高，分析成本较低

近红外光谱承载了来自样品的综合信息，包括物理性指标（硬度、色泽等）和化学性指

标（蛋白质、脂肪、碳水化合物等）的特征吸收，通过构建数学模型，可实现多指标同时定性或定量测量，时间往往在几秒之内。

3. 使用维护成本低，适用于在线分析和质量过程控制

仪器受环境（湿度、粉尘、振动等）干扰小，环境温度变化可采用仪器自身恒温和模型补偿等方法进行修正，仪器和测量附件的价格较低。通过一次光谱测量和已建立的相应校正模型，可同时对样品的多个组分或性质进行测定，提供定性、定量结果。另外，近红外光可在低羟基石英光纤中进行传输，适合于有毒材料或恶劣环境的远程在线分析，也促进光谱仪和测量附件的设计更小型化。

4. 可进行原位测量且对样品无损伤

近红外光谱分析技术可以在活体分析和医药临床领域广泛应用，如在脑功能、动物营养代谢、果蔬生长期品质检测等领域。

（二）近红外光谱的应用难点

任何分析技术都具有其自身优势，同样也伴随着局限性，近红外光谱分析技术具有以下应用难点。

①近红外光谱分析技术是一种二次分析技术，其预测结果依赖于数学模型的适用性和稳定性。数学模型的构建需要采集大量的有代表性样本，而在后期的应用中，可能测试对象的属性超出原模型中建模样本的属性，如受产地变化、气候差异、工艺条件改变等引起的物理属性和化学属性变化，可能导致模型输出结果不准确，往往需要专业技术人员进行模型修正和维护。因此，近红外光谱分析技术适合经常性的、稳定状态下生产的质量控制，不适于非常规性、非稳态下生产的质量控制。

②近红外光谱分析技术在应用过程中要求仪器具有长期的稳定性，仪器的各项性能指标不能发生显著变化，光谱仪光路中任何一个光学部件的更换，都可能引起模型失效。在仪器使用过程中，部件（光源）更换后要进行仪器校准处理，以使模型误差在可接受范围内。

③由于模型构建成本较高（建模样本标准值测试成本高），在大规模应用时，不可能对每台仪器进行数据采集并分别建立模型，往往由主机模型向子机进行传递。在模型传递中，要求近红外仪器之间有很好的一致性，否则将带来较大的甚至不可接受的预测误差。尽管化学计量学方法可以在一定程度上解决模型传递问题，但不可避免地会降低模型的预测精度。

④近红外易受复杂体系干扰，光谱中信息强度低，组分在近红外光谱中谱峰强度较弱，往往不适用于对痕量指标的直接测量。为了克服检测限问题，可以进行样本预处理（固相微萃取、层析分离等）提高检测限。

第二节 化学计量学方法与建模流程

近红外光谱分析技术是一种快速分析技术，能够在很短的时间内完成样品的分析，但这一切很大程度上依赖于数学模型的准确性和适应性。在近红外光谱分析中，最为耗时的是近红外光谱的数据分析。化学计量学是一门化学与统计学、数学、计算机科学交叉的学

科，可以用于对近红外测量数据处理和解析，最大限度地获取物质组成信息、结构信息。由于近红外光谱本身的多重共线性，仪器噪声的存在，以及环境的干扰，需要对光谱进行适当的异常数据识别及剔除，再进行优先数据挖掘，提取信息变量，以削弱非信号以及非正常样本引起的干扰，维护模型的准确性和适应性，从而达到建立一个相对稳定的预测模型。

一、常用的化学计量学方法

在近红外光谱分析技术应用中，常用的化学计量学方法主要包括光谱预处理方法、光谱信息选择方法、定量建模方法三大类，具体的原理与计算方法请参阅《化学计量学》等相关专著，在此只简要总结。

（一）光谱预处理方法

检测器检测到的光谱信号除含样品待测组分信息外，还包括各种非目标因素，如高频随机噪声、基线漂移、杂散光、样品背景等。因此，在数据分析前，应先针对特定的光谱测量和样品体系，对测量的光谱进行合理的处理，减弱或消除各种非目标因素对光谱信息的影响，为稳定、可靠的校正模型的建立奠定基础。常用的光谱预处理方法包括：平滑、求导、标准正态化（standard normal variate，SNV）、多元散射校正（multiplicative signal correction，MSC）、小波变换（wavelet transform，WT）、正交信号校正（orthogonal signal correction，OSC）和净分析物预处理（net analyte preprocessing，NAP）等。

（二）光谱信息选择方法

光谱信息选择方法可以排除不相关或者非线性变量，同时减少建模变量以达到简化模型的目的。在近红外定量和定性分析中，光谱信息变量选择方法主要有相关系数法（correlation coefficient，CC）、逐步回归分析法（stepwise regression analysis，SRA）、无信息变量消除法（uninformative variables elimination，UVE）、竞争性自适应权重取样法（competitive adaptive reweighted sampling，CARS）、连续投影算法（successive projections algorithm，SPA）、区间偏最小二乘法（interval partial least squares，iPLS）、移动窗口偏最小二乘法（moving windows partial least squares，MWPLS）、遗传算法（genetic algorithm，GA）等。大量文献给出了相关方法的具体算法和应用，在此介绍几种常用方法的特点，如表4-2所示。

表4-2　　近红外光谱信息变量选择方法的特点和作用

方法	特点	作用
CC	光谱与目标值直接进行相关分析，计算简单	可结合已知的化学知识给定一阈值，选取相关系数大于该阈值的波长参与模型建立
SRA	按一定显著水平筛选出统计检验显著的波长，再进行多元线性回归	用于多元线性回归（multiple linear regression，MLR）模型变量选择
UVE	基于PLS回归系数b建立的一种波长选取方法，集噪声和浓度信息于一体	常用于PLS模型的信息变量选取

续表

方法	特点	作用
CARS	基于回归系数进行波长选择，将波长看作个体，模仿适者生存原则，对变量进行逐步淘汰	筛选出 PLS 模型中回归系数绝对值大的波长变量，去掉权重小的变量，选出交互验证均方根误差（root mean square error of cross validation, RMSECV）最小的子集
SPA	是一种向前循环选择方法，从一个波长变量开始，每次循环都计算它在未入选波长上的投影，将投影向量最大的波长引入到波长组合。每一个新入选的波长变量，都与前一个线性关系最小	利用向量的投影分析，选择含有最小冗余度和最小共线性的有效波长，常用于 PLS 建模
iPLS	将整个光谱等分为 n 个子区间，在每个区间进行 PLS 建模，分别计算 RMSECV	以最小 RMSECV 确定最佳信息区间，常用于 PLS 建模
MWPLS	选取一定窗口的区间，移过整个光谱区间，为一个数据点，在每个窗口下建立 PLS 模型，计算误差平方和（SSR）	以最小 SSR 定位出窗口所在位置，既为最佳信息区间，常用于 PLS 建模
GA	经光谱数据进行编码，一个数据点代表一个基因，模拟生物进化，以适应度函数评价进化结果	输出染色体为"1"的数据表示被选择，否则去掉，用于选择信息变量，常用于 PLS 和 MLR 建模

（三）定量建模方法

定量建模方法也称多元定量校正方法，是建立光谱与物质浓度（或属性）之间的定量数学关系的一类算法。在近红外定量分析中常用的定量建模方法有多元线性回归（multiple linear regression，MLR）、主成分回归（principal component regression，PCR）、偏最小二乘回归（partial least squares regression，PLS）、人工神经网络（artificial neural network，ANN）、支持向量机（support vector machine，SVM）等。其中，PLS 法在近红外光谱分析中应用最为广泛，MLR 常用于专用仪器和便携仪器，而 ANN 和 SVM 等方法也越来越多地用于非线性的近红外光谱分析。

MLR、PCR、PLS、ANN 和 SVM 等建模方法对比如表 4-3 所示，每种方法都有其特点，在使用时根据数据特点进行选择，最终使用所建模型对未知样品进行预测，预测结果满足生产需要即可。

表 4-3　　　　　　　　　　近红外常用建模方法的特点和作用

方法	特点	作用
MLR	需要进行变量选择，光谱变量与化学指标的关系易解释，模型简单，物理意义明确	适用于样本数大于参与回归变量数的线性建模分析，常用于专用仪器
PCR	通过提取测量矩阵中的有效主成分，有效降低噪声的影响，充分利用光谱信息	适合于变量数大于样本数的系统建模分析
PLS	对数据信息进行分解和筛选的方式，提取对因变量的解释性最强的综合变量，辨识系统中的信息与噪声，更好地克服变量多重相关性	适合于变量数大于样本数的系统线性建模分析

续表

方法	特点	作用
ANN	依靠系统的复杂程度，通过调整内部大量节点之间相互连接的关系，进行分布式并行信息处理	适合于变量数大于样本数的系统非线性建模分析
SVM	根据有限的样本信息在模型的复杂性（即对特定训练样本的学习精度）和学习能力（即无错误地识别任意样本的能力）之间寻求最佳折中，以期获得最好的推广能力	解决小样本、非线性及高维的系统非线性建模分析

（四）定量模型评价指标

1. 建模评价参数

近红外模型的评价一般采用相关系数（correlation coefficient of calibration，R_C）、校正均方根误差（root mean square error of calibration，RMSEC）、交互验证均方根误差（root mean square error of cross validation，RMSECV）以及相对分析偏差（relative prediction deviation of calibration，RPD_C）来评定。

（1）相关系数　见式（4-1）。

$$R_C = \frac{\sum_{i=1}^{I_C}(y_{Ci}-\bar{y}_i)(\hat{y}_{Ci}-\bar{\hat{y}}_C)}{\sqrt{\sum_{i=1}^{I_C}(y_{Ci}-\bar{y}_i)^2}\sqrt{\sum_{i=1}^{I_C}(\hat{y}_{Ci}-\bar{\hat{y}}_C)^2}} \tag{4-1}$$

$$\bar{y}_C = \frac{1}{I_C}\sum_{i=1}^{I_C}y_{Ci},\ \bar{\hat{y}}_C = \sum_{i=1}^{I_C}\hat{y}_{Ci}$$

其中，$\hat{y}_{Ci}$ 为样品 i 模型计算值，y_{Ci} 为样品标准值，I_C 为校正集样品数。

（2）校正均方根误差　见式（4-2）。

$$\text{RMSEC} = \sqrt{\frac{\sum(y_{Ci}-\hat{y}_{Ci})^2}{I_C - P - 1}} \tag{4-2}$$

其中，I_C 为校正集样品数，P 为模型维度。

（3）交互验证均方根误差　见式（4-3）。

$$\text{RMSECV} = \sqrt{\frac{\sum(y_{Ci}-\hat{y}_{Ci})^2}{I_C}} \tag{4-3}$$

（4）相对分析偏差　见式（4-4）。

$$RPD_C = \frac{\text{SD}}{\text{RMSEC}} = \frac{\sqrt{\sum_{i=1}^{n}(y_{Ci}-\bar{y}_C)^2/(I_C-1)}}{\sqrt{\sum_{i=1}^{n}(y_{Ci}-\hat{y}_{Ci})^2/(I_C-P-1)}} \tag{4-4}$$

当 $R^2 \geqslant 0.90$ 时，模型具有良好精度；当 $0.70 \leqslant R^2 < 0.89$ 时，模型具有较好精度；当 $0.50 \leqslant R^2 < 0.69$ 时，模型可用于定性；当 $R^2 < 0.49$ 时，模型稳健性较差。RPDc 越大，表明模型的预测性能越好。

2. 预测评价参数

预测主要以外来未知样品集对模型进行评价，主要有：预测相关系数（correlation

coefficient of prediction，R_P)、预测均方根误差（root mean square error of prediction，RMSEP）、预测相对分析偏差（ratio of prediction deviation of prediction，RPD_P）。

（1）预测相关系数　见式（4-5）。

$$R_P = \frac{\sum_{i=1}^{I_P}(y_{Pi}-\bar{y}_i)(\hat{y}_{Pi}-\bar{\hat{y}}_P)}{\sqrt{\sum_{i=1}^{I_P}(y_{Pi}-\bar{y}_i)^2}\sqrt{\sum_{i=1}^{I_P}(\hat{y}_{Pi}-\bar{\hat{y}}_P)^2}} \quad (4-5)$$

$$\bar{y}_P = \frac{1}{I_P}\sum_{i=1}^{I_P}y_{Pi},\quad \bar{\hat{y}}_P = \sum_{i=1}^{I_P}\hat{y}_{Pi}$$

其中，y_{Pi} 为样品 i 的真实值，$\hat{y}_{Pi}$ 为样品 i 的预测值，I_P 为预测集样品数。

（2）预测均方根误差　见式（4-6）。

$$\text{RMSEP} = \sqrt{\frac{\sum(y_{Pi}-\hat{y}_{Pi})^2}{I_P}} \quad (4-6)$$

（3）预测相对分析偏差　见式（4-7）。

$$RPD_P = \frac{SD}{RMSEP} = \frac{\sqrt{\sum_{i=1}^{m}(y_{Pi}-\bar{y}_P)^2/(I_P-1)}}{\sqrt{\sum_{i=1}^{m}(y_{Pi}-\hat{y}_{Pi})^2/I_P}} \quad (4-7)$$

当 R_P 越大，趋近于1，RMSEP 越小，RPD_P 越大则模型的适应性越好。当 $RPD_P>3$ 时认为模型的预测能力是完美的，在 1.5~3 时认为模型可以进行指标的定量控制，当该值<1.5 时认为模型只能进行相关指标的定性判别，当该值为 1 时认为该模型不能进行准确的预测。

（五）定性建模方法

在实际工作中，经常遇到一些只需要知道样品的类别或等级，并不需要知道样品的组分及其含量的情况。有时，即使使用定量分析的方法测出了样品中某些组分的含量，也很难确定样品属于哪一类。而且定量分析模型的精度常常取决于标准方法的准确度，如果标准方法的准确度不高，定量分析将不可能得到准确而理想的结果。定性分析是依靠已知样品及未知样品谱图的比较来完成的，已有一些方法可以应用于近红外光谱的定性分析。

光谱的定性分析常利用模式识别方法，该方法又可分为有监督的方法、无监督的方法和图形识别三类。

有监督的方法需要有训练集，通过训练集建立数学模型，用经过训练的数学模型来识别未知样本，未知样本的分类数由训练集确定。具体方法包括线性学习机（linear learning machine，LLM）判别分析、K 最邻近法（k-nearest neighbor，KNN）、族类独立软模式（soft independent modeling of class analogy，SIMCA）、人工神经网络、偏最小二乘判别（partial least squares-discriminant analysis，PLS-DA）等。

无监督的方法不需要训练集训练模型，未知样本的分类数可以预先给定，也可以根据实际分类结果确定。聚类分析是无监督方法的典型代表。该方法特别适用于样本归属不清楚的情况。

图形识别是一种直观有效的方法。在实际中，可以利用人类在低维数空间对模式识别能力强的特点，将高维数据压缩成低维数据，实现图形识别。

二、近红外分析模型的构建流程与方法

一般近红外光谱分析技术的应用包括三大过程（图 4-3）：校正过程、验证过程、预测过程。一个成熟的近红外分析模型的建立往往需要收集大量样本，特别是农产品，一般包括不同品种、不同产地、不同年份等，同时需要借助多种化学计量学方法的辅助，但一旦建成一个较为成熟的模型，就可以在一段时间内用于样品的快速、精准分析，大大节省分析成本，提高效率。

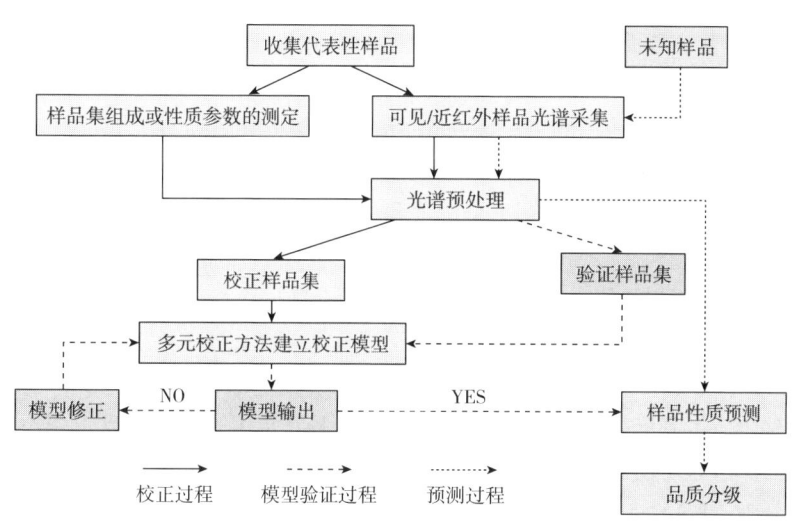

图 4-3　近红外光谱分析技术应用流程

（一）具有代表性的建模样品的收集

建模样品为从总体中抽取的有限个（一般是几十个）能代表研究对象总体的适合分析的样品。这里的代表性指的是同一材料（如同一种作物）中的不同类型、不同品种、不同来源以及待测组分含量分布等。待测组分含量范围应覆盖被测样品中该组分的含量范围，而且在这范围内建模样品的分布尽量是均匀的。如果有足够的数量，同一类型的品种可做单独建模，这样会得到更好的效果。

（二）光谱数据的测量

在测定光谱数据时，应注意到仪器状态和环境因素的变化，测量条件尽量保持一致。另外，根据样品的物化性质，选择最佳的采谱方式。合适的光谱测量方式应满足以下条件：①光谱的重复性和再现性好；②测试方便、快捷；③光谱的信噪比高；④光谱包含的样本物化信息完整。

（三）建模样品被测组分化学分析值的测定

校正模型是由建模样品被测组分的化学值和相关近红外光谱的吸光度经回归得到的，因此模型预测结果的准确性很大程度上取决于标准方法测得的化学值的准确性，只有准确的化学值才能得到可靠的回归模型，从而保证未知样品预测的准确性。

参考化学值测定时，须注意以下几点：①参考国际或国家标准方法测定建模样品的化学值；②食品取样测定光谱后及时测定化学值，特别是果蔬生鲜样品，且要保证光谱测试点和化学测试点一致；③尽可能在一台仪器上，用熟练的工作人员测定化学参考值；④为得到准确性高的基础数据，有时需要多次测量取平均值。

（四）异常样本识别

样本异常是指由于试验操作（光谱测量和化学值测量）不当而引起的样本光谱或化学值异常，以及样本本身离群而超出设定的置信度范围。因此，在建立校正模型前，须先对异常样品进行剔除。计算所有样品光谱的马氏距离（mahalanobis distance，MD），并从小到大排列，在95%的置信度下采用肖维勒（Chauvenet）检验来识别异常光谱。另外样品杠杆值（leverage值）与学生残差（studentized residual）也用于样品异常判别，样品杠杆值大小表明了样品对模型的影响程度，位于被测组分浓度和性质两端（高端和低端）的样品具有较大的杠杆值，位于被测组分和性质均值附近的样品杠杆值较小。通常以杠杆值平均值的3倍和学生残差值3作为异常判定阈值。

（五）样本分集

样本分集指的是将所有样本分有校正集和预测集，校正集用于建立模型，预测集用于验证模型。样本数较少时，也可以采用留一法的内部交互验证来评估模型。样本分集一般有3种方法。

1. 随机分类（RS）法

RS法随机性大，并不能保证所选出的样本有足够的代表性。而且存在选择的建模集样本属性范围小于预测集样本的属性，致使模型预测外延而不准确。

2. 肯纳德-斯通（Kennard-Stone，KS）法

KS法是将光谱差异大的样本选入校正集，其余样本归入预测集。但是对于低含量或者低浓度的范围，样本之间光谱变化很小，往往选出的样本也不具有代表性。

3. 浓度排序（CS）法

CS法是依据浓度或化学值大小排序，按照设定的比例（如3∶1或2∶1）将样本分为校正集和预测集，化学值的最大和最小样本归为校正集。牛奶样本根据CS法分集后，其成分量和样品数的分布如图4-4所示，可以看出校正集覆盖了预测集，而且分布规律相同，都满足正态分布。

（六）光谱数据的预处理及模型构建

光谱数据预处理方法同上，在此不做赘述。

对于特定的应用环境，应根据数据的特点恰当地选择建模方法，在能满足生产要求的条件下，模型越简单越有利。

（七）模型验证

在模型建立完后，需要对模型的准确性、重复性、稳健性、传递性进行评估。

（1）准确性 在相同条件下测试预测集光谱和化学参考值（不少于28个样本），用前述的R_p、RMSEP、RPD_p等参数来评价。

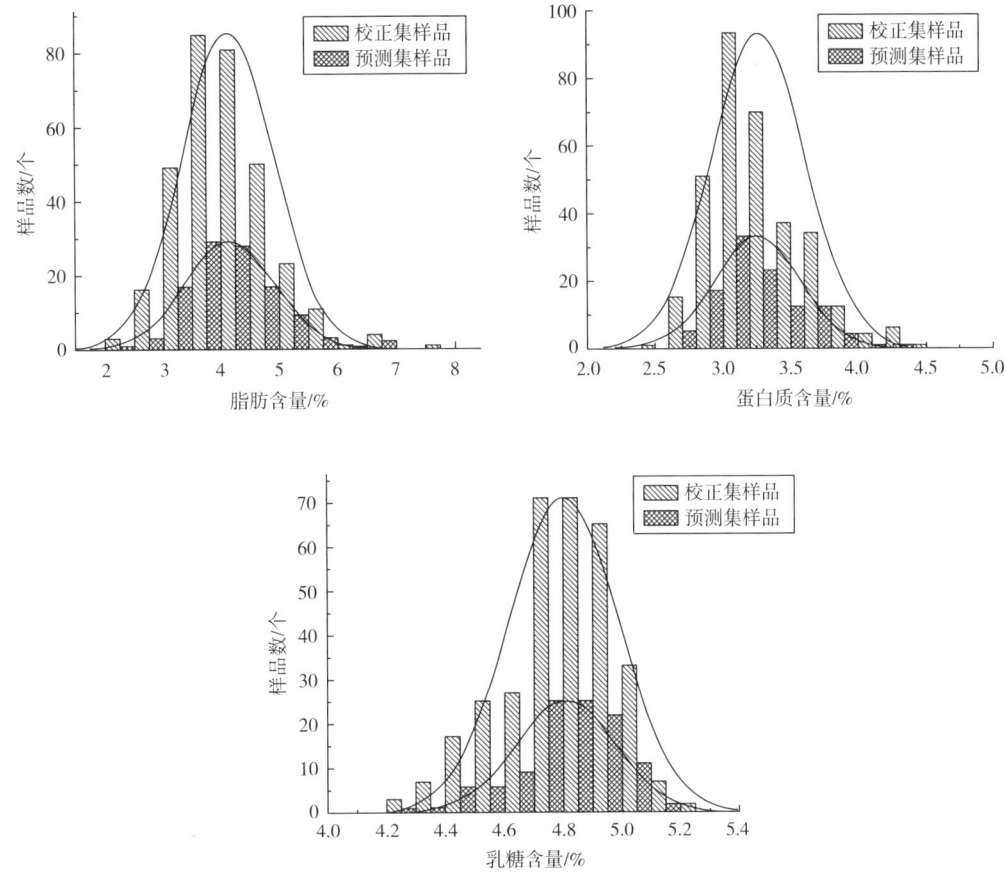

图 4-4 根据成分含量分集后样品分布图

（2）重复性 从预测集中选择少量样本（一般不少于 5 个），这些样本应是均匀分布且覆盖校正集浓度范围的 95% 及以上。对每个样本进行多次（一般不少于 10 次）连续测量，光谱采集时要重复装样，用所建模型进行预测，通过平均值、极差和标准偏差来评价模型的重复性。

（3）稳健性 稳健性是指模型抗外界干扰的能力，这些因素包括测试器皿的更换、光线弯曲差异、光源更换、参比更换、装样条件变化、温度和湿度变化以及物料物理状态不一致等。对于温度变化，做温度修正的处理。对于考察装样器皿变化，可以采用不同批次同规格的器皿装样，通过平均值、极差和标准偏差来评价。

（4）传递性 模型的传递很大程度上取决于仪器硬件的一致性，但在使用中不可避免地要进行部件更换，特别是分光系统部件、检测器部件、光源部件等。为了考察模型的传递性，可以采用一个模型分别对不同仪器上测量的光谱进行预测，以平均值、极差和标准偏差来评价模型的传递性。

（八）模型维护与更新

在实际使用过程中，如果样品本身发生改变，需要判定模型是否可用。样本是否在模型覆盖范围，可以通过以下 3 种方法判定：①马氏距离，如果待测样本马氏距离大于校正集的最大马氏距离，则说明待测样本的化学值浓度超出了模型范围；②光谱残差，如果样本的光谱残差大于规定阈值,则说明待测组分含有校正集所没有的组分;③最邻近距离,若待测样本与所有校正集样本之间的最小距离(最邻近距离)超出规定阈值,则说明待测样本落入到了校正集分布比较稀疏的区域,其预测结果可能不准确。

不论仪器多么稳定,算法多么先进,模型库有多强大,其所建模型都不可能一劳永逸,因此,需要对模型进行维护或更新,方法主要有:①遇到界外样本时,如果是样本本身发生了变化,则需要将该样本扩充到模型中;②遇到界外样本时,如果是非样本本身发生了变化,如光谱仪改变、光源异常、温度波动等引起,则需要明确具体因素并加以控制,保证分析条件的一致性;③在后期模型扩充时,应该添加一定量的新类型样本,以避免被识别为异常排除。

第三节 近红外光谱分析技术在食品领域中的应用

随着光学、计算机数据处理技术、化学计量学理论和方法的发展,以及新型近红外仪器的不断出现和软件版本的更新,近红外光谱分析技术的稳定性、实用性和准确性不断提高,其不破坏样品、快速、简便、同时测定多成分的优点不断被人们所认可。利用近红外光谱分析技术可以进行食品成分的定量分析、缺陷识别、加工特性的测定。测量的食品形态可以是固态、液态、粉状、糊状。通过多种多样的测样附件及不同的光路组合,几乎可实现对所有食品的定性或定量测量。

一、近红外在粮食加工中的应用

(一)小麦籽粒成分的近红外定量分析

(1)样品 某产区选择 31 个小麦种植点,连续采集 3 年,共有 93 份样品(每份样品不少于 500g)。

(2)光谱仪器 Antaris Ⅱ型傅立叶变换近红外光谱仪,配备积分球附件,使用 InGaAs 检测器,光谱范围 3800~12000cm^{-1},分辨率为 2~16cm^{-1}。

(3)光谱数据采集 采用积分球模式测量漫反射光谱,其光谱分辨率为 8cm^{-1},旋转杯偏心距为 8mm,扫描 32 次取平均输出。不重复装样测量 3 次,取其平均光谱作为样品最终光谱。其光谱如图 4-5 所示。

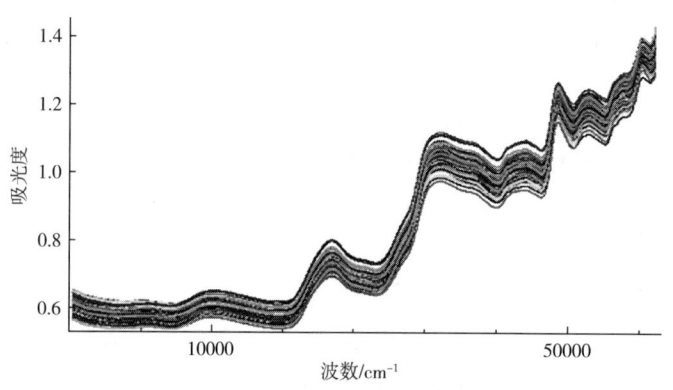

图 4-5 小麦籽粒漫反射光谱图

(4) 标准值测定　蛋白质含量、水分含量、湿面筋含量、沉降值均采用国标测定。
(5) 模型构建　采用前述方法进行,依照浓度排序法将数据集分为建模集和预测集,建立 PLS 模型。小麦籽粒蛋白质含量、水分含量、湿面筋含量、沉降值的 PLS 模型统计结果如表 4-4 所示。预处理方法选用了多元散射（MSC）、二阶导数（2D）和诺里斯（Norrise）导数滤波［N(5,5)］。

表 4-4　小麦籽粒蛋白质含量、水分含量、湿面筋含量、沉降值的 PLS 模型统计结果

成分	建模光谱区间/cm^{-1}	预处理方法	因子数	R	RMSEC	r	RMSEP
蛋白质含量	4000~10000	MSC+2D+N(5,5)	5	0.990	0.424	0.984	0.550
水分含量	4000~10000	MSC+2D+N(5,5)	5	0.994	0.098	0.986	0.104
湿面筋含量	4000~10000	MSC+2D+N(5,5)	5	0.986	1.210	0.978	1.660
沉降值	4000~10000	MSC+2D+N(5,5)	5	0.983	2.280	0.965	2.830

表 4-4 可以看出,小麦籽粒 4 种指标的模型均选择了同样的预处理方法,在后期的应用时可以实现采集一次光谱实现 4 个指标同时输出。从结果来看,模型的稳健性和准确性都较高,可以用于实际生产。

（二）谷物品质在线近红外分析

将近红外光谱检测器安装在联合收割机上,用于检测谷物中水分含量及蛋白质含量。近红外传感器安装在洁净的谷仓旁管上（图 4-6）,采用漫反射模式采集近红外光谱。采用 PLS 分别建立水分和蛋白质定量模型,其 RMSECV 分别为 0.57% 和 0.31%,具有良好的精度,满足实际生产需要。

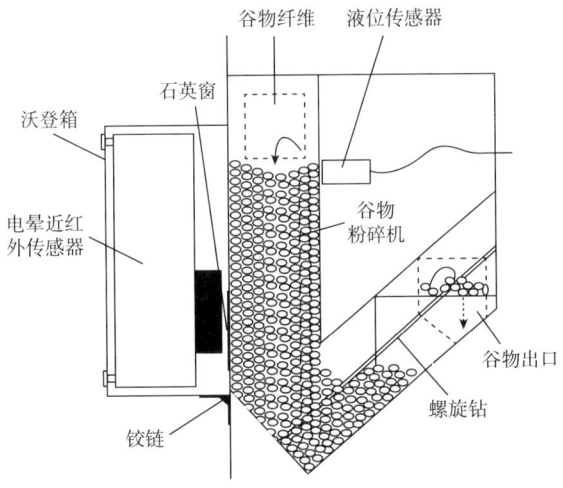

图 4-6　联合收割机提升器上的近红外测量系统

一种基于近红外技术的大米品质自动检测系统（图 4-7）,可依据大米品质将其分为 6 个等级,采用了大功率光源,采集漫透射光谱。对大米（精米/糙米）水分含量和蛋白质含量进行检测,其模型预测标准偏差分别为小于 0.7 和 0.4。单粒糙米品质近红外高速检测系统（图 4-8）,采用的是小窗口漫反射光谱采集模块,其近红外采集采取透射方式（1100~

1800nm），PLS 模型和 MLR 模型具有相近精度，糙米的干基水分含量和干基蛋白质含量预测偏差分别为 0.24% 和 0.40%。

图 4-7 大米品质自动监测系统

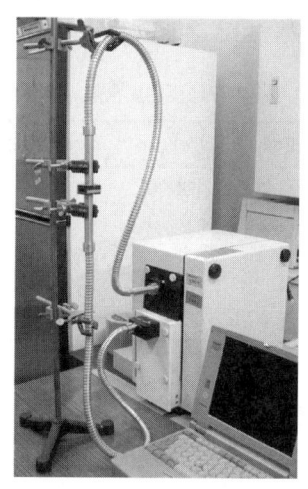

图 4-8 单粒糙米品质近红外检测装置

二、近红外在其他食品加工中的应用

（一）牛奶品质监控系统

基于光纤传感技术的近红外光谱实时牛奶监控系统，该系统光谱范围为 600～1050nm，用于挤奶过程非均质牛奶的成分，如脂肪、蛋白质和乳糖监测。该系统不仅可以为牛奶生产者提供牛奶品质的信息，而且还可以提供每头牛生理状况的实时信息。

图 4-9 是基于近红外透射的牛奶检测魔盒，其功能多样，在挤奶的同时，能在线检测原料奶的各种成分，包含乳脂、乳蛋白、乳糖、总固体、尿素、血细胞和体细胞。乳脂、乳蛋白的含量只要发生细微的变化，魔盒就能马上检测出来，这又间接反映了牛的消化功能或其他方面的疾病，便于牛场管理。

图 4-9 挤奶过程牛奶品质近红外在线检测系统

(二)啤酒原辅料及成品酒分析

近红外技术可用于啤酒原辅料(大麦、麦芽、酒花)和啤酒的成分分析。大麦作为啤酒酿造必不可少的原料,近红外分析的成分主要有:蛋白质、水分、淀粉和脂肪等。近红外分析的麦芽品质指标主要有:浸出率、库值、糖化力、总氮、总酸、α-氨基氮、黏度、水分、脆度、总酸等指标,麦芽各品质指标近红外模型的交叉检验均方差均满足生产要求。

麦芽的浸出物是指麦芽经过糖化过程溶解的物质总量(包括糖、糊精、含氮物质、多酚物质、麦胶物质、矿物质等),而库值是指麦芽中可溶性氮占总氮的比例。采用 Antaris II 型近红外光谱仪积分球附件,实现浸出物和库值检测,其结果分别为 $R = 0.947$,RMSECV = 0.54 和 $R = 0.955$,RMSECV = 1.25。

分别在空气背景和蒸馏水背景下使用不同光程样品池(1.5mm),选择不同光谱分辨率($8cm^{-1}$,$16cm^{-1}$,$32cm^{-1}$)采集了 83 个不除气啤酒样品的近红外光谱,并应用 PLS 和逐步多元线性回归(SMLR)方法,对啤酒的真实浓度、原麦汁浓度以及酒精度三种主要成分进行了回归分析,并建立了相应的定标与预测模型。结果发现:不同背景、不同分辨率、不同光程条件下的定标预测结果相近,SMLR 模型预测结果好于 PLS,最优状态下的真实浓度、原麦汁浓度以及酒精度的 RMSECV 分别为 0.091、0.115 和 0.050。

(三)水果(苹果、梨)品质评价

(1) 样品 来源于不同产区的富士苹果、砂梨、洋梨,挑选大小一致,外观无明显缺陷果用于试验,建立近红外模型。其样品信息统计结果如表 4-5 所示。

表 4-5　　　　　　　　　　　果品信息统计表

类别	品种	来源	样品数	糖度		硬度	
				范围	SD	范围	SD
苹果	富士	新疆阿克苏地区	660	10.4~23.8	2.03	—	—
砂梨	丰水、圆黄、黄金	北京大兴区	720	9.7~17.6	1.70	—	—
洋梨	阿巴特、凯斯凯德、康佛伦斯、红考密斯、五九香	北京大兴区	468	11.3~18.5	1.14	1.85~71.19	58.1

(2) 光谱仪器 Antaris II 型傅立叶变换近红外光谱仪和 K-BA100R 型便携式近红外光谱仪。

(3) 光谱采集

①采用傅立叶变换近红外光谱仪的光纤附件,采集苹果、砂梨漫反射光谱(4000~12000cm^{-1}),分辨率 $8cm^{-1}$,扫描 16 次取平均,光谱保存为 Log(1/R),R 为反射比。

②由于洋梨果皮厚,不利于近红外光穿透,因此,采用 K-BA100R 型便携式近红外光谱仪的光纤探头,采集洋梨漫透射光谱。样品和背景积分时间分别为 200ms 和 50ms,采集光谱范围为 500~1010nm,间隔为 2nm,共有 256 个数据点。在每个梨的标示位置测定,累积 5 次平均作为输出光谱。

(4) 标准值测定

①采集洋梨光谱后,在光谱采集位置,去掉果皮后,采用 TA-XT2i 型组织分析仪测定洋

梨硬度真实值，测试探头选用直径 6.0mm 的圆平头，加载速度 2.0mm/s，测试深度 8.0mm。

②糖度参照 GB/T 5009.1—2003《食品卫生检验方法　理化部分　总则》，在对应光谱采集面上取直径约 40mm 果肉，挤汁测定可溶性固形物含量（SSC）标准值，手持数字式糖度仪 PAL-1 型用于测量可溶性固形物含量，读数结果为%Bx，具备自动温度校正功能。

（5）模型构建　采用前述方法进行，依照浓度排序法将数据分为建模集和预测集，采用前述预处理方法进行数据处理，建立预测模型。其苹果、砂梨、洋梨模型及预测结果如表 4-6 所示。

表 4-6　　　　　　　　　　苹果、砂梨、洋梨模型及预测结果

类别	模型	建模变量	R	RMSEC	RMSEP	预处理方法
苹果	PLS	4355~4983, 5303~5932, 8466~9727, 10047~10676	0.940	0.669	0.701	DT+SNV
砂梨混合	PLS	11185~11714, 8524~8786, 7193~7455, 6395~6657 5064~5326, 4266~4794	0.863	0.627	0.641	MSC
洋梨混合	MLR①	650, 756, 784, 830, 886, 904	0.892	0.569	0.557	2D+S-G 平滑+OSC
	MLR②	632, 676, 772, 828, 942	0.782	9.106	9.133	2D+S-G 平滑+OSC

注：①—洋梨 SSC 模型；②—洋梨硬度模型。

（四）苹果水心及腐心病检测

水心苹果是一种生理失调现象，最后可能自吸收或者导致褐变，其风味独特，越来越受到人们青睐。图 4-10 为三类苹果样品照片，外观毫无差异，剖面图可以看出有明显不同，褐腐病发部位在果核周围，水心病发部位在果肉区；轻度水心苹果在贮藏中水心可以自吸收，而中度水心果可发生褐变。短波近红外透射光谱仪（500~1100nm）（图 4-11），可用于采集苹果漫透射光谱，并直接采用可见-近红外能量光谱建立苹果褐腐病、水心鉴别的新方法，水心苹果判别正确率达到 98.1%，褐腐病苹果判别正确率为 100%，该方法对仪器光源稳定性要求较高，否则需要对光谱进行校正。

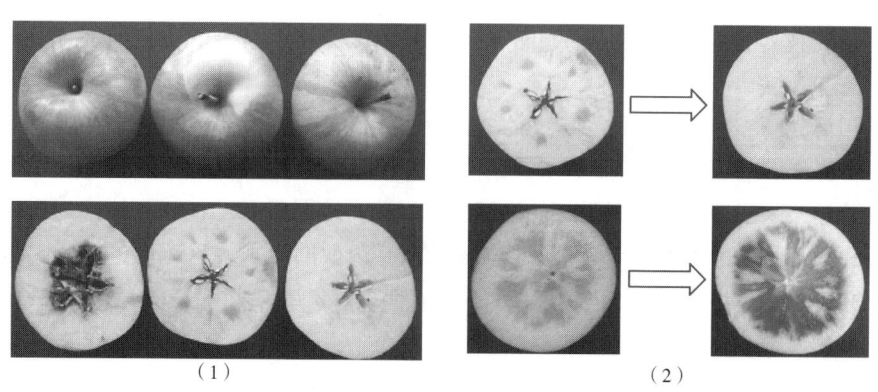

图 4-10　三种苹果样品外观及剖面照片（1）及水心果在贮藏后期变化（2）

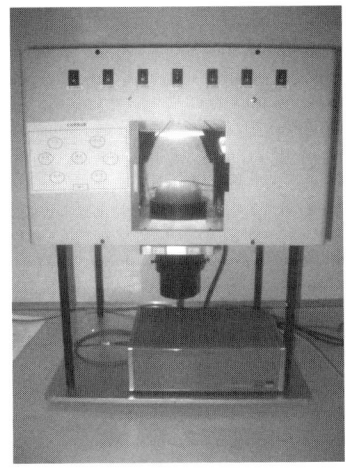

图 4-11　短波近红外透射光谱仪及光源布局

（五）果品在线分级

果品近红外在线分选技术不但可以对每个果实进行大小等级分选，还可进行糖酸度、内部褐变等评价。以柑橘为检测对象的分级系统如图 4-12 所示，采用透射方式。

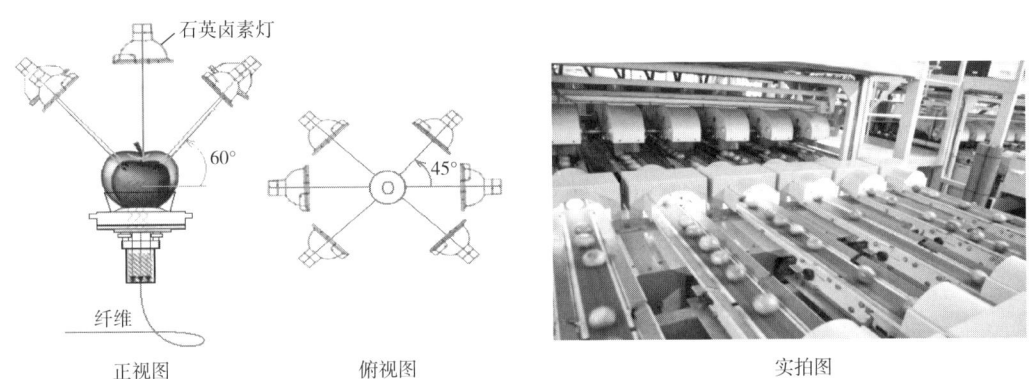

图 4-12　近红外在线果品品质分选系统

思考题

近红外光谱检测有哪两种检测方法？分别使用什么样的检测模型？

第五章
拉曼光谱检测技术

05

学习目标

掌握拉曼光谱检测技术分析原理,并熟悉拉曼光谱检测系统的构成及功能,了解拉曼光谱检测技术在食品领域中的应用。

重点和难点

重点是表面增强拉曼光谱检测信号产生机制;难点是增强材料的修饰和功能化。

第一节 拉曼光谱检测技术概述

拉曼光谱是激发光与样品中分子运动相互作用,发生散射效应且引起频率变化的振动光谱,这一现象又称为拉曼散射效应,由印度科学家 C. V. 拉曼(Raman)于 1928 年发现,并因此获得了 1930 年诺贝尔物理学奖。在拉曼散射过程中,光子先与分子相互作用,分子由于短暂吸收了光子的能量被激发到具有更高能量的状态"虚态",之后分子很快将能量辐射出来。如图 5-1 所示,在散射光子和样品分子的接触过程中,散射光子的能量并没有损失,但是它的方向发生了变化,这种散射为瑞利散射。另一方面,在相互作用过程中,当分子吸收了光子的能量发生了从基态振动态到激发态的能量转移,这被称为斯托克斯拉曼散射;当存在于激发态的分子散射到基态,能量从分子转移到散射光子,这被称为反斯托克斯拉曼散射。这两种类型的拉曼散射都有其用途,一般来讲,拉曼散射的发生频率非常低,而在拉曼散射中,待测物的斯托克斯散射更为强烈,具有更高的潜在应用价值。

拉曼光谱的一个显著技术优势是它对分析物的分子结构和化学成分都很敏感,由于分子的各种振动模式取决于分子结构,当化合物分子的成分和结构发生改变时,其相应的拉曼散射也会发生变化,因此,拉曼光谱能够为化合物提供独特的"指纹"图谱。另外,拉曼光谱的测量通常很简单,而且是非侵入性和非破坏性的,可以通过透明玻璃、水甚至塑料进行测量,广泛应用于食品检测与分析、生物学、材料科学和医学等领域。拉曼光谱具有高分辨、高信噪比、灵活稳定等特点,可快速准确显示分子结构、化学组分及样品形貌等信息,为食品、农产品品质安全检测机制研究和成分表征提供技术手段。拉曼光谱也可用于农产品中的碳水化合物、蛋白质、脂质等功能营养成分的结构表征，在农产品中农药残留、真菌毒素、重金属、抗生素等危害因子检测方面极具潜力。

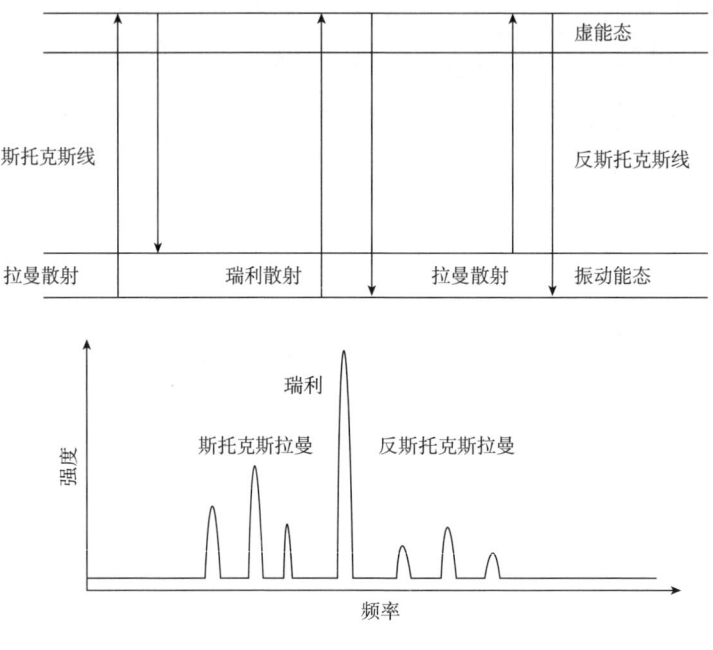

图5-1 拉曼散射过程分子能量转换的示意图

第二节 拉曼光谱检测技术原理及系统组成

一、拉曼光谱检测技术原理

拉曼散射效应能够有效分析与入射光频率不同的散射光谱，得到相应分子振动、转动方面的信息，基于分子振动或转动信息获得结构、对称性、化学键等相应分子信息。拉曼散射光的频率和瑞利散射光频率之差不随入射光频率的变化而变化，与样品分子的振动和转动能级有关。此频率差称为拉曼频移，是特征性的，与入射光波长无关。对与激发光频率不同的散射光谱进行分析可得到分子振动、转动能级特性等信息，适应于分子结构表征、成键效果、内部应力分布等分析，可通过分析其拉曼峰位、峰强、线型、线宽及谱线数目达到从分子水平对样品进行定性和定量分析。拉曼光谱具有强大的分子识别能力，同时具有非标记、非接触的特点，在农产品质量和安全检测与评价方面应用潜力巨大。

拉曼效应是光子与光学支声子相互作用的结果，拉曼散射光谱可以获取分子振动能级与转动能级结构的特征信息。样品分子中存在不同形式的振动，但只有极少数的振动形式能产生拉曼信号。由于分子振动过程中分子的极化率发生变化，因此可以观测到拉曼信号。由于这些分子的强极化率变化，光谱中可能出现较强的官能团拉曼信号，例如，C—X（X为F、

Cl、Br 或 I)、C—NO₂、C—S、S—S、C=C 和 C=N。散射光的频移在拉曼光谱中表现为谱带。不同的光谱带代表不同的化学键或样品的官能团。一方面，拉曼光谱可以确定样品中特定分子的指纹图谱，从而实现结构分析和定性分析。另一方面，拉曼光谱由于能带强度与被测分子浓度呈线性关系，可以成功地应用于定量测定。拉曼检测不受样品状态的约束，样品可以在一系列物理状态下进行检验，例如，固体、液体或蒸气、热态或冷态、散装、微观颗粒或表面层。这些技术涉及面非常广泛，为许多具有挑战性的分析问题提供了解决方案。拉曼散射的应用不如红外吸收广泛，主要是由于样品降解和荧光的问题。然而，近年来仪器技术的进步大大简化了设备，减少了这些问题。拉曼光谱具有检测水溶液、玻璃容器内样品、需要很少或者不需要任何样品处理步骤的能力，促进了该技术应用的快速增长。

拉曼光谱技术检测样品用量少，且无需处理，可用于痕量物质的检测；同时具有测定方法简单，检测速度快，仪器操作简单，灵敏度高等优点。检测样品状态可以是气体、固体或液体，可避免产生偏差，能满足快速无损检测的需求。水的拉曼散射很微弱，拉曼光谱检测技术更适用于水溶液测定；检测过程无需化学试剂辅助，绿色环保，不会对样品和环境造成污染。虽然拉曼光谱拥有上述诸多优点，但仍然存在不足：拉曼光谱仪器价值昂贵，大多适用于科研，难以作为常规分析仪器使用；测定具有荧光性的物质，会产生荧光干扰；拉曼散射效应只有弱信号，仅适用于具有强拉曼振动信号分子的检测，限制了拉曼光谱的应用。随着拉曼效应相关增强技术的出现和发展，衍生出一些新的拉曼光谱技术，可有效克服存在的缺点。

二、表面增强拉曼光谱机制

为了克服传统拉曼光谱信号弱的缺点，增强分析试样的拉曼效应，提高拉曼光谱的质量，人们设计了多种拉曼光谱技术，主要包括表面增强拉曼光谱（SERS）、傅立叶变换拉曼光谱（FT）、显微拉曼光谱、近红外拉曼光谱和空间偏移拉曼光谱（SORS）等，其中，表面增强拉曼光谱技术最受关注。在 SERS 应用过程中，增强基底对于获取稳定的拉曼信号具有关键的作用，金属纳米粒子的组成、尺寸、间距、表面成分和电荷等决定了其独特的物理性质，进而影响了增强效果。为了获得合适的拉曼增强信号，需要根据测试样品合理地选择增强基底。早期的基底研究多为单金属基底，仅有单一的金属成分组成，形状多为球状。随着纳米技术的进步，出现了纳米花、纳米笼、立方体和三角形等多种形状的 SERS 基底。目前，在食品检测中常用的 SERS 基底材质主要为银和金，其中，银由于其特殊的介电性质，可以对可见光和近红外区域的拉曼散射信号产生更强的增强效应；然而，当入射光的波长大于 600nm 时，金基底可与银基底相媲美。在生物样品检测中，银纳米粒子往往具有生物毒性，不稳定，易被氧化，金基底通常更稳定，生物相容性好，并且经常产生可重复的光谱，因而金基底在食品微生物的检测中更有优势。

在金属胶体或粗糙金属表面的作用下，试样的拉曼信号可能增大几个数量级。信号增大需要试样分子吸附在金属表面上，或至少离金属表面非常近（通常最大 ≈10nm），这种效应称为 SERS。SERS 中信号的放大（主要）是通过光与金属的电磁相互作用产生的，这种作用通常被称为等离子体共振，如图 5-2 所示。SERS 效应可以用电磁和化学两种增强机制来解释。前者依赖于局域表面等离子体共振（LSPR）激发在金属纳米粒子表面产生的高局域电磁场，当传导电子与入射光的频率发生共振时，会产生高局域电磁场。这反过来又促进了被吸附分子拉曼散射的大幅度增强，增幅有许多数量级。由于聚集体中不同粒子的 LSPR 之间的耦合，纳米颗粒聚集体可以提供明显更大的增强，从而在相互作用的纳米结构内的粒子间隙处产生更高的电磁场，这称为"热点"。强局域场可以与金属表面接触或靠近金属表面的分子相互作用，通常作用距离小于 10nm，因此，可以测量 SERS。化学机制是基于金属纳米粒子和分子之间发生的电荷转移过程，但这一机制的贡献远远低于电磁增强。此外，当激发激光的频率与分子的电子跃迁（称为表面增强共振拉曼散射，SERRS）共振时，拉曼散射信号的强度可以进一步增加几个数量级。

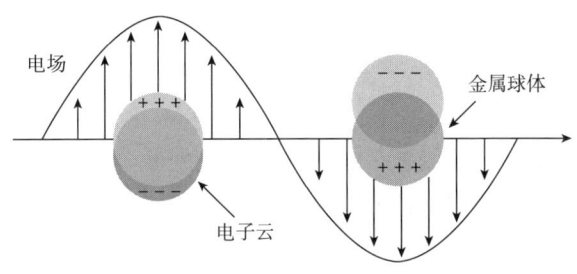

图 5-2　表面等离子体共振示意图

三、拉曼光谱检测系统组成

近年来，SERS 技术在各个应用领域的迅速发展，主要依赖于拉曼光谱检测系统的发展，其中，包括各硬件和软件的开发：①高性能（表现在光束质量、谱线宽度和纯度、频率和功率稳定性等方面的改善）和廉价的紧凑型固态激光源；②高效滤光片和光栅（如全息光栅和陷波器）；③可以有效地减少或消除杂散光，有助于大大提高信噪比的高灵敏度电荷耦合器件（CCD）；④用于快速记录和处理光谱数据的高速计算机和复杂软件。一般来讲，拉曼系统包括 3 个主要的仪器组件：激发源、波长分离装置和检测器。

1. 激发源

拉曼激发源通常用强单色激光。由于拉曼散射强度与激光强度成正比，与激光波长四次方的倒数成正比，因此可以通过增加激发强度或降低激光波长来增强拉曼信号。然而，高强度和短波长往往导致强烈的荧光和样品降解或燃烧。当被可见激光（如 488nm，532nm 和 633nm）激发时，大多数农产品由于植物中的色素（如叶绿素、类胡萝卜素和花青素）而产生强烈的荧光信号。在 785nm 和 830nm 波长下工作的半导体激光器可以降低荧光强度。在傅立叶变换拉曼系统中，通常使用 1064nm 的掺钕钇铝石榴石（Nd：YAG）激光器来减小荧光干扰，同时降低拉曼信号强度。1064nm 激光器也被用于开发色散拉曼系统。在实际应用中，选择拉曼激光器通常是一个折中的过程，包括最大化拉曼信号强度、最小化样品降解风险、减小荧光干扰和优化探测器灵敏度。拉曼光谱的峰宽度可以窄达 $4cm^{-1}$（0.3nm），因而相比于光谱宽度很宽的荧光光谱（约 30nm）有更好的特异性，从光谱本身就有可能得到分子组分、分子振动的信息。为降低光源对拉曼信号的影响，通常用干涉带通滤波器通过阻塞离线波长来清除激光输出。

2. 波长分离装置

拉曼信号在到达探测器之前被波长分离装置分散到不同的波长。波长分离设备一般分为三类：色散光谱仪、傅立叶变换光谱仪和电子调谐滤波器。色散拉曼光谱仪利用衍射光栅将入射光空间分离成不同的波长。透射光栅和反射光栅通常用于制作色散光谱仪。拉曼光谱仪的波长范围比可见光和近红外光谱仪的波长范围要窄得多（如 770~980nm）。在相同的探测器像素数下，拉曼光谱仪的光谱分辨率比可见光和近红外光谱仪要高得多。考虑到拉曼光谱通常具有尖峰的特点，因此需要有很高的分辨率来进行测量。色散光谱仪已用于开发点扫描和线扫描拉曼成像系统。

傅立叶变换光谱仪以带光谱信息的干涉图的形式获取光，通过干涉图，傅立叶逆变换可以确定光的波长。迈克尔逊干涉仪和萨格纳克（Sagnac）干涉仪可以用来获得干涉图。迈克尔逊干涉仪使用一个移动的反射镜在由分束器产生的两束光之间引入光程差（OPD），用于宽带光的自干涉测量。在 Sagnac 干涉仪中，两光束之间的 OPD 是分束器角度位置的函数。可以通过在很小的角度上调整分束器来生成干涉图。通常使用 1064nm 激光的傅立叶变换拉曼光谱仪的光谱分辨率高于色散光谱仪。

电子可调谐滤波器，如声光可调谐滤波器（AOTF）和液晶可调谐滤波器（LCTF），也可用于分离波长。AOTF 使用声波换能器产生声波，改变晶体的折射率。通过改变声波的频率可以控制其通过波长。LCTF 由一系列光学堆栈构成，每个光学堆栈由固定缓速器和两个线性偏振片之间的液晶层组成。通过向每个液晶层施加电场，可以改变带通区域。电子调谐滤光片的光谱分辨率低于色散和傅立叶变换光谱仪。AOTF 和 LCTF 通常用于区域扫描拉曼成像系统。

3. 探测器

电荷耦合器件在 20 世纪 80 年代中期首次应用于拉曼测量系统中，自那时起，CCD 已经取代了几乎所有其他的探测器，如光电倍增管（PMT）等单通道探测器和早期的增强型光电二极管阵列（IPDAs）等多通道探测器。在色散拉曼系统中，CCD 探测器的位置是一维平行于波长色散方向，另一个平行于入射狭缝以获取空间信息。CCD 可以用于不同的读出模式，如全垂直组合、单轨、多轨和成像。在使用电子可调谐滤波器的区域扫描拉曼成像系统中，CCD 用于在选定的通过波数处收集一系列二维空间图像。考虑到拉曼散射信号的弱点，拉曼系统中使用的 CCD 通常需要高量子效率（QE）和低暗噪声，以最大限度地提高拉曼信号的质量。

硅 CCD 在可见光和短波近红外区域（400~1000nm）具有良好的量子效率，通常用于可见光激光器（如 488nm，532nm 和 633nm）。深耗尽 CCD，即采用轻掺杂、高电阻率衬底，可用于波长较长的激光器（如 785nm 和 830nm），它利用可控硅掺杂增强对光谱红端的光谱响应。在近红外波段，砷化铟镓（InGaAs）CCD 通常用于收集近红外激光（如 1064nm）激发的拉曼信号。高性能 CCD，如电子倍增 CCD，可以进一步提高硅和 InGaAs 相机的拉曼散射信号检测能力。

除了高 QE 外，还需要最小化 CCD 的暗噪声，以确保拉曼信号的最佳信噪比。降低 CCD 的温度可以降低光电二极管的暗噪声。通过空气冷却的 CCD 的典型温度在 -70~-20℃。使用水或冷却剂的液体冷却可以进一步将温度降低到 -100℃。通过改变 CCD 的读出模式，也可以增强拉曼信号的信噪比。

第三节　拉曼光谱成像技术原理及系统组成

一、拉曼光谱成像技术原理

拉曼光谱测量通常是在样品表面的某一点上进行的，该点不能覆盖很大的面积，因此无法获得空间信息。拉曼光谱成像是一种结合拉曼光谱和数字成像以获得拉曼光谱和空间信息的技术。典型的高光谱拉曼图像包含了数十或数百个连续的波段。在每个像素处可以提取全光谱，从而确定每个像素的物理/化学/生物信息。在拉曼光谱图像中，可以显示像素级目标样品的组成、空间分布和形态特征。

目前，拉曼光谱图像的获取方式主要包括点扫描法、线扫描法和区域扫描法，在食品及农产品质量安全指标检测评价方面各有特点。以下分别介绍其技术原理。

1. 点扫描法

点扫描法使用点激光激发样品表面上的单个点。使用带有检测器的光谱仪在每个像素处获取单个拉曼光谱。扫描沿二维空间进行，拉曼图像数据逐像素积累。该方法可以通过将傅立叶变换或色散拉曼光谱仪与 XY 定位台相结合来实现。在逐点扫描显微拉曼成像中调整激光束，聚焦在样品上，利用色散光谱仪或干涉仪收集样品上每个点的拉曼光谱。通常情况下，使用拉曼显微镜的共聚焦模式进行操作，通过一个针孔把拉曼散射光聚焦到光谱仪的狭缝上。这样可以降低来自荧光背景及周围杂散光的影响。在显微镜标准或者共聚焦模式下，激光束通过样品可以直接记录光谱然后进行图像重构形成拉曼图像，虽然点扫描成像是在拉曼光谱的基础上产生的图像，但是试验的持续时间是正比于图像的像素点的，所以试验时间过长，24h 扫描也只能得到像素点的高精度的图像。因此，点扫描成像被定义为低成像技术，因为试验时间直接关系到试验的效率问题。这是作为一种物质形态成像技术的常规评估标准。

2. 线扫描法

线扫描法在线激光激发的线性视场中，在每个点上获得具有全拉曼光谱信息的空间信息，每次扫描收集一个一维二维图像。当扫描在运动方向进行时，得到了拉曼超立方体。点扫描技术可以通过使用柱状光学扫描机制成为线扫描成像，即使用柱状光学的扫描机制在一维空间分布激光束而在其他维数空间中保持了原有的激光光斑的大小。激光方向定位在平行于光谱仪狭缝相一致的方向，这样当使用检测器检测时在沿狭缝高度上每个空间点都可以收集到一组光谱。从而保证成像像素点不变的情况下，可以大大减少试验持续的时间。不与激光平行方向的空间分辨率是像素大小与显微镜的放大倍率的卷积，与光谱仪狭缝垂直方向图像的空间分辨率仍然是由仪器的扫描精度和样品上激光光斑的大小决定的。虽然线扫描成像并没有像点扫描成像一样被广泛地探究，但是已经在很多方面得到了很好的应用，并且目前线扫描拉曼成像系统已被商业化。

3. 区域扫描法

区域扫描法是一种光谱扫描法，利用离焦光斑激发样品表面较大的区域。在一次扫描中，获得二维单波段空间图像。在光谱区域进行扫描时，建立拉曼超立方体。大多数拉曼显微镜利用电子可调谐滤波器（如液晶可调谐滤波器）来实现区域扫描法。后向散射、传输和空间偏移拉曼光谱方法作为图像采集方法进行成像测量，如点扫描后向散射拉曼成像、区域扫描传输拉曼成像和空间偏移拉曼成像。

拉曼成像在检测过程中很少或根本无需样品制备，构建的拉曼图像在拉曼光谱基础上可以揭示材料独特的空间分布情况，并且继承了拉曼光谱探测材料的优点。通常基于拉曼光谱"指纹"鉴定图像可以揭示材料的大分子成分分布信息。并且通过拉曼光谱中的细微变化还可以揭示一些分子结构上的信息包括多型体的分辨、有序度晶体与非晶体及材料的应变等。拉曼成像的优点是空间分辨高，扫描速度快，可避免组织自发荧光问题，可定性、定量、定位分析，可提供样品的化学成分、分子结构、结晶度和应变应力等重要的生化信息。缺点是受光学成像穿透深度的限制，拉曼成像方法主要适用于活体浅表以及离体组织检测，数据采集以及处理时间较长。

二、拉曼光谱成像检测系统

拉曼光谱成像检测系统由拉曼成像光谱仪、CCD 相机、激光器、成像镜头、二向色镜及滤光片、样品升降台、移动轨道、步进电机、电源以及计算机组成，如图 5-3 所示。光谱仪是光学系统的关键，将光分散成不同的波长，为图像的每个像素生成光谱；CCD 相机用于光谱和空间探测；激光器用于发射单波长的激光，在样品上产生均匀的光焦点；样品升降台、移动轨道以及步进电机用于调整样品的位置和控制样本移动速度；计算机及处理软件用于获取和存储采集的光谱和图像信息，将测量得到的原始数据转换成波段图像数据。

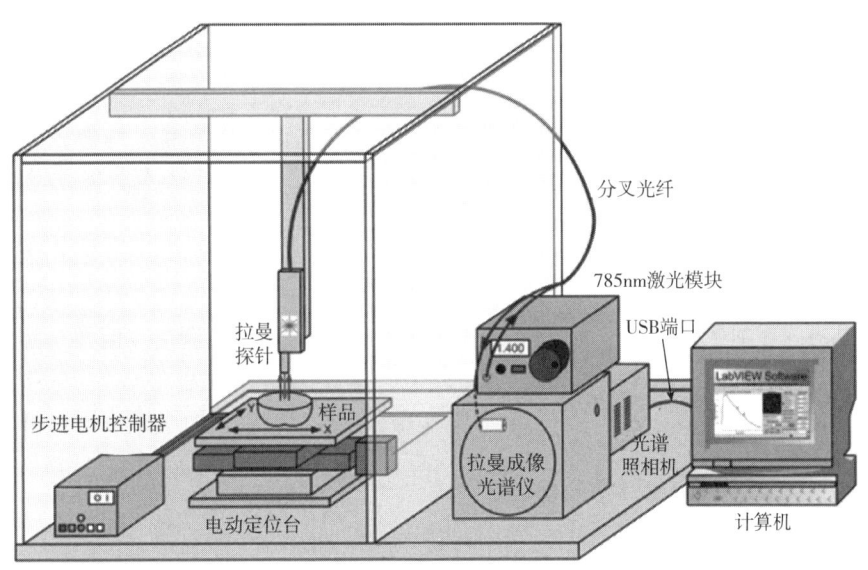

图 5-3　拉曼光谱成像检测系统

第四节　拉曼光谱在食品质量安全检测中的应用

近年来，食品安全事件时有发生，引起了公众对食品质量安全的深切关注。因此，食品工业不仅需要采用加工技术保持食品质量和安全属性,但也需要评估和控制这些属性的方法。SERS 技术具有快速、灵敏度高、成本低等优点,可以提供吸附在纳米结构金属上的目标分子的分子结构信息,为快速、超灵敏地评估食品、农产品的安全提供了可靠的方法。农产品、食品中的有害残留物正引起全世界的关注。农药残留、真菌毒素、重金属、抗生素等是农产品中最常见的有害残留物。目前,SERS 已经应用于农药(如苏丹、福美、噻苯达唑、甲胺磷)、重金属(汞、镉、铅、砷)、抗生素(如青霉素 G、氨苄西林、四环素)、生物毒素[如黄曲霉毒素(AFT)、展青霉素(PAT)、赭曲霉素(OTA)]以及非法添加剂(如三聚氰胺、双氰胺)等污染物的预警检测。

一、拉曼光谱检测农药残留

水果和蔬菜中的农药残留已经成为一个危害环境和身体健康的重要安全问题。现行的农产品中农药检测的方法主要是基于色谱法,如气相色谱-质谱(GC-MS)联用和高效液相色谱(HPLC),然后是紫外或质谱。但这些方法劳动密集,耗时,并需要烦琐的样品制备过程。SERS 具有灵敏度高、操作简单和光谱指纹识别能力优异等特点,在分子检测中得到了广泛应用,是实现农药残留检测的有效途径。

从农药的角度来看,每种农药的 SERS 灵敏度不同,主要是因为分子独特的固有振动、农药分子与底物之间的相互作用以及农药与底物复合时的相容性不同。对于具有共轭双键和对称振动模式的分子,例如,结晶紫和孔雀石绿相对其他分子 SERS 活性更强,因此很容易获得比其他分子更高的拉曼光谱;而某些农药分子含有巯基、氨基等可以同金/银贵金属相结合的基团或者带有与 SERS 基底相反的强电荷,可以直接吸附在 SERS 基底表面从而使其自身的拉曼光谱强度增大,实现检测,如福美双、福美铁、噻苯达唑、毒死蜱和亚胺硫磷等;还有许多农药分子对 SERS 基底的亲和力非常弱,导致其无法充分吸附在基底表面,SERS 检测的灵敏度大大降低,因此,有越来越多的方法关注于如何检测这类农药分子。对于农药检测,目前的研究报道有应用 SERS 检测福美双、毒死蜱、甲基对硫磷、噻菌灵、啶虫脒、吡虫啉、多菌灵、乐果、对氧磷、甲胺磷、杀螟松、丙溴磷、溴氰菊酯等。

对于易吸附在纳米材料表面的农药,通常采用 SERS 的直接检测法。例如,福美双是一种常见的用于防治霉菌病害的种子和土壤处理农药,利用种子生长法在 Fe_3O_4 磁珠上修饰金纳米棒,使其既有富集作用又有等离子的增强作用,可以灵敏检测福美双。通过透明胶带在苹果表皮直接黏取福美双农药残留,再将其贴附在固体 SERS 基底 AgNR@ Al_2O_3@ Si 表面,直接对其 SERS 光谱进行分析,检测限较低。将加标苹果皮浸入甲醇中并将提取物直接滴在金纳米岛膜上,提取福美双 SERS 光谱用于分析,尽管得到的信号中有来自苹果皮上的其他成分的噪声信号,但福美双的 SERS 光谱即使在 0.03mg/kg 的浓度下也足够清晰,可以实现检测范围在 0.005~0.25mg/kg 的线性分析。为了解决纳米溶胶的随机聚集导致检测信号不稳定的问题,将纳米溶胶内嵌入拉曼标记物(4-溴硫代苯酚)作为内标,通过相对 SERS 强度的归一化证明了比率型分析 4-氟苯硫醇和福美双两种农药是可行的(图 5-4)。对于其他农药检测,结合化学计量学方法,采用标准正态变量变换作为光谱预处理手段,通过遗传算法-偏最小二乘模型和协同间距最小二乘-遗传算法模型对茶中的毒死蜱含量进行预测,实现复杂样品中农药的检测。

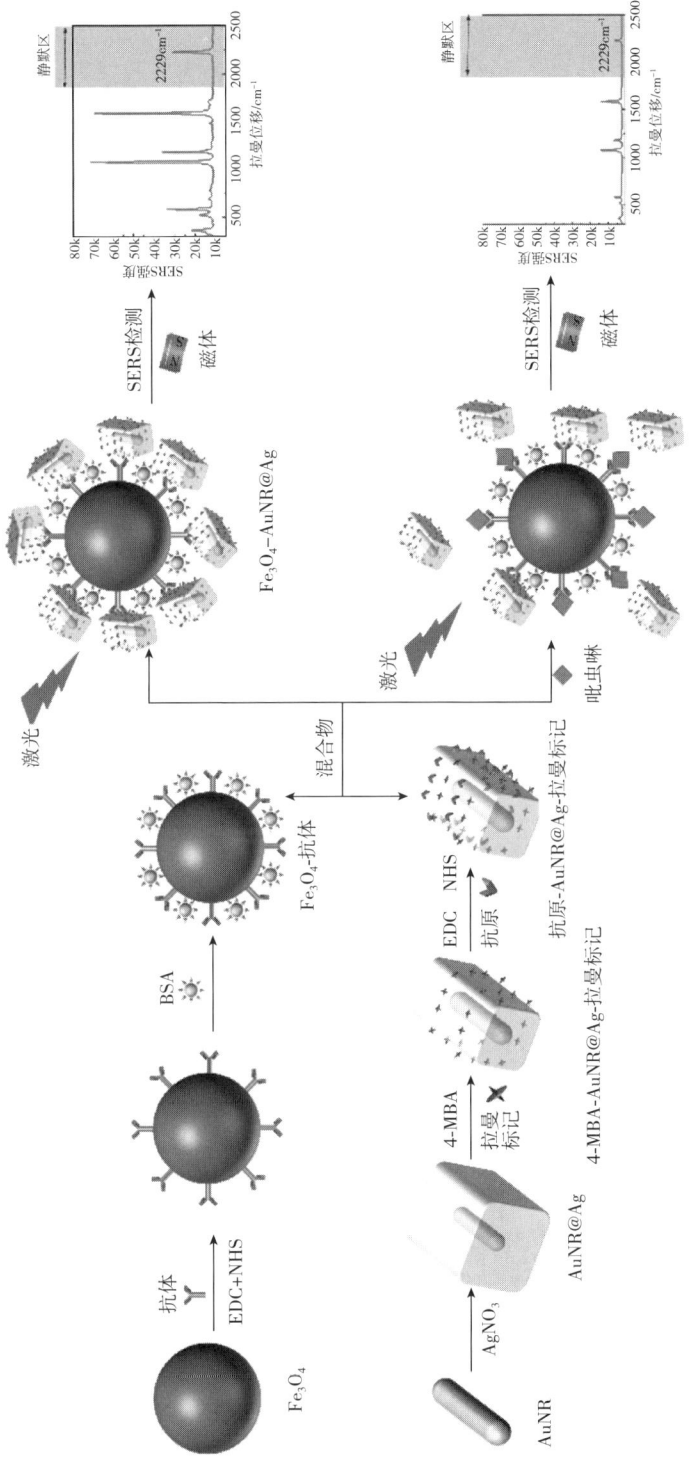

图5-4 SERS免疫传感器对苹果吡虫啉的灵敏抗光谱干扰检测示意图

EDC—1-乙基-3-(3-二甲基氨基丙基)碳二亚胺　NHS—N-羟基琥珀酰亚胺　BSA—牛血清白蛋白　4-MBA—4-巯基苯甲酸

对于不易吸附在纳米材料表面的农药，有相关研究将 SERS 基底改性后再进行检测，将精胺修饰在银溶胶表面使其从负电荷变为了正电荷，从而将带有负电荷的捕获了马拉硫磷的适配体吸附在表面，从而放大了马拉硫磷的拉曼信号，实现了马拉硫磷范围在 $1\times10^{-7} \sim 5\times10^{-7}$ mol/L 内的线性检测。还有针对疏水农药分子不易吸附在亲水的贵金属材料表面，尝试在 SERS 基底上修饰烷基二硫醇，以增加即艾氏剂、狄氏剂、林丹和 α-硫丹这四种脂溶性农药的亲和力。利用分子印迹技术良好的识别、机械捕获、富集以及热稳定性，结合纸质三维银枝晶 SERS 基底，实现吡虫啉检测限极低的高灵敏分析。但是，尽管 SERS 基底的功能化可以提高选择性，但捕获分子同时可能会产生额外的拉曼信号，这些拉曼信号可能与目标农药分子拉曼信号重叠。因此，仔细识别目标农药分子的拉曼信号非常重要。

当检测样品中存在多种农药时，即使基质只是水或有机溶剂，采用 SERS 技术同时检测混合物中每种特定农药的选择性也具有很大的难度。理论上，SERS 应该能够检测样品混合物中的多种农药，只要每种农药产生不同的 SERS 峰即可，尤其是与化学计量学方法相结合进行分析，可以实现多个农药峰的分离和检测。而实际上，SERS 研究仅限于每次同时检测不到五种农药，这可能是由于大多数靠近 SERS 底物的化合物都可能会产生拉曼信号，存在多种分析物时会发生对 SERS 底物的竞争吸附，而非目标物质也可能会产生大量噪声，从而降低目标分析物的灵敏度。换言之，对底物具有较高结合亲和力的目标化合物在底物上具有更大的表面覆盖吸附，因此，存在于样品基质中的目标化合物的浓度比与产生的 SERS 峰强度不成正比；在某些情况下，由于存在另一种对 SERS 底物具有高几个数量级亲和力的化合物，农药甚至可能不会产生明显的峰。此外，几个分子可能会产生与目标相似的强拉曼峰，这使得定性和定量检测具有挑战性。因此，在复杂检测基质中针对某种不容易吸附在 SERS 基底表面的农药进行抗干扰检测，对于农药检测的实际应用具有重要的研究意义。

二、拉曼光谱检测生物毒素

真菌毒素是食品及农产品重要的安全检测指标。已知的真菌毒素主要包括黄曲霉毒素、脱氧雪腐镰刀菌烯醇、赭曲霉毒素、展青霉素和交链孢菌毒素等，前三种毒素常见于玉米、小麦等谷物及其制品中，后两种毒素多存在于果蔬及其制品中。目前，关于黄曲霉毒素和赭曲霉毒素的 SERS 检测研究最为广泛。以银封硅纳米柱为增强基底，将 SERS 检测与高通量支撑液膜萃取相结合，实现了葡萄酒样品中的赭曲霉毒素（OTA）定量检测分析，在白葡萄酒中的检测限为 0.115mg/kg。有研究者制备了一种用于 OTA 检测的适配体传感器，合成了 4-巯基苯甲酸（4-MBA）修饰的 Au（核）@ Au-Ag（壳）纳米间隙纳米结构作为探针分子，并连接 cDNA，通过与 OTA 竞争性结合 OTA 适配体，磁吸附分离释放探针分子，从而实现 OTA 的超灵敏检测（图 5-5）。不同增强因子的银纳米颗粒（AgNPs），通过优化基底与待测物结合的 pH 条件制备了灵敏度高的 SERS 传感器，并结合 CARS-PLS 和 GA-PLS 两种化学计量学算法实现标准溶液和加标可可豆样品中的 OTA 和 AFT-B$_1$（黄曲霉毒素 B$_1$）定量检测。

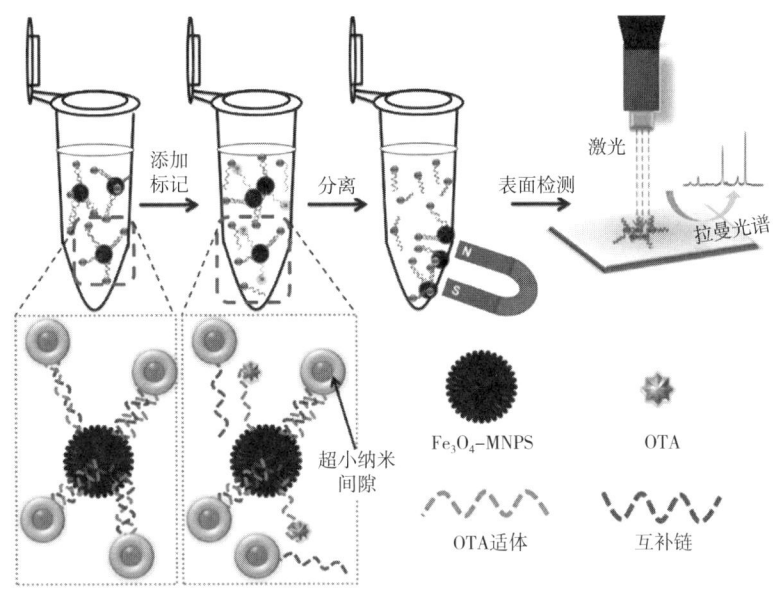

图 5-5 基于 Au@Ag NNSs-MNPs 的 SERS 传感器检测 OTA 的示意图

交链孢酚和展青霉素是链格孢菌和展青霉菌产生的代谢产物，是果蔬及其制品中最常见的两种毒素。研究通过优化形成均一的咖啡环，富集浓缩待测分子，结合 SERS 和化学计量学实现对真菌毒素的快速精确检测。先对形成咖啡环的液滴体积和温度条件进行优化，使其形成均匀的咖啡环结构，并以罗丹明 B 为例，采用显微共聚焦拉曼成像光谱仪对形成的咖啡环进行表征，选取罗丹明 B 在 1653cm^{-1} 处的拉曼特征峰，通过夹峰法，以峰强为单位，拟合出咖啡环上罗丹明 B 分子分布和拉曼信号强度分布的三维伪彩色图像。在咖啡环上随机选取 8 个点检测到的拉曼光谱，计算 1653cm^{-1} 处的拉曼强度的 RSD 为 6.15%，小于 10%，表明罗丹明分子在咖啡环区域分布较为均匀，检测结果较稳定。在优化条件的基础上，采集了梯度浓度的 PAT 和 HOA 样品的拉曼光谱，采集图谱显示，空白样品检测不到 PAT 和 HOA 的特征拉曼光谱峰，随着 PAT 和 HOA 浓度的增加，峰强也随之增加，这表明拉曼光谱强度和 PAT 以及 HOA 的量存在正相关性。最终，建立 PAT 和 HOA 的 GA-PLS，SI-PLS 和 UVE-PLS 模型。图 5-6 显示了 SI-PLS 对 PAT 建模的散点图以及 GA-PLS 对 HOA 建模的散点图，比较结果显示，对于 PAT，SI-PLS 取得了最好的建模结果，其 R_C = 0.9905，RMSEC = 0.235，R_P = 0.9759，RMSEP = 0.378；对于 HOA，GA-PLS 取得了最好的建模结果，其 R_C = 0.9829，RMSEC = 0.315，R_P = 0.9808，RMSEP = 0.336。

三、拉曼光谱检测污染物

《第五次中国总膳食研究》的调查数据显示，铅、砷、镉和铬的主要膳食来源是谷类和蔬菜，水产品是汞的主要膳食来源，铅的主要摄入来源是水、饮料、谷类、蔬菜和肉类。食用被重金属污染的食物会导致越来越多的人类健康问题，如营养不良、消化道癌症和智能障碍等。一项以重金属诱发癌症为重点的健康风险研究表明，粮食作物中目标危险系数（THQ）大于 1 的重金属包括铅、镉、砷和铬。此外，铅被认为是胃癌、肝癌的诱因。重金属检测已成为粮食、水果、茶叶和其他加工产品等食品原材料的迫切需求。

由于食品本身成分的庞杂，现存这些技术都需要繁杂的前处理步骤、专业的检测人员和

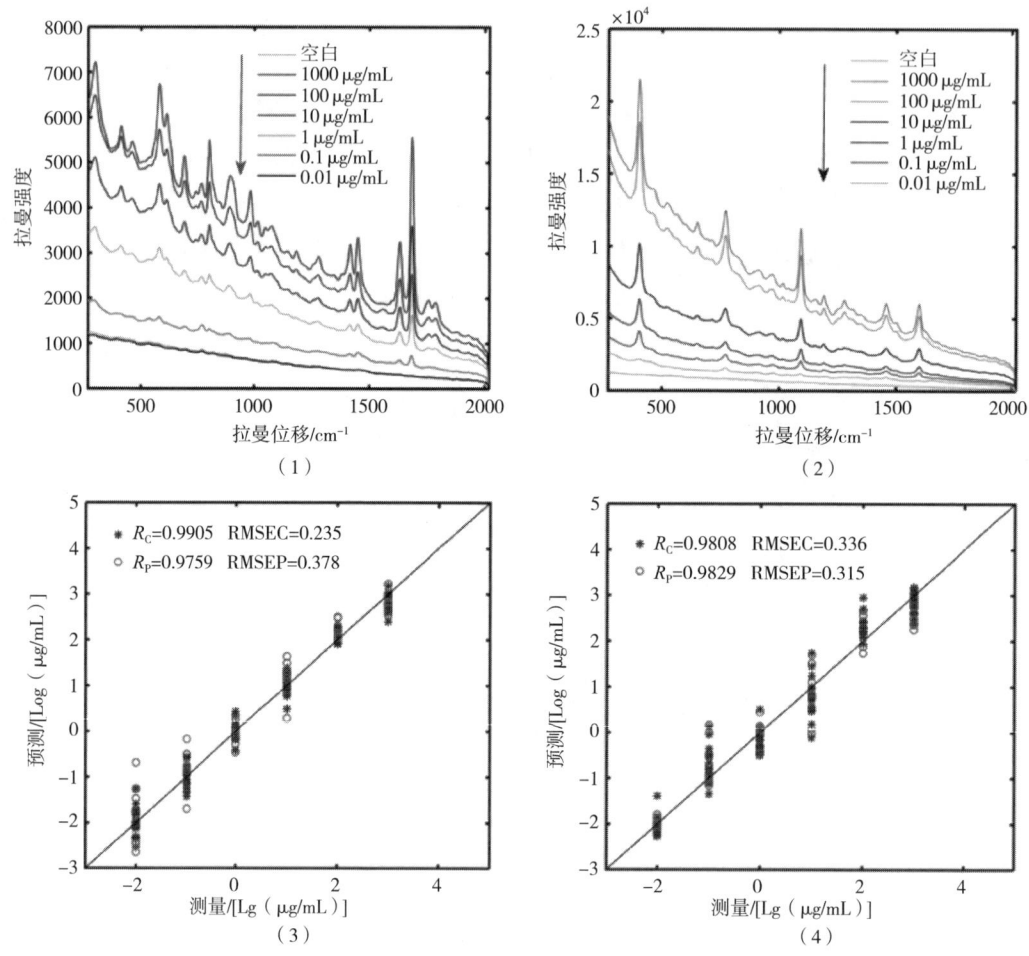

图 5-6 SERS 光谱及建模散点图

严苛的检测环境,存在检测时间长、检测成本昂贵的局限性,在现阶段还不能满足快速、在线检测的现实需要。因此,需要开发精确、便捷的重金属检测方法来满足食品、农产品质量安全控制的需求。

1. 重金属离子铅的表面增强拉曼光谱检测

铅离子(Pb^{2+})是食品中常见的有毒重金属之一,蓄积在人体不同器官中的 Pb^{2+} 可能会严重损害人体健康,导致癌症、突变和致畸。食品中 Pb^{2+} 的存在是不可避免的,因此,确保食品不受 Pb^{2+} 污染或其含量低于最大残留限量(MRL)具有重要意义。研究构建了新型适配体(M4-16)调控氧化石墨烯(GO)激活的金纳米还原体系,将其用于食品中重金属铅的 SERS 传感检测,采用化学计量学算法进行数据处理和分析,实现对 Pb^{2+} 含量的快速定量检测功能。研究将两种常用的适配子(TBA、T30695)与 M4-16 进行比较,从实际应用的角度体现了 M4-16 结合 SERS 技术检测 Pb^{2+} 的优异能力。在加热条件下,GO 可以催化 $HAuCl_4$ 和 H_2O_2 的氧化还原反应生成金纳米颗粒(AuNPs),从而增强拉曼分子的信号。在反应体系中加入适配体后,GO 的催化能力消失,反应极其缓慢。当 Pb^{2+} 加入到反应体系中时,适配体与 Pb^{2+} 结合,释放出能够催化反应的 AuNPs。在短时间内还原得到的 AuNPs 大大增强了 4-MBA 的拉曼信号,从而实现 Pb^{2+} 的定量检测,如图 5-7 所示。

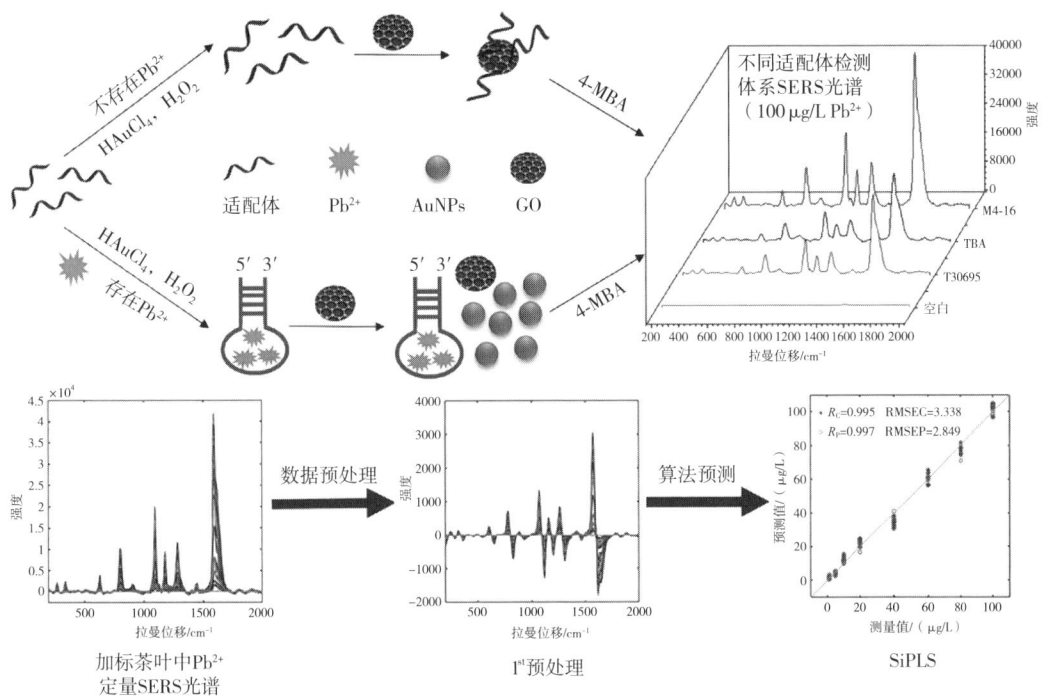

图 5-7 茶叶表面增强拉曼结合化学计量学算法的 Pb^{2+} 检测示意图

在 Pb^{2+} 拉曼检测过程中，适配体起着关键的调节作用。为了获得最佳的检测灵敏度，以 M4-16 为例，先对适配体的浓度进行了优化。此外，由于加热时间和 $HAuCl_4$ 的浓度通过影响 AuNPs 的还原间接决定了拉曼检测的信号强度，因此也对其进行了优化。最终确定 M4-16 和 $HAuCl_4$ 的最佳浓度和含量分别为 0.4μmol/L 和 0.6%，加热时间为 25min。另外，比较了体系中加入其他离子（Hg^{2+}、Cr^{6+}、Cu^{2+}、Ni^{2+}、Ba^{2+}、Cd^{2+}、Ag^{+}、Fe^{3+}、As^{3+}）时 $1595.80cm^{-1}$ 处的 SERS 信号强度。结果表明，只有在检测系统中存在 Pb^{2+}（100μmol/L）时，4-MBA 的拉曼光谱强度才会被显著增强，其他离子并不干扰 Pb^{2+} 与 M4-16 的特异性结合。由此可见，所构建的检测系统对其他离子具有良好的抗干扰性。

2. 茶叶中镉的表面增强拉曼光谱检测

镉（Cd）是许多食品中普遍存在的重金属之一，它主要来源于人类生产活动，如采矿、冶炼和施肥等。植物中镉的存在会阻碍光合作用，抑制根的伸长，从而减少植物对养分的吸收。如果在可食用部位发生生物积累，可能会出现食品安全风险。国际癌症研究机构（International Agency for Research on Cancer）将镉列为人类致癌物。镉在人体内的生物积累可损害人体的各种系统，导致肺气肿、终末期肾功能衰竭、骨质疏松症和癌症等。因此，确保食品不受镉污染或其浓度低于最大残留限量（MRL）具有重要意义。有研究开发了一种海藻酸钠还原的银纳米颗粒（SA-AgNPs）结合三聚硫氰酸（TMT）免标记，特异性检测食品中镉的绿色 SERS 方法（图 5-8）。由于硫醇和氮结合位点的对称性和邻近性，特异性分子探针 TMT 分子通过硫和杂环氮原子与银结合。第三个硫和两个杂环氮原子镉离子螯合。滴加在锡纸上的检测液干燥过程中自动富集形成咖啡环。优化 TMT 浓度、检测液体积以构建最佳的检测体系。结果表明，食品样品中的镉离子浓度与拉曼信号强度成正比，拉曼特征峰位置主要在 620.32cm^{-1}、832.62cm^{-1}、976.97cm^{-1}、1226.74cm^{-1}、1390.07cm^{-1} 处。对 10 个浓度梯度的原始拉曼光谱运用了不同的预处理和变量选择算法，结果表明，一阶导数预处理结合蚁群算法模型获得了最佳的检测性能（R_c = 0.9966，R_p = 0.9972），镉的检出限为 0.1μg/L。该检测方法不需要复杂的操作，纳米颗粒还原方法环保无公害。SERS 技术结合自动富集和化学计量学算法能很好地应用于食品中镉的测定，为准确评价食品污染程度提供了一种可行的方法。

海藻酸钠（SA）分子表面有羧基和羟基，其中羧基与 AgNPs 具有强烈的配对作用，且活性羟基具有一定的还原能力。利用 SA 表面羟基还原银离子生成 AgNPs，而后其表面羧基迅速与 AgNPs 产生配对作用使 SA 包裹 AgNPs 以控制 AgNPs 粒径，增加其稳定性。在该 SERS 检测方法中，合成的 AgNPs 粒径为 30~40nm，在溶液体系中分散性良好。新鲜的 SA-AgNPs 在 401nm 左右有强烈的紫外特征吸收峰，在 4℃条件中保存一个月以后仍然具有良好的稳定性和分散性。ZETA 电位显示为负值（-47.2），证实了 SA 还原银离子后又作为表面活性剂包覆在银纳米颗粒表面。图 5-8 显示了 SA 和 AgNPs 的傅立叶变换红外光谱（FT-IR）。在 SA 的 FT-IR 谱图中，位于 3440cm^{-1} 附近的峰可归因于—OH 的伸缩振动。在 1620cm^{-1} 处的吸收峰是由 COO—基团的伸缩振动引起的，在 1320cm^{-1} 附近的吸收峰是由—OH 形变振动引起的，1060cm^{-1} 处的吸收带对应于单元中的 C—O—C 伸缩模式。比较了 SA 和 AgNPs 的 FT-IR 光谱发现，在 AgNPs 中，—OH、COO—基团和 C—O—C 振动峰均存在且有一定程度的位移，证明了 SA 在 AgNPs 上的存在。

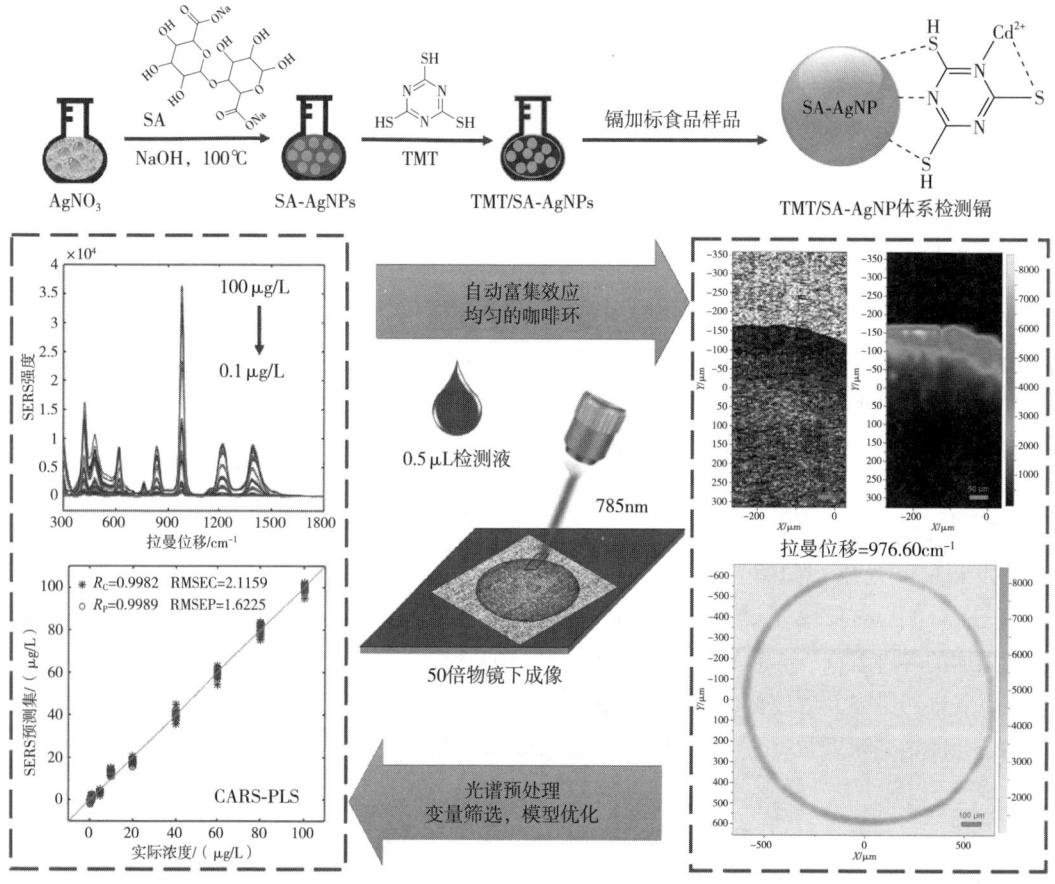

图 5-8　茶叶重金属镉的 SERS 特异性便捷检测技术示意图

镉的拉曼特征峰主要位于 976.60cm^{-1} 和 1226.74cm^{-1} 处，来自苯环振动。419.86cm^{-1}，479.11cm^{-1} 和 832cm^{-1} 处的拉曼峰来自 C—S 伸缩振动，1390.07cm^{-1} 处的拉曼峰可归属于 COO—的拉伸振动，该位置拉曼峰的存在再次验证了带有羧基的 SA 已经修饰在 AgNPs 的表面。研究发现，在空白茶叶样品中加入其他离子后，与溶液混合，采集拉曼光谱峰，其他离子不会干扰食品中镉与 TMT 的反应。由此可见，所构建的检测系统对其他离子具有良好的抗干扰性。

四、拉曼光谱检测微生物

SERS 技术在食源性病原菌的菌种鉴别、微生物代谢和病原菌检测等方面得到了广泛的研究。采用 Mg^{2+} 诱导银纳米粒子在细菌表面聚集，结合 SERS 技术对革兰氏阳性和阴性菌的胞内和细胞表面组成及结构特征进行鉴定，结果表明，蛋白质、多糖、脂类和核酸等细胞组分产生了强烈的 SERS 光谱。为了消除金纳米增强基底表面的活性剂对检测信号的干扰，在室温下对星形金纳米粒子前驱体进行了酸性处理，制备出增强效果好、无涂层的近球形金纳米粒子，并采用 SERS 方法对多种药物制剂中广泛使用的益生菌进行了免标记检测和定量分析（图5-9）。采用葡萄糖处理反应混合物，使银离子通过银镜反应直接在细菌表面形成银纳米粒子，从而起到增强信号的作用，可在 100CFU/mL 的浓度下实现分枝杆菌快速、灵敏 SERS 的检测。利用微生物细胞的表面疏水性转换，可以设计一种空气/水界面的动态捕捉体系，可以实现对大肠杆菌等微生物的预富集检测，借用带图像分析仪的智能手机可直接定量检测低至 $1.0×10^3$CFU/mL 的大肠杆菌，并且通过直接从界面捕获的细胞中测量的特征拉曼光谱实现了不同微生物细胞的识别。还有一种用于检测鼠伤寒沙门氏菌的 SERS 免疫传感器，采用功能化聚合物磁性纳米颗粒作为有效的捕获探针和免疫磁选分子，实现了目标细菌的特异性捕获检测。金纳米粒子涂层的聚二甲基硅氧烷薄膜作为 SERS 基底，并进行表面适配体功能化，通过薄膜、菌、特异性 SERS 探针三明治结构，对溶血性弧菌和鼠伤寒沙门氏菌进行了特异性高灵敏检测。采用银纳米点阵列，对无菌水和梨汁中的链格孢菌进行了检测，可实现无菌水中的链格孢菌检测限为 $1.0×10^3$CFU/mL，梨汁中的检测最低浓度小于 $1.0×10^4$CFU/mL。

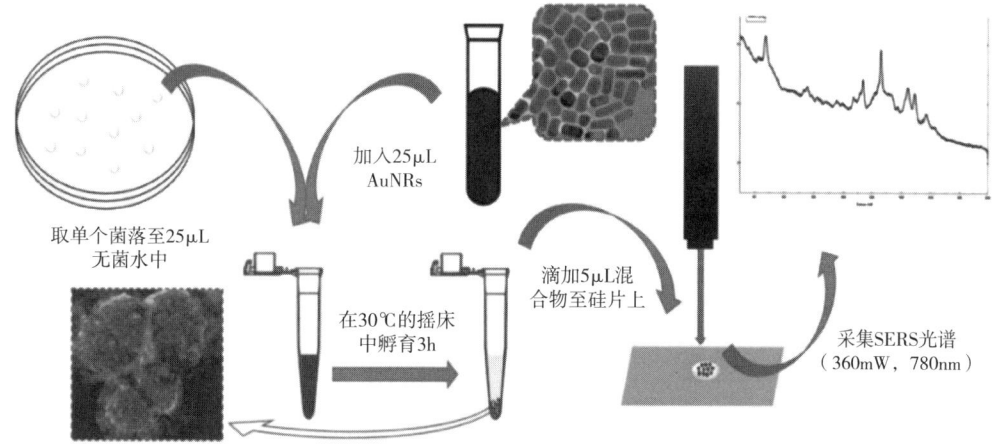

图5-9　SERS 检测 4 种假单胞菌的示意图

采用SERS成像技术获取微生物的拉曼指纹图谱，根据微生物间的代谢差异，对其细胞内部和表面成分进行分析，从而实现微生物单个细胞水平的快速鉴别。研究合成了金纳米棒（AuNRs）增强基底用于采集和检测苹果优势腐败真菌孢子的拉曼指纹图谱。采用标准正态变量（SNV）对光谱进行预处理，提高光谱的信噪比。并采用主成分分析（PCA）提取有用的光谱信息。结合线性判别分析（LDA）和非线性模式识别方法，包括K最近邻（KNN），支持向量机（SVM）和反向传播人工神经网络（BPANN），来判别真菌种类。最终，通过比较建模结果，优选快速和有效的方法来检测和鉴定真菌物种。研究结果显示，与其他化学计量学方法相比，PCA结合LDA算法运行时间短，且提供了简单、清晰的结果，其对于五种苹果优势腐败真菌的识别精确度可达98.31%，建立过程如图5-10所示。因此，SERS与PCA-LDA结合可以成为区分真菌种类的理想方法。

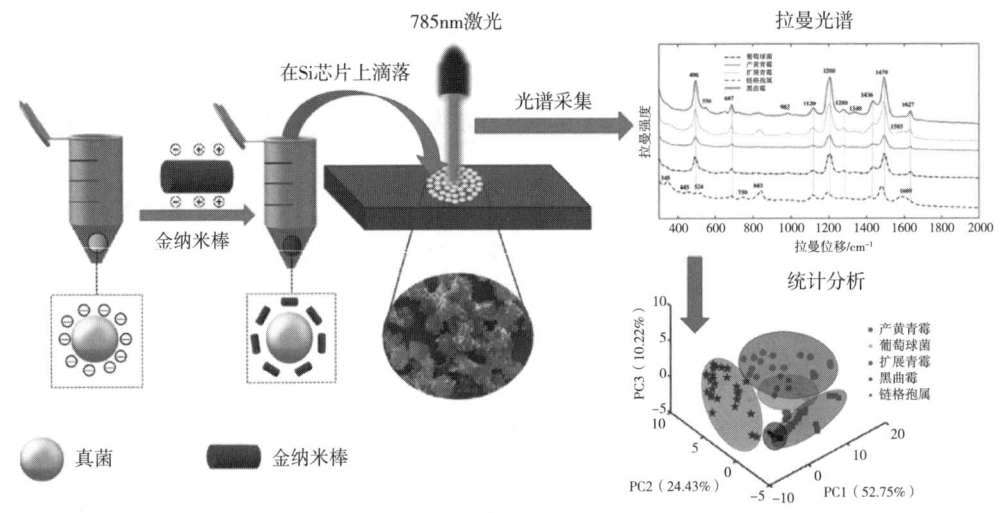

图5-10　建立苹果优势腐败真菌识别模型

五、拉曼光谱检测抗生素

在畜禽、水产养殖业中广泛使用的抗生素有四环素类、氟喹诺酮类、磺胺类、大环内酯类、氯霉素等，目前使用的抗生素除了可以用来治疗疾病，降低动物饲养过程中的发病率和死亡率以外，还可以促进动物生长，达到降低饲养成本的最终目的。但是过量使用抗生素会使得其在人类食用的动物源性制品中的残留量超过安全标准，由此造成人体的一系列不良反应，例如，在人体内蓄积，使人体对该抗生素产生一定抗药性，影响人体肠道菌群平衡，引起过敏反应，损伤人体的器官和神经甚至导致癌变等，因此发展建立快速、准确、有效检测食品中抗生素残留的方法尤为重要。

食品抗生素常规检测方法主要包含微生物检测法、免疫学分析法以及仪器分析法，这些检测方法在抗生素检测领域已得到广泛应用。微生物法经济实用，但存在操作步骤多，劳动力大和检测灵敏度低的缺点；免疫学分析法具有检测速度快、特异性好等特点，但其易呈现假阳性结果；仪器分析法具有特异性强以及检测灵敏度高等优势，但操作过程相对复杂，且所用设备庞大、价格昂贵。相比于传统的检测方法，SERS方法具有SERS信号的稳定性和重现性强，SERS 基底灵敏度极高的特点。此外，利用捕捉探针特异性捕捉目标物，可以进一步提高检测方法的特异性及灵敏性。

以牛奶中四环素为例，研究利用竞争磁免疫 SERS 方法实现牛奶中抗生素残留的高灵敏、高特异性检测。先制备磁性饱和度高、颗粒大小均一的磁性纳米微球，然后将其与四环素特异性核酸适配体结合，作为捕捉探针，用于四环素的捕获；对巯基苯胺修饰的金纳米球/二氧化硅核壳材料与核酸适配体互补 DNA 结合，作为信号探针，具有高灵敏、高稳定和高重现性，同时二氧化硅表面的官能团可以作为金纳米颗粒的保护剂，从而克服了 SERS 基底材料易于团聚的局限性，适合应用于检测。当四环素存在时，四环素与捕捉探针上核酸适配体发生特异性结合，从而引起不同浓度信号探针在外磁场作用下的释放，通过测定被释放信号探针的拉曼光谱，根据对巯基苯胺特征峰位置获取拉曼光谱强度，建立其与四环素浓度关系的标准曲线，实现牛奶中四环素的检测。检测范围为 0.001~100ng/mL，检测限为 0.001ng/mL。该方法用于实际牛奶样本中四环素检测，平均加标回收率为 103.95%，表明该 SERS 方法可以用于牛奶中四环素的检测（图 5-11）。此外，该法还可结合不同抗生素的核酸适配体以适用更广泛的抗生素残留检测的应用。

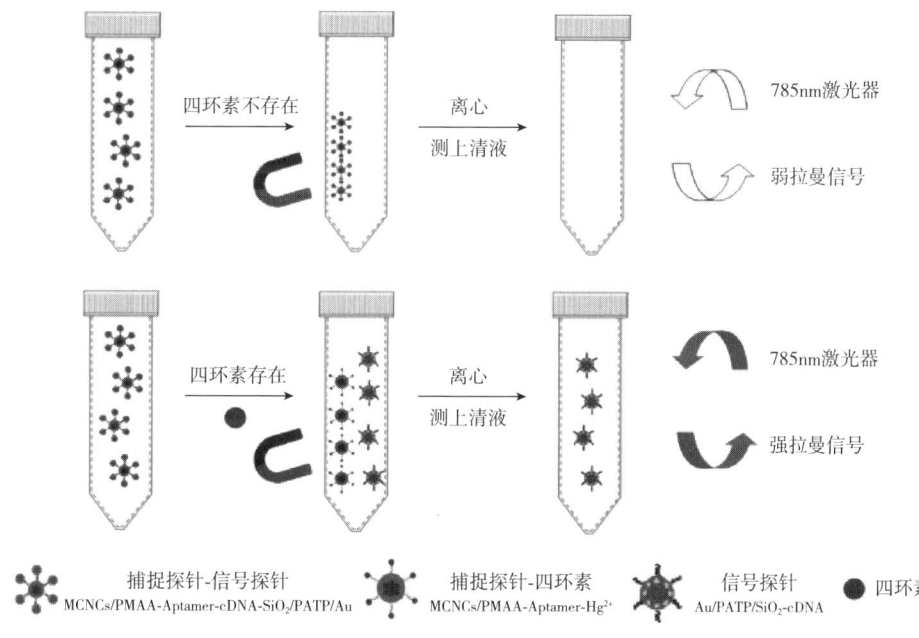

图 5-11　SERS 方法检测牛奶中四环素的原理图

六、拉曼光谱成像的分布检测

拉曼光谱成像技术具有无损、免标记、快速、所需样品量少和样品前处理简单的优点，所构建的拉曼化学图像可以揭示组分独特的空间分布情况，并且继承了显微拉曼光谱成分检测的优势。利用拉曼光谱图像的指纹性可以揭示待测物的大分子成分分布信息，通过拉曼光谱中的细微变化还可以揭示多型体的分辨、有序度晶体与非晶体及材料的应变等分子结构信息，该技术已广泛用于生化分析和微生物检测。采用共聚焦显微拉曼技术对培养皿上的五种细菌菌落的类别进行判别。采用共聚焦显微拉曼光谱成像技术研究镉对小鼠肝脏的损伤，为研究镉在人肝脏中的积累和毒性提供了参考。利用共聚焦显微拉曼光谱技术可以检测腐败梨果的交链孢酚的含量。共聚焦显微拉曼光谱成像技术对油菜茎秆横截面健康组织与染菌组织化合物进行化学成像，可建立核盘菌侵染茎秆的早期诊断模型。目前，共聚焦显微拉曼光谱成像技术多应用于生物医学研究，如利用磁性显微拉曼光谱平台以外泌体作为癌性标志物，对乳腺癌患者和健康人进行判别。利用拉曼显微光谱学系统，对健康和乳腺癌组织进行原位拉曼光谱采集，揭示了乳腺组织癌变过程中许多生化成分的变化，有助于乳腺癌的早期监测和光谱诊断。

采用共聚焦显微拉曼光谱成像技术动态监测苹果优势腐败菌侵染过程中果实细胞和细胞间隙成分及结构的变化。以全新的视角阐述优势腐败菌侵染苹果腐败的机制：①利用显微共聚焦拉曼光谱成像系统采集新鲜、侵染早期、侵染中期和侵染晚期苹果细胞壁及细胞间隙的拉曼光谱，通过与纤维素和果胶标准品的拉曼光谱比较，解析出苹果细胞成分的拉曼指纹图谱；②比较不同侵染阶段的苹果平均拉曼光谱，分析优势腐败菌侵染过程中苹果细胞成分纤维素和果胶的变化情况；③采用夹峰法，选取纤维素和果胶的拉曼特征峰构建伪彩色图像，分析在苹果细胞壁和细胞间隙的分布情况和腐败菌侵染过程中苹果组织细胞的细微变化。为采用拉曼化学成像技术研究腐败菌与果蔬组织互作的机制提供理论基础；④对腐败菌侵染苹果不同阶段的拉曼光谱进行预处理和主成分分析，结合线性判别方法建立苹果不同腐败程度的判别模型，实现优势腐败菌侵染苹果组织的早期快速诊断。

苹果组织细胞壁由多种成分组成，因此采集到的拉曼光谱包含多个成分信息。研究根据采集到的苹果拉曼光谱峰，结合相关文献报道及标准品的拉曼光谱，对苹果细胞拉曼光谱进行了解析。通过对苹果细胞壁的拉曼光谱峰进行物质归属解析发现，半纤维素的拉曼光谱峰位于 $526cm^{-1}$ 和 $2946cm^{-1}$，$526cm^{-1}$ 为半纤维素的木聚糖分子振动，由于半纤维素和纤维素都具有相似的分子成分，因此 $2946cm^{-1}$ 也包含了半纤维素的 C—H 拉伸振动信息；果胶的拉曼光谱峰位于 $835cm^{-1}$ 和 $875cm^{-1}$ 频移处，其中 $835cm^{-1}$ 为高甲基化果胶的 α-糖苷键振动，$875cm^{-1}$ 为低甲基化果胶的 C—O—C α-异构体的骨架模式振动；木质素的拉曼光谱峰位于 $920cm^{-1}$ 和 $1467cm^{-1}$ 频移处，$920cm^{-1}$ 为木质素的 ν（C—O—C）平面对称振动峰，$1647cm^{-1}$ 为木质素的 CH_2—弯曲振动峰；蛋白质的拉曼频移峰位于 $991cm^{-1}$ 和 $1645cm^{-1}$ 频移处，其中 $991cm^{-1}$ 为蛋白质的 C—CH_3 拉伸振动和丙氨酸振动，$1645cm^{-1}$ 为蛋白质的酰胺 I C=O 拉伸振动。另外，$423cm^{-1}$ 和 $629cm^{-1}$ 频移处的拉曼峰表示苹果细胞中的果糖成分。

苹果细胞壁主要包含纤维素、半纤维素、果胶和木质素等成分。腐败菌在侵染苹果组织的过程中，会分泌纤维素酶和果胶酶，水解苹果细胞壁，释放出细胞内的水和其他营养成分，进行生长和繁殖，随着腐败程度的增加，苹果细胞成分不断被腐败菌消耗，其拉曼光谱峰强度也会发生一定程度的变化。图 5-12 显示了苹果细胞在腐败菌侵染不同阶段（新鲜、轻微腐败、中度腐败和严重腐败）的平均拉曼光谱曲线。从图中可以看出四种腐败阶段的苹果细胞平均拉曼光谱具有一定的相似性，但是强度具有明显的差别，$1121cm^{-1}$，$1371cm^{-1}$ 和 $2946cm^{-1}$ 频移处的拉曼光谱峰强度随着腐败程度的增加逐渐下降，表明腐败菌在侵染苹果过程中，产生纤维素酶，分解了苹果细胞纤维素，导致苹果细胞壁中纤维素含量的降低。这种趋势同样也发生在 $835cm^{-1}$ 和 $875cm^{-1}$ 频移处，表明腐败菌侵染导致苹果细胞果胶含量降低。

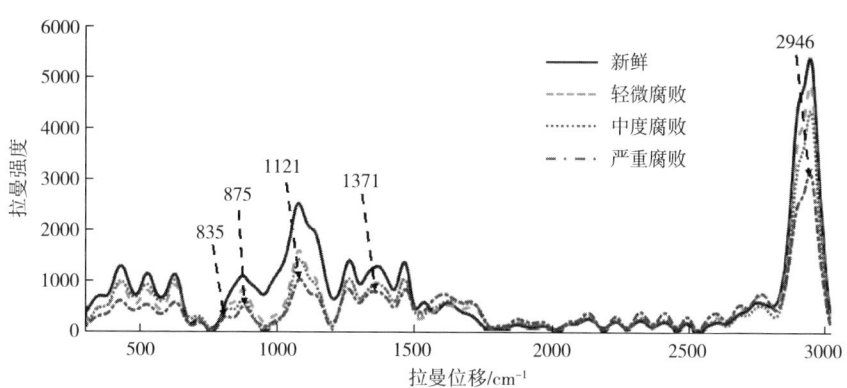

图5-12　腐败菌侵染不同阶段的苹果细胞平均拉曼光谱

下面以苹果中糖类成分的可视化分布为例，拉曼化学成像解析腐败菌侵染苹果过程中细胞成分的变化。由于$2946cm^{-1}$频移处的拉曼光谱峰为糖类的C—H拉伸振动，为了构建糖类成分在苹果组织细胞壁及细胞间隙中的分布图像，夹峰选取$2900\sim3000cm^{-1}$频移处的光谱区间。图5-13（1）~（3）是不同时期苹果细胞的显微图，可以看出，新鲜的苹果组织细胞形态呈圆形或椭圆形，大小均匀；中度腐败的苹果组织细胞，形状发生褶皱弯曲，细胞壁表面呈现高低不平的状态，原因可能是受到腐败菌的侵染，细胞壁成分被分解，细胞结构遭到破坏，细胞内含物流出，导致显微镜聚焦困难，视野模糊；而严重腐败的苹果组织，细胞发生坍塌，细胞表面凹凸不平，可能原因是细胞壁结构遭到严重破坏，整体细胞被分解。图5-13（4）~（6）显示了构建的糖类成分在苹果细胞壁中的糖类分布的伪彩色图和三维图，从多糖成分的伪彩色图像可以看出，糖类成分在细胞壁中呈不均匀分布的状态，越靠近角隅区和胞间层的区域含量越高，越靠近细胞间隙的部分，多糖含量越高；随着腐败程度的增加，多糖的含量呈下降趋势。

拉曼散射光谱可以获取分子振动能级与转动能级结构的特征信息，具有强大的分子识别能力，同时具有非标记、非接触的特点，是分子信息快速获取的理想手段，拉曼光谱在食品的原料筛查、过程控制和安全保障方面具有广阔的应用前景，但拉曼光谱分析技术仍然面临着一些亟待解决的问题：①食品中的常量物质可以高精度检测或识别，但常规拉曼光谱获得待检物信号的灵敏度不高，对微量、痕量的真菌毒素、农药残留等安全检测无能为力；②食品基质的复杂性严重影响了拉曼光谱信号获取的稳定性，特别是在不进行增强处理的条件下，获取的拉曼光谱同时包含了基质和荧光干扰信息，有效的数据处理与挖掘可保证检测的精度；③待检成分和食品基质均可产生拉曼光谱，拉曼光谱峰强、峰位和响应交叉重叠原因需要进一步探索，明确拉曼光谱的谱带归属，做到有的放矢，以提高检测的适应性和稳定性。随着分析化学、光电技术和人工智能的发展，新型SERS基底的制备和拉曼检测仪器的进步，拉曼光谱检测技术将为食品安全的高精度快速检测提供新的解决方案。

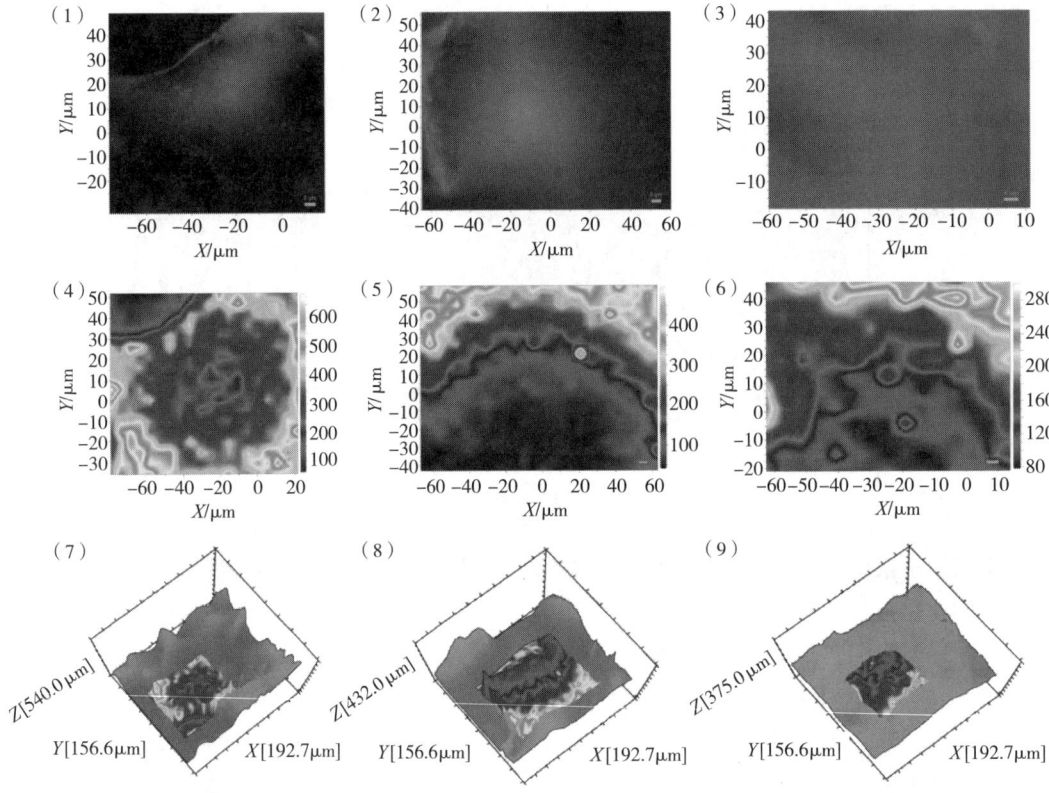

图 5-13 苹果细胞壁中糖类成分分布的显微图、伪彩色图和三维图

(1) 新鲜苹果细胞显微图 (2) 中度腐败苹果细胞显微图 (3) 严重腐败苹果细胞显微图
(4) 新鲜苹果糖类分布伪彩色图 (5) 中度腐败苹果糖类分布伪彩色图 (6) 严重腐败苹果糖类分布伪彩色图
(7) 新鲜苹果糖类分布三维图 (8) 中度腐败苹果糖类分布三维图 (9) 严重腐败苹果糖类分布三维图

思考题

拉曼光谱检测技术与近红外光谱检测技术的区别与联系是什么?

第六章

光谱成像检测技术

学习目标

掌握光谱成像检测技术原理，并熟悉光谱成像检测装置的构成及功能，了解光谱成像检测技术在食品领域中的应用。

重点和难点

重点是光谱成像检测技术信号分析方法；难点是光谱成像检测技术图像分析。

光谱成像技术以物质与光的相互作用为基础，涉及光谱形成机理、分析仪器、信号处理与信息挖掘、光谱图像处理、波谱特性分析等研究领域，是当前重要的无损检测技术手段。

本章概述光谱成像技术，并简要介绍近红外高光谱成像技术、近红外/红外/拉曼显微光谱成像技术及其应用。

第一节 光谱成像检测技术简介

一、概述

光谱成像技术是由光谱技术和成像技术两门学科组成，这两门学科是传统光电技术的两个重要分支。图像是对客观对象的一种表达，它包含了被描述对象在空间、时间上的相关信息。成像技术关注的是图像空间分辨率和时间分辨率，而光谱技术关注的则是光谱分辨率。

光谱成像技术可以解释为利用多个光谱通道捕获、处理、显示和理解或解释图像的技术，是将成像技术和光谱测量技术结合在一起，具有"图谱合一"的特性，它获取的信息不仅包括二维空间信息，还包含随波长分布的光谱辐射信息，形成所谓的"数据立方"，如图 6-1 所示。

光谱成像技术按照光谱波段数量和光谱分辨率可以分为多光谱成像技术、高光谱成像技术和超光谱成像技术。按照空间分辨能力的高低和成像方式，光谱成像又可分为用于常规尺寸样本分析的成像技术和微区分析的显微成像技术。按照电磁波谱的范围来分，早期光谱仪一般局限于可见和近红外波段（400~1000nm）。随着红外探测器的发展，红外光谱成像技术的潜力被逐渐挖掘出来，包括近红外（1000~2500nm）和中红外（2.5~25μm/4000~400cm^{-1}）。随着激光技术的兴起，拉曼成像技术（50~4000cm^{-1}拉曼位移）也应运而生。

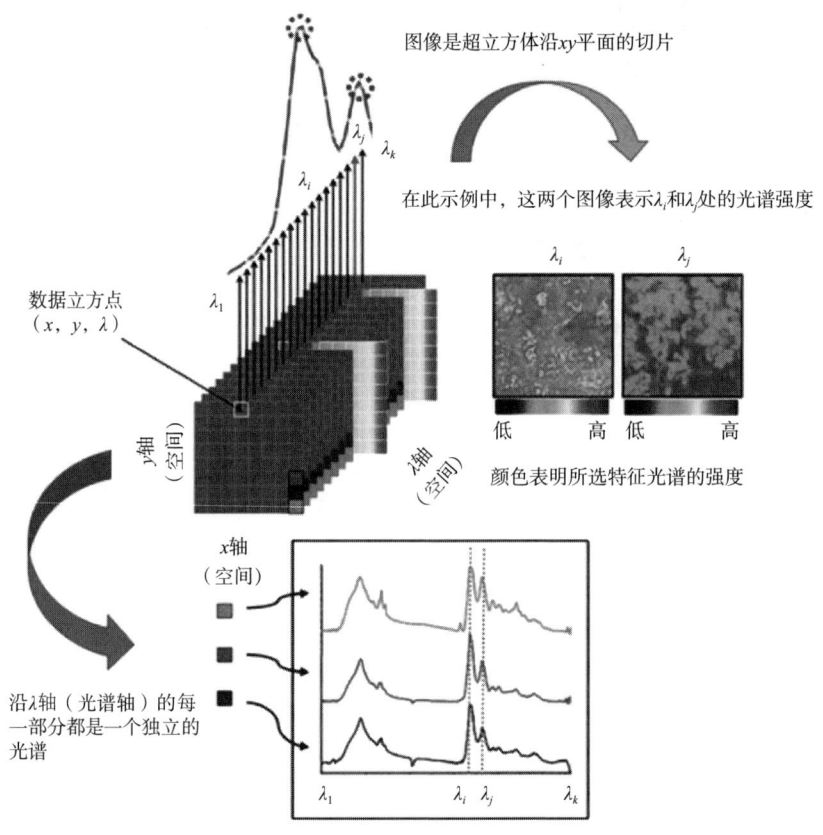

图6-1 光谱成像超立方体和可视化的基本原理图

光谱成像数据具有光谱波段多、波段连续、图谱合一等特点，它既分享了光谱技术的基本原理，又同时具备光谱分辨能力和图像分辨能力，可以对被测物体进行定性、定量、定位分析，利用物体表面成分的光谱差异，可以实现对目标的精确识别和定位，在食品安全、医疗诊断、植物形态结构、生理功能、病害检测和组分含量等性状表征中具有广泛的应用。

二、光谱成像技术成像方式

成像测量可以分为成像（imaging）或绘图方式（mapping），绘图方式包括点扫描（point mapping）、线扫描（line mapping）和面扫描（area mapping）模式。

成像方式：成像涉及到收集空间分辨数据表示一个单一的波长，通常使用焦平面阵列或电荷耦合设备（CCD）作为空间分辨探测器，然后可以使用不同的波长对样品进行成像，得到超立方体光谱数据。

点扫描模式：点扫描成像是将样品放到载物台上，使其顺次沿着横向和纵向做步进运动，按照设定的像素点大小逐点扫描并获取扫描范围内的光谱,最后形成三维的光谱图。

线扫描模式:根据预定的空间位置获取光谱,在样品运动的过程中逐行进行扫描,覆盖整个区域,得到沿一维方向的一系列谱。

以上两种方式多使用点阵列检测器或者线阵列检测器,虽然扫描所需时间较长,但光谱的分辨率较高。

面扫描模式:根据整体绘图大小,样品静止不动,使用二维阵列检测器逐个波长地扫描获取样品图像,最后生成三维光谱数据,扫描速度相对较快,但光谱的分辨率相对较低。

三、光谱图像数据处理方法

采用光谱成像技术可以获得海量的光谱成像数据,通过合适的信息提取方法,深入挖掘这些海量数据中所需要的信息,是光谱成像技术应用的关键。光谱数据预处理是光谱分析工作流程中重要的第一步,其目的是增强信息,减少光谱中包含的散射效应等无关信息。光谱预处理方法包括基线校正、归一化、导数和平滑等。其次,由于光谱图像检测收集的高维数据包含很多噪声和无用信息,在解析光谱时通常需要对光谱数据进行降维,奇异值分解(SVD)、主成分分析(PCA)等方法能从大数据中提取化合物特征信息。

光谱图像可以通过简单的单变量分析方法生成,其中像素代表一个单一的特征或属性,如给定波长的光谱强度,特定波长下的特征峰成像,特定波段范围的峰面积积分等。由于成分特征信息的重叠,单变量方法适用组分有限。这意味着单变量分析需要选定的吸收峰有足够的强度且不与其他峰重叠。

然而,光谱成像获取的是高维数据立方体,通过单变量分析远远不能充分利用这个高维数据立方体的信息,多变量分析方法由于利用了更多维度成像数据,在解释化学信息方面具有更大的潜力。多变量分析通常分为两种情况:一是已知样品中化学成分的光谱,分析化学成分的含量及其分布,即有监督靶向分析,主要包括经典二乘法(CLS)和快速非负最小二乘(Fast NNLS)算法;二是未知样品中包含的化学成分,通过盲源解混算法提取样品中的纯物质光谱,进而分析样品中化学成分的分布,即无监督盲源解混,包括主成分分析(PCA)、非负矩阵分解(NMF)、自模式曲线分辨(SMCR)、多元曲线分辨(MCR)、独立分量分析(ICA)和顶点分量分析(VCA)等。

此外,余弦相似度、全局马氏距离(GH)、偏最小二乘判别(PLSDA)等判别分析方法,可以用于定性分析。应用适当的回归方法,可以建立特定波长的吸光度与成分参考值之间的关系。常用的回归分析有多元线性回归(MLR)、主成分回归(PCR)和偏最小二乘(PLS)。

四、光谱成像表达方法

1. 总吸收成像(total absorbance imaging,TAI)

TAI 是一种用每个像素的光谱在各波数(或波长)处的吸收强度值总和进行成像的图像数据可视化表达方式。在 TAI 中,高亮度像素表示该位置的总吸收强度大,低亮度像素表示该位置的总吸收强度低。总吸收成像反映出图像视区范围内每个像素的总体吸收强度情况,但对于复杂体系,TAI 不能直接表达各像素位置的组分成分。

2. 单波数（或波长）成像（single wavenumber/wavelength imaging，SWI）

SWI 是一种采用光谱成像中各像素光谱在指定波数（或波长）处的吸收率（或透过率）值进行成像的图像数据可视化表达方式。在 SWI 中，各像素值的本质是特征峰的峰高值（或吸光度）或者是相对峰高值（或相对吸光度）。在成像前，可以指定参考波数（或波长），用相对峰高值（或吸光度）进行单点成像，以减少光谱平移对成像结果的影响。在 SWI 中，高亮度像素表示在指定波数（或波长）前提下，该位置的峰高值（或吸光度）或相对峰高值（或相对吸光度）较大，低亮度像素表示该位置的峰高值（或吸光度）或相对峰高值（或相对吸光度）较小。单点成像可以比较直观地反映出目标化合物在光谱成像范围内的分布情况，但对于吸收峰特征不明显的体系，成像效果欠佳。

3. 峰面积成像（area imaging/chemimap，AI/AC）

AI/AC 是一种采用光谱成像中各像素光谱在指定吸收峰的积分面积或相对积分面积值进行成像的图像数据可视化表达方式。在获取峰面积成像前，可以指定吸收峰的左、右波数（或波长）作为积分范围。用相对积分面积值进行成像，可强化谱峰特征，减小光谱平移对成像结果造成的影响。峰面积成像中，高亮度像素表示在指定特征峰的积分面积或相对积分面积值较大，低亮度像素表示在指定特征峰的积分面积或相对积分面积值较小。峰面积成像可以直观地反映出特征化合物在光谱成像范围内的分布情况，但对于特征峰积分面积或相对积分面积值差异不大的体系，成像效果不佳。

4. 峰比值成像（band ratio imaging，BRI）

BRI 是一种采用光谱成像中各像素光谱在指定两个位置的峰高值（或积分面积）或相对峰高值（或相对积分面积）的比值进行成像的图像数据可视化表达方式。在 BRI 中，高亮度像素代表该位置物质的特征峰与参比吸收峰的峰高值比值或积分面积比值较大，低亮度像素代表该位置物质的特征峰与参比吸收峰的峰高值比值或积分面积比值较小。BRI 可以直观地反映出特征化合物在成像范围内的分布情况，对研究物质的官能团变化过程作用重大。

5. 相关成像（compare correlation imaging，CCI）

CCI 是一种采用光谱成像中各像素光谱数据与制定的参比光谱数据的相关系数进行成像的图像数据可视化表达方式。CCI 中，各像素信息的本质是该像素光谱数据与参比光谱数据的相关系数。获取 CCI 前，需要指定参比光谱，以该参比光谱的指定波数（或波长）范围为基准，将各像素的光谱在指定波数（或波长）范围内的数据与参比光谱数据计算相关系数，再按原坐标位置用相关系数进行成像。CCI 中，高亮度像素表示该位置物质的光谱数据与参比光谱数据具有较高的相关性，低亮度像素表示该位置物质的光谱数据与参比光谱数据具有较低的相关性。相关成像可以充分利用光谱信息进行成像，可直观反映特征化合物在光谱成像范围内的分布情况。

第二节　近红外高光谱成像技术及其应用

一、近红外高光谱成像技术

高光谱成像（hyperspectral imaging，HSI）技术是由高光谱遥感成像技术发展起来的一项技术，利用成像光谱仪对感兴趣物体完整而连续的数据进行采集，从而得到物体的光谱图像数据。该技术是将成像技术和光谱技术集合在一起，利用成像技术可以获得目标的影像信息，利用光谱技术可以获得目标的光谱信息，从而得出目标的物质结构及化学组成，为分析判断目标的属性提供依据。

其中，近红外光是介于紫外-可见光和中红外光之间的电磁波，其波长为 780~2500nm（4000~12800cm^{-1}）。近红外光谱主要是由于分子振动的非谐振性使分子振动从基态向高能级跃迁时产生的，主要反映分子中含氢基团 O—H、N—H、C—H 和 S—H 伸缩振动和弯曲振动的倍频和组合频吸收，不同基团（如甲基、亚甲基、苯环等）或同一基团在不同化学环境中的近红外吸收波长与强度都有明显差别。近红外光谱具有丰富的结构和组成信息，光谱域较宽，测量方式简单，测量结果中包含的关于被测试样的信息量大，所以近红外高光谱成像成为应用最广泛的高光谱成像系统。

高光谱图像是在特定波长范围内由一系列波长处的光学图像组成的三维图像块，如图 6-2 为高光谱图像三维数据块的示意图，x 和 y 表示二维平面像素信息坐标轴，第三维（λ 轴）是波长信息坐标轴。从中可以看出，高光谱图像既具有某个特定波长 λ_i 下的图像信息，并且针对 x-y 平面内某个特定像素，又具有不同波长下的光谱信息。

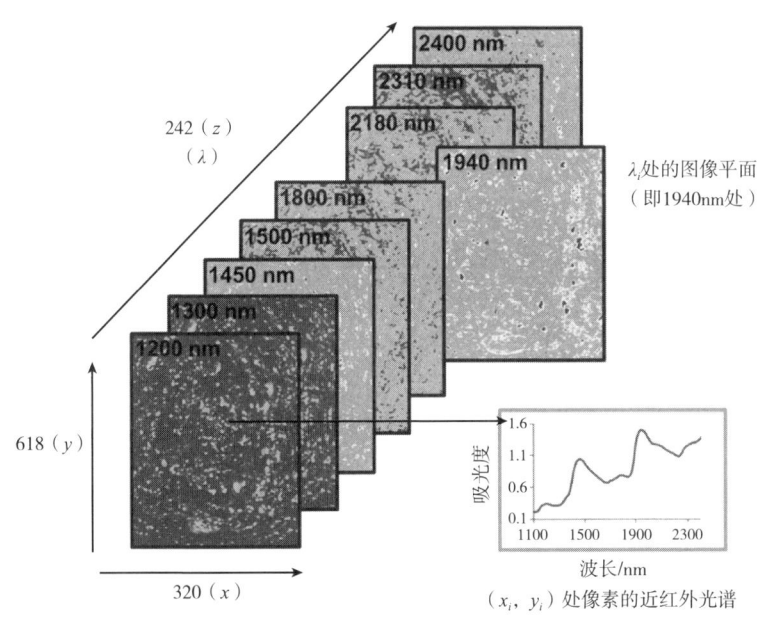

图 6-2　高光谱图像的空间与波长三维数据块示意图

彩图 6-2

HSI 是针对某个测试目标，在每个空间点位置由数百个连续波长下的反射（或透射）值的叠加而成。HSI 集样品的图像信息与光谱信息于一身。由于光谱信息能充分反映样品内部的物理结构、化学成分，内部结构的差异可以通过特定波长下的光谱值来表现，在每个特定波长下，x-y 平面内每个像素点的灰度值又与其在该波长下的光谱值之间一一对应。图像信息可以反映样品的形状、缺陷等外部品质特征，由于不同成分对光谱吸收亦不同的影响，在某个特定波长下图像对某个缺陷会有较显著的反映。这些特点决定了高光谱图像技术在环监测、食品药品安全监管及质量控制在内的研究领域具有独到优势。在宏观层面，近红外高光谱成像技术主要用于果蔬、肉类、水产品、谷物、饲料等方面的质量分析以及成分分布情况，另外异物污染、表面损伤、病原体感染监测也成为研究热点。

二、近红外高光谱成像仪

近红外高光谱成像系统一般由近红外光源、光学成像系统、分光系统、检测器、移动样品台和计算机系统组成，如图6-3所示。光源是能提供近红外辐射的部件，由于卤素灯发射光的波长范围较宽，可覆盖可见及近红外波段，所以卤素灯是应用最为普遍的光源。分光系统可以采用滤光器、光栅、可调滤光器或干涉仪。在宏观成像系统中，成像光学系统常采用聚焦透镜。检测器有单点、线阵和面阵检测器（FPA）3种类型，材料主要有硅、铟镓砷（InGaAs）、锑化铟（InSb）、硒化铅（PbSe）等。单点、线阵和面阵检测器对应的3种成像模式如图6-4所示。对于近红外光谱图像信息获取，铟镓砷面阵检测器效果最好，但出于成本考虑，目前仪器常用线阵检测器，结合快速光谱扫描和移动平台实现图像获取；硅检测器一般用于面阵检测器，如（256×256）像素，用于短波近红外光谱成像。目前没有同时获取三维光谱图像的方法，面阵检测器可以同时采集二维数据，然后按照第三个维度方向将数据片段拼接起来；而单点或线阵检测器则需要更加复杂的拼接方法。因此，光谱图像的扫描模式有适用于单点、线阵检测器的绘图方式，以及适用于面阵的推扫式和凝视成像方式。推扫式和凝视式成像速度快，高端仪器往往配套的是面阵检测器。

近红外高光谱成像一般有透射、漫反射和衰减全反射（ATR）三种测量模式。三种测量模式的特点及应用领域如表6-1所示。

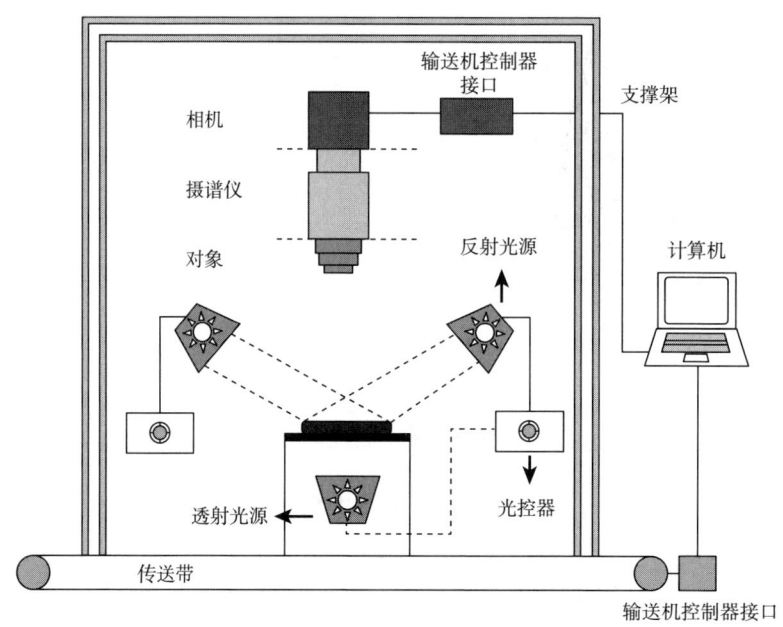

图6-3 近红外高光谱成像系统示意图

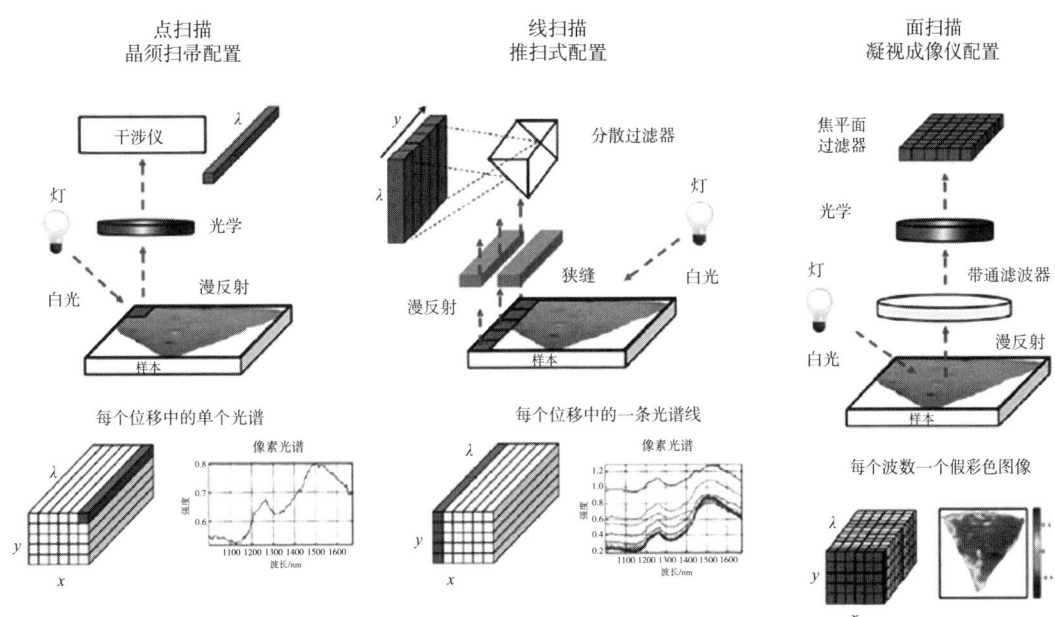

图 6-4　三种检测器成像模式的工作原理

彩图 6-4

表 6-1　　　　　　　　　　　近红外高光谱成像测量模式特点及应用

成像模式	特点	应用领域
透射	检测器与光源位于样本两侧。可控制成像焦点以实现透过玻璃容器和包装膜直接采集样本图像	薄膜或生物组织等透明或半透明的物料。液体样本需置于载玻片或培养皿内，固体样本需切片或压片
漫反射	检测器与光源位于样本同侧。样本无须稀释、切片或表面处理。样本厚度要求不小于 1mm，对于小颗粒易发生瑞利（Rayleigh）和米尔（Mie）散射。要求较高的光源强度和检测器灵敏度	可用于食品、药品、农作物及艺术品表面成像。粉末样品需控制颗粒大小或压样力度，数据处理时需采用散射校正
衰减全反射	ATR 成像无须控制光程，多用于显微成像技术，是表层成像。受晶体与样品折射率影响，测量时晶体与物料表面紧密结合，不适合表面不平整的硬质物体	适合材料涂层、生物组织、医疗诊断领域。比较适合质地柔软材料或组织

　　近红外光具有较强的热效应，在对活体组织测定时，注意避免长时间定点扫描致使样本脱水，使得组织收缩，焦距发生改变使得图像模糊。对于高水分含量的生物组织或有可挥发性物质的样品，可采用覆膜处理，减少脱水或挥发，保证采集的图像正确和清晰。

三、近红外高光谱成像技术的应用

(一)水果品质评价

采用空间变换高光谱散射成像评价苹果硬度和可溶性固形物含量(SSC)。高光谱成像系统如图6-5所示,系统配备一个高性能的Model C4880-21黑背景CCD相机和一个inspector V9光谱仪,光谱范围为450~1000nm。特殊设计的卤素灯作为光源,光源发射1.5mm的光柱,其扩散角小于15°。

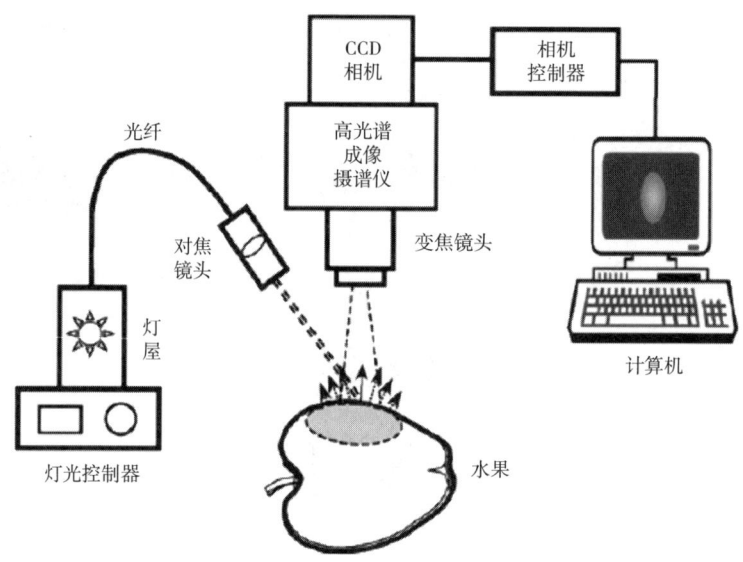

图6-5 高光谱散射成像系统

苹果高光谱扫描线和扫描区域如图6-6(1)所示,散射图像如图6-6(2)所示,其在不同空间位置下的光谱特征(450~1000nm)和不同波长下的散射强度如图6-6(3)和(4)所示。采用修正的洛伦兹分布函数来拟合散射特征曲线,并建立了不同参数条件下的MLR回归模型,其最优的SSC模型采用了20个波长点,模型的R_c和RMSECV分别为0.884和0.75;最优的硬度模型采用了18个波长点,模型的R_c和RMSECV分别为0.896和6.42。

(二)水果表面缺陷识别

高光谱成像系统用于在线检测苹果碰伤,系统的原理和外观图如图6-7所示。系统配备AD-080 GE型CCD多光谱渐进扫描相机,光谱范围400~1000nm。

苹果碰伤的RGB图像及其代表性的观测区反射光谱如图6-8所示。同等程度碰伤的苹果在碰后1h、12h和24h的RGB图像分别如图6-8(1)、(2)和(3)所示,而某样品的平均观测区的反射光谱如图6-8(5)所示,随着时间的延长,其反射值逐渐降低。不同碰伤程度的苹果RGB图像如图6-8(4)所示,其苹果的平均观测区的反射光谱如图6-8(6)所示,随着碰伤程度的加重,其反射值逐渐降低。

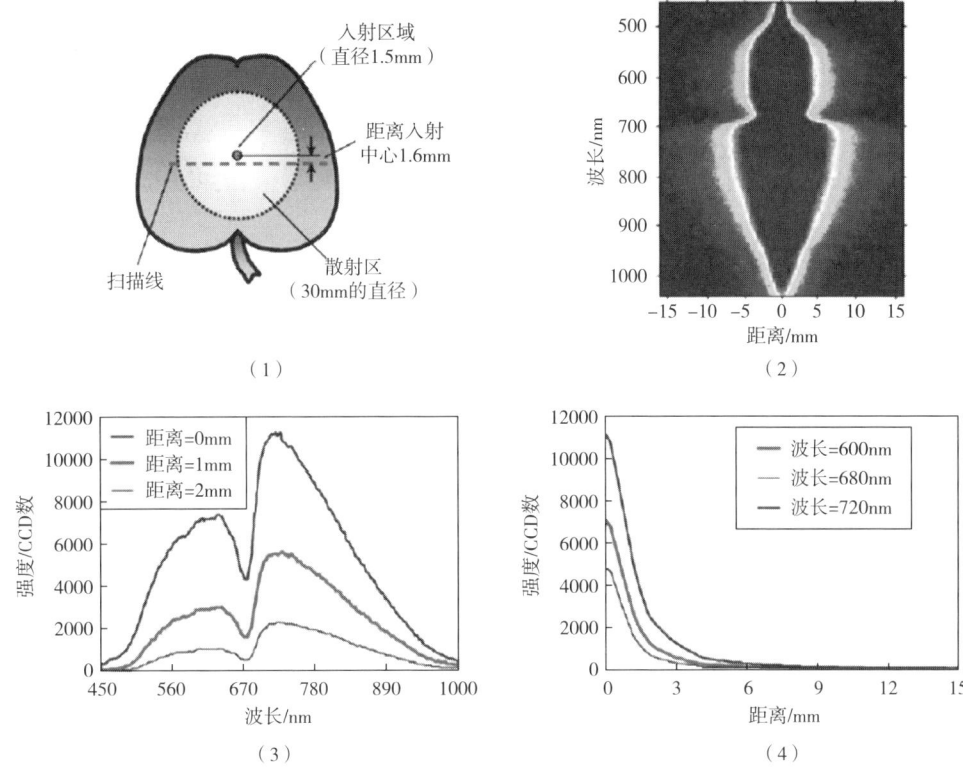

图 6-6 苹果高光谱散射图

(1) 扫描线和扫描区域　(2) 原始散射图像　(3) 三个不同空间位置的光谱特征　(4) 三个波长下的空间散射特征

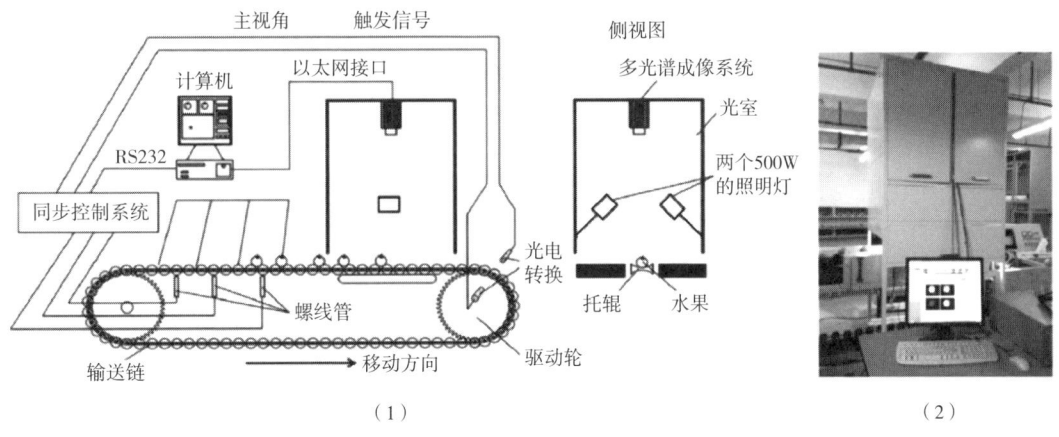

图 6-7 苹果碰伤在线高光谱检测系统

(1) 原理图　(2) 系统外观照片

对图像进行 PCA 后，发现在全谱区域（450~1000nm）范围内的第 6 主成分，近红外区（780~1000nm）范围内的第 4 主成分和可见区（450~780nm）范围内的第 6 主成分下的主成分高光谱具有较显著识别特征，而在 3 个主成分下的光谱在 780nm、850nm 和 960nm 处具有较高的权重系数，因此在 3 个特征波长下进行主成分分析，其主成分图像如图 6-9 所示。最终采用 59 个样品分别在碰前和碰后条件下，在线采集高光谱图像，对模型进行验证，其在线识别率达到 87.3%。

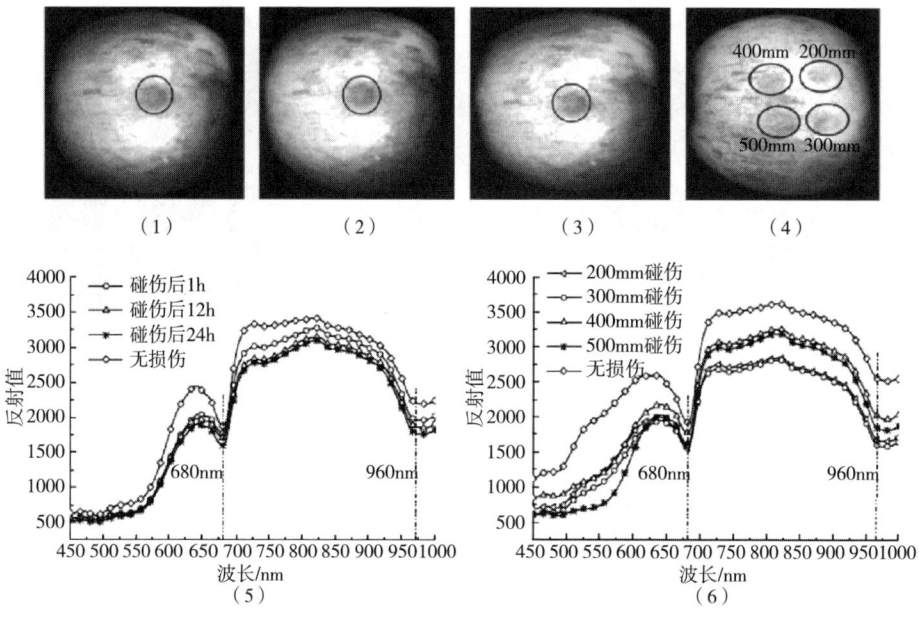

图6-8 苹果碰伤RGB图像及观测区平均反射光谱

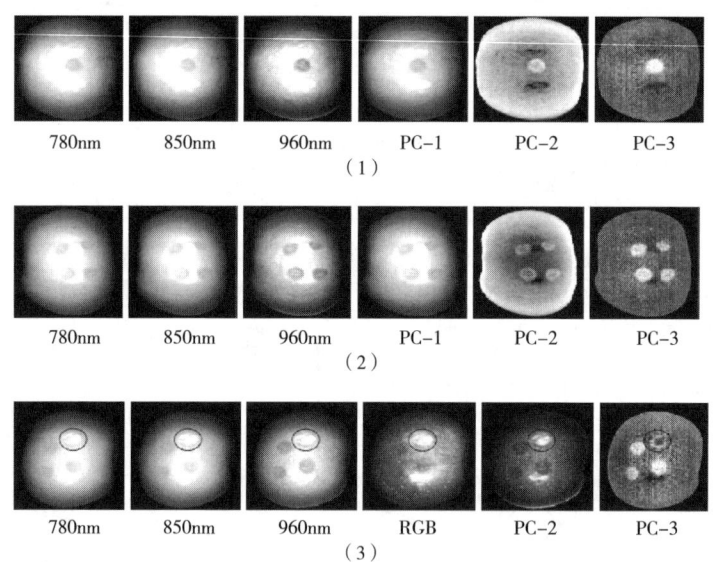

图6-9 3个特征波下的高光谱及主成分提取图像

第三节 显微光谱成像技术及其应用

一、红外显微光谱成像技术及其应用

(一)红外显微光谱成像技术原理

中红外光谱的波长为 2.5~25μm,通常用波数表示,范围为 400~4000cm^{-1},简称红外光谱，是利用物质对红外光区电磁辐射的选择性吸收的特性来进行结构分析、定性和定量分析的方法。当电磁辐射与物质分子相互作用时，其能量与分子的振动或转动能量差相当时，引起分子由低能级向高能级发生跃迁，结果使某些特定波长的电磁辐射被物质分子所吸收，测量在不同波长处的辐射强度就得到了红外吸收光谱。简言之，红外光谱产生是由于吸收光的能量，引起分子中偶极矩改变的振动，其光谱强度与偶极矩的变化程度成正比，因此，红外光谱对极性官能团的振动特别敏感。

红外光谱主要反映分子的基频振动，红外吸收光谱具有高度的特征性，每种有机化合物均有特征性的红外吸收光谱，因此，可以通过分析化合物的红外光谱获得许多反映分子结构的信息，用于化合物分子结构的测定、未知物鉴定以及混合物成分分析。根据光谱中吸收峰的位置和形状可以推断未知物的化学结构，根据特征吸收峰的强度可以测定混合物中各组分的含量。由于中红外光谱仪成熟，测试简单，而且已积累了该区大量的谱图数据资料，因此，红外光谱的应用极为广泛。

传统光谱测量的是所分析样品的平均光谱，反映样品的平均组成。红外显微光谱成像是将红外光谱的化学成分分析优势和显微镜的微观结构分析优势结合起来，从而实现微区化学组分分析的目的。

（二）红外显微光谱成像仪

傅立叶变换红外显微光谱成像仪是红外光谱仪和显微镜相结合的系统，主要由红外光源、迈克尔逊干涉仪、显微镜系统、红外检测器以及计算机等部分组成，成像系统的原理图如图 6-10 所示。工作原理是：红外光源发出一束红外光，经过迈克尔逊干涉仪后形成红外干涉光，干涉光被聚焦后形成红外光斑照射在样品上，通过样品台的空间移动使置于其上的样品的不同位置被光斑照射，检测器检测到经样品吸收后的红外光，并以干涉图形式的信号输送到计算机进行傅立叶变换从而还原成光谱图，最终得到红外光谱和样品空间信息相结合的红外显微光谱图像。可见光图像的采集则通过一个 CCD 相机结合与计算机控制的显微镜样品台的运动来最终实现。

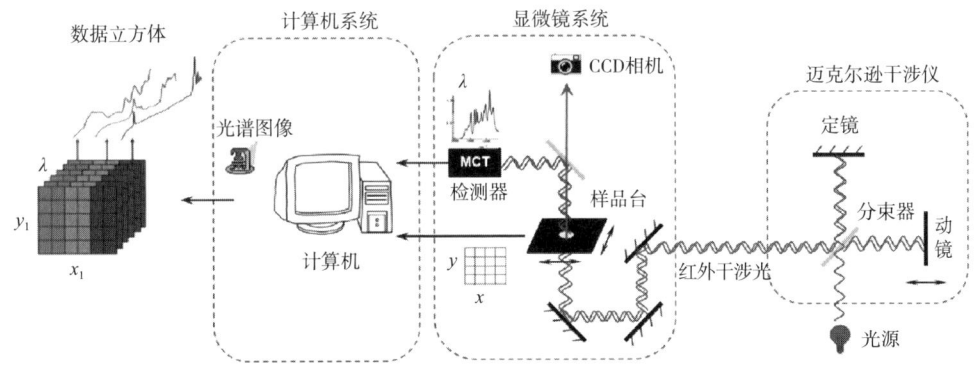

图 6-10 傅立叶变换红外显微光谱成像光谱仪结构示意图

（三）红外显微光谱成像技术的应用

1. 植物化学成分的空间分布

结合化学成分的官能团归属分析，在特定波长及波段范围进行成像，可以获得化学成分的分布情况。通过显微红外成像和官能团特征峰成像法以研究向日葵和玉米根不同部位脂质（1735cm^{-1}）、蛋白质（1650cm^{-1}）、纤维素（1240cm^{-1}）、木质素（845cm^{-1}）和碳水化合物（1000~1200cm^{-1}）的空间分布。也可以监测连翘组织中脂类（1740cm^{-1}），磷脂（1240cm^{-1}），蛋白质（1630cm^{-1}和1550cm^{-1}，酰胺Ⅰ带和酰胺Ⅱ带），碳水化合物（930~1185cm^{-1}），核酸（1084cm^{-1}），木质素（1515cm^{-1}），在表皮、韧皮部、原生木质部、厚壁组织和木质部组织的分布表征。利用红外显微光谱成像技术能可视化展现玉米秸秆不同组织中木质素（1504cm^{-1}）、纤维素（1204cm^{-1}）和半纤维素（1040cm^{-1}）的空间分布（图6-11）。基于红外光谱的吸收峰强度如峰强度比值、峰面积比值可以测定纤维素结晶度、纤维化和木质化程度等，如以木质素（1508cm^{-1}）和纤维素（1370cm^{-1}）的峰面积之比来测量不同基因型小麦品种的木质化程度，并实现可视化表征。

彩图6-11

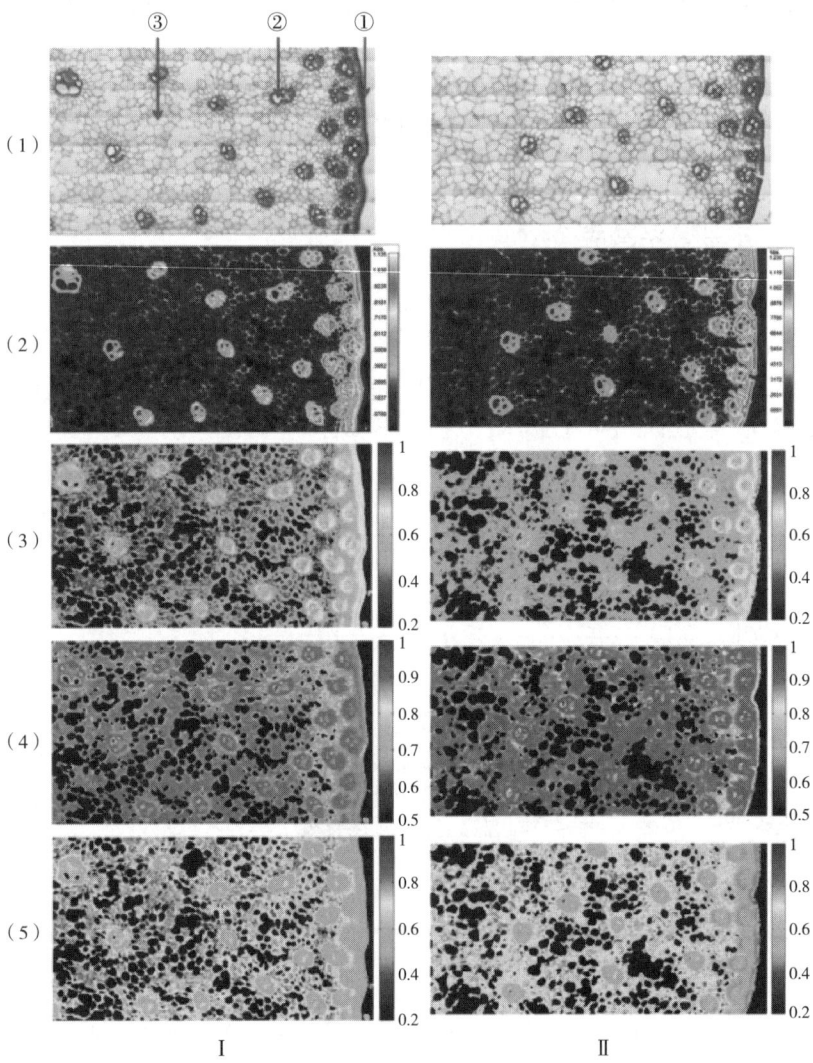

图6-11 红外显微光谱成像技术可视化展现玉米秸秆不同组织中木质素、纤维素和半纤维素的空间分布
（1）两个玉米秸秆切片（①表皮、②维管束、③薄壁细胞）的可见光图像 （2）假色强度图像
（3）1504cm^{-1}峰下的光谱图像,显示木质素的相对浓度和分布 （4）1240cm^{-1}峰下的光谱图像,显示了纤维素的相对浓度和分布
（5）1040cm^{-1}峰下的光谱图像,显示了半纤维素的相对浓度和分布

采用傅立叶变换红外显微光谱成像技术结合有监督的多元分析方法快速非负约束最小二乘法（Fast NNLS），可获取小麦茎秆中纤维素、半纤维素、木质素、果胶和淀粉的纯物质光谱，进而通过 Fast NNLS 算法获取不同生长期小麦茎秆横切面表皮、厚壁组织、维管束和薄壁组织中五种组分的分布情况，实现小麦茎秆横切面的组织-组分可视化原位半定量分析（图6-12），并开发了组织-组分原位同步分析软件。同时采用显微红外光谱成像结合 Fast NNLS 算法原位可视化表征秸秆碱预处理过程中秸秆组织中木质素的变化规律。

彩图6-12

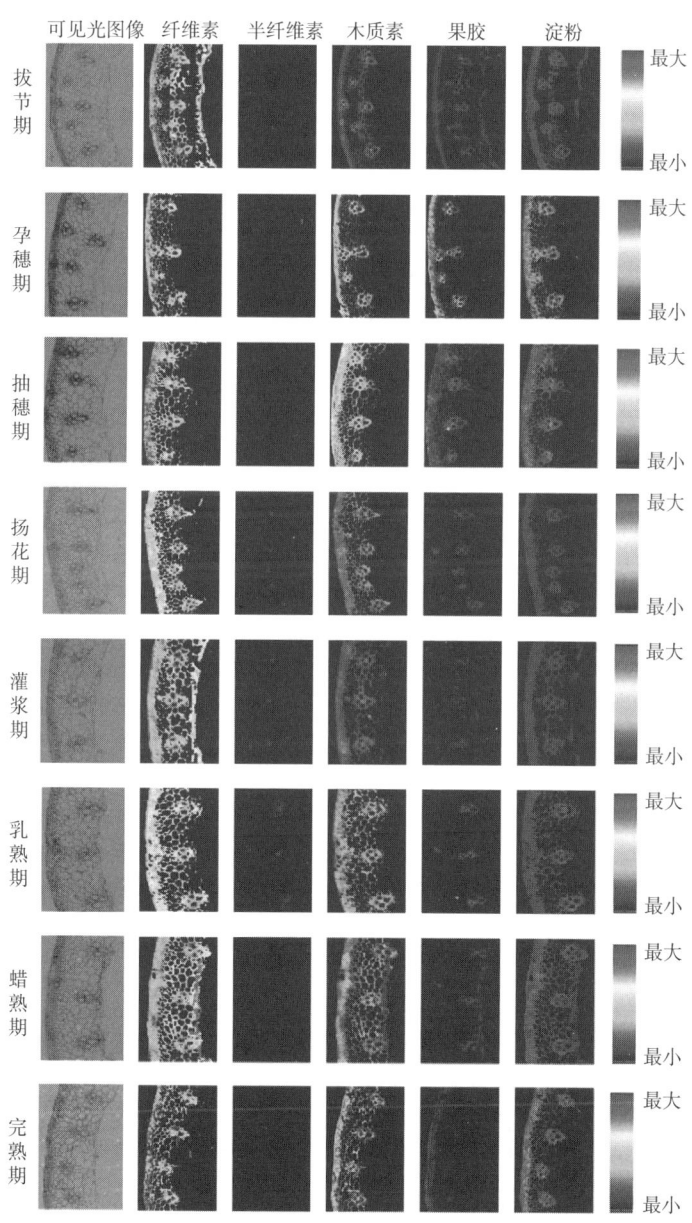

图6-12　小麦秸秆不同生长阶段节间横切面的快速非负约束最小二乘拟合图像

注：从左到右分别为：可见光、纤维素、半纤维素、木质素、果胶和淀粉的图像；从上至下分别为：拔节、孕穗、抽穗、扬花、灌浆、乳熟、蜡熟、完熟时期的图像。

2. 饲料中抗生素菌渣的掺假判别

红外显微光谱成像技术可以获取复杂混合物中低含量目标成分的光谱,可进行掺假定性分析。采用红外显微光谱成像技术,结合余弦相似度,可对 4 类蛋白饲料(豆粕、棉粕、玉米酒精糟和核苷酸渣)中的抗生素菌渣(土霉素菌渣)进行掺假判别研究,所有掺假样品(土霉素菌渣质量分数 1%、2.5%、5%)中均检测出了土霉素菌渣,并且从图中可以清晰地识别出土霉素菌渣颗粒的大小、数量与位置(图 6-13)。

彩图 6-13

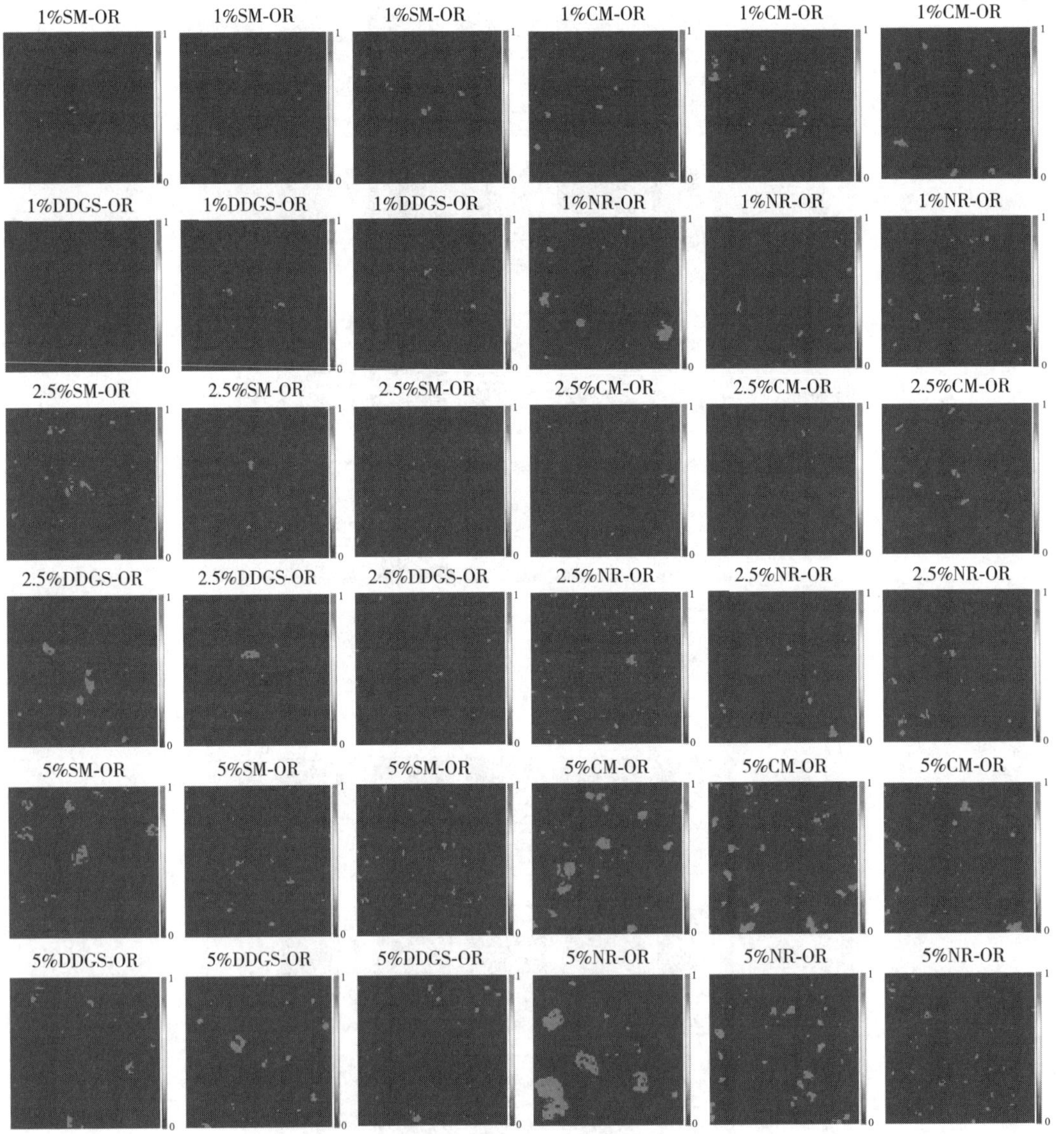

图 6-13 蛋白饲料中抗生素菌渣的可视化判别结果

1—土霉素菌渣　0—蛋白饲料　OR—土霉素菌渣　SM—豆粕　CM—棉粕
DDGS—玉米酒精糟　NR—核苷酸渣

二、近红外显微光谱成像技术及其应用

(一)近红外显微光谱成像技术

近红外光谱技术通常是获取样品某一扫描区域内所有样品的平均光谱,只能体现样品的平均光谱信息,而不能反映不同组分在样品中的空间分布。近红外显微光谱成像技术将近红外光谱技术和显微成像技术相结合,在获取样品微区光谱信息的同时记录该光谱的空间信息,实现了"图谱合一"的目的,可用来表征不同组分在样品中的空间分布和浓度。

近红外显微光谱成像技术是在红外显微光谱成像技术的基础上发展起来的,除了具有红外显微光谱成像技术的诸多特点外,还具有无需制样的优点。

(二)近红外显微光谱成像仪

近红外显微光谱成像系统是将近红外光谱仪与光学显微镜联用的系统,主要由近红外主机、显微镜成像系统和计算机组成,其原理图同红外显微光谱成像仪,不同的是使用近红外光源和近红外检测器。

(三)近红外显微光谱成像技术的应用

近红外显微光谱成像技术可用于食品和饲料安全检测,对未知掺假物进行有效预警。例如,通过近红外显微光谱成像技术结合化学计量学算法,可实现豆粕中非蛋白氮的非目标检测。首先,获取未掺假豆粕样品的近红外显微光谱,使用DUPLEX算法挑选代表性光谱构建豆粕样品的近红外显微光谱库,然后,获取未知检测样品的近红外显微光谱,计算其与豆粕近红外显微光谱库的马氏距离(GH),以GH=3作为异常光谱的判别阈值,可正确区分豆粕中掺入的非蛋白氮成分。

除了上述基于样品库光谱信息的判别方法之外,还开发了仅基于近红外显微光谱图像的掺假样品判别方法:对获取的近红外显微光谱图像,通过局部异常算法(LAD),计算每个窗口内光谱主成分得分的GH,确定异常值的阈值,对筛选出的异常光谱再进行聚类等分析,可在不需要建立豆粕样品库的情况下实现豆粕中非蛋白氮的成功识别(图6-14)。且LAD不需要构建代表性光谱库,仅通过对样品自身近红外图像分析就可以完成检测过程,降低了非目标分析的工作量,但是此方法对掺假物含量太高的样品不适用。

也有研究采用近红外显微光谱成像技术实现了棉粕中抗生素菌渣的掺假判别分析。采集了棉籽壳、棉仁、抗生素菌渣及掺有抗生素菌渣的棉粕样品的近红外显微图像,提取图像中感兴趣区域的光谱后,通过主成分分析法选取了样品光谱的特征波段,利用独一偏最小二乘法(OCPLS)建立了棉籽壳与抗生素菌渣的判别校正模型,对棉粕中抗生素菌渣进行判别分析。如图6-15所示,利用棉粕中棉籽壳的光谱(共40000条光谱),分别建立全波段光谱、特征波段光谱的OCPLS校正模型,对掺有抗生素菌渣的棉粕样品进行判别,并将判别结果转化为可视化图像,如图6-15(1)(2)所示。结果表明,利用OCPLS校正模型对棉粕中掺假的抗生素菌渣进行识别是可行的。基于特征波段校正模型的判别效果要优于全波段校正模型,但两种校正模型的结果仍存在较多错误判别,棉籽壳中部分光谱被特征波段校正模型误判为抗生素菌渣。通过再次获取棉粕中棉籽壳的近红外光谱,提取特征波段后,将OCPLS校正模

型的光谱数量增加到 170000 条，然后对掺有抗生素菌渣的棉粕样品颗粒再次进行判别，将判别结果转化为可视化图像如图 6-15（3），误判光谱显著减少。增加建模光谱数量后，OCPLS 校正模型的判别效果明显提高。

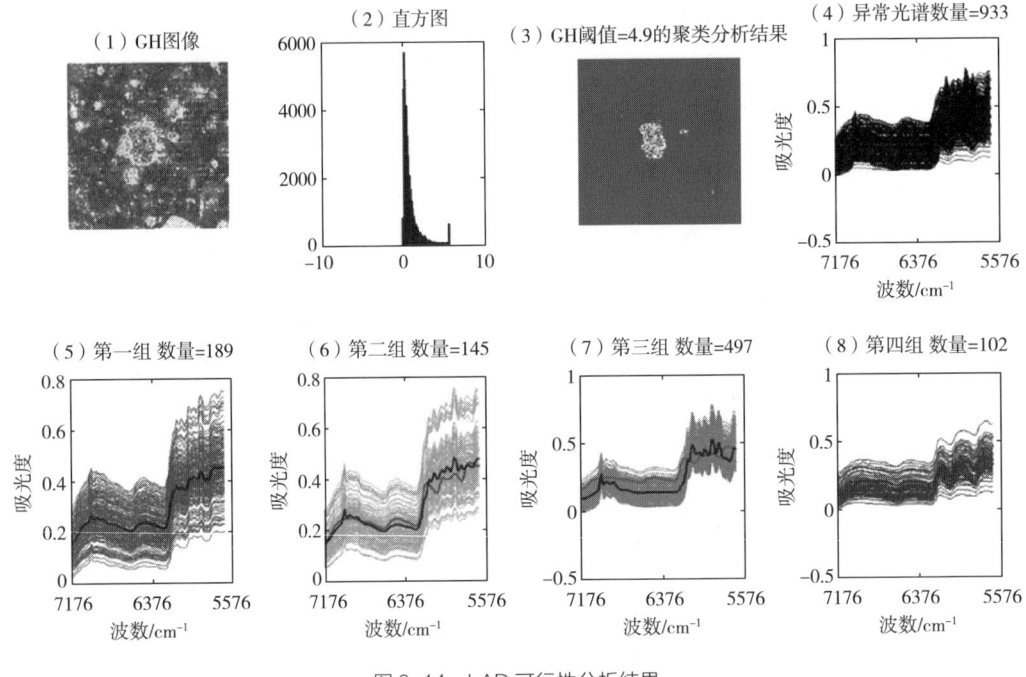

图 6-14　LAD 可行性分析结果

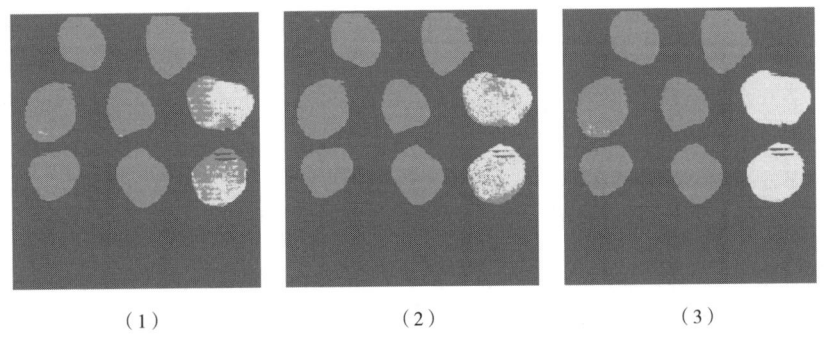

图 6-15　OCPLS 判别结果可视化图像
（1）全波段 OCPLS 校正模型（40000 条光谱）判别结果的可视化图像
（2）特征波段 OCPLS 校正模型（40000 条光谱）判别结果的可视化图像
（3）特征波段 OCPLS 校正模型（170000 条光谱）判别结果的可视化图像

三、拉曼显微光谱成像技术及其应用

（一）拉曼显微光谱成像技术

拉曼光谱是一种散射光谱，通过测定散射光相对入射光频率的变化来获取分子内部结构信息。光照射到物质，使光子与分子内的电子碰撞，产生弹性散射和非弹性散射。瑞利散射是激光的弹性散射，不负载样品的任何信息。若发生的是非弹性碰撞，光子就有一部分能量传递给电子，此时散射光的频率不等于入射光的频率，这种散射被称为拉曼散射，拉曼散射负载有样品的信息，所产生的光谱被称为拉曼光谱。拉曼散射又分为斯托克斯散射和反斯托克斯散射。简言之，拉曼光谱的产生是由于单色光照射后产生光的非弹性散射，引起分子中极化率改变的振动，因此，拉曼光谱对对称振动模式具有高灵敏度。

拉曼光谱波数范围为 50~4000cm^{-1}，测量的是相对单色激发光频率的位移，即激发激光波数和拉曼散射光波数的差值。同一种物质分子，随着入射光频率的改变，拉曼线的频率也改变，但拉曼位移始终保持不变，因此，拉曼位移与入射光的频率无关，而仅与物质分子的振动和转动能级有关。拉曼效应很弱，为了测量有用的拉曼信号，通常需要一个相对强的单色光源来产生大量的入射光子，激光光源可以是紫外、可见光或近红外光。由于激发光为紫外、可见光或近红外光，所以拉曼光谱方法是在紫外、可见光或近红外光区测定分子的振动光谱。因不同物质分子有不同的振动和转动能级，因而有自己特定的拉曼位移，同一振动方式产生的拉曼位移频率和红外吸收频率通常是相同的，并且由于拉曼和红外光谱的激发机制不同，两者具有很好的互补性。

拉曼光谱具有较高的空间分辨率（阿贝衍射极限公式 $d=1.22\lambda/NA$，d 为衍射极限，λ 为波长，NA 为物镜的数值孔径），结合共聚焦显微镜技术，可以实现无损三维层析检测，受水的干扰很小，适用于含水样品分析。这些优点使得拉曼光谱正在成为分子结构研究中必不可少的手段之一。此外，在无机化合物中金属离子和配位体间的共价键常具有拉曼活性，可提供有关配位化合物的组成、结构和稳定性等信息。

拉曼显微光谱成像是在图像每一个像元上，都对应采集一条完整的拉曼光谱，然后把这些光谱集成在一起，就产生了一幅反映材料成分和结构的伪彩色图像。拉曼显微光谱成像仪可以对试样的微区进行无破坏和非接触分析，可在不受周围物质干扰情况下，获得样品微区的化学成分、晶体结构、分子相互作用以及分子取向等多种拉曼光谱信息。

拉曼显微光谱成像技术是拉曼光谱分析技术的新发展，它将共聚焦显微镜技术、激光拉曼光谱技术及新型信号探测装置完美结合，把简单的单点分析方式拓展到对一定范围内样品进行成像分析，利用获取的不同成分特征拉曼频率的强度变化，构建出该种成分在样品上的空间分布图，并用图像的方式显示样品的化学成分空间分布、表面物理化学性质等信息。拉曼光谱成像能够揭示样品中主要有哪些化学成分及各成分的空间位置分布，显示出样品中颗粒的尺寸和数目，还可以体现出材料上的应力分布及微米尺度上的分子取向，被广泛地应用到生物、材料、药物、植物等研究领域。

（二）拉曼显微光谱成像仪

激光共聚焦拉曼显微光谱成像仪是一种用于实验室的固定激发波长的仪器类型，如图 6-16 所示。拉曼光谱成像仪主要由激光光源、分束器、显微镜、CCD 相机和检测器等部分组成。在拉曼光谱成像仪光路中引入共聚焦显微镜，采用单色性好的激光作为激发光源，使样品和样品的信号（探测器上的成像）在整个系统的前后两个焦点上，采用 CCD 进行信号的接收和处理，对样品的结构进行成像或者通过对样品逐点扫描后经过软件分析对样品的成分分布进行成像。

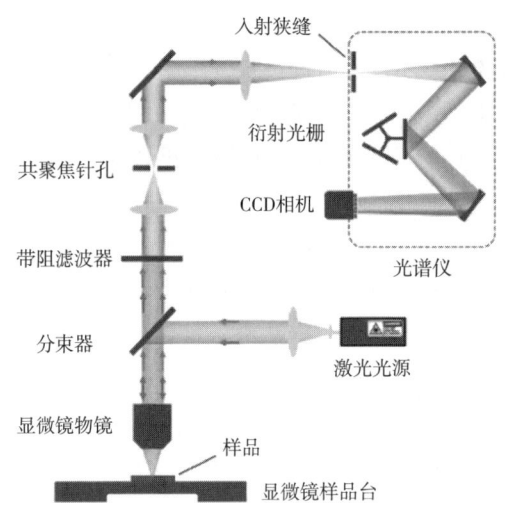

图 6-16　激光共聚焦拉曼显微成像光谱仪结构示意图

（三）拉曼显微光谱成像技术的应用

拉曼显微光谱成像技术基于单色光的非弹性散射，具有极高的空间分辨率，同时，受水分的干扰很小，可以在原位研究新鲜植物细胞壁的化学成分和结构，已被广泛用于研究各种植物细胞壁的高度复杂结构。可以利用拉曼显微光谱成像技术阐明植物组织和单个细胞的结构和组成变化，以水稻茎秆为例，对其进行拉曼成像，通过在 $2802\sim3051cm^{-1}$、$1000\sim1190cm^{-1}$ 和 $1524\sim1668cm^{-1}$ 不同波段的面积积分，实现了植物细胞结构中碳水化合物、纤维素和木质素等成分的空间分布（图 6-17）。

彩图 6-17

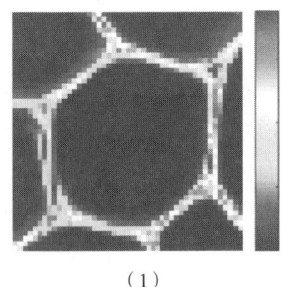
（1）

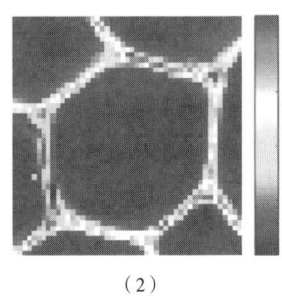
（2）

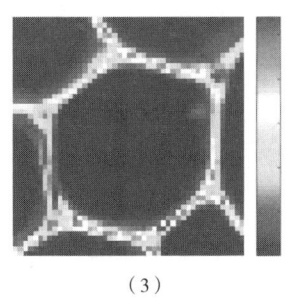
（3）

图 6-17　不同波数范围内积分计算的水稻茎秆横切面的拉曼图像

（1）为 $2802\sim3051cm^{-1}$ 波段成像图（C—H 拉伸区域，碳水化合物）

（2）为 $1000\sim1190cm^{-1}$ 波段成像图（主要是纤维素和半纤维素）

（3）为 $1524\sim1668cm^{-1}$ 波段成像图（芳香环和木质素的 C=O 拉伸，主要是木质素）

结合多变量分析算法，拉曼显微光谱成像技术可以进一步量化分析细胞壁组分的分布状况。例如，采用 VCA 从云杉木材中的细胞角隅提取光谱作为木质素光谱，分析云杉木材细胞壁木质素组成变化。通过 MCR-ALS 对杂交白杨木质部拉曼显微光谱图像进行分析，可将像素光谱分解为所贡献的纤维素、木质素和果胶等纯组分，然后对其分布进行可视化成像。采用共聚焦拉曼显微光谱成像结合自模型曲线分辨率算法（SMCR），将模拟组分分配给半纤维素和纤维素，实现杨树细胞壁中纤维素和半纤维素的分布表征，根据相应的拉曼光谱图像对多糖进行半定量鉴定。采用拉曼显微光谱图像结合三种多元分解算法（VCA、NMF和MCR-ALS），可从云杉和拟南芥的微剖面数据集中获取纤维素、木质素、脂质等纯成分，分析其在木质部、形成层、韧皮部和髓部的分布，并比较了三种算法的差异。利用拉曼显微光谱成像结合PCA能够研究高粱叶片和茎秆细胞壁结构（内皮层、木质部和管腔）和木质素（香豆酸、阿魏酸）分布。

四、不同显微光谱成像技术的主要特征

显微光谱成像技术具有很高的化学特异性，不仅可以特异性识别样品中的化学成分，还可以提供化学成分空间分布的定性和定量分析，甚至在植物组织、细胞和亚细胞水平上实现化学成分的原位可视化分布表征。不同显微光谱成像技术的主要特征如表6-2所示。

表6-2　　　　　　　　　　　显微光谱成像技术的主要特征

	近红外显微光谱成像	中红外显微光谱成像		拉曼显微光谱成像
光源	钨丝灯	中红外能斯特灯、碳化硅棒		紫外、可见、近红外激光光源
光谱范围	780~2500nm	400~4000cm^{-1}		50~4000cm^{-1}
激发机制	吸收（偶极矩）	吸收（偶极矩）		散射（极化率）
光谱获取模式	透射、漫反射、透反射	透射	ATR全反射	散射
样品准备	几乎不需样品制备	样品厚度<15μm	样品表面平整 厚度>2.3μm	玻璃容器
光谱分辨率	1.5~5nm	4cm^{-1}	4cm^{-1}	2.6~4cm^{-1}
空间分辨率	≤2μm	6.25μm	1.56μm	≤0.3μm
分析优势	分析速度快，样品制备简单	避免荧光背景干扰，光谱信号容易获取	样品不受水分干扰	接近原生状态的生物样本，空间分辨率高

思考题

光谱成像的方法有哪些？具体适用场景有哪些？

第七章

X射线、LIBS与微波检测技术

学习目标

掌握X射线技术、LIBS技术、微波分析技术的分析原理和应用范围，能理解三种技术的检测优势。了解我国三种技术发展的进程，认识科学技术进步对社会发展的重要作用。理解X射线技术、LIBS技术、微波分析技术对我国食品品质和安全检测的重要性，培养创新意识和科学精神。

重点和难点

重点是X射线技术、LIBS技术、微波分析技术的重要参数及对分析结果的影响。

第一节 X射线技术

一、X射线检测技术概述

X射线是由高速运动的电子撞击金属靶时急剧减速、动能转换为电磁辐射而产生的，所以X射线和可见光、无线电、γ射线一样属于电磁辐射，但其波长比可见光短得多，介于紫外线与γ射线之间，为0.001~10nm。X射线的频率大约是可见光的10^3倍，所以它的光子能量比可见光的光子能量大很多，表现出明显的粒子性。X射线的波长范围在0.01~10nm，对应频率在30PHz~30EHz，能量在100eV~100keV。X射线中波长较短的部分能量大，穿透物体的能力最强；波长较长的部分能量小，穿透能力相对较弱。X射线划分只是相对而言，没有严格的科学区分。通常将X射线按照产生的管电压的不同划分为软X射线（光子能量100eV~10keV，波长略大于0.5nm）和硬X射线（光子能量10~100keV，波长略短于0.1nm）。

基于X射线的食品质量和安全的检测主要有4种技术：①透射成像，例如，检测食品中异物时，当产品通过垂直的X射线平面时，用医学或线扫描方法获得的二维射线扫描；②用于显微结构检测的X射线显微断层扫描；③X射线荧光光谱检测法，主要用于食品中微量元素的检测；④对食物成分结构分析的小角度测量，如蛋白质结构、过敏源、淀粉结构等的检测。在这四种技术中，X射线透射成像技术被广泛应用于食品工业。

对于食品工业而言，异物和外源污染物是消费者投诉最多的原因，在整个食品供应链中应用良好的生产实践和危害分析是预防和减少污染最有效的方法，以达到保护消费者的目的。X射线具有很强的穿透性，当射线穿透物质时，由于射线和构成物质的原子相互作用而产生吸收和散射的衰减称为物质引起的衰减。由于食品和外源物的密度不同，导致X射线透射过食品和外源物能量的衰减程度不同，因此所成图像上会呈现出不同的颜色。

另外，通过X射线成像的图像还可以直接反映食品和农产品的内部缺陷、结构组织的变化等，X射线透射成像检测技术作为一种快速无损检测技术，在食品、农产品内部质量控制方面具有巨大的潜力，并已广泛应用于食品工业检测食品质量和安全。对于水果蔬菜的一些肉眼不可见的内部损伤问题，也可以用X射线检测，例如，患有木栓斑病、苦心病、水心和腐朽病的苹果，冻伤的柑橘，空心、发青、发芽以及黑心的马铃薯等。由于这种方法主要依赖于组织的密度，而不是化学成分，所以可用的检测领域是有限的，很难区分密度相近的不同物质。

二、X射线在食品检测中的应用

半甜韧性饼干（简称饼干），如各种早餐饼干、手指饼干等，是深受消费者喜爱的方便食品，这类饼干的配方及工艺特征在于较高的含糖量以及在面团搅拌及成型过程中会形成弹性的面筋网络，这使得饼干在生产过程中必须加入一定的添加剂来减弱面筋以避免饼干坯的变形。此类饼干吸引人之处除了香甜可口的味道以外，蓬松酥脆的口感也是其区别于其他食品的重要特征，而这一特殊口感主要来源于饼干独特的多孔性组织特征。因此，对饼干组织结构的研究，是产品质量控制以及新产品研发的重要内容。但饼干的易碎特性导致无法对其像面包或蛋糕一样进行切片并对内部组织进行观察和定量计算，因而对其质构特征的研究方法仅限于表象或总体研究，如通过电子显微镜扫描、总体的感官研究（质构仪）或者表观物理指标研究，能够精确量化饼干内部组织结构的方法尚鲜见报道，因而对不同原辅料及生产工艺所产生的饼干内部组织的变化无法进行系统的对照研究。由于利用计算机断层扫描（CT）技术对物质结构进行研究具有非侵入、结果无赝像以及样品无需特殊处理等优点。利用工业微焦距CT仪对由添加不同剂量的蛋白酶或焦亚硫酸钠（以下简称焦亚）的面团所制备的饼干进行了质构分析，将其结果与饼干常规物理特性进行相关性分析，期望对饼干内部组织结构的衡量与评价的方法有所突破。

（一）实验方法

1. CT测试

从每组饼干样品随机取3个分别进行扫描测试。扫描时将饼干直接垂直固定于泡沫样品台上表面中心位置，饼干正面垂直面对X光源，饼干中心字体"MARIE"保持垂直于水平面。由于泡沫样品台密度非常小，由此带来的噪声可以轻易消除。扫描开始后，样品以样品（台）中心线为轴，以0.25°为递增量，从0°旋转至360°，每个递增量停顿时，由X射线管发射X光对样品在平板感应器进行投影，共获得1440张投影。扫描过程中采用两种不同的X光射线管工作电压：140kV和200kV。工作时，需在X射线管管口加盖3片0.5mm厚的铜片以减少光柱硬化。

2. 饼干的三维结构观察

对 CT 所得 1440 张投影利用重构软件进行组合，并根据费尔德坎普（Feldkamp）算法重构成为样品的三维结构数据，即以 1024 张厚度为 1 像素的二维图像（每张图像分辨率 1024×1024）堆叠形式保存。从三维结构数据中提取可以将整个饼干样品完全包含的 100×700×700 区域［图 7-1（1）］，并利用大津算法（Otsu）计算确定整个饼干用于区分气泡与固体物质的灰度阈值。利用 CT 重构软件的分割功能，可以对饼干内部任意 3 个维度上剖面结构进行观察［图 7-1（2）］，利用这一功能对有代表性的蛋白酶饼干和焦亚饼干样品的三维立体重构图进行对比分析。

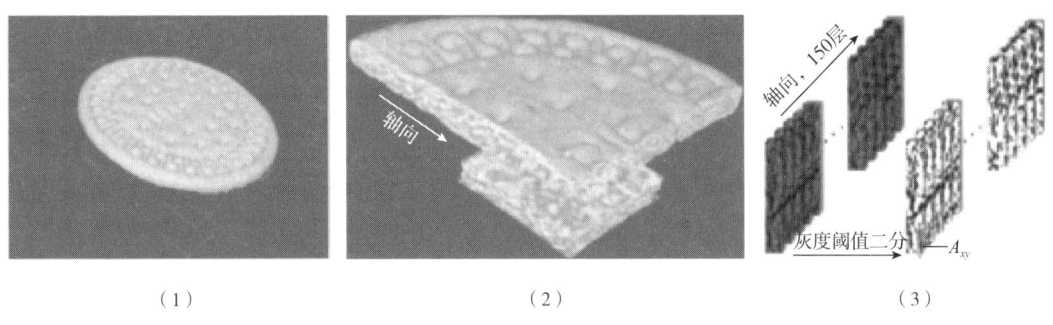

（1） （2） （3）

图 7-1 饼干 CT 扫描结果处理示意图

（1）用于确定灰度阈值的 100×700×700 像素饼干扫描区域

（2）由饼干中心部位抽取研究区域（region of interest，ROI，150×150×25 像素）

（3）ROI 区域由轴向处理为图像堆叠，并利用灰度阈值进行二分后得到的二分位图像（黑色为气泡部分，白色为固体物质）。

3. 饼干轴向垂直截面气泡的二维形态观察

为避免边界以及打孔产生影响，从饼干样品的中心部位提取一个 150×150×25 像素的长方体 ROI［图 7-1（2）］用于计算饼干的孔隙率（气泡占饼干总体积的比例）和气泡轴向垂直截面平均面积。利用灰度阈值对组成 ROI 的轴向垂直截面图像堆叠（含 150 张图像）中的每张原始图像进行二分位处理［图 7-1（3）］，从而可对饼干轴向垂直截面的气泡二维形态进行观察。为观察不同饼干气泡结构特征，从不同样品的 ROI 轴向图像堆叠中随机提取二分位图像进行对比。

4. 饼干常规物理常数及 CT 参数的测定

由于面团的收缩导致饼干呈现椭圆形，需要对饼干的厚度、长轴直径与短轴直径分别通过游标卡尺测定；饼干的变形率通过长轴直径与短轴直径的比值计算得到。饼干的表观密度测定参考谢婧等测定饼干比容的方法。测定时，从每一批次饼干中随机取 10 个饼干进行测量和计算，计算结果以平均值计。在 ROI 的轴向垂直截面图像的二分位处理的基础上，利用 ImageJ Freeware 软件的颗粒分析功能计算每个堆叠图像中的气泡轴向垂直截面（厚度为 1 个像素）的面积（A_{xy}）。根据式（7-1）、式（7-2）计算孔隙率和气泡轴向垂直截面平均面积。

$$P = \frac{\sum_{x=1}^{150} \sum_{y=1}^{K_y} S_{xy}}{562500} \times 100 \tag{7-1}$$

$$S_a = \frac{\sum_{x=1}^{150} \sum_{y=1}^{K_y} S_{xy}}{\sum_{x=1}^{1500} K_x} \times 0.0094 \tag{7-2}$$

式中 S_a——气泡轴向垂直截面平均面积，mm^2；

K_x——图像堆叠中任何一张图像中的独立气泡截面数量，个；

S_{xy}——一个堆叠图像上的一个气泡轴向垂直截面（厚度为一个像素）的面积，mm^2；

x——该气泡截面所处的图像在堆叠中的序号，其值为1~150；

y——该气泡截面在所处的图像上的序号，其值为1~K_x；

P——饼干的孔隙率，%；

562500——ROI 中总像素数量；

0.0094——一个像素的面积，mm^2。

5. 饼干气泡分布的测定

为研究不同饼干样品中气泡大小分布特征，利用 ImageJ Freeware 软件对每个样品 ROI 中的所有气泡轴向垂直截面面积（S_{xy}）进行统计分析，计算不同大小的气泡截面在所有气泡截面中所占比例。另外根据凯尔卡（Kelkar）等的方法，计算各饼干样品的 CT 密度。

（二）结果与分析

1. 饼干质构的三维观察分析

观察不同样品发现，当饼干变形率为1.05时，不易察觉其轻微的变形，外观基本表现为圆形。当进一步增加蛋白酶或焦亚的量时，由于面团面筋网络被破坏，饼干表面光滑度变差，组织疏松度变差；因此，选择变形率为1.05的PRO14和SMS06样品（表7-1）分别作为蛋白酶饼干和焦亚饼干的代表，通过其ROI三维重构图观察其组织构造。由图7-2可知，三维重构图可以清晰地将饼干内部的三维立体结构呈现出来。半甜韧性饼干的气泡数量少、近似球形或椭球形，不同气泡间具有高度的连通度，但与其他常见的多孔类食品结构差别显著，如面包面团、蛋糕、巧克力马芬、巧克力棒及草莓奶油慕斯类食品中的气泡多为独立的圆球形气泡，连通度较低。另外，对比两种饼干发现，整体上，蛋白酶饼干的组织更为疏松，而焦亚饼干的组织明显更为致密。从气泡外形特征来看，蛋白酶饼干的组织结构更为疏松，存在较大的孔洞，气泡更为接近球形；而焦亚饼干的组织结构更为致密，气泡多为扁平型。这一区别可能是由于两种不同的添加剂具有不同的减筋原理。

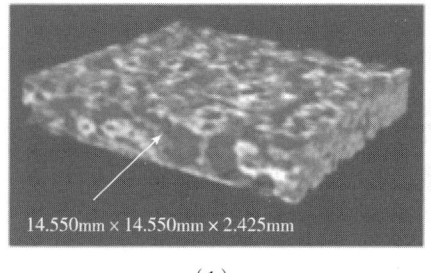
（1）

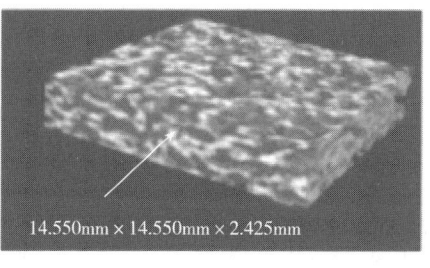
（2）

图7-2 样品PRO14（1）和SMS06（2）中ROI的三维重构图

注：箭头方向为饼干轴向。

2. 饼干质构的轴向垂直截面二维形态观察分析

由于饼干内部组织孔洞高度通连，按照常规气孔研究方式计算其气泡三维直径以及气泡壁厚等指标没有实际意义，因此对饼干气泡在轴向垂直截面上的二维特征进行研究。图7-3是从11个代表性样品的ROI图像堆叠中抽取的有代表性的轴向垂直截面二分位图。通过观察各样品轴向垂直截面结构发现，饼干的气泡截面多为长条形，少有圆形，且均为不规则形状，这与饼干三维重构图反映出的结构特征相同，即饼干内气泡为不规则的扁平形。随着蛋白酶或焦亚的添加量增加，饼干层次感变差，气泡的相对尺寸逐渐减小，可能是蛋白酶或焦亚导致面筋网络被破坏，其延展性减弱，因而气体保持能力减弱。虽然蛋白酶和焦亚的减筋作用都使得饼干气泡尺寸减小，但是前者剂量的增加使饼干内部出现更大的气泡，饼干层次感变差；而后者剂量的增加则使饼干内部出现更多细碎的气泡，但仍多为扁平状，使饼干截面仍有较明显的层次感，这方面的差异与三维重构图所表现出的特征相一致。蛋白酶饼干和焦亚饼干气泡大小具有差别的原因可能在于，随着蛋白酶添加量的增加，面筋蛋白分子被降解，分子长度减小，但不影响分子间二硫键的交联形成，面团中仍然可以形成连续的面筋蛋白分子网络，并保持一定的延展性，因而能形成相对较大的气泡；而焦亚的作用在于切断面筋蛋白分子间的二硫键，因而面团中连续的面筋蛋白分子网络无法形成，面团延展性较差，无法形成较大气泡。

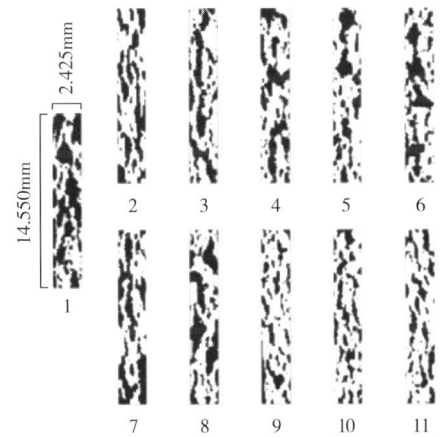

图7-3 代表样品ROI的气泡垂直轴向截面

1—对照组 2—PRO04 3—PRO08 4—PRO12 5—PRO16 6—PRO20
7—SMS01 8—SMS03 9—SMS05 10—SMS07 11—SMS09

注：黑色为气泡部分；白色为固体物质部分。

3. 饼干常规物理参数及CT参数结果

由表7-1可知，随着蛋白酶或焦亚剂量的增加，饼干变形率和厚度均逐渐减小，表观密度逐渐增加，反映了烘烤过程中面团保持气体的能力降低；并且当蛋白酶剂量增加至1.2g或焦亚剂量增加至0.6g时，饼干变形率较低，这表明饼干面团筋力减弱、弹性变小，面团收缩现象得到有效控制。观察饼干的CT参数结果，可以发现饼干CT密度与表观密度变化趋势一致，孔隙率、气泡截面平均面积的变化则与饼干厚度变化趋势一致。其中CT密度逐渐增大及孔隙率逐渐减小反映出饼干面团保持空气能力逐渐减小。

表 7-1　饼干常规物理参数及 CT 参数结果

种类	编码	变形率	厚度/cm	表观密度/(g/cm³)	CT 密度/(g/cm³)	孔隙率/%	气泡截面平均面积/mm²
蛋白酶饼干	对照组	1.13±0.03	5.82±0.15	0.41±0.01	0.40±0.01	46.52±0.21	0.58±0.06
	PRO04	1.11±0.03	5.49±0.07	0.41±0.02	0.41±0.01	44.63±0.18	0.58±0.05
	PRO06	1.10±0.02	5.12±0.08	0.42±0.01	0.41±0.02	44.33±0.24	0.52±0.03
	PRO08	1.10±0.02	4.87±0.16	0.43±0.02	0.42±0.01	44.12±0.15	0.46±0.02
	PRO10	1.08±0.01	4.50±0.11	0.43±0.01	0.43±0.01	43.26±0.07	0.46±0.04
	PRO12	1.05±0.01	4.22±0.15	0.44±0.02	0.43±0.01	42.28±0.11	0.46±0.03
	PRO14	1.05±0.02	4.24±0.08	0.43±0.01	0.44±0.01	42.03±0.21	0.43±0.01
	PRO16	1.05±0.01	4.10±0.11	0.44±0.02	0.45±0.02	41.52±0.22	0.42±0.01
	PRO18	1.04±0.01	3.92±0.12	0.45±0.01	0.45±0.02	40.23±0.12	0.42±0.01
	PRO20	1.03±0.01	3.85±0.15	0.45±0.02	0.45±0.01	39.54±0.15	0.41±0.02
焦亚饼干	SMS01	1.12±0.02	5.44±0.15	0.42±0.01	0.43±0.01	42.47±0.22	0.54±0.03
	SMS02	1.10±0.01	5.23±0.12	0.44±0.02	0.44±0.01	40.37±0.32	0.45±0.02
	SMS03	1.08±0.01	4.80±0.12	0.45±0.01	0.45±0.02	35.06±0.18	0.42±0.02
	SMS04	1.07±0.01	4.45±0.12	0.47±0.01	0.46±0.01	33.75±0.26	0.36±0.04
	SMS05	1.06±0.02	4.10±0.12	0.46±0.03	0.47±0.01	32.75±0.15	0.32±0.02
	SMS06	1.05±0.01	3.96±0.12	0.48±0.04	0.47±0.02	32.05±0.09	0.31±0.01
	SMS07	1.03±0.01	3.87±0.12	0.49±0.02	0.48±0.01	30.47±0.12	0.30±0.02
	SMS08	1.04±0.01	3.44±0.15	0.49±0.01	0.49±0.01	30.03±0.15	0.29±0.01
	SMS09	1.03±0.01	3.43±0.12	0.51±0.03	0.50±0.02	29.53±0.16	0.29±0.02

当饼干变形率小于 1.05 时，饼干面团收缩形变可以忽略，表明蛋白酶和焦亚对面团产生了效果相当的减筋作用。表 7-2 中是蛋白酶饼干（PRO12~PRO20）和焦亚饼干（SMS06~SMS09）的物理参数及 CT 参数的对比结果。结果表明，焦亚饼干厚度显著小于蛋白酶饼干，表观密度显著大于蛋白酶饼干（$P<0.05$），这表明在同等减筋效果条件下，蛋白酶和焦亚由于其对面筋网络不同的作用方式给饼干的物理特性带来不同影响。观察 CT 参数，这一差别同样可以反映出：蛋白酶面团饼干具有更小的 CT 密度以及更大的孔隙率值和气泡截面平均面积值。

表 7-2　变形率不大于 1.05 的蛋白酶及焦亚饼干物理参数、CT 参数的平均值

编码	变形率	厚度/cm	表观密度/(g/cm³)	CT 密度/(g/cm³)	孔隙率/%	气泡截面平均面积/mm²
PRO12~PRO20	1.04±0.01[a]	4.07±0.18[a]	0.44±0.01[b]	0.44±0.01[b]	41.12±1.19[a]	0.428±0.018[a]
SMS06~SMS09	1.04±0.01[a]	3.68±0.28[b]	0.49±0.01[a]	0.49±0.01[a]	30.52±1.09[b]	0.298±0.009[b]

相关性分析表明（表7-3），3项CT参数结果与蛋白酶或焦亚添加量均表现出显著相关性（$R>0.9$，$P<0.05$），同时与饼干物理测试所得到的参数（厚度及表观密度）之间也有显著相关性（$R>0.9$，$P<0.05$）。以上结果表明，饼干CT参数不仅能够很好地反映蛋白酶或焦亚剂添加量不同所导致饼干质构方面产生的差异，也可以反映出减筋原理不同所导致饼干质构方面产生的差异。

表7-3 饼干物理特性与CT参数结果相关性分析

参数	种类	CT密度	孔隙率	气泡截面平均面积
添加量	蛋白酶饼干	0.981	-0.991	-0.939
	焦亚饼干	0.973	-0.941	-0.941
厚度	蛋白酶饼干	-0.964	0.958	0.968
	焦亚饼干	-0.980	0.970	0.970
表观密度	蛋白酶饼干	0.915	-0.937	-0.933
	焦亚饼干	0.968	-0.955	-0.950

4. 饼干气泡分布规律

为进一步研究蛋白酶饼干与焦亚饼干质构特征差异性，从变形率较小的饼干样品中，选取等距剂量梯度的蛋白酶饼干（PRO12、PRO16、PRO20）和焦亚饼干（SMS05、SMS07、SMS09）样品作为代表，分析样品ROI中轴向垂直截面上不同截面积（即ROI内所有S_{xy}的面积）气泡的分布特征。由图7-4可知，对于变形率较小的饼干样品，蛋白酶饼干ROI中，截面积小于0.188mm^2的气泡数量占总计数量的不足50%，而焦亚饼干中的气泡数量均超过了70%；蛋白酶饼干ROI中，气泡截面积超过0.564mm^2的气泡数量超过15%，而焦亚饼干中不足2.5%。以上数据充分显示出，在水平相当的减筋作用下，焦亚面团饼干中的二维气泡以较细碎的形式存在，而蛋白酶面团饼干中的则以更大孔洞形式存在。通过CT测试所获取的饼干二维气泡截面积分布特征结果精准地量化了前述由于不同减筋原理导致的饼干二维及三维结构的差异，显示了CT测试饼干质构方法的独特优势。

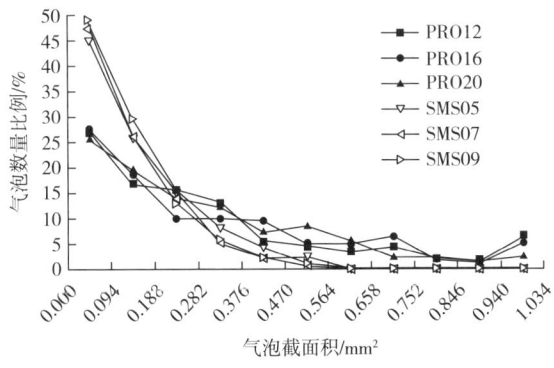

图7-4 理想变形条件下饼干轴向气泡截面积分布图

利用CT法对半甜韧性饼干质构进行测试，能够很好地对饼干质构的变化加以量化，所得数据与饼干的常规物理参数具有高度的相关性，表明其结果能够客观地反映饼干质构特征。

同时,通过 CT 以无损和重构的方式对饼干结构进行研究,有利于更直观地观察饼干内部各处局部构造特征,提高饼干组织结构信息的获取量。因此,CT 测试有效地解决了饼干这类松脆易碎食品的质构测定与观察问题,对饼干的品质研究以及控制具有独特的应用价值。

第二节　LIBS 分析技术

一、LIBS 基本概念

激光诱导等离子光谱技术(laser-induced break down spectroscopy,LIBS)是一种新兴的成分分析技术,主要利用高能脉冲激光束聚焦到被测物表面后,待测物表面激发产生激光诱导等离子体(plasma),等离子体包含原子、离子和自由电子,它们在等离子体冷却时会发出电磁辐射。通过光谱仪采集和解析后形成光谱,对光谱进行相关数据处理和分析,可得到被测物体的元素种类及含量。LIBS 技术多元素分析、快速响应、几乎不需要样品制备、低运行成本和易用性使其成为食品领域的一项有前途的技术。

1. LIBS 技术原理概述

(1) LIBS 谱线产生过程　LIBS 通过高能激光脉冲诱导等离子体进而产生发射谱线的过程(图 7-5)从时间角度可以分为三个阶段,分别是激光诱导等离子体产生、韧致辐射和复合辐射产生连续光谱、原子发射光谱产生。第一个阶段,高能激光脉冲到达样品后烧蚀样品质量,样品表面吸收光子能量后温度升高、熔化、蒸发后形成含有原子、分子、电子、离子和其他基团粒子的高温高密度区域,就是等离子体。等离子体整体呈电中性,会沿着样品表面法线方向快速扩散。第二个阶段,随着等离子体的扩散和冷却,一部分自由电子和离子相互碰撞后动能降低,辐射出光子,即韧致辐射;一部分电子与离子碰撞后,电子被离子捕获形成中性粒子的过程中辐射出光子,即复合辐射。韧致辐射和复合辐射表现为等离子中各元素电离线,这些电离线形成了 LIBS 光谱中的连续背景光谱。第三个阶段,处于激发态的原子和分子离子向低能级或者基态跃迁,并发射出特定频率的光子,形成代表原子特性的线状光谱即特征谱线。特征谱线的位置和强度代表了样品中元素的种类和含量,是 LIBS 技术定性和定量分析待测物元素组成的根本依据。

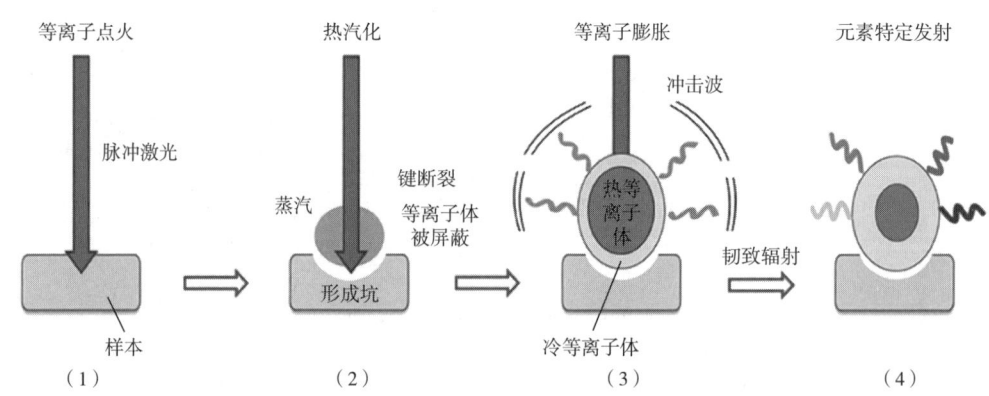

图 7-5　激光击穿样品产生等离子体和光谱示意图

(2) LIBS 技术重要参数　LIBS 技术检测的重要参数有延时时间、积分时间、等离子体的温度和电子密度、激光能量等。

LIBS 谱线产生过程的第二和第三阶段中，产生的连续辐射、离子线辐射和特征谱线辐射共同形成了 LIBS 光谱谱线，但是这些辐射的产生时间和衰减速度差异较大，通常连续辐射产生过程持续几百微秒，特征谱线辐射特别是待检测的目标元素原子谱线辐射仅仅持续几微秒，这说明时间是影响 LIBS 光谱结果的重要因素，大量的连续背景辐射会对目标元素信息获取造成干扰，特别是含量较低的目标元素。因此，在 LIBS 光谱信息采集时，通常从时间分辨角度寻找目标元素最好的采集时间，以获取较高的信号值。在等离子体冷却早期，大量的连续背景光谱产生，可以延长 LIBS 信号采集器采集的时间来衰减连续背景信号，以减弱甚至避免连续辐射对特征谱线的干扰。这段时间通常被称为延时时间，目标元素不同，延时时间可能存在差异，同时，也通过调整门宽（积分时间）尽可能地增加特征谱线信号。因此，在进行 LIBS 信息获取前，通常要对样品目标元素的延时时间和积分时间进行优化，延时时间和积分时间是 LIBS 检测重要参数。

LIBS 等离子体的重要物理参数如等离子体温度、电子密度是随着时间变化的，是判断等离子体是否处于局部热力学平衡状态重要参数。如果电子密度较低，辐射光谱强度不足，基态粒子过剩，容易偏离局部热力学平衡，如果电子密度足够高，电子间碰撞激烈，等离子体激发温度、电离温度和电子温度均足够高，等离子体会保持良好的局部热力学平衡状态，满足 LIBS 定量化分析。因此，等离子体的温度和电子密度信息至关重要。

激光能量为 LIBS 技术信息采集中激光在烧蚀待测样表面所提供能量，可以直接影响激光的烧蚀过程和等离子体的形成过程，是 LIBS 技术的重要参数。

(3) LIBS 定量分析理论基础　样品质量被激光烧蚀诱导产生的等离子体通常默认包含了各个元素原子电离信息，即等离子体中各元素组分可以代表样品中各元素的真实含量值；同时也默认等离子体属于满足局部热力学平衡状态（Local thermodynamic equilibrium，LTE）；且等离子体为光学薄（无自吸收现象）。热力学平衡状态的等离子体内不会有质量、能量、电荷和动量的运输，电子、离子、中性粒子间的碰撞足够频繁，各粒子的热运动达到统计平衡。实验室条件产生的等离子体较难实现完全热力学平衡，因此假设将等离子体划分成多个足够小且温度均匀的区域，各微观区域包含足够多的粒子，碰撞得足够频繁，其中激发态粒子满足玻尔兹曼（Boltzman）分布定律，电离态粒子满足萨哈（Saha）分布定律，分子、原子、离子和电子满足质量作用定律分布，能量或者速度属于麦克斯韦（Maxwell）分布。这几种分布的温度是相同的，即等离子体中激发温度、电离温度和解离温度相等。如果将各区域作为独立系统，该系统属于热力学平衡状态。这个假设表明等离子体满足"局部热力学平衡"状态。

在 LTE 状态下，满足 Boltzman 分布定律的激发态粒子分布数量与该元素离子或中性原子的总浓度有关系。对于待测元素 S，激发态粒子在两个能级 E_i 和 E_j 间跃迁的原子强度公式为式（7-3）：

$$I_\lambda^{ij} = C_s F A_{ij} \frac{g_i}{U_s(T)} e^{-E_i/k_B T} \tag{7-3}$$

式中　λ——电子从高能级 E_i 跃迁到低能级 E_j 过程中发射出的谱线波长；

I_λ^{ij}——光谱仪器获取的 LIBS 信号强度；

C_s——目标元素的真实浓度值，也可以是该跃迁的目标元素粒子浓度；

F——与接收系统的光学效率、等离子体数密度、激光烧蚀效率等相关的实验参数，在实验过程中通常需稳定实验条件如探头接收角度、激光能量、焦距等，以保证 F 是常数；

A_{ij}——两个能级 E_i 和 E_j 间跃迁的概率；

g_i——高能级 E_i 的统计权重；

k_B——Boltzmann 常量；

T——等离子体温度；

$U_s(T)$——等离子体温度下发生此类跃迁的粒子配分函数。

在理想的实验条件下，式（7-3）中只有浓度 C_s 为变量，其他为常量，用 n 表示，如式（7-4），目标元素谱线的 LIBS 信号强度与元素浓度的关系可以用式（7-5）表示：

$$n = FA_{ij} \frac{g_i}{U_s(T)} e^{-E_i/k_B T} \tag{7-4}$$

$$I_\lambda^{ij} = nC_s \tag{7-5}$$

由此，可以得到 LIBS 谱线强度和含量的定量关系，进而利用 LIBS 进行光谱分析。对于跃迁概率 A_{ij}、能级 E_i、统计权重 g_i 均可依据待测元素的特征谱线波长 λ 在美国国家标准与技术研究院（NIST）数据库中查找。

2. LIBS 技术优势

LIBS 技术应用研究已经深入到环境监测、生物分析、冶金过程分析、煤质分析、地质分析、制药分析、航天和食品等多个领域。LIBS 技术主要的优点是：无需复杂样品前处理；可以检测固体、液体、气体多种状态的样品，目前固体分析较多；原则上可以检测元素周期表中所有元素，同时获取多种元素信息；几乎无损或微损检测；结合光纤系统可以实现远程信息获取，有利于复杂环境（如深海和太空）、危险物（核物质和爆炸物等）的检测；操作简单，可以实现原位在线实时监测分析；没有废物和污染物产生，节能环保；成本低廉，有广泛的适用性；激光器和光谱仪等仪器配件多元化，便于便携式仪器开发，进一步实现现场和在线测量；可以与其他仪器联用，实现多信息采集，例如，与显微系统结合实现样品微量元素分析，与拉曼光谱结合实现原子与分子信息实时同步分析等。

二、LIBS 仪器组成

常规的 LIBS 仪器主要由激光器、光谱仪-探测器组合、样品室、光路系统、光纤收集器、延时发生器、控制软件及相关配件等组成（图7-6）。其中，激光器产生激光脉冲，含有高激光能量；光路系统传输激光器生成的激光至样品表面，烧蚀样品产生等离子体；光纤收集器收集等离子体发射的光并将其传输至检测系统；光谱仪提供发射光光谱分析的光谱检测单元，探测器收集并记录所得光谱的探测器；计算机包含控制实验装置的电子软件以实现激光同步、探测器选通等。

（1）激光器　市场上有多种不同波长（从紫外到红外）和脉冲持续时间（从微秒到飞秒）的激光源可供选择。Nd:YAG 固体激光器是目前应用最广泛的 LIBS 激光器，是主动调 Q 激光器。Q 开关技术（Qswitching）是一种光学技术，用于获得非常窄和强烈的激光脉冲。Nd:YAG 固体激光器采用氙弧闪光灯泵浦，具有较好的脉冲间重复性和品质。Nd:YAG 激光器可以直接产生基频波长 1064nm，通过非线性晶体（如 KDP 或 BBO）的被动谐波产生技术，转换为较短的波长（532nm 和 266nm）。

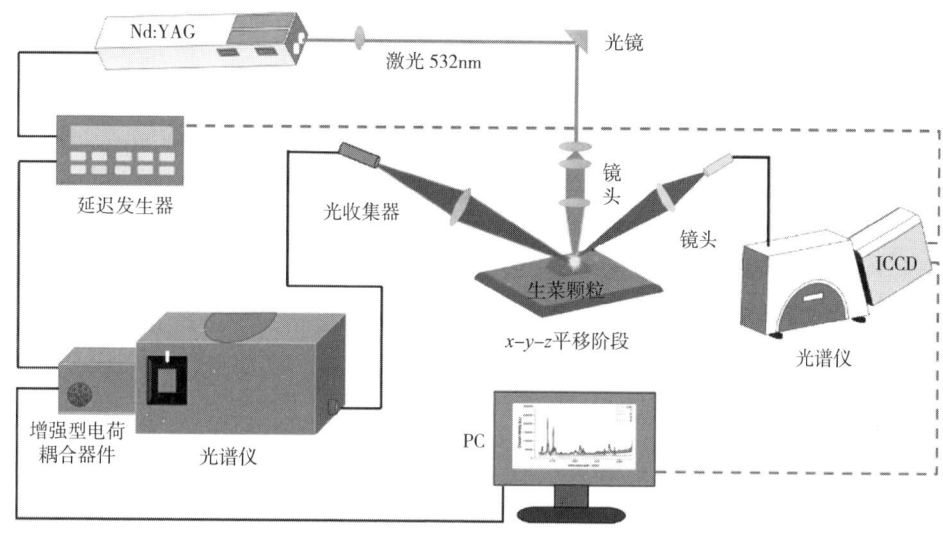

图 7-6 LIBS 光谱采集系统示意图

（2）光谱检测系统　LIBS 实验中常使用的光谱检测系统是波长选择器单元（如窄带通滤波器或光谱仪）和光学探测器（如光电倍增管或电荷耦合器件）的组合。主要作用是提供等离子体辐射的光谱组成，其分析将有助于鉴定样品原子种类的光谱指纹。LIBS 检测要求光谱仪应覆盖较宽的波长范围（同时记录不同元素的谱线），同时应具有较高的光谱分辨率（分辨间距很近的谱线）。光谱检测系统也要求探测器具有较大的动态范围（以获得最大元素浓度范围内的最佳信噪比），并表现出高量子效率。光谱仪-探测器组合的光谱检测系统应具有较短的读出和数据采集时间。光谱仪本质上是波长选择器，其分辨率或光谱覆盖范围都受到限制。光谱仪中常用的有单色仪和中阶梯光栅光谱仪，前者通常具有高分辨率，后者具有较宽的波长覆盖范围。

单色仪最常用的波长选择器有窄带通滤波器、切尼尔-特纳（Czerny-Turner）单色仪、帕邪-龙格（Paschen-Runge）分光计和阶梯光栅（Echelle）光谱仪等。单色仪主要通过增加槽频率来增加光栅的角色散。光栅的绝对效率（即衍射到所需顺序的入射单色辐射的百分比）是凹槽形状、入射角和涂层反射率的函数。"闪耀角"是重要参数，是光栅横截面中由槽长边（直纹光栅中的槽具有锯齿形）和光栅平面形成的角度，通常也与闪耀波长有关。通过改变这个角度，衍射辐射被集中到光谱的一个特定区域，从而提高了该区域光栅的效率。Czerny-Turner 单色仪光谱（图 7-7）工作的原理是准直入射辐射通过入口狭缝进入，被第一块球面镜截获并反射定向到平面光栅上。平面光栅在空间上分散入射辐射的光谱成分。每个光谱分量（以平面平行波的形式）使光栅以（稍微）不同的角度方向传播。衍射辐射由第二球面镜收集，该球面镜将不同空间位置的入射光谱分量聚焦在多元素探测器上。

要对多种元素进行分析，需要应用许多激光测量。可以更好地处理此任务的仪器是带有 CCD 检测器的阶梯光谱仪（图 7-8）。该系统非常紧凑，可在 200~780nm 的波长范围内提供最大分辨率，允许进行多元素分析。中阶梯光栅光谱仪是一种紧凑型光谱仪，覆盖范围广泛（通常为 200~1000nm），同时具有高分辨率（k/Dk 高达 10000 及以上），主要依靠 Echelle 光栅交叉色散元件对各种阶数的入射光束沿着两个正交方向进行分光处理，从而生成光谱线的高分辨率二维图作为衍射阶数的函数，由探测器接收信号，并传输到计算机软件上形成线性谱线。

图 7-7　Czerny-Turner 单色仪光谱 SR500i

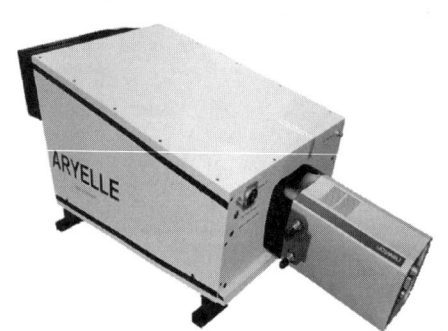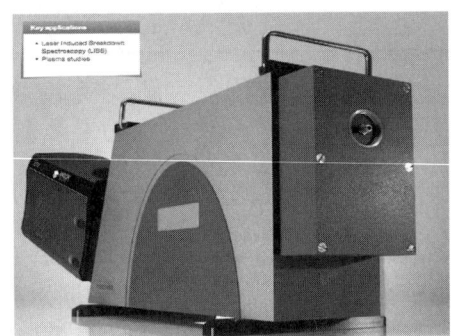

图 7-8　常用中阶梯光谱（Aryelle200、ME5000）

LIBS 光谱系统中通常采用的探测器是电荷耦合器件（CCD），一种微电子设备，是用于数字成像的高灵敏度光电子探测器。它们由许多称为像素的光敏收集点组成。由激光发射产生的光电子被像素收集并转换为电子，其数量与强度成正比。LIBS 中使用的探测器的研究进展是引入了增强型电荷耦合器件（ICCD），它是一种带有多通道板增强器的 CCD。当光照射到多通道板前面的光电阴极时，它被转换成电子，然后电子倍增并撞击荧光屏以产生光子，这些光子又被 CCD 检测到。ICCD 具有较强倍增入射光电子数量和选通能力，能够在短于几皮秒的快门时间下工作。

（3）样品室　传统的 LIBS 系统通常与装有激光防护窗的模块化样品室兼容。样品室设计用于容纳测试样品并为操作员提供额外的安全性。当样品被激光击中时，它可能会因激光冲击力而移动，因此可调节的样品架可以显著降低测量误差。为了避免烧蚀坑效应和激光脉冲散焦，建议每次测量都使用新鲜的样品表面。可以使用旋转样品架或装有 2D 或 3D 载物台的样品室。计算机控制的 x-y-z 轴样品平移台大大减少了测量时间，并在需要在不同位置进行多次拍摄时提供准确的测量。

（4）光路系统　激光器产生的激光需要通过光路系统传输样品台上样品的表面。光路系统一般由光学元器件组成，激光主要通过半波片、偏振片、n 个反射镜（根据实际需要确定个数 n）和 1 个透镜（聚焦），最终到达样品表面，烧蚀样品产生等离子体。透镜非常适合实验室条件，但是可能不方便现场和工业测量。透镜可以被称为光纤LIBS（FO-LIBS）的光纤代替，它可以将激光束发送到所需位置，便于进行远程测量。光纤特别适用于便携式LIBS设备，但目前尚未报道便携式LIBS在食品领域的应用。

三、LIBS技术样品制备方式

尽管LIBS在食品工业中的应用需要在生产线上给出快速响应，在没有任何样品制备的情况下检测样品的灵敏度并不总是精准的。但是与原子吸光谱（AAS）、电感耦合等离子体质谱（ICP-MS）等元素常规检测参考方法相比，LIBS分析的样品制备量少，更简单。

（1）粉末固体样品　目前，大多数LIBS实验都是在将固体样品压成干燥粉末的基础上进行的（图7-9）。蔬菜等新鲜食品通常经过清洗、干燥至恒重、研磨和均质化。待测粉末的不均匀性会影响LIBS的精度，因此可能需要额外的研磨以改善粒度分布和微观均匀性。低温研磨和行星式球磨机都能非常有效地减小粒度并使样品粉末呈现均匀状态。被检测粉末的小粒径通过促进等离子体中的气化和雾化来提高信号和精度，获得更均匀的具有更低边界畸形的烧蚀坑，减少基体效应，测量更可靠。

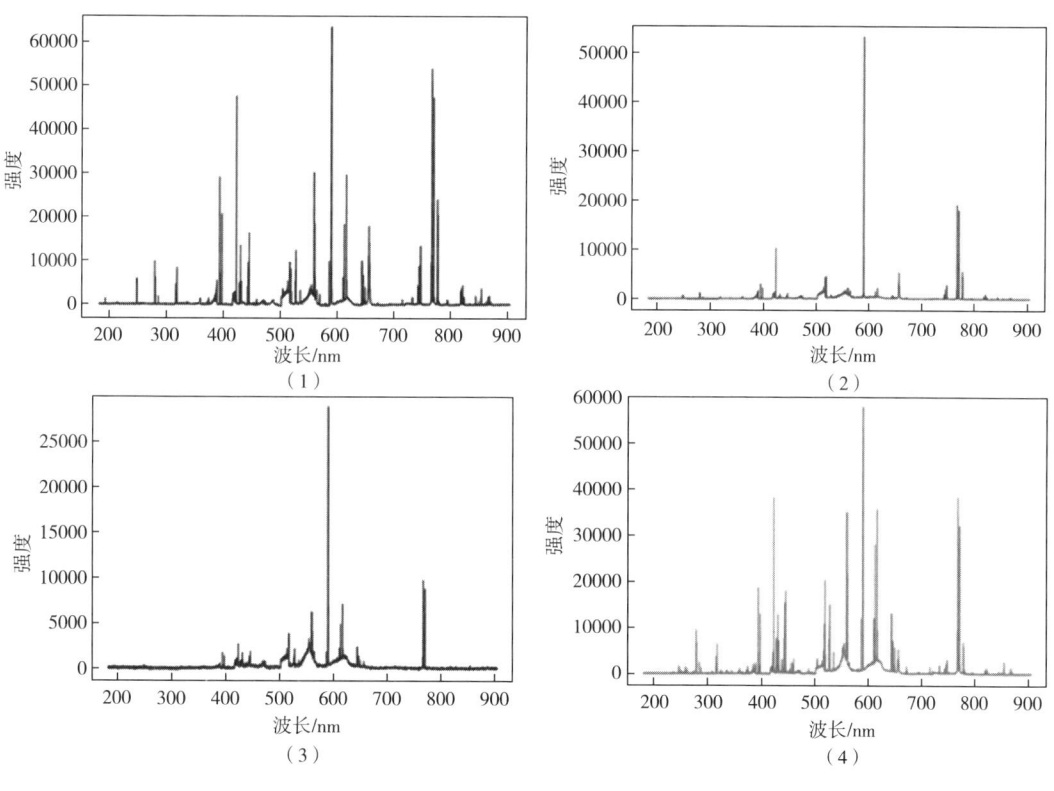

图7-9　固体粉末样品LIBS光谱
（1）全脂奶粉　（2）羊肉　（3）婴儿奶粉　（4）牛肉

激光击打在粉末表面会产生冲击波，因此对松散粉末的分析存在干扰，导致焦斑散焦和辐照度水平的脉冲间波动。此外，粉末被喷出，造成不同部位样品污染，导致LIBS光谱的重现性较差。为了克服这些问题，通常使用压片机，在一定的压力条件下将粉末压制成更坚硬、更均匀的压片样品。

有些粉末不能形成黏性颗粒,可能需要使用黏合剂进行制样。黏合剂应仅包含氢和碳,以调整样品浓度并黏合粉末而不影响结果。也包括将松散的粉末固定在黏性表面(如双面胶带或薄层胶水)上,将多余的部分抖掉,在胶带上留下一层粉末,但缺点是烧蚀部分底层胶带可能会产生一些干扰,尤其是使用高脉冲能量时,单独收集胶带的光谱以获得相应的空白可能有助于避免这种不便。

(2)液体样品　LIBS 对液体的直接分析可能会造成液滴飞溅、液面上方形成气溶胶和冲击波、液体内形成气泡等均会影响激光束和发射光,进而影响检测精度。与在空气中的固体样品上产生的对应物相比,在液体中产生的 LIBS 等离子体具有更低的温度、更低的发射强度、更短的寿命和更小的最大尺寸。为了克服这些问题,学者们提出使用双脉冲、层流和喷射液滴或气溶胶等方法来进行液体样品的 LIBS 分析。液体分析模块化样品室目前可用,主要是将液体作为旋转不锈钢轮上的薄膜呈现给激光束,从而不断补充激光束焦线处的液体体积;通过优化测量条件,可以获得稳定的等离子体形成而不会溅出液体。

将液体转化为固体样品是一种更常见的技术。可通过冷冻液体或将少量溶液沉积在多孔固体基质上来实现。准备时间非常短,允许在现场应用,但基材的选择非常重要,因为它必须适应液体的类型以避免任何污染。2013 年,多名研究人员使用无灰滤纸检查了 0.5mL 母乳和液态婴儿配方奶粉液滴。2014 年有研究检查了自来水、瓶装水和地下水样品中的 Ca 含量,溶解的 Ca^{2+} 预先浓缩在滤纸上,将滤纸放入装有 80g 水样的结晶皿中,置于 105℃烘箱中 1h 蒸发水分。

(3)气溶胶和气体　LIBS 对气体和气溶胶分析也是可行的,各种气体和生物气溶胶的快速检测和识别已经在环境科学领域得到证明。

四、LIBS 技术在食品检测中的应用

由于 LIBS 技术具有快速、实时在线、非接触、微痕量和多元素同时检测的优点,近年来,在食品成分分析检测上备受关注。LIBS 目前已经应用于多种食品,可以被认为是食品分析领域的初始步骤。相关研究表明,LIBS 在确定食品成分、质量掺假和污染物检测等方面均具备一定适用性。

(一)食品成分检测

1. 婴幼儿配方奶粉快速检测

与传统的测量方法相比,LIBS 技术具有检测效率高、样品预处理简便、对样品损害小等优点,有望能在秒级时间内完成食品,如婴幼儿奶粉中元素的快速检测。将竞争性自适应重加权采样(CARS)变量选择方法与 LIBS 技术相结合可以对奶粉中的镁元素进行定量分析。也可利用 LIBS 技术对奶粉中的重金属元素进行检测分析。实际测量中,LIBS 技术受斯塔克(Stark)效应影响较重,极易产生谱峰漂移及拓宽效应,造成信号畸变,进而严重影响后续的建模分析精度。采用 LIBS 对婴幼儿配方奶粉中的钙元素进行检测,但由于 Stark 效应的干扰,其 LIBS 谱峰信号极易产生漂移和拓宽等畸变信息。在 200~880nm 范围内,受到其他物质干扰较小的钙元素谱线有 315.887nm,317.933nm,393.366nm,396.841nm,422.673nm,442.544nm,443.569nm 和 445.66nm。将该 8 条谱线拼接到一起以增大有效数据的密度,如图 7-10 所示。

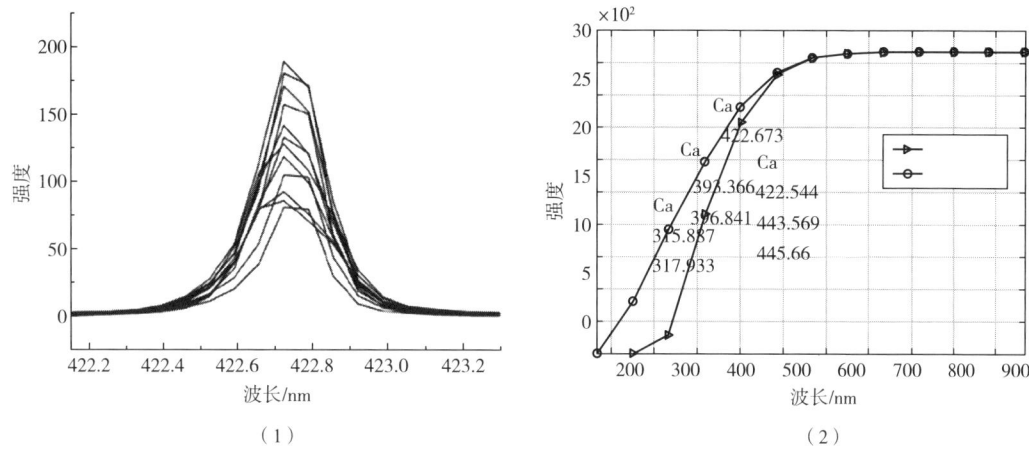

图 7-10 LIBS 检测钙元素谱图及曲线
（1）422.673nm 处 LIBS 谱图 （2）8 条钙元素谱线强度曲线

为了有效克服 LIBS 信号畸变对定量分析的影响，结合了改进随机蛙跳算法（MRFA）、高密度小波变换（HDWT）和偏最小二乘法（PLS），以近似平移不变的方式选择 LIBS 信号的最佳特征，进而在 LIBS 信号畸变的情况下获得良好的定量效果，其中，27 个预测集样品的模型预测值与标准值之间的关系。结果如图 7-11 所示，MRFA-HDWT-PLS 模型的预测均方根误差为 0.029，相关系数 0.97，相对均方根误差为 5.3%。LIBS 技术结合化学计量学方法有效满足配方奶粉中钙元素检测的精度要求，有望为婴幼儿奶粉质量安全筛查提供一种新手段。

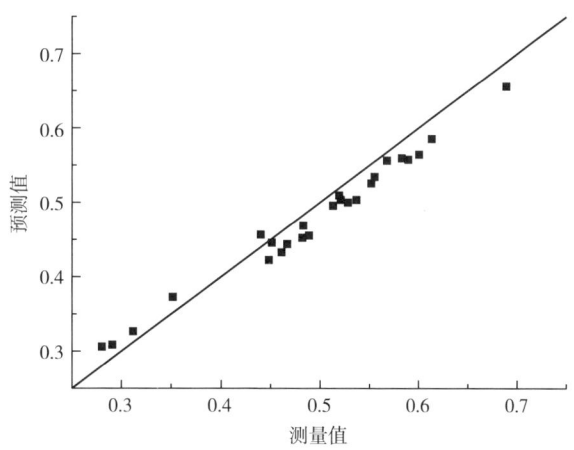

图 7-11 MRFA-HDWT-PLS 预测结果

2. 食品中矿物质元素快速检测

在食品的生产加工以及销售过程中，对食品中所含营养物质的分析能够帮助生产者和消费者了解食品的品质。LIBS 技术具有现场在线分析、预处理简单等优势，可以被应用于食品原料的挑选、食品品质的检测等方面。LIBS 技术用于对来自 8 个产区的三七样品中的 6 种营养元素钾、钙、镁、铁、锌和硼进行高精度快速定量检测。8 个产地三七光谱如图 7-12 所示。获得了超过 20000 个 LIBS 光谱变量以显示三七样品中的元素差异。

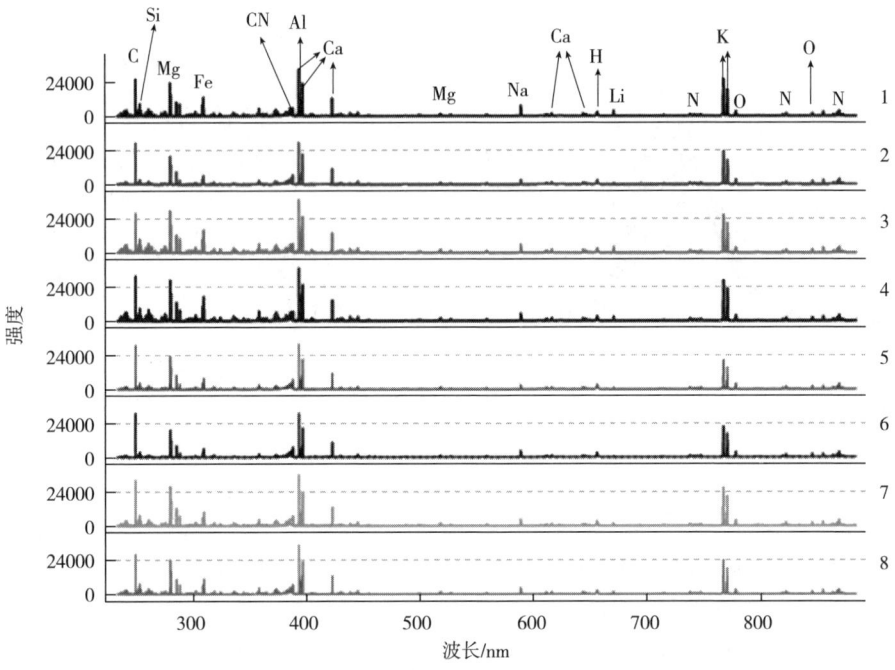

图 7-12　8 个产地三七的 LIBS 光谱

单变量和多变量校准用于分析光谱变量和元素之间的定量关系。发现单变量分析受到基质效应的负面干扰，效果较差。多变量分析表明，基于特征变量筛选的 LS-SVM 模型获得了钾、钙、镁、锌和硼的最佳预测相关性为 0.9546、0.9513、0.9412、0.9665 和 0.9569，预测均方根误差（RMSEP）为 0.7704mg/g、0.0722mg/g、0.1000mg/g、0.0012mg/g 和 0.0008mg/g（图 7-13）。对于铁，基于全光谱的套索回归（Lasso regression）模型获得了最佳结果，最佳预测相关性为 0.9348，预测均方根误差为 0.0726mg/g（图 7-13）。结果表明，LIBS 技术与适当的多元化学计量学相结合，可以成为一种准确、快速的三七营养元素测定方法。

用 LIBS 技术检测海枣中的钙、镁和铬的含量，检测限分别为 6mg/L、17mg/L 和 1mg/L；用 LIBS 技术结合 PCA 检测 6 种无麸质面粉中的灰分、钾和镁，灰分、钾和镁的检测限分别为 3.7mg/g、0.85mg/g 和 0.29mg/g；用 LIBS 技术检测 6 种茶叶中的特征元素，结果显示溴、铁、铬、钾、钙、铜、硅检测限分别为 22mg/L、12mg/L、14mg/L、11mg/L、6mg/L、1mg/L、12mg/L，研究结果表明，LIBS 技术有潜力用于食品纯度和品质的分析。通过 LIBS 技术分析钠在 589nm 处的光谱可实现对焙烤食品中氯化钠的快速定量检测。蛋白质是人体所需的重要营养素，在面粉和奶粉中的含量较高，部分研究表明，LIBS 技术可用于食品中蛋白质含量的测定。例如，通过 LIBS 技术分析母乳和婴儿配方奶粉的元素和蛋白质含量差异，结果发现，母乳中镁、钙、钠、铁和蛋白质含量均高于婴儿配方奶粉，30 岁以上女性母乳中的镁、钙、钠、铁和蛋白质含量低于 30 岁以下女性。

3. 食品中重金属元素快速检测

重金属检测是 LIBS 应用的重点方向。早在 2015 年 LIBS 就被用于受铜污染橙子的分析，尤其是橙子皮，建立了基于 LIBS 光谱强度和 AAS 结果的定量模型，结果表明，预测浓度与实际浓度之间的相对误差小于 6.5%。

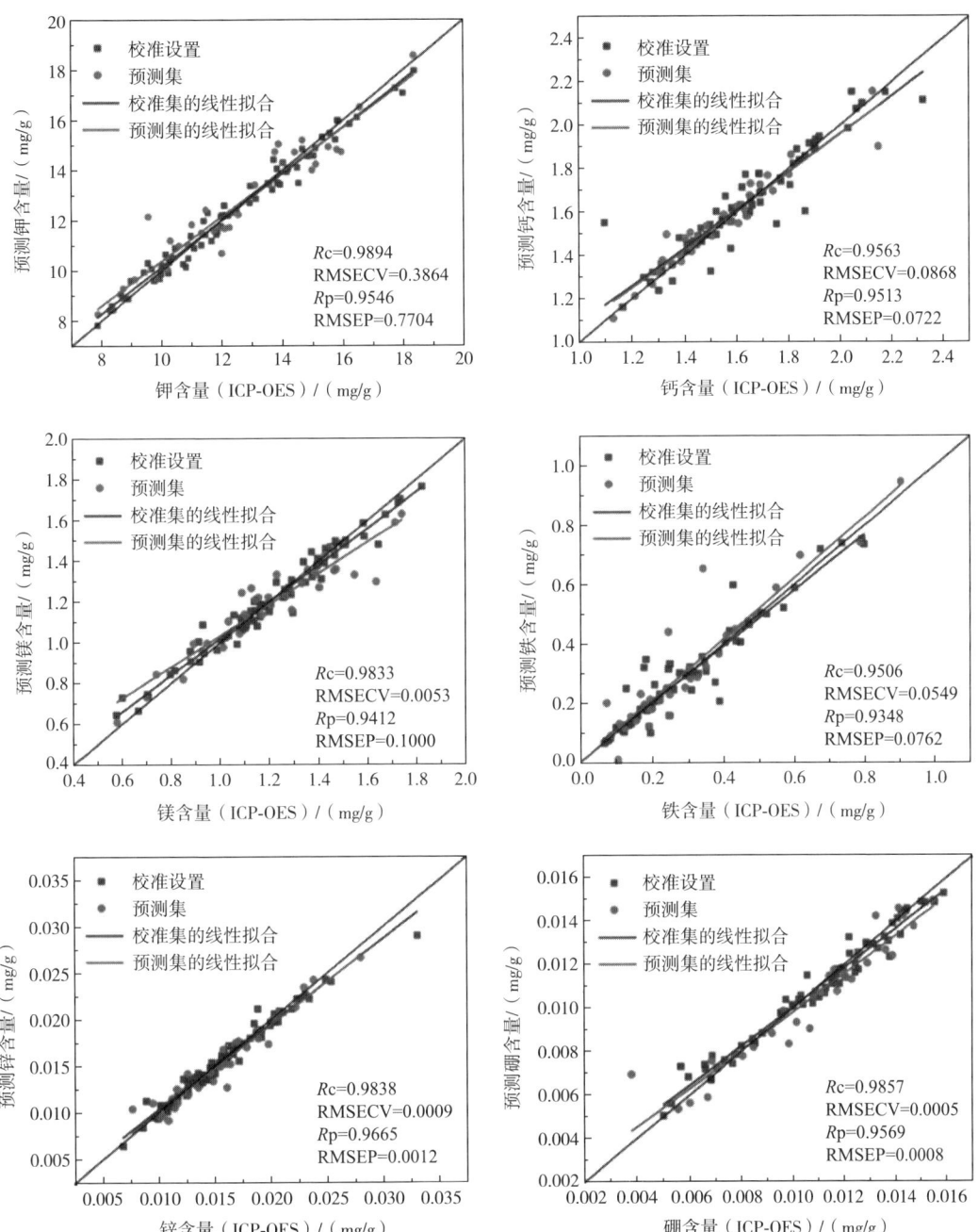

图 7-13　不同产地三七钾、钙、镁、锌、铁、硼的 AAS 含量和 LIBS 测量的元素含量的最佳拟合图

LIBS 技术也用于以猪肉样品中典型重金属元素镉、铅、铬的检测，结合 LIBS 光谱数据与目标元素浓度进行定量分析。对猪肉样品进行双脉冲 LIBS 测试后，分别采用阳极溶出伏安法和原子吸收光谱法检测得到样品中镉、铅、铬浓度。将镉、铅强度与浓度进行单变量线性拟合，拟合系数分别为 0.90、0.55。选择最佳预处理方法均值中心化，分别进行偏最小二乘、间隔偏最小二乘和联合间隔偏最小二乘建模。结果显示，3 种元素的拟合系数均达到 0.95 以上，镉拟合最佳效果高达 0.9986。

为了实现食盐中重金属镉的快速定量检测，以193nm的自制准分子激光器作为激发光源，通过外部添加重金属元素镉制作了8组食盐样品，采用LIBS技术，选取镉离子228.8nm特征谱线作为分析线，进行了理论分析和实验验证。结果表明，延迟时间为1.5μs时，能够获得较好的光谱强度和信背比；谱线强度与镉的质量分数具有很好的线性关系，拟合度为0.984，预测相对误差小于7%，检测限为0.65mg/kg。

也有利用原子吸收光谱获取实验室原始未污染脐橙果皮、果肉重金属镉、铜、铅含量，并分析果皮、果肉重金属含量之间的关系。据此以脐橙果皮重金属含量分析脐橙果肉重金属含量。获取原始鲜样脐橙果皮、果肉LIBS光谱信息，分析光谱信息可知原始脐橙除果皮中检测出明显的铜之外，未检测到其他明显重金属特征光谱，因此为探究LIBS检测的可行性，将脐橙鲜样进行实验室重金属污染处理，污染处理后的鲜样脐橙能够检测到明显的镉、铜、铅特征谱峰，并获取污染后脐橙果皮重金属镉、铜、铅真实含量。最后，对污染后脐橙鲜样果皮的LIBS光谱信息分别与AAS法获得脐橙鲜样镉、铜、铅质量分数进行多变量回归分析，分析结果表明，结合偏最小二乘法多变量分析镉、铜、铅质量分数与对应波段LIBS信息间的决定系数R^2分别为0.9560、0.9888、0.9548，预测均方根误差分别为20.49、3.40、2.58，表明LIBS技术在脐橙重金属镉、铜、铅检测中具有可行性，与传统AAS检测结果相比相对误差较小，LIBS检测具有较高的准确性。

单、双脉冲LIBS技术被应用于大豆油中的铅元素的检测，其中铅含量范围在17.63~770.73mg/kg。采用木片作为铅的富集基体，经LIBS分析后，比较了单、双脉冲LIBS技术的性能。双脉冲LIBS技术的综合性能（谱线强度、稳定性、灵敏性、检测限）优于单脉冲；大豆油、花生油和玉米油建立的定标曲线拟合度R^2分别为0.995、0.992和0.996，两个验证样品的平均预测相对误差分别为7.27%、7.62%和6.46%，结果表明，LIBS技术检测植物油中的铅和铬元素具有一定的可行性。

LIBS技术也可分析牛乳中的重金属危害因子，以常见的镉、铜、铅元素为对象，尝试将LIBS技术应用于牛乳中重金属元素的定量分析。创新性引入置换反应的样品前处理方式，将牛乳中重金属元素富集到镁合金表面上。为了有效克服基质干扰，采用随机蛙跳算法从复杂的LIBS光谱中准确提取重金属元素的本征信号，由此显著提升检测灵敏度。结果表明，镉、铜、铅的检测限分别为0.173mg/kg、0.216mg/kg、0.234mg/kg，其R^2均达到0.97以上。

（二）肉品质鉴定

LIBS技术可对掺有猪肉和鸡肉的牛肉样品进行鉴定和定性鉴别。使用了6种不同牛肉和猪肉（里脊、腰部和肉块），6种不同鸡的胸部和腿部。从肉中手动去除所有皮下脂肪，瘦肉用3mm板磨床磨碎成粉末，并使用15T手动液压机将样品制成用于LIBS分析的压片。

纯牛肉、纯猪肉和纯鸡肉的LIBS光谱如图7-14所示。在LIBS光谱中，可以看到元素组成和浓度差异，这是有效区分肉类种类的特征。与其他鸡肉相比，鸡肉的矿物质成分更丰富，纯鸡样品中的镁、钠含量更高，锌含量低于牛肉样品，鸡肉样品中的钾含量也明显高于其他矿物质。另一方面，纯牛肉样品的锌含量最高。元素含量的差异是鉴别分析的重要因素。

采用PCA方法结合LIBS对纯牛肉、纯鸡肉和纯猪肉品种进行定性判别。主成分得分如图7-15所示。从图中可以看出，牛肉、猪肉和鸡肉之间的区分率为87.37%。牛肉和猪肉的区别尤其明显。虽然样本属于不同地区动物的不同尸体部位，但同一物种归入同一地区。

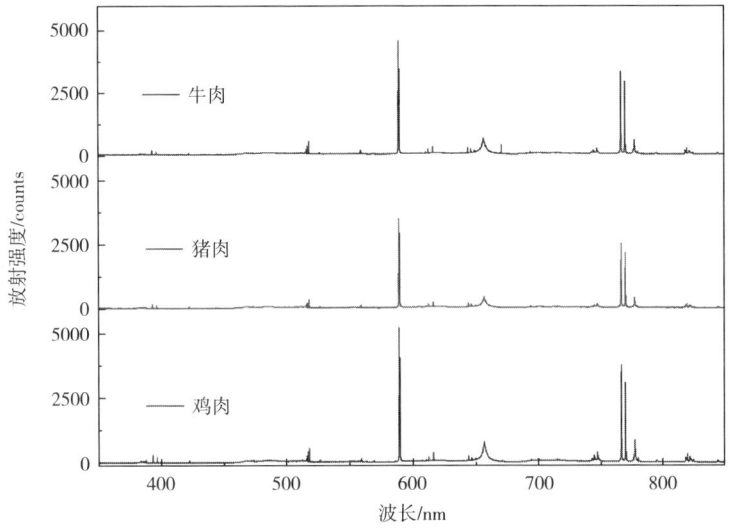

图 7-14　纯牛肉、纯猪肉和纯鸡肉的 LIBS 光谱

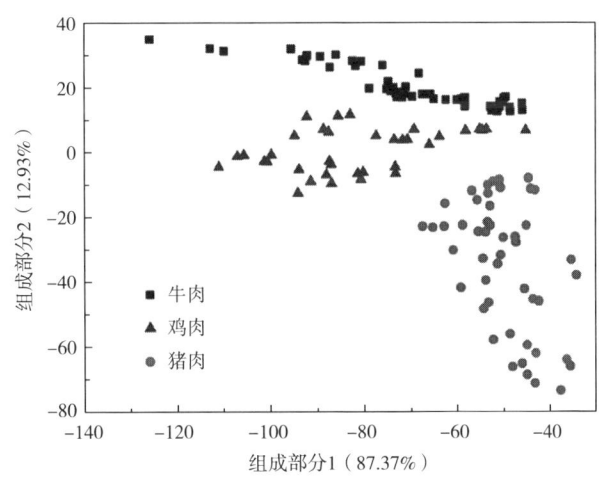

图 7-15　对纯牛肉、纯鸡肉和纯猪肉品种进行定性区分的 PCA 图

LIBS 与化学计量学相结合，通过间接测量铜可检测和量化牛肉中的肝脏掺假。用偏最小二乘回归（PLSR）建立铜含量快速检测模型，训练集相关性达到 0.85，交互验证均方根误差（RMSECV）为 43.5mg/kg，验证模型显示出良好的预测精度，相关性达到 0.85，预测均方根误差（RMSEP）为 36.8mg/kg。此外，在评估空间能力的进一步研究中，LIBS 能够成功绘制牛肉压片中铜含量，表明 LIBS 适合提供样品的空间信息，铜分布如图 7-16 所示。总的来讲，LIBS 与化学计量学相结合，显示出作为肉类加工行业质量监控工具的潜力。

（三）农药残留检测

水果表面的农药残留危害很大，但很难实现农药残留的现场快速检测。毒死蜱是一种中等毒性的有机磷农药,常用于水稻、小麦、棉花、果树、茶树等的害虫防治,容易在对应的农产品中留下残留。毒死蜱分子式如图 7-17 所示。LIBS 可以捕获毒死蜱中磷(213.62nm 和 214.91nm)、硫(393.33nm 和 396.89nm)和氯(837.594nm)的光谱特征。因此,采用 LIBS 检测苹果表面的毒死蜱残留量。

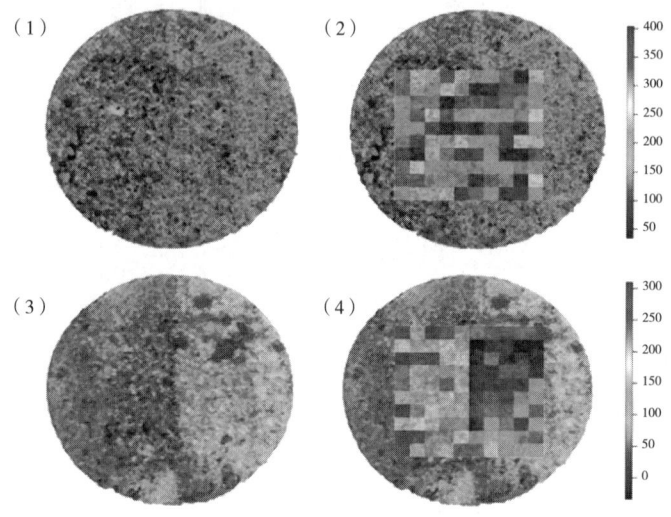

图 7-16　LIBS 分析后的样品表面及铜分布图
(1) LIBS 分析后的样品表面,左为 70%肝脏,右为 30%肝脏　(2)铜分布图
(3) LIBS 分析后的样品表面,左为纯肝脏,右为纯瘦肉　(4)铜分布图
注:色标表示以 1mg/kg 为单位的铜含量。

彩图 7-16

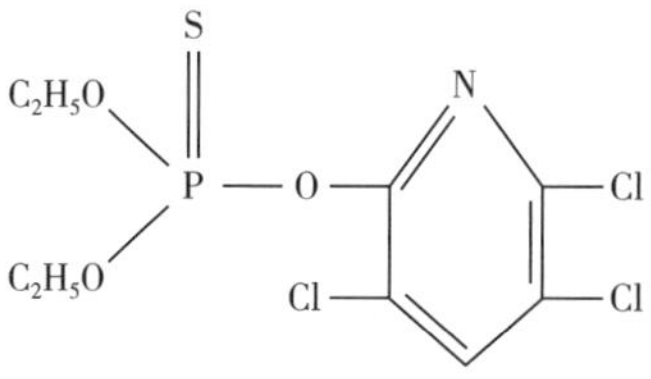

图 7-17　毒死蜱分子式

准备 50 个苹果块样品,均匀喷洒毒死蜱与水体积比为 1∶1、1∶20、1∶100、1∶1000 毒死蜱溶液,外加一组不喷洒毒死蜱并作为对照组。选取表面均匀分布的 10 个点,用激光照射对苹果表面进行测量。激光触发和光谱采集之间的时间延迟设置为 2μs。

根据毒死蜱的分子式,它含有碳、氢、氧、氮、氯、磷和硫,但空气中富含碳、氢、氧和氮,苹果不能用于分析毒死蜱。空气和苹果组织中很少含有氯、磷和硫,因此可用于分析毒死蜱。图 7-18 为毒死蜱中磷、硫、氯元素的 LIBS 谱图,可以观察到磷、硫、氯元素的 5 个特征峰。在喷洒毒死蜱的苹果表面和干净的苹果表面的 LIBS 光谱中,这些峰和峰强度存在显著差异,可以作为分析目标。

为了更清楚地探索 LIBS 对水果表面农药残留的检测,对 5 组样品进行 PCA 分析。主成分数设置为 10 个,选取磷(213.62nm 和 214.91nm)和硫(393.33nm 和 396.89nm)的特征峰进行分析。使用的光谱范围是 213.03~214.08nm、214.68~215.45nm、392.96~393.59nm 和 396.55~396.97nm。喷洒了未稀释农药（A）的苹果可以与其他苹果区分开来。为了显示其他 4 组样品的光谱差异，使用 PCA 对这 4 组进行了分析，同时将 A 组排除在外。如图 7-19 所示，PC1、PC2 和 PC3 分别解释了 89%、9% 和 1% 的数据方差。1∶20（B）和干净的苹果（E）的比例可以与其他比例进行区分，但 1∶100（C）和 1∶1000（D）的比例相似，很难相互区分。

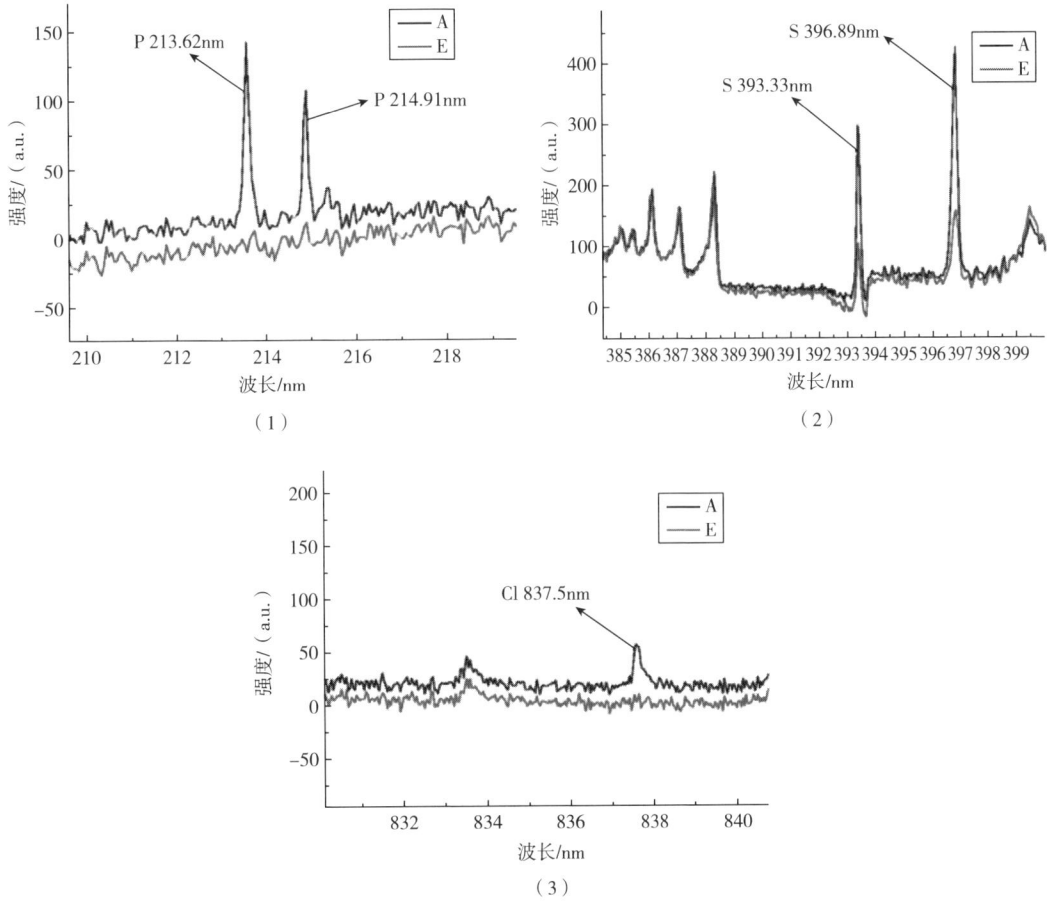

图 7-18　毒死蜱中磷、硫、氯元素的 LIBS 谱图
A—1∶1 毒死蜱喷洒样品　E—洁净样品
（1）磷光谱特性　（2）硫光谱特性　（3）氯光谱特性

被农药（即对硫磷或乙磷铝）污染的菠菜可应用 LIBS 进行测量分析。由于农药中的现有元素通常与菠菜或大米中的元素重叠，新元素的检测不能用于识别农药的存在。相反，可以分析元素的分布（即 LIBS 光谱中多发射线的分布）以区分受农药污染菠菜和干净菠菜。PLS-DA 方法用于区分受农药污染的菠菜（10mg/kg 对硫磷或添加乙磷铝的菠菜）和干净的菠菜（未添加的菠菜），如图 7-20 所示。它显示了未加标（无农药）菠菜和加标 10mg/kg 对硫磷菠菜的预测得分。该模型对受农药污染的菠菜的预测效果较好，干净菠菜和受农药污染菠菜的错误分类率分别为 0 和 2%。

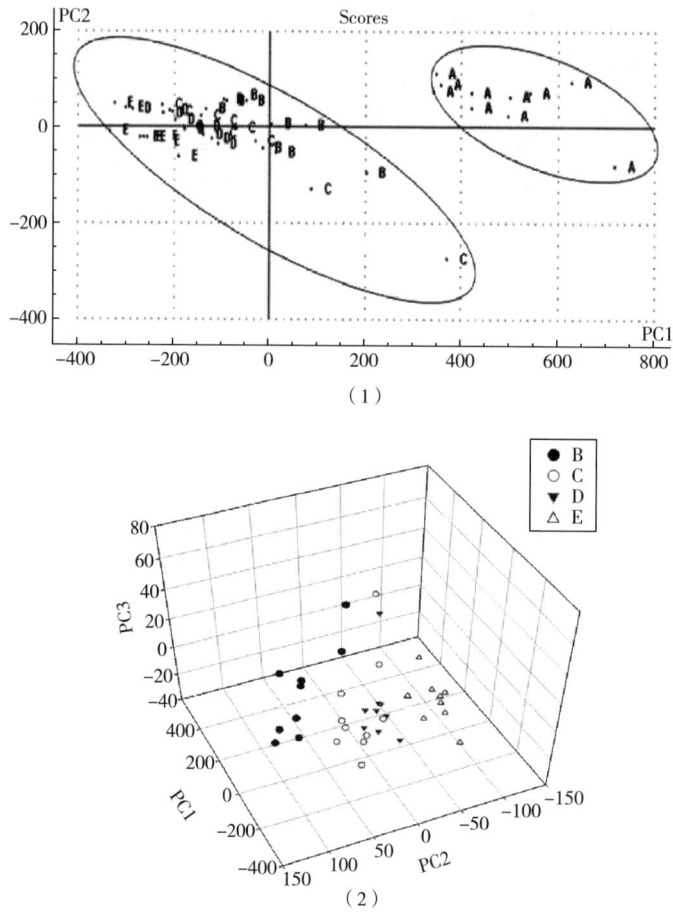

图 7-19 水果表面农药残留 PCA 分析
(1) 5 组样品的 PCA 二维分布图
(2) 对照组苹果 (E) 和喷洒 1∶20 (B)、1∶100 (C) 和 1∶1000 (D) 毒死蜱样品的 PCA 分析图

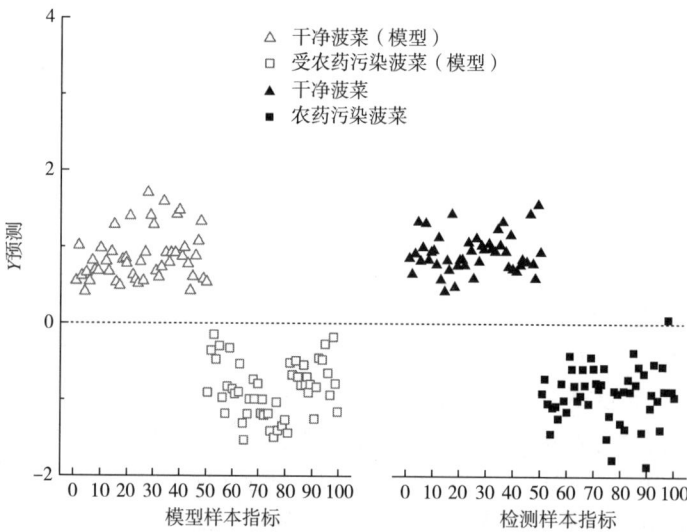

图 7-20 干净菠菜和受农药污染菠菜的 PLS-DA 预测得分图

（四）LIBS 信号增强检测

在 μg/kg 和 ng/kg 水平分析下，LIBS 不能作为有效的工具，特别是对于食品和水基质中的重金属分析，因为在一定的标准中标明了允许的重金属含量，对分析技术的检测限值需求很低。根据欧洲委员会提出的饲料和食品中重金属的法规，其中一些数值可以列为砷（0.1~0.3mg/kg）、镉（0.05~1mg/kg）、汞（0.5~1mg/kg）和锡（50~200mg/kg）。检测限是 LIBS 技术与 ICP-MS、AAS、X 射线荧光光谱分析（XRF）等其他元素分析技术相比的主要缺点。如何提高 LIBS 对微量元素的定量分析性能则持续成为研究的热点领域。LIBS 信号增强技术则是这个热点领域中的研究重点。目前，信号增强方法主要从改变 LIBS 仪器装置、改变激光烧蚀的环境气氛、改变样品基体组成三个角度实现目标元素信号增强，进而提升 LIBS 定量分析能力。

在 LIBS 仪器装置精进方面，双脉冲 LIBS 技术、空间约束装置、磁场约束装置、LIBS 技术与其他分析技术，如激光诱导荧光光谱联用技术、微波辅助 LIBS 技术等均能明显提高激光诱导等离子谱线的强度，进而增强 LIBS 信号。空间约束装置、磁场约束装置和激光诱导荧光光谱联用等技术处于 LIBS 信号增强验证阶段，主要针对基体简单的合金样品进行研究，尚未对复杂的植物基体进行检测。双脉冲 LIBS 和微波辅助 LIBS 技术有相关研究：采用双脉冲 LIBS 和化学计量学方法快速预测水稻叶中的铬含量，双脉冲 LIBS 下铬特征谱线强度比单脉冲 LIBS 增强约 1.4 倍，又采用 PLS 的回归系数筛选 LIBS 光谱中与水稻铬真实值高度相关的特征变量，与全光谱变量相比特征变量对铬预测集 R 相关性高达 0.970，均方根误差 4.85mg/kg。整体来看，单/双脉冲 LIBS 均基本实现水稻叶片铬含量快速和准确检测，双脉冲 LIBS 稳定性更高；采用微波辅助 LIBS 对大米样品中的镉含量进行检测，以镉 I 228.802nm 特征谱线探讨了微波处理对目标元素信号增强作用，通过微波处理激光烧蚀过程后镉的检测灵敏度提高 6.34 倍，但是该研究仅对 4 个大米样本进行检测，镉特征谱线信号增强 9~27 倍不等，也没有进行定量检测验证，因此该信号增强方法仍需要进一步对信号稳定性进行验证和研究。

在激光烧蚀的环境气氛方面，等离子体从升温扩展到冷却，产生能级跃迁发射光谱信号，环境气氛的改变会影响激光诱导等离子体随时间的演化机制。有研究者发现等离子体的状态和其所在的环境气氛有密切的关系，通过改变等离子体所在的气氛环境，最终达到 LIBS 信号增强的目的。首先，以 LIBS 对煤样品检测为例直观展示环境气氛改变对 LIBS 信号增强的优势：对大气压下空气、氩气和氦气三种环境中煤的 C1、C2、CN 信号强度进行了比较，发现环境气氛对原子和分子微粒的发射有显著影响，其中氩气和氦气中 CN 的发射完全来自样品的 N 元素。在植物检测上，对作物标样制成的压片进行检测时，直接采用氩环境以获取更稳定的磷、钾、钙和镁信号；采用 LIBS 获取甘蔗叶中磷、钾、钙、硫、铁、锰和硅元素信号时，在激光烧蚀甘蔗叶片产生的等离子体处施加了流动速度为 5L/min 的氩气，在获得目标元素无重叠峰和自吸收干扰的特征谱线后，在氩气环境下进行样品区域元素信号强度的差异分布，但是该研究获得稳定信号后没有进行元素含量检测。总的来讲，选择合适的气体环境可以大大提高分辨率、信号强度和整体信噪比。

在改变样品基体组成方面，有学者利用纳米粒子对样品击穿阈值的影响，在样品表面引入纳米粒子实现 LIBS 信号增强，在水果和蔬菜样品表面滴加 80nm 的银纳米粒子溶液，自然干燥后获取样品（镉浓度范围为 3ng/g、15ng/g、30ng/g 和 60ng/g）LIBS 信号，检出了常规

LIBS 无法检测出的 214.4nm 处镉信号，对 4 个样品中的镉 214.4nm 信号强度与镉真实值进行单变量拟合分析，相关性达到 0.9170；也有学者利用样品固态与液态转化的方式检查样品的基体，达到目标元素富集的作用。首先向大米粉末标样中添加氯化镉和硝酸铅，获得不同浓度重金属大米样品，再将米粉和盐酸溶液混合，超声提取 10min 后离心，将上清液滴加在玻璃玻片上并加热干燥，将富集了镉和铅的玻璃玻片作为样品直接采集 LIBS 光谱，富集后 LIBS 检测灵敏度显著增强，可以检测出 2.8~43.7μg/kg 的镉和 9.3~145.7μg/kg 的铅，样品基体的简化和富集处理对 LIBS 检测微量重金属有显著效果增强作用。

第三节　微波分析技术

一、微波的基本概念

微波是指波长为 1~300mm、频率为 300~300000MHz 的电磁波，频率高，直线传播，空间衰减少，能被金属良好反应等特点。

微波的频率比一般无线电波的频率要高。通常情况下，在微波技术中，为了更为详尽地表示微波分波段，常用英文字母进行表示，具体如表 7-4 所示：

表 7-4　　常用微波分波段

波段代号	标称波长/cm	频率范围/GHz	波长范围/cm
L	22	1~2	30~15
S	10	2~4	15~7.5
C	5	4~8	7.5~3.75
X	3	8~12	3.75~2.5
Ku	2	12~18	2.5~1.67
K	1.25	18~27	1.67~1.11
Ka	0.8	27~40	1.11~0.75
U	0.6	40~60	0.75~0.5
V	0.4	60~80	0.5~0.375
W	0.3	80~100	0.375~0.3

1. 微波的特点

微波是一种电磁波，也具有基本的波粒二象性。微波的基本性质为：穿透性、反射性和吸收性。以电子学和物理学的观点，微波的电磁频谱具有与其他波段不相同的重要特点，具体如下。

（1）穿透性　与其他用于辐射加热的电磁波相比，微波的波长更长，这使得微波具有更好的穿透性。当微波透入到介质，与介质发生相互作用后，会使介质中的分子产生互相摩擦，致使介质的温度升高，形成一种体热源的状态，这样就可以很大程度地缩短在常规加热方法中传导热量的时间。

（2）选择性加热　物质对微波吸收的能力主要是根据其介质损耗因数来决定的。而水分子属于极性分子，其介电常数相对较大，而介质损耗因数也相对较大，具有很强的吸收微波的能力。因此，影响微波加热效果的因素之一就是物质的含水量。

（3）热惯性小　微波的输出功率可以随时进行调整，而介质的温度也可以进行任意改变，不会发生余热的现象，同时微波可使介质材料的升温速度变快。这样的特点对自动控制和连续化生产提供了有力的条件。

（4）似光性和似声性　微波的似光性是其可以同光一样，在空气或其他介质中以光速沿直线传播，微波具有反射、直线传播和集束的特性。当微波在传播过程中遇到物体时将产生强烈的反射，基于微波的这一特性发明了雷达系统。微波可以同光束一样聚焦，可以通过天线进行定向发射和接收信号，以此特性实现微波的通信和微波的探测。微波的似声性表现在微波具有波导性，可以同声学中的传声筒一样进行传导，而微波的谐振腔就类似于声学中的共鸣腔。

（5）信息性　由于微波的频率相对较高，因而在不大的相对带宽下，其可用的频带相对较宽。这是其他低频的无线电波所不能比拟的。除此之外，微波信号也提供出极化信息、相位信息和多普勒频率信息。这些特点应用在目标检测和遥感目标特征分析中都是非常重要的。

（6）热效应　当微波的电磁能量传导到有耗物质的内部时，会使这种物质中的微观分子发生互相碰撞和摩擦，进而使得物体发出热量。这就是微波的热效应特性。

（7）非热效应　微波的非热效应是指除了微波热效应以外的其他效应，比如微波的电效应、微波的化学效应和微波的磁效应等。

2. 微波的优点

根据以上对微波特点的叙述，可总结微波与普通无线电波相比具有以下优点。

①微波具有宽频带：微波有极宽的频谱可以进行选用，可以根据被测对象的特点来选择不同的频率进行测量。

②微波的定向辐射特性：微波具有优良的定向辐射特性，在传播过程中遇到各种障碍物时会产生良好的反射。

③微波的传输特性好：微波具有优良的传输特性，在微波的传输过程中基本不会受到烟、尘、火焰、温度或化学气氛的影响。

④微波信号的响应速度快：微波测量信号的本身就是电信号，不需要进行非电量的转换，因而其响应的速度就很快。

⑤微波被吸收性强：微波被介质的吸收与介质的介电常数有固定的关系，例如，水分子对微波的吸收性是最大的，这也就是微波原理测水分含量的物理基础。

二、微波检测水分含量的原理及发展

在进行一些水分含量测量时，要求能够实现对被测物质的水分含量在线无损检测，进而在线闭环控制整个生产工艺的过程，这就对水分含量的检测方法提出了更高的要求。根据上文所述，在微波电子学和微波测量技术的基础上，发展了微波检测技术这一门新技术。其原理是当微波发射到被测物料时，微波的反射、透射、散射、谐振和多普勒效应等物理特性都会显现出来，微波会以空间辐射的方式与介质发生相互作用。而在微波检测的过程中，传感器不需要与被测物质接触，这样的特点使微波检测的方式满足了在线无损检测的要求。

1. 微波水分含量检测原理

水分子是极性分子，属于强偶极矩介质。当水分子没有受到外电场的作用时，电偶极子的取向是杂乱无章的。而当水分子在外加电场中，水中的极子因为受到了外场力的作用会发生旋转，然后会按外电场的反方向进行排列，也就是产生了介质的旋转极化现象。在微波的作用下，水偶极子的频繁换向会导致电能的大量消耗。含水的物质在微波场中具有极化损耗的特性，通常用物质在微波场中的复合介电常数对其进行表示。当测得了复合介电常数时，就可以将物质含水量运用公式计算出来。其介电常数通常表示为式（7-6）：

$$\varepsilon = \varepsilon' - j\varepsilon'' \tag{7-6}$$

式中　ε——介电常数；

ε'——介质的储能特性，它反映了在电场中介质被极化的能力；

ε''——由弛豫的损耗而导致的，通常将会以热量的形式而散发。

介电常数中 ε' 和 ε'' 的大小与电场的频率相关。因此，要想测量物质的水分含量，只需要测量功率的衰减、相位的变化和谐振的频率等与介电常数相关的物理量即可。根据相关资料，当微波的波长为1cm左右时，水对微波的吸收最大。在不同的微波频段下，水的介电常数值如表7-5所示：

表7-5　在不同波长下水的介电常数

波长/cm	1.26	3.25	8.22	10.00	17.20	52.00
	30.8	61.5	76.3	77.2	79.3	80.3
	35.2	31.4	15.6	13.1	7.9	2.8

而在不同频率时水的介电常数（常温25℃）如表7-6所示：

表7-6　纯水的介电常数

f/GHz			f/GHz			f/GHz		
1.821	77.98	6.49	7.681	68.69	16.60	16.60	46.95	35.90
2.200	77.51	8.22	8.243	67.13	18.02	18.02	44.41	36.70
3.142	76.69	12.16	8.579	66.77	18.84	18.84	42.73	36.61
3.623	75.81	13.42	9.516	63.76	28.67	20.03	39.23	36.56
3.922	75.74	14.34	10.01	63.04	29.32	21.01	30.01	36.26
5.323	73.19	18.87	10.23	62.04	30.02	22.77	34.96	35.97
5.433	73.13	19.30	10.45	61.10	30.20	23.53	34.41	35.75
5.638	72.63	19.75	11.73	58.49	32.29	24.45	32.76	35.24
5.853	72.25	20.42	12.00	58.18	33.05	18.13	29.38	34.14
6.145	71.50	21.07	13.14	55.27	34.23	28.58	29.24	33.94
6.300	71.21	21.60	13.38	54.03	33.95	37.58	21.69	30.33
6.850	69.45	22.97	14.32	52.63	34.73	29.03	21.28	29.74
6.958	69.74	23.32	15.24	50.03	35.34	51.82	13.20	25.20
7.406	68.78	24.49	16.14	48.20	35.46			

用微波检测水分含量时，由于微波具有非常强的穿透力，不仅可以检测到被测物质表面

的水分含量，还可以检测到被测物质内部的水分含量。运用此方法进行测量的结果更准确，因而，这种测量水分含量的方法更适用于对粮食、石油、织物、土壤等物料的测量。

综上所述，微波检测水分含量的方法具有操作简单，测量速度快，测量精度高的优点。在检测过程中，传感器不必与被测物质直接接触，并且可以实现在线无损检测，可靠性非常高。因而，在工农业发展中，应用微波技术有着广阔的前景。

2. 微波测量水分含量的发展与趋势

用微波技术检测物质的水分含量在国内外均已有十分先进的发展。早在1973年，已有学者对运用微波技术检测物质水分含量的原理及检测设备进行了说明，同时也进行了大量的实验验证，并提出了相关的理论"密度不相关"，这是对透射衰减后的幅值与相位的同时测量来实现的。

微波水分测试仪是根据微波被吸收后改变的原理来计算的，微波水分测试仪由微波发生器、微波接收器和中央处理单元构成，可检测的物质几乎包括了所有的固体，且其测量的精度能够达到1%，测量水分含量为0~60%甚至更广的范围。

总体上看，在国际上对微波测湿技术有研究及发展的国家有很多，而相应的发展前景和应用领域也十分广泛。但纵观国外生产的各种微波检测水分含量的仪器。价格都是十分昂贵，而且并不能适用于大规模的应用。与此同时，我国也已经对运用微波技术测量水分含量的技术开始了各个方面的研究。尽管如此，如何利用好微波技术来实现对被测物质的在线测量依然在国内属于相对先进的课题，具有很广阔的空间以及市场价值。

3. 微波检测水分含量技术的原理与分析

运用微波的原理对物质水分含量的检测方法，在通常情况下，按照检测机理的不同将其分为微波谐振腔检测法、微波反射检测法和微波透射检测法。下面主要对微波反射检测法与微波透射检测法进行介绍与分析。图7-21所示为运用微波反射法和透射法对水分含量检测的原理作用方式。

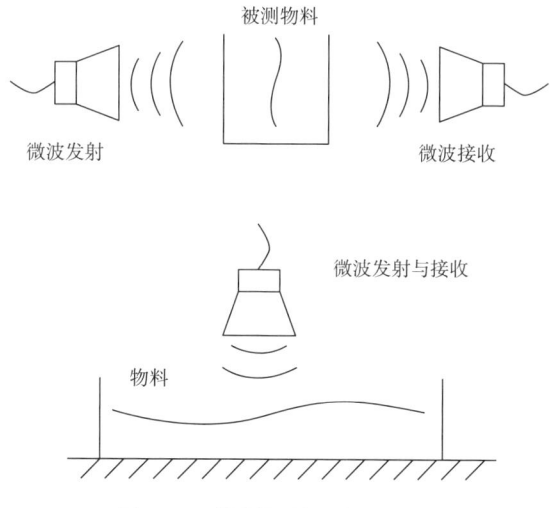

图7-21 微波检测水分含量示意图

（1）微波反射法检测水分含量 微波反射法检测的原理是微波辐射到被测物料时，微波的能量会随之发生转移。只需要通过检测反射回来的微波能量的大小就可以实现对被测物中水分含量的检测。这种方法需要检测出微波信号的参数，其中包括了振幅和相位。因而为了保证检测结果的准确性,通常需要使用高昂制作费用的设备仪器。

同样的,在方法的具体操作中,要求了较为严苛的校准,因而目前尚不能将微波反射检测法大范围应用在工农业生产领域。微波反射法检测的原理如图7-22所示。其设备的主要部分是微波信号源、衰减器、隔离器、信号收发天线和检测电路。

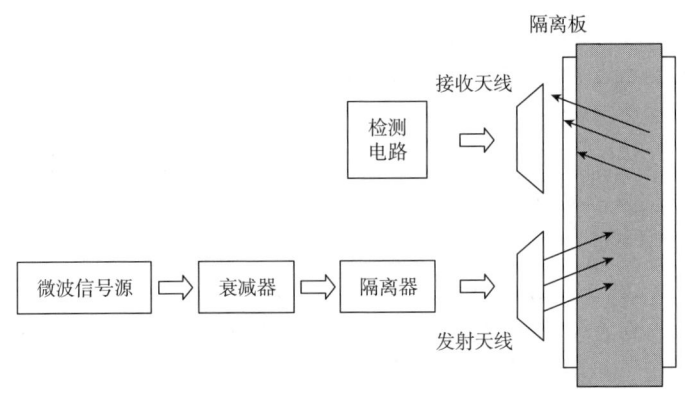

图7-22 微波反射法示意图

(2) 微波透射法检测水分含量 微波透射法检测的原理是水分子在微波场中会产生极化现象,发生极化损耗,使得微波电场的强度按与物料的介电常数相关的幂率规律衰减,再通过进一步计算便可计算出被测物料的水分含量。具体为:当微波经过发射天线发射到被测物质时,水分子在某个固定的谐振频率激发下会吸收微波的能量。而被水分吸收的能量会远大于干物料本身对微波能量的吸收。而对物料的含水情况的检测,既可以通过对微波参数的变化量计算出来,也可以通过对系统发射和接收到能量的变化量计算出来。运用微波透射法对被测物质的水分含量检测可以很好地实现对固液两相的在线水分测定,同时测算出的水分含量更加高效与精准。微波透射法对水分含量检测的原理图如图7-23所示。

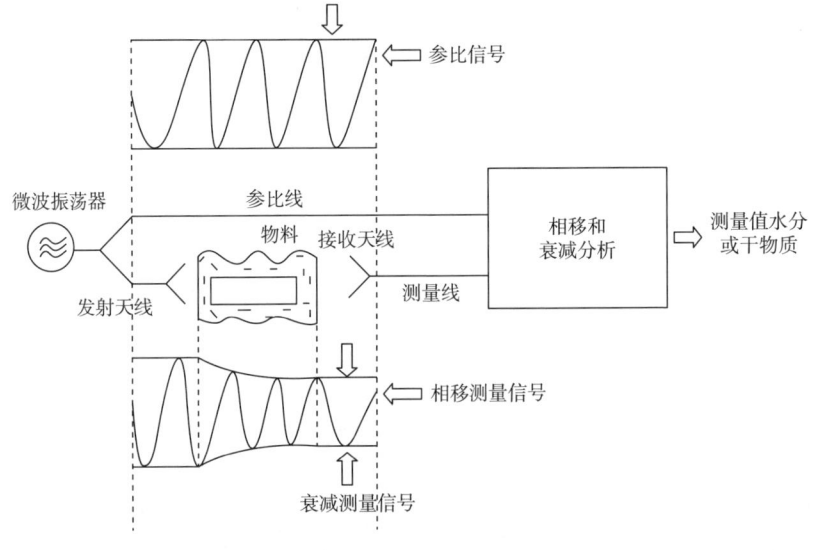

图7-23 微波透射法示意图

三、微波技术在食品水分检测中的应用

在食品检测的过程中,水分检测是最为重要的环节与指标,通常采用加热烘干方式,比较费时。现将微波技术运用在水分测定中,在一定的功率、时间、频率下测定,较为便捷、省时、环保、绿色。在水分的检测中,通过调节功率和降低密度等措施,可以最大程度地降低检测误差。对于谷物等散体食品物料的水分含量检测通常采用微波反射法和透射法;对于单体食品物料的水分含量检测通常采用微波谐振腔体微扰法。根据检测信号强度要求,低浓度水分用微波透射法,高浓度水分用微波反射法。在油菜籽的水分检测中,采用功率720W,对2.0g的样品加热8min,测定结果与实际误差只在0.2%左右。另外,采用微波技术检测生姜中的水分,可以采用648W的功率,对2.5g的样品加热9min,测定结果与实际含量明显符合。可见,采用微波技术测定食品中的水分,具有快速和准确的效果。

微波透射水分含量检测方法具有检测速率快、精度高、价格适中、材料无损和可在线检测等优点,因而被国内外众多学者采用。研究人员设计了一套以微波传感器为核心的水分检测装置,在40GHz下,以150多份的牛乳样品进行测量,成功地利用微波功率的衰减来预测牛乳中的水分。利用微波传感器制成微波水分仪,用于测量带壳花生的水分含量,测量误差在5%以内。设计了一套烟包水分含量微波透射在线检测仪,测试结果表明,该测试仪在误差范围内可测量0~30%水分含量,最高测量精度达0.18%,单次测量转换时间小于100ms。设计了一套粮食水分微波在线检测系统,以小麦、玉米、水稻等粮食作物进行试验,结果表明,水分检测范围为10%~21%,测量精度±0.5%,可满足粮食烘干过程中水分含量在线连续检测的需要。

1. 果蔬粉含水率在线检测系统设计

微波水分含量在线检测系统通过利用微波水分检测技术与生产线相结合,在保证检测精度的同时进行快速检测,将检测数据实时反馈给生产线,从而调整优化果蔬干燥制粉中的工艺参数以达到节约能源、提高生产效率的目的。

果蔬粉水分在线检测装置主要由进料模块、检测模块、卸料模块、控制显示模块组成,如图7-24所示。进料模块包括漏斗和振动器,用于实现进料量和进料速度的调节。检测模块包括介质振荡器、隔离器、发射接收天线、波导同轴、数控衰减器、检波器、信号放大器、模拟数字转换器(A/D转换器)和单片机等单元,用于检测果蔬粉的水分含量。卸料模块包括集成器和风机,用于及时排出已检测的果蔬粉。控制显示模块为可编程逻辑控制器(PLC)+触摸屏的一体机,用于对整个检测操作过程的精确控制。

系统工作流程为开机后,进料模块从生产线取出一定量的果蔬粉进入检测料盒。此时,由介质振荡器产生微波信号,经隔离器和喇叭口发射天线发出,通过料盒后被接收天线接收。因为果蔬粉中含有水分,接收到的信号功率会发生衰减。接收天线收到衰减后的信号,通过波导同轴传输到数控衰减器,调频后对信号进行隔离处理,达到检波器检波出直流电压。直流电压经运算器放大和A/D转换器转换为数字信号后,上传至单片机。利用单片机中水分含量校正程序得到具体的水分含量数值,然后被上传至上位机进行采集和处理。测量完成后,卸料模块排出物料,然后开始下一个检测流程。

其中,检测模块是基于微波透射原理设计的,能产生稳定微波信号的发射源是较为关键的一个单元,使用介质振荡器产生微波,具有功耗小、可靠性高、频率和功率稳定等优点,

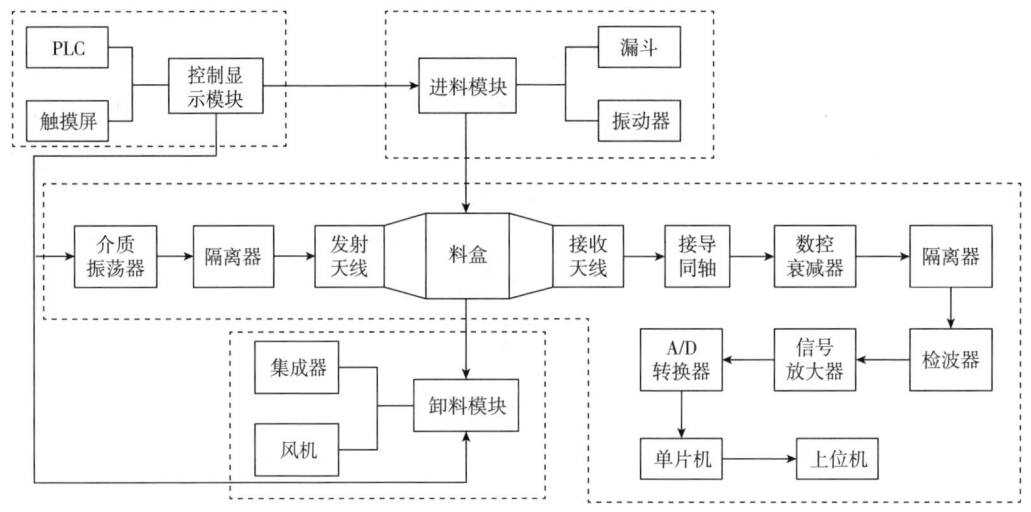

图 7-24 果蔬粉水分在线检测装置结构示意图

针对的物料是低水分含量果蔬粉，经过前期试验，发现选用 X 波段（$8.20×10^9 \sim 1.09×10^{10}$Hz）作为微波发射源较为合适，其输出功率为 80mW，工作电压 +12V。数控衰减器是用来控制信号输出大小，保证传输出合适功率的微波信号，衰减范围包括 0.5dB，1.0dB，2.0dB，4.0dB，8.0dB，16.0dB，总衰减量为 31.5dB。隔离器只允许微波沿一个方向通过，不能反向通过，反向的微波都被吸收，降低了微波的消耗。该设计采用外置 BJ100 隔离器，工作带宽一般到 20% 左右，插入损耗为 0.25dB，隔离度 25dB，驻波比 1.12。发射接收天线采用喇叭口传输通道，能减少微波的损耗。检波器的作用是检测到微波信号并进行调节，实现微波频率的转换。使用的检波器是由波导同轴加上微波检波二极管及调配螺钉组成，当微波输入信号是连续波，整流后输出为直流，当微波信号为方波调制，则输出低频信号。

使用微波透射法检测果蔬粉水分含量，需建立水分含量与微波信号之间关联数学模型，又称标定曲线模型。以胡萝卜粉为物料，通过试验建立关联数学模型。首先，通过控制干燥时间制备不同水分含量（5%~14%）胡萝卜粉；对某个水分含量胡萝卜粉样品，利用微波测试单元测量并取得微波电压值，多次测量取平均值；然后将水分含量与微波电压值进行拟合回归，得到以下数学模型，见式（7-7）：

$$X = 33.63 - 5.546 \times M \tag{7-7}$$

式中 X——水分含量，%；

M——微波电压值，V。

该拟合模型中，胡萝卜粉水分含量和微波电压值呈线性关系，相关系数（R^2）为 0.957。在实际测量胡萝卜粉水分含量时，通过测得的微波电压，依据关联模型即可换算成对应的水分含量。

微波信号处理与水分含量换算通过内置程序实现。该程序采用 C++ 语言编写，水分含量换算流程如图 7-25 所示。对果蔬粉样品进行水分含量测量，若测量的水分含量（C_i）与标定曲线方程中电压对应的参考水分含量（C_{ref}）差值大于 1%，则进行定标曲线的校正，若小于 1%，则记读数为 C_1，再次测量读数记为 C_2，若两次测量差值小于 0.5%，则最终水分含量（C）为两次读数的平均值。若两次测量结果大于 0.5%，则重新进行标定曲线的校正。

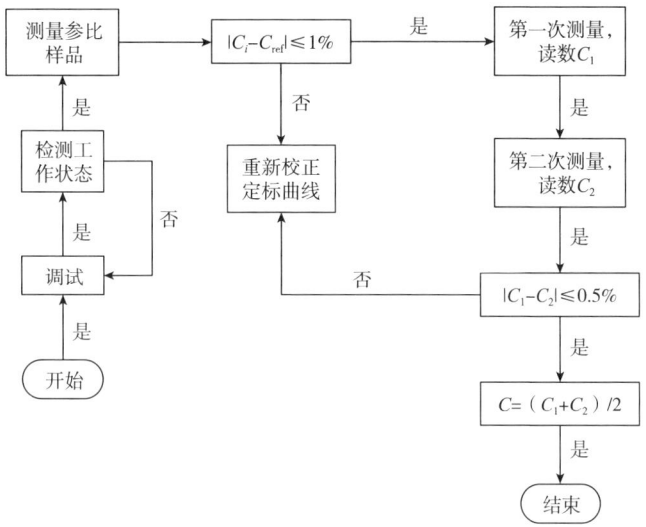

图 7-25 水分含量计算程序流程图

果蔬粉微波快速检测装置开发调试后,进行装置检测性能评价。以水分含量 5%~14%的胡萝卜粉为试验物料,分别利用微波水分检测方法和按照 GB 5009.3—2016《食品安全国家标准 食品中水分的测定》中的第一法,检测试验物料水分含量。国标法测量得到的水分含量为 10.09%,微波水分测量重复进行 20 次,结果如表 7-7 所示,并比较检测数据,检测准确度计算见式(7-8):

$$\eta = \left(1 - \frac{|B-A|}{A}\right) \times 100\% \tag{7-8}$$

式中 η——装置水分检测准确度,%;
A——国标法测量水分含量,%;
B——试验装置测量水分含量,%。

装置评价报告显示:该装置检测每份样品的水分含量耗时约 7.33s,样品水分检测准确度为 98.2%,样品水分检测重复性为 0.15%。

表 7-7 微波水分检测水分含量表

序号	时间/s	水分含量/%	序号	时间/s	水分含量/%
1	7.35	10.23	11	7.33	10.23
2	7.36	10.23	12	7.38	10.34
3	7.31	10.23	13	7.32	10.34
4	7.33	10.23	14	7.27	10.34
5	7.3	10.23	15	7.35	10.29
6	7.28	10.23	16	7.33	10.34
7	7.36	10.23	17	7.32	10.29
8	7.36	10.23	18	7.35	10.29
9	7.31	10.18	19	7.33	10.29
10	7.34	10.23	20	7.32	10.29

2. 谷物水分含量在线检测系统设计

图 7-26 所示为微波水分含量检测装置的外形,其包括不锈钢探头部分以及水分信号的显示及模拟输出的部分。

图 7-26　微波水分含量检测装置的外形

> **思考题**
>
> LIBS 检测技术的主要参数有哪些?如何根据待测样本的性质选择这些参数?

第八章

太赫兹波谱检测技术

学习目标

掌握太赫兹波谱检测技术的基本原理与特点,熟悉太赫兹波谱检测系统的组成与功能,掌握太赫兹波谱检测关键技术,理解太赫兹波谱检测技术在农产品与食品品质无损检测中的应用;认识科技创新在食品安全领域的重要作用,强化对食品安全重要性的认识,树立食品安全意识和责任感,强调食品安全检测工作对于保障人民健康、维护社会稳定的重要性。

重点和难点

重点是太赫兹波谱检测技术的基本原理及其特点和太赫兹波谱检测系统的组成及使用方法;难点是太赫兹波谱检测技术的光谱分析与数据处理方法。

第一节 太赫兹波谱检测技术原理与特点

一、太赫兹波谱技术概述

太赫兹波(Terahertz Wave,THz Wave)通常是指频率为 0.1~10THz 的电磁波,对应的波长为 3~30μm。太赫兹波的命名主要因为它的振荡频率在 10^{12} Hz 左右(1THz= 10^{12} Hz)。太赫兹波处在红外和微波之间,如图 8-1 所示。太赫兹波处于宏观电子学向微观光子学过渡的区域,兼具电学探测和光学探测的优势。作为整个电磁波谱中最后一段未被充分开发利用的电磁波,太赫兹波在科学研究与技术应用等方面潜力巨大,受到了高度重视。在电子学领域,这一频段的电磁波又称毫米波/亚毫米波;在光谱学领域,它属于远红外波段。在 20 世纪 80 年代之前,由于缺乏高效率的太赫兹波发射源与探测器,这个频段曾被称作"太赫兹间隙"(THz gap)。得益于超快光电子、低尺度半导体、微纳加工等技术的发展,太赫兹波的产生和探测效率得到了显著提高,太赫兹科学与技术得以快速发展。

为了增进理解,一个振荡频率为 1THz 的电磁波,它的振荡周期为 1ps(1ps= 10^{-12} s),相应的波长为 300μm。相应地,它的光子能量为 4.1meV,对应 33cm^{-1},特征温度 48K,如图 8-2

所示。

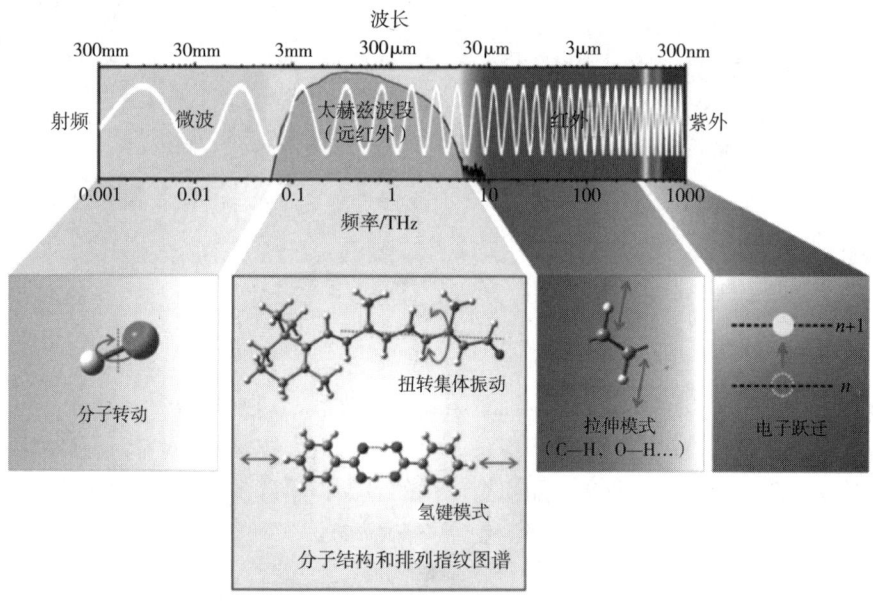

图 8-1 电磁波谱以及对应的分子激发振动

$$1\ \text{THz} \sim 1\ \text{ps} \sim 300\ \mu\text{m} \sim 33\ \text{cm}^{-1} \sim 4.1\ \text{meV} \sim 48\ \text{K}$$

图 8-2 振荡频率为 1THz 的电磁波的物理属性

2004 年,美国将太赫兹技术评为"改变未来世界的十大技术"之一;2005 年,日本将太赫兹技术列为"国家支柱十大重要战略目标",太赫兹技术受到极大重视;2005 年,在以"太赫兹科学技术的新发展"为主题的"香山会议"上,11 位院士发言并强调了太赫兹技术的重要性,提出我国太赫兹技术的未来发展战略。太赫兹技术有助于环境监测、医学诊断及工业检测等领域的发展,未来该技术将与人们的生活密切相关。

二、太赫兹波谱技术原理

太赫兹波谱技术属于宽带线性波谱探测技术。该技术利用超快光学手段产生相干的太赫兹脉冲,通过太赫兹脉冲与物质的相互作用获取与物质特性相关的太赫兹信号,进一步解析即可确定物质在太赫兹频段的特征信息,所获得物质的特性一般是关于频率的函数。主要可分为以下 2 种。

1. 太赫兹时域波谱技术

目前最为常用的太赫兹波谱技术为太赫兹时域波谱(Terahertz time-domain spectroscopy,THz-TDS)技术,主要利用飞秒超快激光获得太赫兹脉冲,电场探测采用相干探测技术,通过对比太赫兹脉冲通过样品后的电场信号(样品信号)与其在自由空间传播同等距离的电场信号(参比信号)之间的差异,测量瞬态时域电场,可同时获得频谱的振幅和相位信息,不需要经过复杂的克拉莫-克若尼(Kramers-Kronig,K-K)关系就可以提取待测物质的吸收系数、折射率等光学常数,数据处理简单且可靠。

典型的 THz-TDS 系统主要由超快脉冲激光器、太赫兹波发射器和探测器以及时间延迟装置组成，其工作原理为：激光器产生的飞秒激光脉冲经分束镜分成泵浦光和探测光，泵浦光激发太赫兹发射器产生太赫兹脉冲，太赫兹脉冲经聚焦后照射在样品上，获得样品信息后，与经过时间延迟装置的探测光共线到达检测器上，再经锁相放大器放大，最后输入计算机中进行处理，如图 8-3（1）所示。该技术具有信噪比高、稳定性好、检测时间短、数据处理方式简单可靠、对检测物质无损害、可对多层结构物质进行分析等优点，是一种非常有效的无损检测方法，已被广泛应用于各个领域。

2. 太赫兹时间分辨波谱技术

太赫兹时间分辨波谱（time-resolved terahertz spectroscopy，TRTS），是运用光学抽运技术和太赫兹时域光谱技术结合进行非接触式电场探测的一种技术，能够直接观测样品信号的光致变化而反映的信息，分辨率在皮秒量级，能够获取物质的动态特性。TRTS 通过在光泵和太赫兹探针之间引入具有可变时间延迟的光泵浦光（抽运光）来测量物质的动力学特性，与太赫兹频率相关的复电导率可以确定为泵探头延迟时间的函数。如图 8-3（2）所示，可通过泵浦扫描和探测扫描两种方式实现时间分辨。该系统中激光会分为 3 束，分别为泵浦光、探测光以及用于激励样品的抽运光，当抽运光激发样品后，样品的介电特性发生变化，采用 TRTS 可以直接测量得到光电导率的光致变化，进而反映样品内部载流子浓度以及迁移率的相关信息，同时可获得样品相关的动态特性。

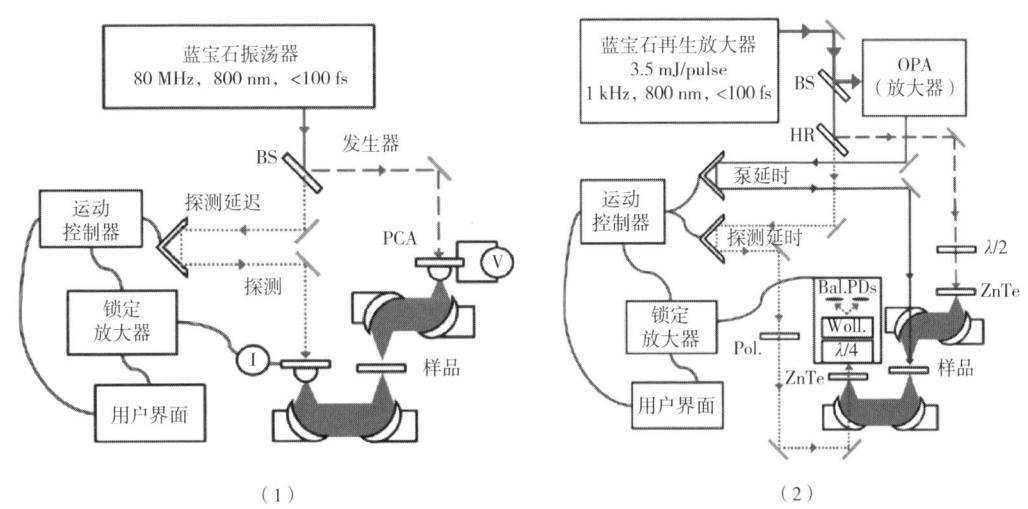

图 8-3 太赫兹波谱技术
（1）太赫兹时域波谱技术 （2）太赫兹时间分辨波谱技术

三、太赫兹技术特点

太赫兹波是一种新的，具有众多独特优点的电磁辐射；太赫兹科学与技术也是极为重要的交叉前沿领域之一。太赫兹技术能够引起国内外高等院校、科研机构及公司浓厚的研究兴趣，得益于太赫兹波众多独特的性质。首先许多分子/物质在太赫兹波段存在指纹吸收峰，所以研究该波段的波谱对物质本征属性的探索具有重要意义；其次太赫兹波具有透视性、高通量等特性，拓展了它在安检、通信方面的应用。太赫兹波的特性可主要归纳为以下几个方面。

(1) 安全性　太赫兹波光子能量低（1THz对应4.1meV），仅为X射线光子能量的$1/10^6$（X射线光子能量在keV量级）。太赫兹波的光子能量低于各种化学键键能，因此用于活性生物样品检测时不会引起电离造成样品损伤，对于生物样品以及操作者都是安全的。

(2) 透视性　太赫兹波对许多干燥的介电材料以及非极性液体具有良好的穿透性，如木头、纸和塑料等，因此太赫兹波可以对不透明物体进行透视成像。而且其波长远大于空气中的灰尘颗粒，与可见光、红外波段相比，颗粒对太赫兹波的散射要小很多，因此太赫兹波可作为浓烟、风尘环境下的理想光源。

(3) 强吸水性　太赫兹波对水等强极性液体有十分强烈的吸收特性，室温状态下水在1THz处的吸收系数为$220cm^{-1}$左右，因此即使太赫兹波不能穿透人体的皮肤，对人体的影响仅停留在皮肤表层。太赫兹波特别适合测定或者表征含水样品，但水的强吸收同时也会带来检测的动态范围小、目标信号弱等问题。

(4) 指纹谱性　许多生物分子和化学分子间的弱相互作用力（氢键、范德华力等）、分子内的低频集体振动模式、振转能级的跃迁以及晶体中晶格的低频振动通常都出现在太赫兹波频段范围，利用太赫兹波进行检测可以获取体现分子特性的太赫兹波指纹谱，即具有特征吸收峰的吸收谱，且吸收峰的强度与生物分子和化学分子的浓度有关，据此可实现对生物分子和化学分子的成分分析。特别是太赫兹波谱成像技术，不仅能够辨别物体的形貌，而且能够鉴定物体的组成成分。

(5) 瞬态性　太赫兹脉冲的脉宽在皮秒量级，具有较高的时间分辨率，可以对许多物质进行时间分辨研究，以确定其动态特性，特别是一些生物样品，例如，与核酸、蛋白质、细胞和组织的特性相关的水合动力学过程在时间尺度上位于皮秒量级，对此过程进行解析进而可获取相应物质的特征信息。

(6) 高通量性　与微波相比，太赫兹波具有高频性，因此以太赫兹波作为载波时，单位时间内可以承载更多的信息，实现高速通信（即6G通信）。

第二节　太赫兹波谱检测系统

太赫兹波谱系统按照检测方式的不同可分为透射模式、反射模式以及衰减全反射模式（attenuated total reflection，ATR），针对待测样品的性质不同，所采用的测量模式也不同。已有许多研究围绕THz-TDS实现了对多种生物分子、化学分子检测分析，并从微观上对分子内作用、分子间作用等方面进行解析，证明了THz-TDS用于生物化学分子检测的可行性以及独特优势。

一、透射检测模式

图8-4为太赫兹时域波谱系统的透射检测模式原理图。光纤飞秒激光器产生飞秒激光经过分束计分为两束，一束为泵浦光（考虑到发射晶片的耐受功率，泵浦光的功率约100mW），一束为探测光（约25mW），分别用于太赫兹波信号的泵浦与探测。泵浦光作为太赫兹激发光源，经过时间延迟系统后聚焦到太赫兹波发射晶片（此系统中为光电导天线），激发产生太

赫兹信号。产生的太赫兹信号经过抛物面镜聚焦至样品上。经过样品的太赫兹信号最终经抛物面镜聚焦至碲化锌（ZnTe）晶体探测器上。同时，探测光也通过反射光路到达 ZnTe 探测晶体。太赫兹波与探测光同时入射至探测晶体上，产生电光调制效应，可检测并记录太赫兹波的电场强度，并通过时间延迟系统记录整个周期的时域太赫兹波形。

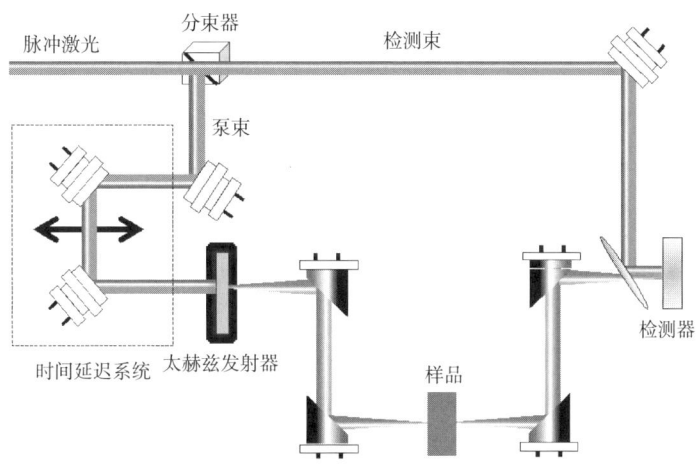

图 8-4　太赫兹时域波谱系统透射检测模式

二、反射检测模式

图 8-5 是太赫兹时域波谱系统的反射检测模式原理图。它的大部分光路以及检测原理与透射模式相同，不同的是产生太赫兹波后获取样品反射信号的部分。在反射模式中，产生的太赫兹波通过硅片（透射率和反射率均为 50%）后经过凸透镜聚焦到样品上，得到的反射信号通过凸透镜后再次经硅片反射并最终到达检测晶体上。反射检测系统使用半透半反的硅片达到垂直反射检测的效果。

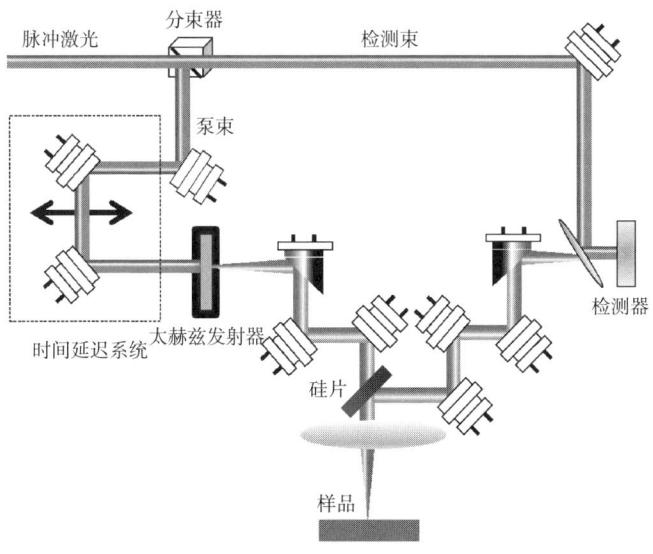

图 8-5　太赫兹时域波谱系统反射检测模式

在太赫兹时域波谱测量中，检测到的时域波形记录的是太赫兹脉冲电场强度随时间的变化 $E(t)$。因此需要对获得的太赫兹时域波谱进行快速傅立叶变换，得到频域波谱 $E(\omega)$。此处的 $E(\omega)$ 仍然是电场强度，在计算反射率与吸光系数时需要将该数值平方，平方后的值与太赫兹波的功率成正比。

太赫兹波透过率 T 和反射率 R 的计算公式如式（8-1）、式（8-2）所示：

$$T = \frac{E_{\text{sample}}^2(\omega)}{E_{\text{reference}}^2(\omega)} \tag{8-1}$$

$$R = \frac{E_{\text{sample}}^2(\omega)}{E_{\text{reference}}^2(\omega)} \tag{8-2}$$

式中　$E_{\text{sample}}(\omega)$ ——样品的频域电场强度；

　　　$E_{\text{reference}}(\omega)$ ——参比的频域电场强度。

吸光度 $A(\omega)$ 的计算公式如式（8-3）所示：

$$A(\omega) = -2\ln\frac{E_{\text{sample}}^2(\omega)}{E_{\text{reference}}^2(\omega)} \tag{8-3}$$

进一步综合样品的厚度、样品的波谱和空气的波谱计算得到样品的折射率和吸收系数，计算公式如式（8-4）、式（8-5）所示：

$$\alpha(\omega) = -\frac{2}{d}\ln\frac{A_s}{A_r} \tag{8-4}$$

$$n(\omega) = 1 + \frac{[\Phi_s(\omega) - \Phi_r(\omega)]c}{d\omega} \tag{8-5}$$

式中　A_s ——样品信号的振幅；

　　　A_r ——参考信号的振幅；

　　　d ——待测样品厚度（此处为压片的厚度）；

　　　Φ_s ——样品信号的相位；

　　　Φ_r ——参考信号的相位；

　　　c ——真空光速；

　　　ω ——角频率。

另外，样品的消光系数 $k(\omega)$ 与吸收系数 $\alpha(\omega)$ 之间的换算关系如式（8-6）所示：

$$k(\omega) = \frac{c\alpha(\omega)}{2\omega} \tag{8-6}$$

三、衰减全反射检测模式

衰减全反射光路如图 8-6 所示。实验表明，在全反射时光波并不是绝对地在界面上被全部反射回介质 1（光密介质），而是会透入介质 2（光疏介质）很薄的一层表面（一个波长左右），并沿界面传播一小段距离（与波长量级相当），最终再返回介质 1（光密介质）中。在介质 2（光疏介质）中这一段波称之为倏逝波，其具有一些特殊的性质。倏逝波的波函数 $\vec{E}_2$ 可表示为式（8-7）：

$$\vec{E}_2 = \vec{A}_2\exp[i(\vec{k}_2 \cdot \vec{r} - \omega t)] \tag{8-7}$$

式中　$\vec{A}_2$ ——介质 2 中波的振幅；

$\vec{k}_2$ ——介质 2 中的波矢量;

$\vec{r}$ ——空间位置矢量;

ω ——角频率;

t ——时间。

若选取 xz 平面为入射面,则可写为式(8-8):

$$\vec{E}_2 = \vec{A}_2 \exp[i(k_{2x}x + k_{2z}z - \omega t)] \tag{8-8}$$

式中　k_{2x} ——$\vec{k}_2$ 在 x 方向分量大小(波数);

k_{2z} ——$\vec{k}_2$ 在 z 方向分量大小(波数);

x ——x 方向的距离;

z ——z 方向的距离。

根据菲涅尔公式可得式(8-9)、式(8-10):

$$k_{2x} = k_2 \sin\theta_t = k_2 \frac{\sin\theta_i}{n} \tag{8-9}$$

$$k_{2z} = k_2 \cos\theta_t = k_2 \sqrt{(\sin\theta_i/n)^2 - 1} \tag{8-10}$$

式中　k_2 ——$\vec{k}_2$ 的大小(波数);

θ_t ——折射角;

θ_i ——入射角;

n ——相对折射率,$n = n_2/n_1$,其中 n_1 表示介质 1 的折射率;

n_2 ——介质 2 的折射率。

由上述公式可得倏逝波的波函数表达式为式(8-11):

$$\vec{E}_2 = \vec{A}_2 \exp[-zk_2\sqrt{(\sin\theta_i/n)^2 - 1}]\exp[i(xk_2(\sin\theta_i/n - \omega t)] \tag{8-11}$$

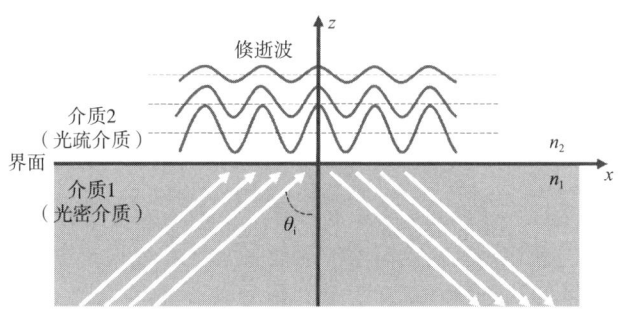

图 8-6　衰减全反射光路示意图

倏逝波是一个沿 x 方向传播且振幅在 z 方向按指数规律变化的波,其振幅因子 $\vec{A}_2 \exp[-zk_2\sqrt{(\sin\theta_i/n)^2 - 1}]$ 表示离开界面向介质 2(光疏介质)深入时,振幅随深度增大而呈指数衰减。通常定义振幅减小到界面($z=0$)处振幅的 $1/e$ 深度为穿透深度 d_P,其表达式为式(8-12):

$$d_P = \frac{n}{k_2\sqrt{\sin^2\theta_i - n^2}} \tag{8-12}$$

其大小约为一个波长量级。由式（8-11）同样可以发现，倏逝波的波函数是由介质1（光密介质）折射率 n_1、介质2（光疏介质）折射率 n_2 与入射角 θ_i 共同决定的。

在衰减全反射实际测量中，通常会先对背景信号进行采集，然后选择合适的参比（通常为氮气或空气）采集信号，最后再采集样品信号。通过分析参比信号与样品信号，最终提取所需的样品信息。可以进一步推导进而获得衰减全反射检测模式下传递函数 $T(\omega)$ 为式（8-13）：

$$T(\omega) = \frac{E_r(\omega)}{E'_r(\omega)} = \frac{E_r(\omega)/E_1(\omega)}{E'_r(\omega)/E_1(\omega)} = \frac{r}{r'} \tag{8-13}$$

式中　$E_r(\omega)$ ——未放入样品时的参比反射回来检测到的电场；

　　　$E'_r(\omega)$ ——放入样品后反射回来检测到的电场；

　　　$E_1(\omega)$ ——入射的电场；

　　　r'、r——放入样品前、后反射得到的电场与入射电场之比。

反射系数 r_P 的表达式为式（8-14）：

$$r_P = \frac{n^2\cos\theta - i\sqrt{\sin^2\theta_i - n^2}}{n^2\cos\theta + i\sqrt{\sin^2\theta_i - n^2}} = |r_P|\exp(i\delta_P) \tag{8-14}$$

式中　n——相对折射率，$n = n_2/n_1$，这里 n_1 是衰减全反射晶体（高阻硅）的折射率（$n_1 = 3.42$）。对于 r'，n_2 具体指代空气或者氮气的折射率（$n_2 = 1.00$）；而对于 r，在入射角一定的情况下，n_1 不变，n_2 为待测样品的折射率。

在实际检测中，通过衰减全反射方式可得到以下参数，如式（8-15）、式（8-16）所示：

$$\text{ATR} = \left|\frac{E_r(\omega)}{E'_r(\omega)}\right|^2 \tag{8-15}$$

$$\Delta\varphi(\omega) = \arg[E_r(\omega)] - \arg[E'_r(\omega)] \tag{8-16}$$

式中　ATR——衰减全反射率；

　　　$\Delta\varphi(\omega)$ ——相位差。

根据以上推导的衰减全反射传输方程关系，可推导获得待测样品折射率 n_2 或复折射率 $\tilde{n}_2$ 的计算公式为式（8-17）：

$$n_2(\tilde{n}_2) = \frac{n_1}{\cos\theta_i}\left(\frac{1+r'T}{1-r'T}\right)\sqrt{\frac{1}{2}\left(1-\sqrt{1-2\frac{\cos\theta_i}{n_1}\left(\frac{1-r'T}{1+r'T}\right)n_1\sin^2\theta_i}\right)} \tag{8-17}$$

相同条件下穿透深度在太赫兹频段（0.1~10THz）较近红外更深。这是由于衰减全反射测试中穿透深度与波长是相当的，而太赫兹波的波长与红外波相比波长更长，与样品的作用更加充分，因此，衰减全反射波谱技术在太赫兹频段的灵敏也更高。此外，借助衰减全反射测量的方法，可以有效减弱水对太赫兹辐射的吸收，并简化了样品的制作和处理过程，适用于液态水及水溶液的太赫兹信号测量分析。

THz-ATR 系统的工作原理如图 8-7 所示，光纤飞秒激光器产生的脉冲激光经分束器分为泵浦光和探测光，其中泵浦光经时域延迟系统后聚焦至光电导天线上，产生太赫兹脉冲信号。所产生的太赫兹脉冲信号经聚光透镜导入 ATR 晶体，激发的倏逝波与 ATR 晶体表面添加的待测溶液相互作用，携带了样品信息的太赫兹信号与探测光经由氧化铟锡（ITO）导电玻璃汇聚至锑化锌电光晶体上，实现瞬时时域信号的采集，随着机械延迟线的移动，完整记录整个周期内的太赫兹时域波形，完成样品宽频段太赫兹信号的测量。太赫兹透射测量模式下，将

ATR 晶体替换为可调光程液体池，液体池的窗片材料为二氧化硅，可以通过选取夹入液体池中不同厚度的特氟龙垫圈（常用可选规格有 0.015mm，0.025mm，0.05mm，0.10mm，0.20mm，0.50mm 和 1.00mm 等）改变溶液透射测量中的有效光程。

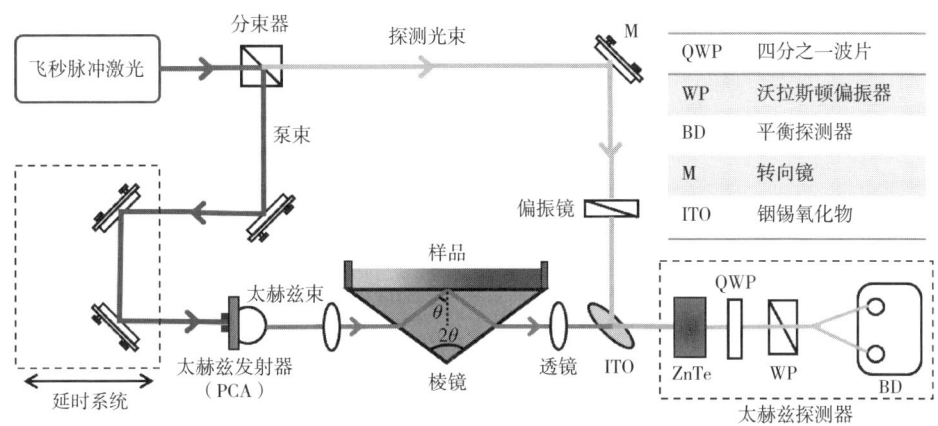

图 8-7　太赫兹时域波谱系统在衰减全反射测量模式下的工作原理

第三节　太赫兹波谱检测关键技术

目前，太赫兹波实现分子检测的主要方法有：压片方法、衰减全反射方法和微结构方法。其中微结构（如超材料）方法是目前所有方法中最有效的检测方法。

一、压片技术

由于水对太赫兹波具有强烈吸收，太赫兹光谱技术进行检测的研究对象主要为固体，且对固体粉末样品进行检测前，一般采用压片法。压片法是目前太赫兹光谱检测中最常用的制样方法，该方法通过对模具中一定量的粉末样品施加一定的压力，并保持一定时间，最终制成表面光滑的圆片，若待测样品对太赫兹波的吸收较强，或者样品较难成型，制样时通常可加入 PE 等对太赫兹吸收较弱的材料作为稀释基质或成型基质。这种检测方法已发展成为一种获取物质在太赫兹频段标准特征谱（吸收谱、折射率谱、介电常数谱等）的通用实验方法，已用于获取糖类、氨基酸、碱基、农药、抗生素等各类常用生化物质的太赫兹特征谱并构建相关的太赫兹波谱数据库。

一般压片的厚度约为 1mm，与太赫兹波波长在同一个数量级，因此在太赫兹时域波谱中可能会出现压片-空气界面多重反射引起的回峰（echo wave）。在进行快速傅立叶变换前需要通过截取部分时域波形把回峰去掉，即截取出现回峰之前的时域波形作为有效太赫兹时域波形。在处理太赫兹波谱的过程中，为了使得波谱的形状更平滑，常用的方法是在测量得到的时域波谱两端添加"0"。通过补零（zero padding）增加快速傅立叶变换之后得到的频域谱的采样点数量，提高分辨率。值得注意的是，通过这种方式提高太赫兹波谱的分辨率并不是真正意义上分辨率的提高，该方法等效于插值。在进行补零的过程中，由于软件处理的限制，需要使得测量数据点为 2 的整数倍。因为计算机处理的是二进制数,并且傅立叶变换后数据是对称的,数据点为 2 的整数倍时软件计算速度较快,不会引入额外计算误差。

然而,压片方法属于自由空间的 THz-TDS 技术,仍存在限制其性能提高和广泛应用的技术瓶颈。由于太赫兹波在自由空间传输的最小光斑直径约为毫米级,测量时对被测物质的量有一定要求,否则被测物质在太赫兹频段的响应信息难以显现,目前压片法仅能检测毫克量级的样品,难以实现对微量物质的检测。

二、衰减全反射技术

全反射是指当一束光从光密介质向光疏介质传播时,若入射角大于临界角,入射光线将全部反射回光密介质中的现象。进一步的实验表明,在全反射时光波在反射面的外侧并不是立即消失,而是透射进入光密介质靠近界面附近很薄的一层表面,并沿界面传播一定距离后再返回光密介质。这种存在于界面附近的光波被称为倏逝波,也被称为隐失波。倏逝波是一种非辐射近场波,其沿传播的垂直方向上会透射进入光疏介质约半个波长的距离,而倏逝波强度沿传播的垂直方向成指数衰减,因此是一种非均匀近场波。倏逝波包含了很多近场精细结构信息,在信号调制、生物传感、表面等离子体等方面具有巨大的研究价值和广泛的应用前景,利用衰减全反射技术在太赫兹频段已实现了调制、波谱、成像以及传感等方面的研究与应用,如图 8-8 所示。

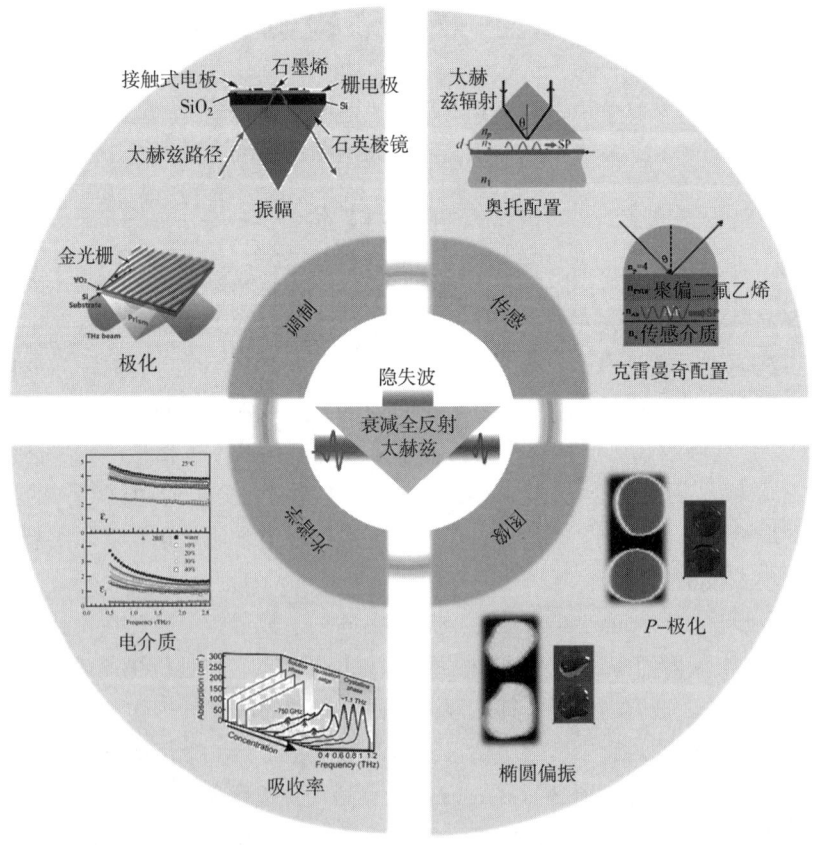

图 8-8 太赫兹衰减全反射技术在调制、波谱、成像和传感方面的应用汇总

太赫兹衰减全反射（THz attenuated total reflection，THz-ATR）就是利用倏逝波与物质之间的相互作用进而获得物质在太赫兹频段相关性质的检测分析方法。根据倏逝波的产生原理，通常选取折射率高的晶体材料作为 ATR 晶体，如高阻硅。实验测试时，使用适当波长的入射波信号入射至 ATR 晶体内，当入射角大于该晶体的临界角时会在晶体表面处形成倏逝波，倏逝波与样品发生作用获取样品信息，通过测量分析 THz-ATR 图谱前后的变化即可得到样品的相关信息。THz-ATR 一般用于液体、糊状体、粉末和一些薄膜材料以及材料表面信息的检测，其主要具有以下几个优势：

①制样简单，对样品的大小、形状、含水量无特殊要求，无破坏性，操作简单；
②检测灵敏度高，穿透深度与波长相当，在太赫兹频段具有更深的穿透深度；
③可实现原位检测、可实时监测目标物。

太赫兹波具有识别生物、化学分子的能力，THz-ATR 波谱技术在生物分子、化学分子检测上具有一定的可行性；相比于透射测量模式和反射测量模式，衰减全反射测量模式可以有效提高太赫兹波谱的检测灵敏度，更适合水溶液中生物分子、化学分子的直接、快速检测。但目前围绕 THz-ATR 波谱技术的检测机理研究还十分缺乏，检测机理不明确；现有检测方法的灵敏度无法满足国家标准规定的最高残留限量检测需求，灵敏度亟待进一步提高。

三、超材料信号放大技术

针对压片技术和衰减全反射技术用于检测时存在的检测灵敏度低的问题，已有学者设计并构建微结构（如超材料），借助超材料的表面局域电场增强效应，实现对样品检测信号的显著增强。超材料是一种具有人工周期性亚波长结构，表现出与自然材料明显不同电磁学性质的材料。人们研究超材料最初是为了实现一些新奇的性质或功能，如负折射率，隐身术等。经过多年的发展，逐渐出现了许多不同领域的研究，包括全介质超材料、柔性超材料、石墨烯超材料、可调超材料以及超表面等。

最早制作并报道的太赫兹超材料如图 8-9 所示，该超材料采用了双谐振环结构，在太赫兹波段具有强烈的谐振峰，并且该谐振峰还可与模拟结果相对应。此后太赫兹超材料引起了诸多学者的研究热情，开辟了包括超材料调制器、超材料极化器件、太赫兹波吸收器以及太赫兹压缩成像等领域的研究。近年来，基于超材料的传感器已用于诸多不同的传感领域。超材料在电磁波的激励下产生局域电场增强效应，在太赫兹波段出现具有较高品质因数（Q-factor）的谐振峰。因此超材料对于表面覆盖的目标分析物具有很高的灵敏度和出色的检测能力。

超材料经过十几年的快速发展，已出现各种各样不同的结构。超材料按照其材料和结构的不同大体上可以划分为以下几类：超表面、超材料吸收器、金属网栅、全介质超材料和石墨烯超材料等。其中，超表面、超材料吸收器和金属网栅是太赫兹波段传感应用中最常见的三种超材料。因为超材料结构的不同，检测原理也会有相应的区别，为了进一步介绍超材料的检测原理，将超材料分为超表面、超材料吸收器和金属网栅三大类，并分别对其检测原理进行探究。

1. 超表面

超表面（图 8-10）由单层或几层的平面周期结构组成，可通过光刻技术或者纳米打印技术进行制作。这种在太赫兹波传播方向的超薄结构能够抑制振动响应和金属结构产生的不必要的能量损失。超表面近年来引起了诸多学者的研究兴趣,并逐渐成为一个新的研究热点。

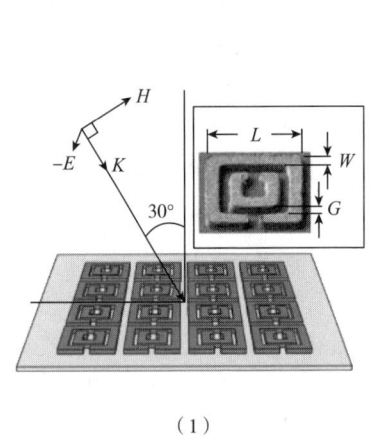 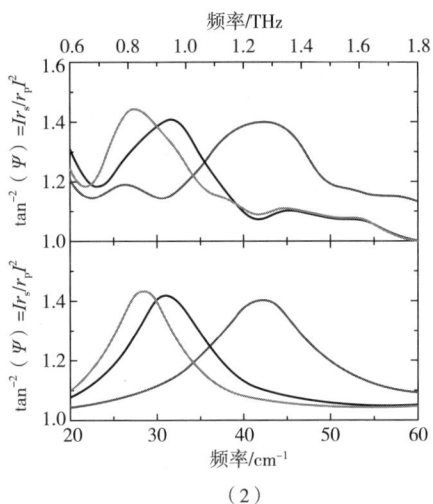

图 8-9 （1）最早报道的太赫兹超材料示意图 （2）谐振峰的实验结果（上）和理论结果（下）

由于超材料的结构周期明显小于太赫兹波的入射波长,超材料的单个周期结构不能被太赫兹波分辨出,所以太赫兹超材料可视为该波段一种新的材料或介质。一个两侧均为均匀介质的边界其反射或透射性质取决于该边界上场分量的连续性。当在该界面加入一些厚度可以忽略的周期性结构时,该界面形成一个超表面。这个界面的反射系数或者透射系数会因为周期性结构的出现发生明显改变。入射电磁波在界面处转化为表面电磁波,在周期性结构的谐振器表面来回传播,并

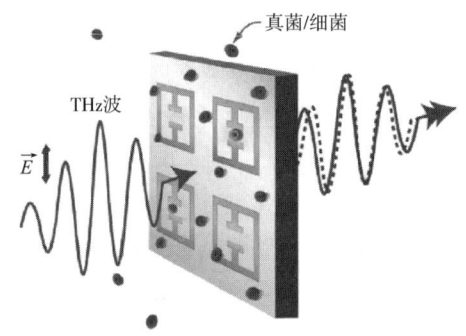

图 8-10 典型的基于超表面的样品检测示意图

且伴随着谐振器内部的电流振荡。这些表面电磁波及内部的电流振荡就是人们熟知的表面等离子体。超材料表面吸附微量目标物后,将改变超材料表面的介电环境,引起太赫兹超表面的局域电场的改变。该局域电场的改变能引起谐振峰的变化（包括谐振峰的频率和品质因数的变化）,显著提高目标物的检测灵敏度。

2. 超材料吸收器

超材料吸收器最早报道于 2008 年,它的出现表明能够利用以往设计中一直规避的光学损失,通过设计使得超材料吸收器吸收特定的一个或多个频段的波。典型的超材料吸收器结构由介电薄膜隔开的双层金属结构构成,其有效阻抗定义如式（8-18）所示:

$$Z(\omega) = \sqrt{\mu(\omega)/\varepsilon(\omega)} \qquad (8-18)$$

式中 $Z(\omega)$ ——有效阻抗;

$\mu(\omega)$ ——等效磁导率;

$\varepsilon(\omega)$ ——等效介电常数。

当超材料吸收器的有效阻抗与自由空间的阻抗相匹配时,反射率显著降低,这时超材料

吸收器在该频率下表现为一个完美吸收器，并且能够通过对超材料吸收器结构参数的设计，调节超材料吸收器的吸收峰频率。

在阻抗匹配条件下，超材料吸收器的局域增强电磁场与外界目标物有强烈的相互作用，该局域增强电磁场适用于超灵敏的目标物分析和生物传感应用（图8-11）。此外，太赫兹超材料吸收器的检测灵敏度优于相同结构的太赫兹超表面。相比于超表面，超材料吸收器的检测灵敏度增强主要来自于吸收器腔内强烈振荡的电磁场，因此超材料吸收器在传感应用方面具有非常明显的优势。

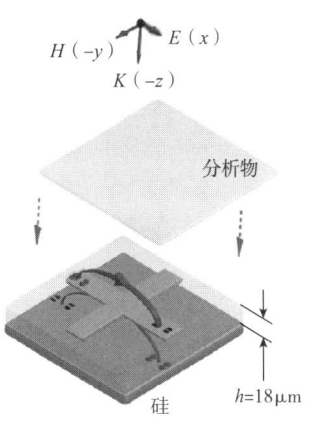

图8-11 典型的基于超材料吸收器的样品检测示意图

柔性材料非常适合不规则形状目标物的检测，在各个领域均有潜在应用价值。在太赫兹波段的检测应用中，基于厚度为50μm的柔性超材料吸收器的检测应用已有报道，它的最大频率灵敏度为139.2GHz/RIU（refractive index unit，RIU）。相比于介质层厚度为50μm的情况，当中间介质层厚度减小至15μm时，超材料吸收器的灵敏度并无显著提高。这表明影响超材料吸收器检测灵敏度的最大因素并非中间介质层的厚度，而是超材料吸收器的结构设计。一般而言，单一结构的超材料吸收器仅有一个吸收峰；为了得到一个多吸收峰的超材料吸收器，通常需要设计多个不同的金属结构。然而非对称的十字结构设计也可使得超材料吸收器出现三个吸收峰，并且该结构对于外部介电环境的微小变化非常敏感，最大检测灵敏度达到了1.6THz/RIU。

3. 金属网栅

金属网栅结构如图8-12（1）所示，该结构由方形周期性的孔构成并且表现出特殊的透射性质。作为一种亚波长孔径结构，太赫兹波段金属网栅器件可通过调节方形孔的尺寸改变它的透射峰频率；并且在太赫兹波段，金属网栅的透射峰为法诺共振透射峰，这个特殊的共振峰由一阶表面等离子体模式的分裂得来。

由于太赫兹波倾斜入射至金属网栅结构表面能产生高品质因数的法诺共振透射峰，金属网栅可以作为高灵敏度的传感器。在金属网栅表面加入待测分析物后，金属网栅的传感特性可用透射峰的频移（红移）进行衡量，对应的示意图见图8-12（2）。金属网栅的传感特性在免标记生物传感方面已有一定应用。

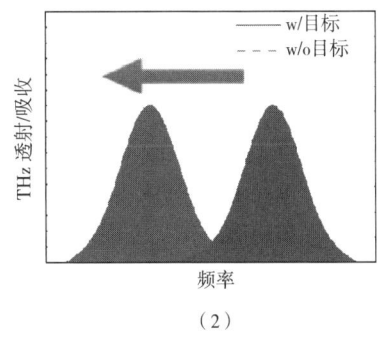

（1）　　　　　　　　　　　　　（2）

图8-12 （1）基于金属网栅的样品检测 （2）由外界检测目标引起的超材料谐振峰红移

第四节 太赫兹波谱检测技术在无损检测中的应用

一、太赫兹波谱检测技术在农产品与食品品质无损检测中的应用

1. 太赫兹波谱技术用于无损检测的基础研究

太赫兹波谱技术可用于获取生物分子、化学分子在太赫兹波段的特征吸收峰,结合化学计量学分析方法,可实现分子的定性、定量检测。食品中常见的L-抗坏血酸、柠檬酸、L-酒石酸、D-甘露醇、D-山梨醇、木糖醇、吡哆醇、核黄素、盐酸硫胺素、水、甲醇和2-丙醇中所有固体材料在0.3~3.6THz频域内均存在明显的吸收峰,这是由分子的低频振动和声子模式引起的。与固体材料不同,水、甲醇和2-丙醇则显示出非结构化吸收。0.5~12THz频域内甘氨酸水溶液和甘氨酸粉末之间吸收峰的差异可以解释为甘氨酸分子中的低频振动模式受水中氢键的影响而发生变化。采用0.5~1.5THz频段的波谱数据并借助偏最小二乘判别分析(partial least squares-discriminant analysis,PLS-DA)模型可对食品如牛奶、蜂蜜等的内部质量进行快速识别。

水(H_2O)、重水(D_2O)及超重水(T_2O)在不同温度下的介电性质,水分子的动力学过程分解为四个部分:慢弛豫、快速弛豫、分子间伸缩振动和分子间摇摆振动,如图8-13(1)所示。图8-13(2)显示了水溶液中水分子和溶质分子间的作用模型,其中水分子可分为两种类型,即自由水和溶剂化壳(结合水)。这些成分相互作用共同决定了溶液介电损耗的响应情况,如图8-13(3)所示。

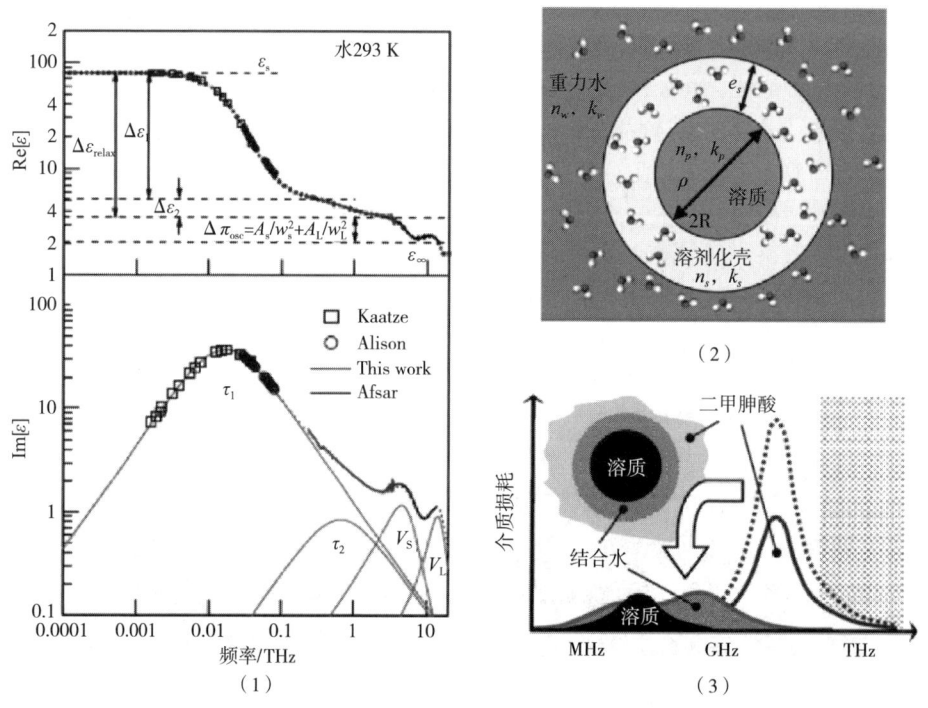

图8-13 溶液中氢键和水合作用在太赫兹频段的介电响应
(1)纯水复介电常数的实部和虚部 (2)溶液中水分子的溶质的作用模型 (3)溶质、结合水和自由水的介电损失谱图

基于上述模型，可以通过对糖溶液水合状态的测定实现对糖浓度的评估，并且证明糖溶液的水和动力学特性与糖分子的结构和基团的密切关系。

2. 太赫兹波谱技术用于无损检测的应用实例

利用太赫兹波谱及成像技术可以对小麦中的异物进行检测，太赫兹成像技术具有良好的穿透性，可检测出小麦中的异物，包括螺丝钉、玻璃、石头和木头碎片（图8-14）。因此，太赫兹波谱及成像技术在谷物的异物检测应用方面具有潜在价值。太赫兹波谱及成像技术也可以对发霉小麦进行测试，结合化学计量学方法（支持向量机与主成分分析）对发霉小麦的区分可达到95%的预测精度。

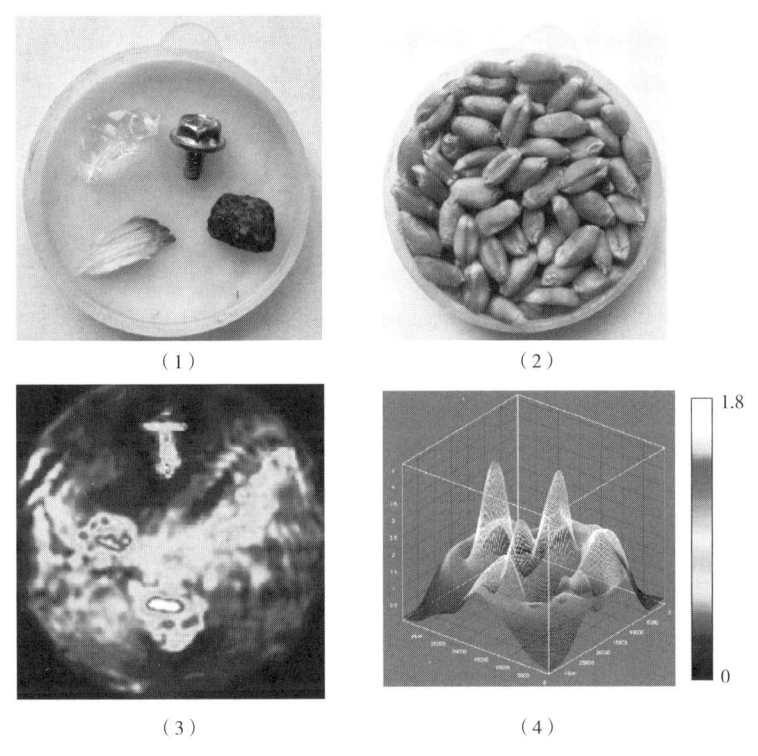

图8-14 太赫兹波谱及成像技术用于小麦中的异物检测
(1) 异物照片 (2) 装有异物的小麦照片 (3) 面粉中嵌入异物的THz图像 (4) 面粉中嵌入异物的3D表面图

使用3.0~13.5THz频率的太赫兹波测试豆苗生长过程中淀粉含量的变化，随着豆苗的生长，9.0THz的峰逐渐消失，该峰可用于测试豆苗中淀粉的含量 [图8-15(1)、(2)]，实验值与预估值之间的相关系数达到0.98 [图8-15(3)]。

二、太赫兹波谱检测技术在农产品与食品安全无损检测中的应用

1. 农药残留检测

由农药残留引起的农产品/环境安全问题严重影响生命健康。为保障农产品及环境安全，对农产品中的农药残留进行检测是十分必要的。目前检测农药残留的主要方法包括高效液相色谱法、气相色谱法、酶抑制法和生物传感方法等。虽然以上方法的检测灵敏度高，可达到国家规定的精度要求，但是仍存在破坏样品、预处理步骤相对复杂等问题，难以实现农产品

中农药残留的快速无损检测。因此,亟须建立一种快速无损、灵敏有效的农药残留检测方法用于保障农产品安全、环境安全和人类生命安全。由于分子和生物分子的分子间和分子内振动处于太赫兹波段,太赫兹波在分子传感应用方面展现出巨大的应用潜力。例如,使用压片分析方法测试不同农药在太赫兹波段的指纹峰,能够检测出农药的指纹谱线,如图8-16所示,但检测灵敏度较低,仅可检测到毫克量级的样品。

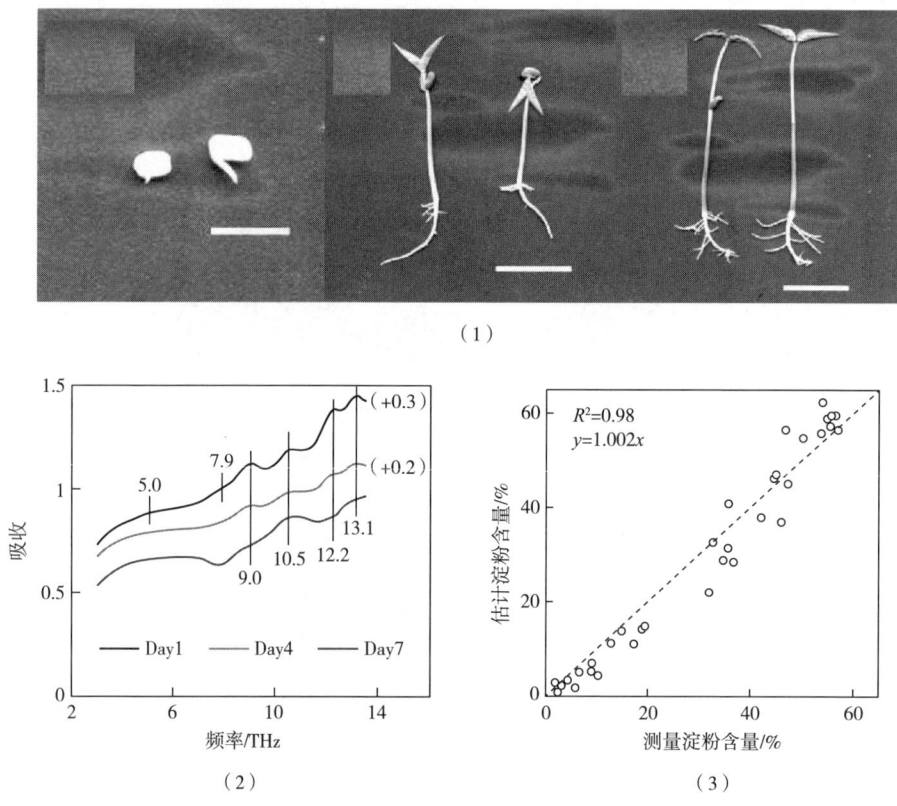

图8-15 太赫兹波谱技术用于豆苗中的淀粉含量监测
(1)第1、4、7d的豆苗生长情况 (2)绿豆幼苗不同生长日的吸收波谱 (3)淀粉含量实测值与预估值的相关性

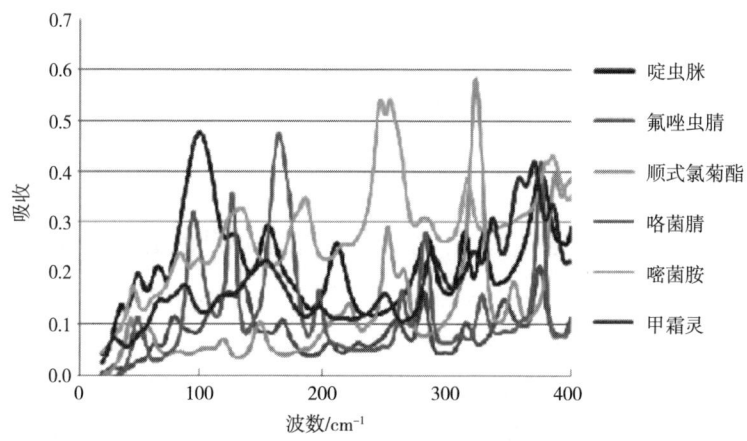

图8-16 几种农药在太赫兹波段的吸收谱线

采用压片的方式检测吡虫啉、多菌灵、三环唑和噻嗪酮纯品，不同比例的吡虫啉与聚乙烯的混合物，不同比例下吡虫啉与糯米粉的混合物，这四种农药粉末在太赫兹波段均存在明显的特征吸收峰，并且分别对不同混合比例的吡虫啉与聚乙烯混合物、吡虫啉与糯米粉混合物进行偏最小二乘法分析，得到的相对误差小于5%。

使用太赫兹波谱技术检测小麦粉中的不同农药，随着压片中农药掺杂比例的升高，压片对太赫兹波的吸收增大，表明太赫兹波在小麦粉的农药残留检测方面具有可行性。结合太赫兹时域波谱技术和化学计量学方法对稻米样本中的吡虫啉进行定量分析，采用非对称最小二乘法校正太赫兹吸收谱线的基线斜率，提高信噪比。采用偏最小二乘法、支持向量机、区间偏最小二乘法、反向区间偏最小二乘法等建立模型并用于预测，通过选择带有特定波谱信息的频段，区间偏最小二乘法、反向区间偏最小二乘法较传统的偏最小二乘法效果更好，其RMSEP分别为0.4%和0.3%。

近年来，太赫兹波与微结构结合检测农药分子受到了极大的关注。采用纳米天线形状的微结构可检测到8mg/kg的农药纯品。如图8-17所示，该超材料可检测出苹果表面浓度为1000mg/kg的农药，明显高于农药纯品的检出浓度。产生上述结果的原因在于：微结构无法与苹果表面形成有效接触，严重影响了微结构的检测灵敏度。通过构建太赫兹超材料用于4-甲基咪唑（合成抗菌剂的原料之一）的检测，该超材料能够区分出浓度为1mg/kg的4-甲基咪唑溶液。

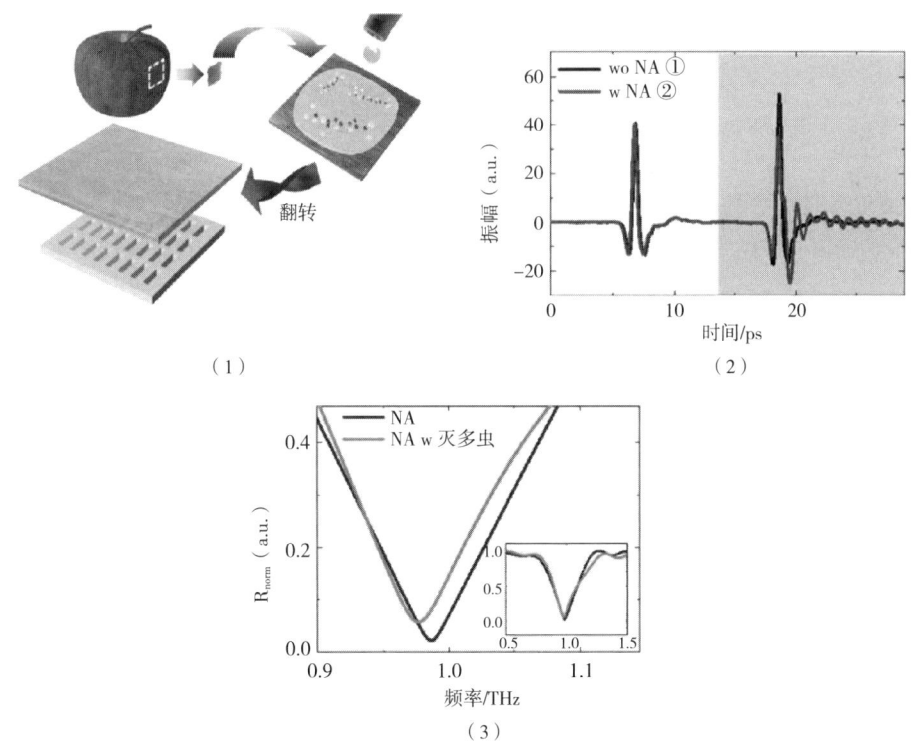

图8-17　太赫兹技术结合微结构实现苹果表面农药残留检测
（1）示意图　（2）有/无农药的太赫兹时域波谱　（3）有/无农药的太赫兹反射波谱

基于石墨烯-吸收器异质结构的太赫兹传感器也可以用于农产品中农药残留的检测。与超材料对样品的检测响应不同的是，石墨烯-超材料传感器在加入样品表面后，谐振峰品质因子升高，出现蓝移现象。例如，甲基毒死蜱分子中具有大 π 键，能与石墨烯的大 π 键形成 π-π 堆积效应，从而改变石墨烯的费米能级。研究通过模拟对检测机理进行了分析，使用石墨烯-超材料可检测出 0.02mg/L 的甲基毒死蜱样品，相比一般的超材料，其灵敏度提高了一个数量级，并且低于食品安全国家标准中规定的最高残留限量，满足实际检测需要。针对微结构与农产品表面接触存在空隙，显著降低检测精度的技术瓶颈，构建石墨烯平面吸收器结构，解析该结构与太赫兹波的耦合机制，探究该结构用于农药残留检测的响应机理，该石墨烯平面吸收器可以检测出 0.13mg/L 的甲基毒死蜱农药，并且可实现苹果表面农药残留的快速检测（图 8-18）。

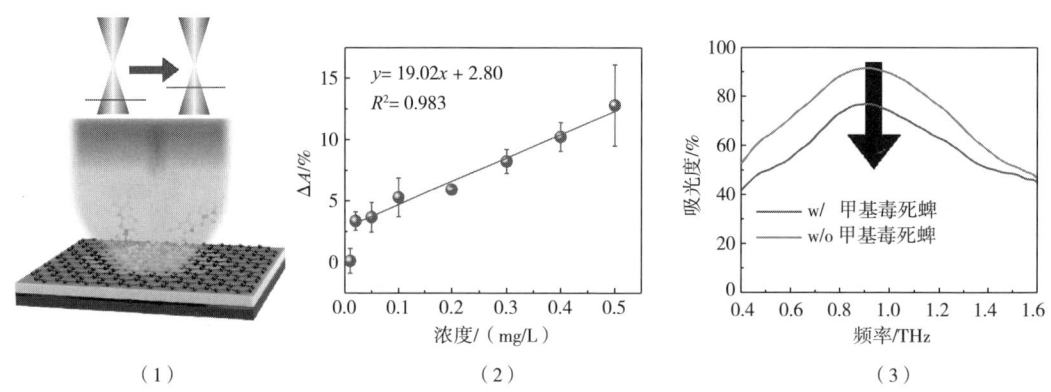

图 8-18　太赫兹技术结合石墨烯平面结构实现甲基毒死蜱农药残留检测
（1）示意图　（2）农药浓度与石墨烯平面吸收器吸收强度变化的关系　（3）有/无农药的太赫兹频域波谱

2. 抗生素残留检测

抗生素残留问题给农产品/食品安全、消费者身体健康以及生态环境质量带来了严重的威胁，受到了广泛关注。为了规范抗生素的使用，国际组织和各国政府通过颁布相关法律法规对抗生素在食品中的最高残留限量（Maximum Residue Limit，MRL）作出明确规定。为满足该残留限量快速检测的实际需要，亟须新型快速灵敏检测技术。与传统检测技术相比，太赫兹波谱技术能有效获取分子级别的振转信息，在抗生素残留检测上具有一定的优势和可行性。

采用太赫兹时域波谱技术对四环素进行检测研究，四环素在 0.75THz 和 1.4THz 存在明显的吸收峰，基于不同浓度压片测试结果建立的偏最小二乘回归（Partial Least Squares Regression，PLSR）模型的剩余预测偏差（Residual Predictive Deviation，RPD）达到 7.8，而基于不同浓度四环素溶液测试结果建立的 PLSR 模型的 RPD 仅为 1.52，最低检测质量分数均为 1% 量级。对不同种类四环素抗生素进行太赫兹压片进行检测，在 0.3~1.8THz 内存在不同的特征吸收峰，将四环素与奶粉混合制片或不同种类的四环素混合制片后相应的特征峰仍然存在，联合化学计量学方法可实现对奶粉基质中不同种类四环素的定性和定量检测，如图 8-19 所示。

利用方形间隙图案组成的基底为高阻硅的超表面对卡那霉素进行检测，利用这种超表面可检测到 100pg/L 的卡那霉素溶液，与直接在高阻硅上检测相比其检测灵敏度提升了 10^{10} 倍（图 8-20）。

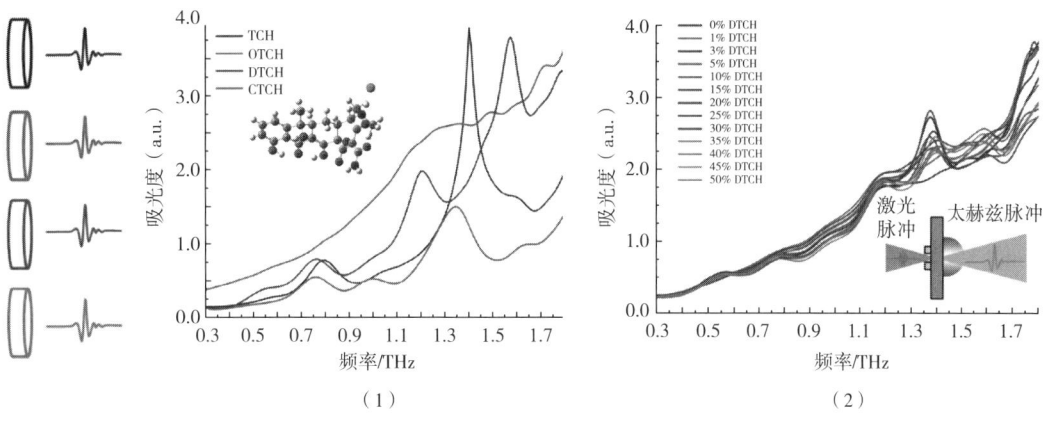

图 8-19　不同种类四环素分子定性定量检测

（1）不同种类四环素压片的太赫兹吸收谱图　（2）含有不同浓度四环素奶粉压片的太赫兹吸收谱图

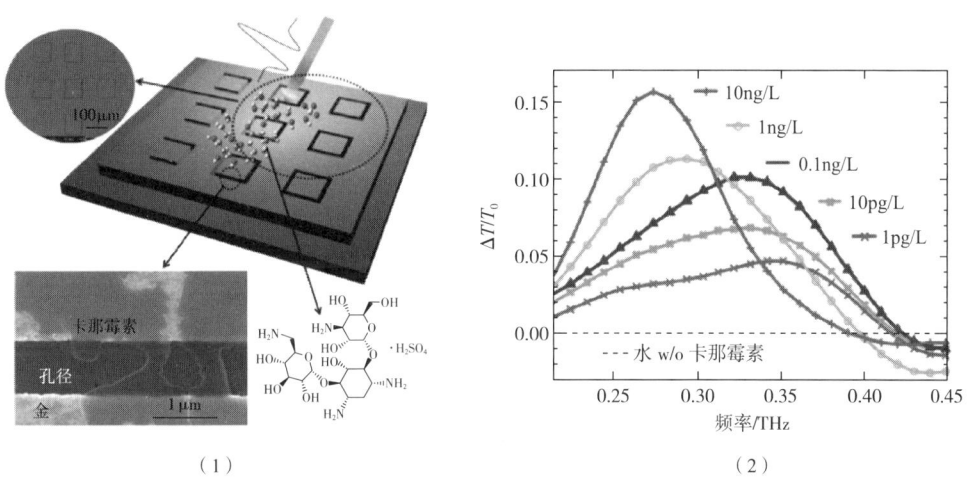

图 8-20　使用超表面检测卡那霉素

（1）实验示意图　（2）检测结果

思考题

太赫兹波谱检测系统按照检测方式的不同可分为哪几类？针对待测样品的性质不同如何选择测量模式？

第九章

核磁共振波谱分析技术

学习目标

掌握核磁共振波谱分析技术的原理,并熟悉核磁共振波谱分析装置的构成及功能,了解核磁共振波谱分析技术在食品领域中的应用。

重点和难点

重点是碳谱、氢谱的分析方法;难点是核磁共振波谱分析技术信号分析方法。

第一节 核磁共振波谱分析技术基本原理

核磁共振波谱分析法(nuclear magnetic resonance,NMR)是一种极其重要的现代仪器分析方法。该法基于原子核在外磁场中受到磁化,可产生某种频率的振动。当外加能量与原子核振动频率相同时,原子核吸收能量发生能级跃迁,产生共振吸收信号,这就是核磁共振的基本原理。

核磁共振波谱分析法于 1945 年由布洛赫(F. Bloch)和珀塞尔(E. M. Purcell)发现,他们因此获得了 1952 年的诺贝尔物理学奖。如今核磁共振波谱分析法的灵敏度已实现了微克级样品的分析,可满足绝大多数有机样品的分析需要。

在有机结构分析的各种谱学方法中,核磁共振波谱分析法给出的结构信息最为准确和严格。在一张已知结构的核磁共振波谱图上,物质的每个官能团和结构单元均可找到确切对应的吸收峰。结构比较简单的小分子物质,在获取核磁共振波谱信息后,适当参考其他谱学信息后,即可推测和排列出化学结构式,且有较为准确的结果。

原子核在磁场中发生共振吸收的现象是一种纯物理过程,这个过程的描述涉及许多量子力学和波动力学的原理以及微波脉冲技术和傅立叶变换的数学方法。核磁共振波谱分析法应用于物质分析,主要研究分子中不同原子之间的相互连接,由此引起共振频率的位移——化学位移;各原子核之间相互作用产生的耦合裂分;另外产生共振吸收的原子核数目,决定共振吸收峰的强度和峰的积分面积,由此得出分子中各原子以及组成的官能团数目,此即定量分析的依据。这些是通过积分线来反映的。因此,化学位移、耦合裂分和积分线是核磁共振波谱分析方法中最重要的三个参数。

第二节　质子核磁共振谱

质子核磁共振（^{1}H-NMR）谱，又称为核磁共振氢谱，是研究最多、应用最为广泛的一种核磁共振波谱。

由于氢原子外围仅有一个电子，与其他所有核相比，在自然界中丰度较大，达99.9%以上，且其灵敏度最高。在有机化合物中，氢原子是分布最广的原子之一，几乎所有官能团都直接或间接与氢原子密切相关，因此，通过对氢原子的测定，可表达各种官能团之间的联系。

（一）化学位移

由于分子中各原子核周围都有电子绕核旋转，形成一定的电子云密度，这种电子云对磁场中的原子核具有一定的屏蔽作用。同一种原子在分子中与不同原子连接形成了不同的化学微环境，原子周围的电子云密度就会产生一定的差异，由此导致核磁共振吸收的频率产生位移称为化学位移，常用碳原子的位移来表示。一些主要含氢基团的化学位移如图9-1所示。

测定和表述化学位移的绝对数值是比较麻烦的，通常选择一种标准物，设其共振吸光度为零，其他原子的化学位移与其进行比较，得到化学位移的相对值 δ。核磁共振分析中，通常用四甲基硅烷（TMS）中的氢或碳的化学位移作为零，有机化合物中的绝大部分原子的化学位移与标准物 TMS 相比，均出现在低磁场一端，即 δ 一般为正值。

分子中各种氢原子的化学位移都是取决于氢原子周围的化学环境，若原子或基团使氢原子核外的电子密度降低，则使氢原子的屏蔽减小，产生去屏蔽作用，由此导致氢原子的化学位移向低磁场方向，即化学位移数值增加；反之，若原子或基团使氢原子核外的电子密度增加，则产生屏蔽作用，并导致氢原子的化学位移向高磁场方向。

影响氢原子化学位移的因素如下：

（1）取代基的电负性　取代基电负性越强，与取代基连接于同一碳原子上的氢原子的共振吸收峰越向低磁场方向位移；

（2）共轭体系中环电流的影响　共轭分子内产生环电流，这种环电流产生的磁力线在环的上下方与外磁场方向相反，即在磁场中某些化学键与官能团出现磁的空间方向性；

（3）分子周围介质的影响　不同溶剂有不同的磁化率，样品分子在不同的溶剂中受到的磁场强度也各不相同，即核磁共振结果必须注明溶剂的种类，其化学位移的数值才有意义。此外，通过选用不同的溶剂系统，可使某些相互重叠的峰彼此分开。

（二）原子自旋耦合裂分与耦合常数

分子中的质子在磁场中以其固有的频率做自旋运动。若两组磁不等价质子之间的距离足够近时，两者即会产生自旋耦合并分裂成两个峰。相互耦合作用程度的大小以耦合常数表示。

耦合常数不受仪器、溶剂等外界因素的影响，是和分子结构有关的一个参数；耦合裂分的数目、裂分后各谱线的强度以及各峰的裂距（耦合常数），是核磁共振波谱中重要的结构参数。

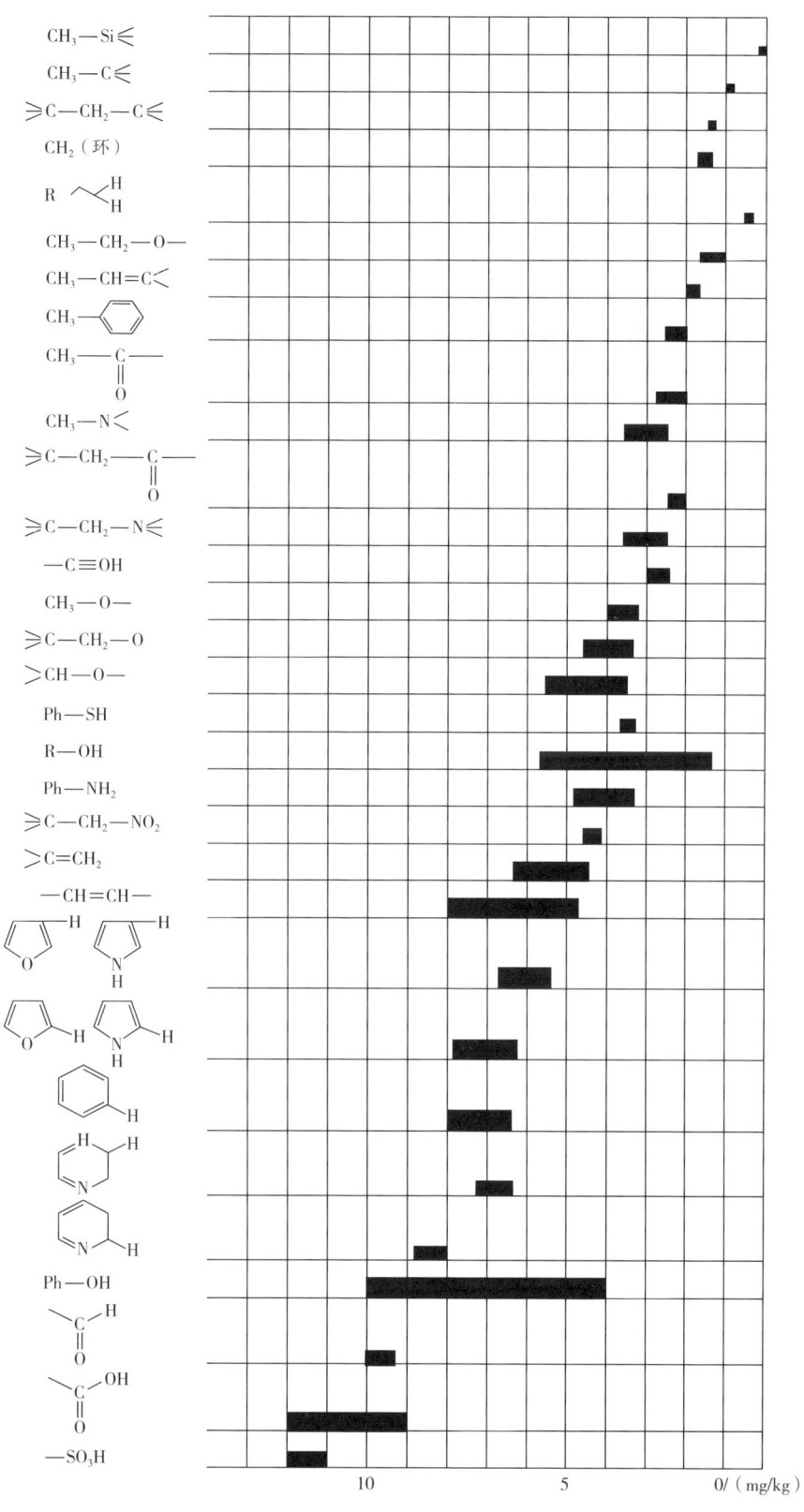

图 9-1　一些主要含氢基团的化学位移

1. 耦合裂分峰的数目

分析核磁共振图谱，每一个质子裂分的数目受到质子周围存在的相互耦合作用的质子数目影响。一个质子在磁场中有顺、反两个取向，两种取向能级不同，对周围质子就会产生两种不同的耦合作用，因此被耦合的质子裂分为双重峰。两个质子存在时，则产生三种不同的取向：两个质子平行于外磁场方向、两个质子反平行方向，或一个质子平行而另一个质子反平行，这三种不同的取向，使被耦合的质子产生三重裂分；依次类推，若 n 个质子存在，就会出现 ($n+1$) 重裂分峰。

若与质子耦合的不是质子，而是其他磁性核，核的自旋量子数为 I，核的数目为 n，此时产生的质子裂分数目为 ($2nI+1$) 重峰。若在质子周围存在磁不等价的质子，其化学位移和耦合常数不同，两类质子的数目分别为 n 和 n'，其裂分数目为 ($n+1$)·($n'+1$)。裂分遵循 ($n+1$) 或 ($n+1$)·($n'+1$) 规律的核磁共振波谱称为一级谱；耦合裂分不遵循 ($n+1$) 或 ($n+1$)·($n'+1$) 规律的核磁共振波谱称为二级谱。

2. 耦合裂分峰的强度关系

耦合裂分生成的各个峰的强度在一级谱中遵循二项式 $(a+b)^n$ 展开后各项系数的规律，即二重裂分两个峰的强度为 1∶1；三重峰的强度比为 1∶2∶1；四重峰的强度比为 1∶3∶3∶1；五重峰的强度比为 1∶4∶6∶4∶1。

3. 裂分峰的距离——耦合常数

同组核耦合裂分后各峰之间的距离相等，其间距称为耦合常数。耦合常数也是一个重要的结构常数，但它与结构的相关性及变化规律，还不够严格。常见基团的耦合常数如表 9-1 所示。

表 9-1 耦合常数表

系统	耦合常数 J/Hz 可能范围	耦合常数 J/Hz 通常值	系统	耦合常数 J/Hz 可能范围	耦合常数 J/Hz 通常值
H—C—H′	0~25	10~15	H—C=C—H′	0~12	7~10
	0~8	~7			
CH₃—CH₂′ (自由旋转)	6~8	~7	C=CH—H′	12~18	14~16
(CH₃)—CH′ (自由旋转)	5~7	~6	芳环 H—H′	$J_{H,H'}$ 6~10	8
			芳环 H—H″	$J_{H,H''}$ 0~3	2
CH—C—CH	0~1	0	=C(H)(H′)	$J_{H,H''}$ 0~1	1
C=CH—CH′	4~10	5~7	—CH=C—CH′	0~35	2
CH—CH₂—CH′=C	6~13	10~13	CH—C=C—CH	0~3	0.5~2
CH—CH′O	0~3	2	CH—CH=CH′	0~2	1
C=CH—CH′O	5~8	7		2~3	2.5

(三)质子核磁共振谱的一般解析步骤

由于氢谱最容易获得,其灵敏度也最高,因此质子核磁共振谱的解析是核磁共振技术中最基本的环节。若从氢谱中获得的信息足以进行结构的判断,则可减少其他复杂的核磁共振分析。常规解析步骤如下。

1. 检查图谱的效果

主要检查获得图谱峰的对称性、分辨率、线性及信噪比等参数。若峰的对称性不好,会影响面积积分的准确度;分辨率和线性主要由仪器匀场操作的优化程度决定,由溶剂或内标信号峰的宽度,可知仪器匀场操作的效果。在核磁共振分析过程中,灵敏度与分辨率成正比,分辨率越高,信号的灵敏度也越高,因此,匀场操作是核磁共振分析过程中的首要环节。

2. 辨认图谱中的有效峰与无效峰

辨认出图谱中的溶剂峰、旋转边带峰、^{13}C 卫星峰及微量组分杂质峰。溶剂峰由使用的溶剂加以确认;旋转边带峰由改变样品管的转速加以确认;^{13}C 卫星峰是由 ^{13}C-^1H 之间的耦合裂分引起的。微量组分杂质峰主要由溶剂引起,样品中的信号峰,在强度、位移及裂分数目等方面有较为合理的相关性。

3. 给出各峰代表的质子数及总质子数

将此结果与质谱、元素分析等方法得到的结果进行比较。

4. 由各组峰的位移推测结构中存在的基团

根据化学位移的一般规律,可对待测物质的结构类型及主要官能团进行分类判断。进一步确定各峰所代表的基团及各基团间的关系,可参考相关专著中有关化学位移的经验图表。典型基团的化学位移如图 9-2 所示。

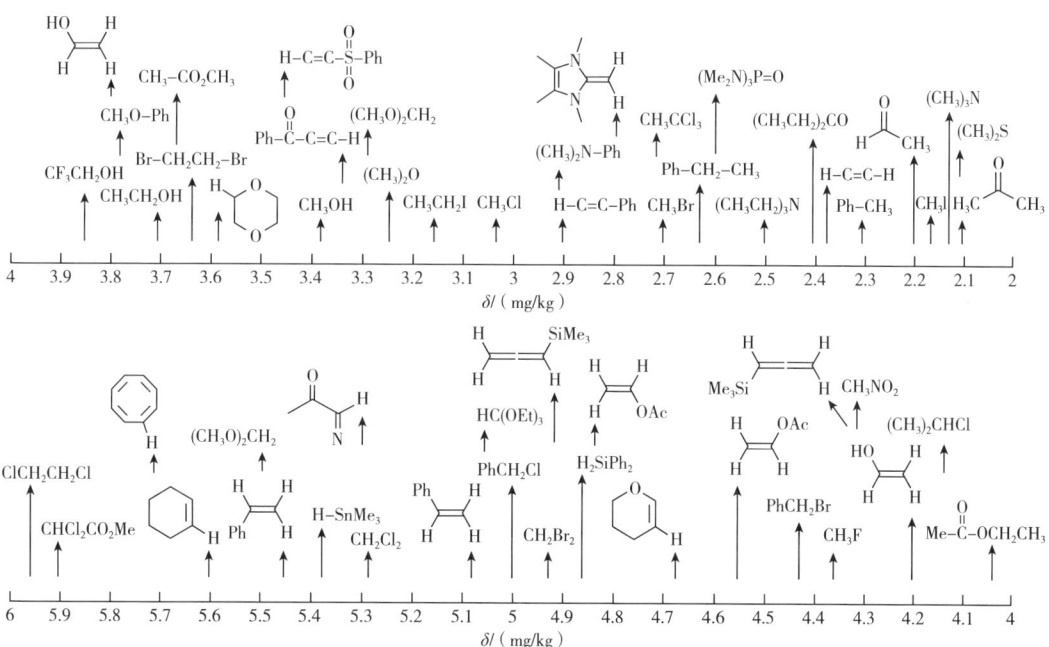

图 9-2 典型基团的化学位移

注:Ph 指—C_6H_5,Me 指—CH_3,Et 指—CH_2CH_3,Ac 指—$COCH_3$。

5. 由耦合裂分结果找出各基团间的关联性，进行更仔细的结构分析

测定各峰的裂距、峰形及峰面积，推测这些基团之间的连接关系，在一维谱图中分析比较困难，在二维谱图中较为容易分析。

6. 进行复杂裂分峰的分析

有时谱图中会出现裂分较多或重合严重的峰，这些常常是由化学位移相近叠加、各种氢之间的强耦合及核磁共振中出现的磁不等价所引起的。

需要指出的是：分子立体结构中的磁不等价引起的峰的裂分，是核磁共振中的一个特殊现象。分子中两个相同的原子或基团在相同的化学环境时，它们的化学性质相同（即化学等价），但它们在磁场中并不一定是磁等价的。例如，若分子中存在手性碳时，与手性碳相连的前手性两个基团，在立体化学中，通过对称操作，不能重合，这种非对映异位的基团是磁不等价的，在核磁共振分析图谱中将产生不同的位移。此外，某些单键不能快速自由旋转时，虽然连接了两个相同的基团，化学等价，但磁是不等价的。

7. 分子对称性研究

若分子中存在完全相同、对称的中心时，峰的数目会成倍减少；某些完全磁等价的对称基团，其化学位移重合，峰的强度将成倍增加。

8. 物质结构的综合分析

综合核磁各种分析数据，推测各种结构单元及各单元间可能的连接方式，组合出可能的结构式，再用核磁共振的各种数据进行验证，也可结合由质谱得到的相对分子质量、元素组成、碎片结构信息以及紫外、红外得到的官能团信息，选择最为可能的结构式。必要时，还可进行核磁碳谱的测定。

9. 结果检验

为了保证结果的准确性，最终确定的物质结构结果还需再用标准样品、标准图谱及标准数据进行验证。将标准样品在相同条件下采用多种谱学测定，并加以判断，是最为可靠的方法。

第三节 碳的核磁共振谱

上面讨论的核磁共振氢谱是应用最多的一种，其他可用于核磁共振法测定的原子核有 ^{31}P、^{19}F、^{13}C 及 ^{15}N 等，其中以天然丰度为 1.1% 的 ^{13}C 最为重要。因为碳原子是有机分子的骨架，在鉴定有机分子结构中起着重要作用。碳谱信息的广泛应用，开拓了有机结构分析的新天地，在许多有机结构分析的现代谱学方法中，碳谱取代了紫外光谱的地位，与红外光谱、质谱、氢谱共称为新的"四大光谱"。

（一）碳谱的特点

①碳谱的化学位移范围较大，一般比氢谱大 10~30 倍，因此碳谱的分辨能力高，物质结构中的微小差别也可在图谱中得到反映，且碳谱线重叠较少，解释容易。

②可以得到一些不包括氢原子的基团的信息，如羰基、腈基等。

③由于碳原子是构成分子骨架的重要原子，通过碳谱中有关碳原子连接顺序的测定，可

以得到分子中骨架结构的信息，而氢谱或其他谱线均无法实现。

④由于^{13}C 的丰度小，一般在碳谱中不考虑^{13}C-^{13}C 之间的耦合，从碳谱中可以得到的信息包括：各种碳原子的化学位移、结构类型（如伯、仲、叔、季碳原子的数目等）和官能团的类型。

⑤碳原子的弛豫时间较长，从 0.1s 至数十秒，且弛豫时间是有机结构的一个重要参数。由于各种碳的弛豫时间各不相同，且不同的实验条件，得到的碳谱峰强度也不同，因此碳谱中峰的信号强度与碳原子数目之间没有确定的线性关系。对碳谱中峰的信号强度进行定量时，需采用特殊的技术，在此不做详述。

（二）碳谱化学位移的规律

碳谱中碳核的化学位移与分子结构的关系如表 9-2 所示。

碳谱化学位移主要受下列因素的影响。

1. 取代基的电负性

与碳原子相连的取代基的电负性增加时，碳原子上的电子云密度降低，造成屏蔽减少，使化学位移向低场移动。

2. 空间效应

电负性的基团引入，使烷烃中 α、β 碳原子的共振移向低场，但使 γ 碳原子的位移移向高场。当碳原子的取代基体积增大时，如多侧链的基团，也使碳原子的化学位移增大。

3. 介质的影响

溶液的浓度及不同溶剂会造成碳原子的 δ 改变，特别是有氢键效应的溶剂和化合物，这种影响就会更大。

（三）碳谱解析的一般过程

1. 辨认图谱中的有效峰与无效峰

辨别谱图中与样品分子结构无关的溶剂峰、杂质峰等。

2. 碳谱分区解释及结构类型推测

①δ>150 为羰基和叠烯区，δ 在 160~170 出现的可能是酸、酐、酯中的羰基峰；δ>200 出现的是醛、酮中的羰基峰。

②δ 在 100~150 为不饱和芳烃、烯烃区。

③δ<100 为饱和碳原子数区，δ 在 50~100 出现的是连接杂原子 O、N、X 等碳的峰；δ<50 是不连杂原子的饱和烃的信号。

3. 碳原子级数确定

若存在偏共振去耦，则可确定 C、CH、CH_2、CH_3，也可采用调制技术（attached proton test，APT）、不灵敏核极化转移增强技术（insensitive nuclear enhanced by polarization transfer，INEPT）及不失真极化转移增强技术（distortionless enhancement by polarization transfer，DEPT）来确定碳原子的级数。

4. 碳原子数目定量测定

采用抑制 NOE（nuclear overhause effect）的门控去耦技术（gated decoupling with suppressed NOE）绘出碳的谱线强度与碳原子数目成正比，从而得到碳原子的定量信息。

表 9-2　碳谱中碳核的化学位移总表

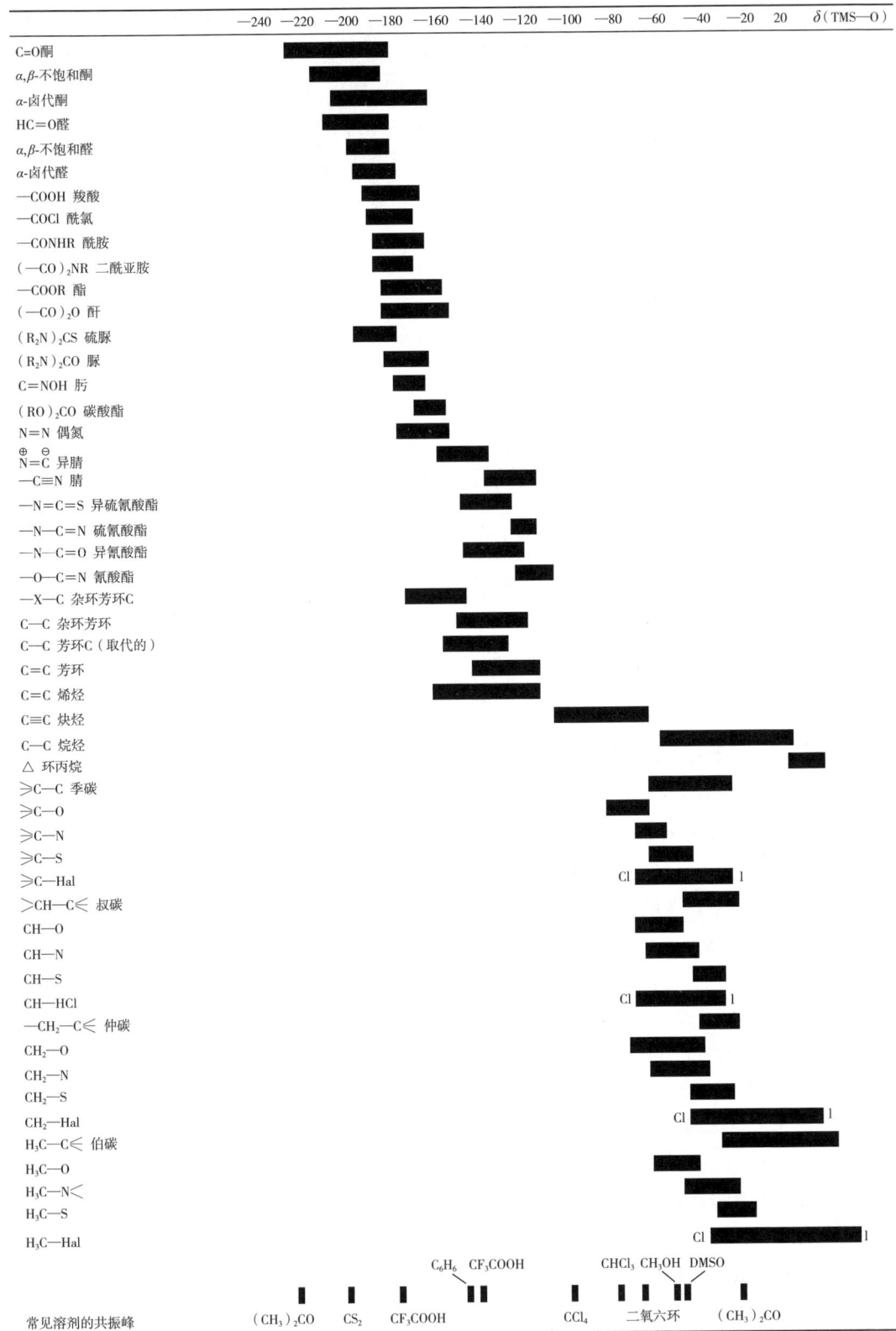

5. 确认结果

综合碳谱数据并结合氢谱数据,将各种结构单元组成可能的结构式,同时参考质谱、元素分析及相对分子质量信息,排出可能的合理结构,最后用标准图谱和标准物进行比较,从而做出最终结论。

第四节 核磁共振波谱分析技术在食品分析中的应用

(一)大分子与水的连接以及水流动性的研究

食品中水的物理状态对食品的质量和稳定性有着十分重要的影响,由于自旋-晶格弛豫时间(time of spin lattice relaxation)和自旋-自旋弛豫时间(time of spin spin relaxation)与水分子转动有关,因此通过测定自旋-晶格弛豫时间和自旋-自旋弛豫时间即可得到被部分固定的不同部位的水分子的流动性质及其结构特征,且自旋-晶格弛豫时间和自旋-自旋弛豫时间与水分含量和流动性有较好的对应关系。核磁共振波谱分析技术是分析食品体系中大分子与水连接的敏感方法之一。

(二)淀粉糊化程度的研究

淀粉的糊化是淀粉颗粒吸水膨胀和水化的过程,淀粉糊化后,淀粉颗粒的双折射性质丧失,流变性质、溶解性均发生改变,因此水的流动性反映了淀粉的糊化程度及其他性质。自旋-自旋弛豫时间可预示水的流动性,且随着流动性的降低而降低,通过测定自旋-自旋弛豫时间在淀粉糊化过程中的变化,即可研究不同条件对淀粉糊化过程的影响。近年来,还使用相关液化指数(relative liquefying index,RLI)评价淀粉的糊化程度。相关液化指数指存在于液相和固相中质子数的比例,它可通过脉冲核磁共振测得。

(三)乳状液的研究

水包油乳状液(O/W)体系中,当油分子在水相中扩散时,引起水分子的转动受到限制,水的流动性降低,从而使相关的核磁共振吸收信号降低;若油的扩散受到液滴粒径大小的影响时,则信号随时间降低的趋势将直接受到乳状液液滴粒径的影响。因此,可以利用核磁共振波谱信息研究表面活性剂浓度、离子强度、酸碱度等因素对乳状液液滴粒径的影响,并由此进一步研究乳状液的性质。

(四)食品中油脂含量的研究

1. 宽线核磁共振法(WL-NMR)

由于质子在不同环境中以不同的共振频率自旋,对质子施加射频,使其吸收能量,并在磁场内的高低能量之间振荡,射频激发能量的吸收与脂肪固-液相中质子存在的数量成正比,并可用频率接收线圈测定。WL-NMR 测定固-液油脂混合物的响应曲线如图 9-3 所示。此法可用于脂肪固脂成分及固-液成分的分析、固脂含量测定及固-液比例分析等。

2. 脉冲低分辨核磁共振法（PLR-NMR）

此法采用较高的功率，在较短的脉冲时间内使全部质子受到激发，提高了分析的灵敏度。PLR-NMR 测定的固-液油脂混合物曲线如图 9-4 所示。此法的准确性和重现性较好，可用于油脂中固脂含量的测定、油-水的同时测定以及脂肪固-液比测定等。

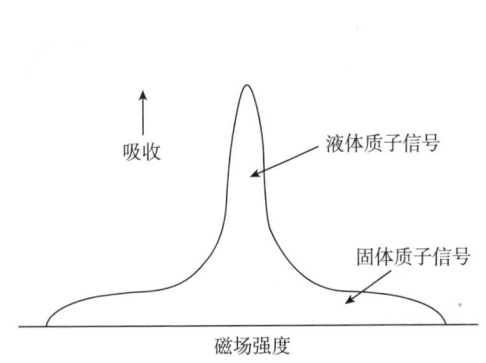

图 9-3　WL-NMR 测定固-液油脂混合物响应曲线

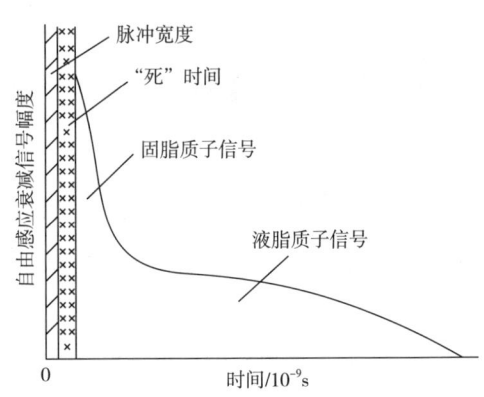

图 9-4　固-液油脂混合物 PLR-NMR 曲线

（五）食品中氨基酸的研究

1. ^{1}H-NMR 法

氨基酸分子中既有氨基，又有羧基，是典型的两性化合物。由于 pH 影响到氨基酸分子的电离，各种氨基酸在不同溶剂中就有不同的化学位移，因此 NMR 谱图直接受到 pH 的影响，溶液的 pH 不同，反映氨基酸 α 氢的化学位移也不同。

2. ^{13}C-NMR 法

由于氨基酸是两性化合物，分子中碳核的化学位移也受 pH 的影响，以羰基及 α 碳的影响较大，因此各种氨基酸不同碳核的^{13}C-NMR 具有不同的化学位移。此外，NMR 方法还可进行氨基酸电离平衡（pK）和等电点（pI）的测定，通过测定个碳核的自旋-晶格弛豫时间，还可进行氨基酸动态分析。

（六）食品中糖的研究

1. 单糖和低聚糖的分析

糖在水溶液中能产生旋光互变，形成 α 和 β 两种差向异构体混合物，1-位质子峰面积反映了两者的相对比例。如图 9-5 所示为 D-葡萄糖 α 和 β 两种差向异构体混合物的图谱，将 α 异构体的 1-位质子和 β 异构体的 1-位质子进行积分比较，可得 α 和 β 异构体的相对比例为 40∶60。糖在进行 NMR 分析时常用 D_2O 为溶剂，使各羟基间的变换较慢，从而可记录各自的吸收峰，此外，糖的变旋光作用也较慢，测定结果实际上反映出了结晶态时糖的构型和纯度。

2. 多糖的分析

采用 ^{1}H-NMR 法测定多糖，常采用四甲基硅（TMS）为内标，D_2O 为溶剂，并在较高温度条件下进行。通过 ^{1}H-NMR 法可知多糖糖苷键的构型；根据 C_1 上质子的峰面积比可知不同糖苷键之比，进而可知多糖中各残基之比。

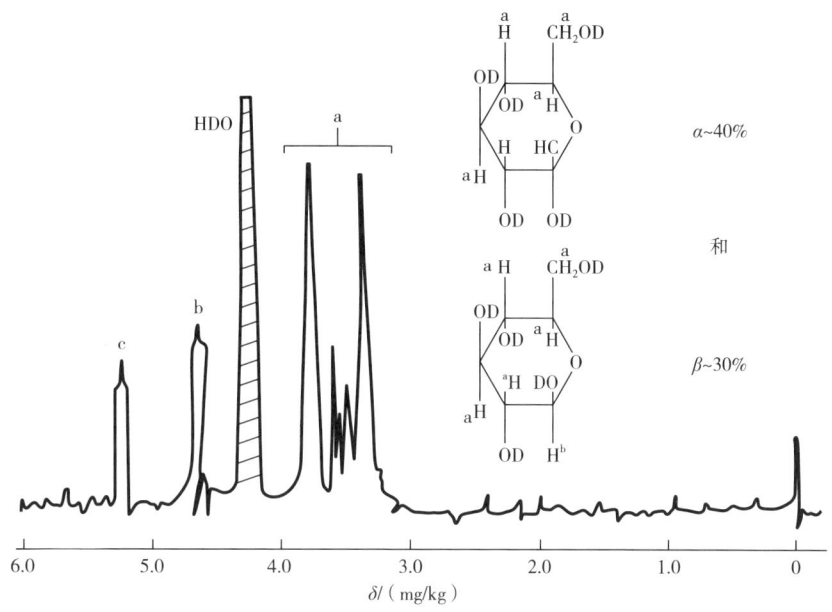

图9-5 D-葡萄糖 α和 β差向异构体混合物图谱

(七)食品中其他物质的分析

1. 酒的质量分析

由于劣质酒中,水和乙醇的羟基没有形成均匀的氢键,在^{17}O-NMR图谱中表现为宽峰,而好酒中水和乙醇的羟基形成了均匀的氢键,在^{17}O-NMR图谱中表现为较窄的单峰;此外,在劣质酒中,水和乙醇的羟基在^{1}H-NMR图谱中表现为两个峰,而好酒中水和乙醇的羟基只出现一个窄峰。因此,可以通过^{17}O-NMR谱和^{1}H-NMR谱对酒的品质进行评价。

2. 肉的质量分析

^{1}H-NMR法检验肉类样品的质量是通过测定样品中水质子的自旋-晶格弛豫时间和自旋-自旋弛豫时间而完成的。水质子的自旋-晶格弛豫时间和自旋-自旋弛豫时间的长短反映了肉的等级;水质子的自旋-晶格弛豫时间是用于辨别肉的新鲜程度的有效手段。由于^{13}C-NMR具有较好的分辨率,常用于评价肉中脂肪酸链的不饱和度。

3. 食品中污染物及农药残留物的分析

采用NMR法可进行黄曲霉毒素、棒曲霉素和黄杆菌毒素及系列物的分析;^{19}F-PFT-NMR可用于含氟农药的测定;^{31}P-NMR可用于含磷农药的测定。

思考题

核磁共振波谱分析技术中碳谱和氢谱的区别与联系是什么?

第十章

人工嗅觉、人工味觉检测技术

学习目标

掌握气味可视化检测技术的原理，并熟悉气味可视化检测装置的构成及功能，了解气味可视化检测技术在食品领域中的应用。

重点和难点

重点是气味可视化传感器敏感材料的选择与制备；难点是气味可视化检测技术信号分析方法。

第一节 人工嗅觉、人工味觉检测技术概述

现实生活中，酒类、茶叶、卷烟等食品的质量是靠人类自身的嗅觉和味觉来进行判断的。这类工作通常需要训练有素、经验丰富的专家来完成。但是，人工鉴别一般比较容易受主观性的影响，判断结果会因年龄、性别、识别能力及语言文字表达能力的不同存在较大的个体差异。即使是同一鉴别人员也会随其身体状态、情绪变化的不同产生不同的鉴别结果。嗅觉鉴别是一种吸入的过程，而味觉鉴别是一种品尝的过程，因此，长期工作对身体健康还存在一定的影响。某些难闻、难喝或令鉴别人员特别敏感的食品，往往得不到仔细的品闻造成结果偏差较大。另外，人工鉴别的时间也不能太长，人体感觉器官的敏感度容易减退，造成结果偏差。而化学分析方法如色谱法等得到的结果与人的感官感受如茉莉香、玫瑰香、酸、甜、苦、辣等之间还存在很大距离，其试样前处理的复杂性、试验本身的耗时性又是许多场合所不允许的。因此，要求有一种客观准确的鉴别方法来代替人工品闻食品是人们多年来的期望。随着生命科学和人工智能的研究发展，人们试图模仿动物及人类的嗅觉和味觉功能研制出人工嗅觉系统（电子鼻）及人工味觉系统（电子舌）的想法正在逐步变为现实。

人工嗅觉和人工味觉技术是近年来发展起来的新颖的食品分析、识别和检测的技术。它们与普通化学分析方法（如色谱法、光谱法、毛细管电泳法）等不同，得到的不是被测样品中某种或某几种成分的定性与定量结果，而是样品的整体信息，也称"指纹"数据。它们模拟人和动物的鼻子和舌头，得到的是检测目标的总体信息。它们不仅可以根据各种不同的食

品测到不同的信号,而且可以将这些信号与经学习建立的数据库中的信号加以比较,进行识别判断。因而它们具有类似鼻子和舌头的功能,可用于识别食品的气味和味道、鉴别产品真伪,从而控制从原料到产品的整个生产过程的工艺,使产品质量得到保证。人工嗅觉和味觉是涉及多传感器融合技术、计算机技术和应用数学以及食品科学等的综合性技术。人工嗅觉和味觉技术可为农产品、食品行业提供一种新的产品质量检测方法与装置。许多国家已把生物嗅觉和味觉的模仿技术——人工嗅觉和味觉技术列入优先发展的研究课题。

一、生物嗅觉与味觉

人工嗅觉和人工味觉又称电子鼻和电子舌,其工作原理是建立在模拟生物的嗅觉和味觉形成过程的基础上。化学物质引起的感觉不是化学物质本身固有的,而是化学物质与感觉器官相互作用产生。例如,味觉可看成是由味觉物质与味蕾细胞顶端膜上的感受器的物理、化学反应引起的。人类有3种主要的化学感受,它们是味觉、嗅觉和三叉神经感觉。味觉通常用来辨别进入口中的不挥发的化学物质;嗅觉是用来辨别易挥发的物质;三叉神经的感受体分布在黏膜和皮肤上,它们对挥发与不挥发的化学物质都有反应,更重要的是能区别刺激及化学反应的种类。在香味感觉过程中3种化学感受系统都参与其中,但嗅觉起的作用远远超过了其他两种感觉。人工嗅觉和人工味觉的基本思想就包含了这些反应的人工再现。以下首先介绍生物嗅觉与生物味觉。

(一)生物嗅觉

嗅觉是挥发性物质散发出的气体分子与鼻腔内气味神经反应所引起的刺激感,是一种生理反应,这种生理反应的传导过程如图10-1所示。这个过程大致可分为三个阶段:首先,是信号产生阶段。玫瑰花的芳香物分子经空气扩散到达鼻腔后,被嗅觉上皮中的嗅细胞吸附到其表面上,嗅细胞表面的部分呈负电性的电荷发生改变,产生电流,使神经末梢接受刺激产生兴奋。其次,是信号传递与预处理阶段。兴奋信号在嗅球中进行一系列加工放大后输入大脑。最后,是大脑识别阶段。大脑把输入的信号与经验进行比较后作出识别判断,这是咖啡、玫瑰的香味,或其他的气味。大脑的判断识别功能是由孩提时代起在不断与外界接触的过程中学习、记忆、积累、总结而形成的。费里曼通过对神经解剖学、神经生理学和神经行为的各个水平的实验研究,确证嗅觉神经网络中的每个神经元都参与嗅觉感知,认为人和动物在吸气期间,气味会在鼻腔的嗅觉细胞阵列上形成特定的空间分布,随后嗅觉系统中以抽象的方式直接完成分类。当吸入熟悉的气味时,脑电波比以前变得更为有序,形成一种特殊的空间模式。当不熟悉的气味输入时,嗅觉系统的脑电波就表现出低幅混沌状态,低幅混沌状态等价于一种"我不知道"的状态。

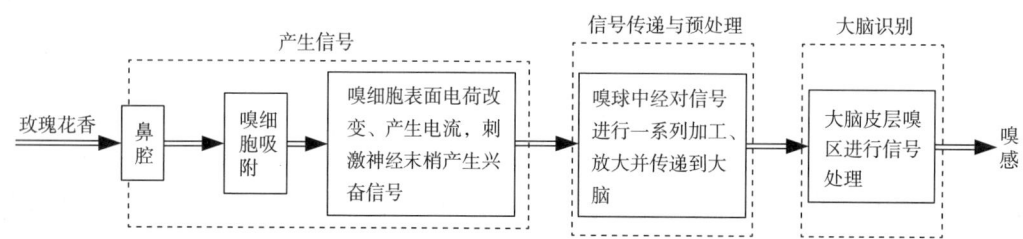

图10-1 人的嗅感产生过程框图

生理研究表明，人的一个鼻腔中约有 5000 万个嗅细胞，每个嗅细胞的生存期一般只有 22d 左右，其灵敏度并不很高，选择性差，至今还没有发现只对一种化学成分有反应的嗅细胞。正是靠后继的神经信号处理系统将整个嗅觉系统的选择性、灵敏度、重复性等性能大大提高，并能除去信号漂移。这说明，人的嗅觉系统对气味的识别能力是由大量性能彼此重叠的嗅细胞、嗅球中经和大脑共同作用的结果，大脑和嗅球中经在其中起到关键的作用。一般来讲，从气味分子被嗅细胞表面吸附到产生嗅觉反应仅需 0.2~0.3s。

气味可以是单一的也可以是复合的，单一的气味是由一种气味分子形成，而复合气味则是由许多种（有可能是上百种）不同的气味分子混合而成。实际上自然产生的气味都是复合的，单一气味是人造的。气味分子的大小、形状和极性决定了气味的性质。人的嗅觉能够分辨出的气味大约有 10000 种，但是，对嗅觉感受气味的具体过程尚未彻底弄清，还需更深入的研究。

（二）生物味觉

味觉的感受器是味蕾，主要分布在舌背面各种味乳头中，包括舌尖的菌状乳头、舌后侧边缘的叶状乳头和舌根部位的轮廓状乳头。除此，软腭和会厌表面也有味蕾分布。与成人相比，儿童时期具有更多味蕾，老年时期由于各种因素导致味蕾数量和体积出现萎缩而逐渐减少。味蕾由 50~100 个味觉细胞和基底细胞组成（图 10-2）。味觉细胞为梭状极化上皮细胞，味觉细胞顶端通过味乳头的味孔伸出味乳头与口腔外界相通，味觉细胞顶端具有微纤毛，是味觉感受的关键部位。味觉的敏感度常受食物或刺激物本身温度的影响，在 20~30℃ 味觉的敏感度最高。另外，味觉的辨别能力也受血液化学成分的影响，例如，肾上腺皮质功能低下的人，由于血液中低钠而喜食咸味食物。因此，味觉的功能不仅在于辨别不同的味道，而且与营养物质的摄取和机体内环境稳定的调节也有关系。

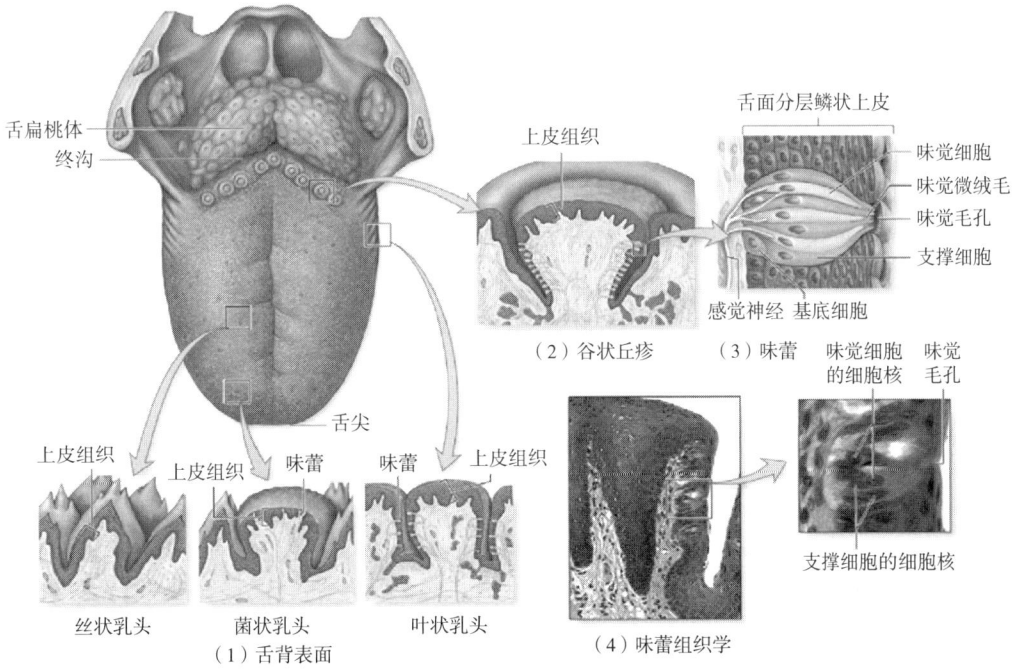

图 10-2 味蕾的口腔分布与结构

和嗅感形成相似，味感的形成过程也可分为 3 个阶段：①呈味物质与舌头表面味觉细胞顶端膜上的生物膜感受器结合形成生物电信号；②该生物电信号经味觉传入神经纤维传至大脑；③大脑识别。味觉系统能感受和区分多种味道，目前认为这些味道都是由酸、甜、苦、咸、鲜 5 种基本味觉组成。近年来，又引入了脂肪味、金属味、麻味等。不同物质的味道与它们的分子结构形式有关，如无机酸中的 H^+ 是引起酸感的关键因素，有机酸的味道与它们带负电的酸根有关。另外，味刺激物质必须具有一定的水溶性，能吸附于味觉细胞膜表面上，与味觉细胞的顶端微纤毛生物膜上的感受器相互作用，才能产生味感。其中，苦味、甜味和鲜味物质均与膜表面的 G 蛋白偶联受体结合，随后激活相似的信号传导途径。而咸味和酸味产生与味觉细胞膜表面的离子通道相关。而且与嗅觉在神经层面的编码机制不同，大量来自基因敲除小鼠和神经标记的研究证实味觉信息编码为标线模型，即一种味觉物质激活一种特定味觉细胞，由特定味觉神经元传导，最后激活味觉皮层特定的味觉神经元。

另外，不同的味觉识别对人的生命活动起着不同的信号作用，以蔗糖、葡萄糖为代表的甜味是需要补充热量的信号；以能解离出质子的盐酸、乙酸、柠檬酸为代表的酸味是新陈代谢加速和食物变质的信号；以钠盐等金属阳离子为代表的咸味是帮助机体保持体液平衡信号；以咖啡因、奎宁等生物碱为代表的苦味是保护人体不受有害物质危害的信号；而以谷氨酸、肌苷酸、鸟苷酸为代表的鲜味则是蛋白质及核酸来源的信号。

二、人工嗅觉、人工味觉

（一）人工嗅觉

1. 人工嗅觉系统研究的发展历程

对人工嗅觉系统的研究起始于 1961 年，当时蒙克里伊夫（Moncrieff）制成了一种机械式的气味检测装置。1964 年威尔肯什（Wilkensh）和哈特曼（Hatman）等根据气味在电极上发生氧化还原反应的原理研制了一种基于电导率变化的气味检测装置。但是，人工嗅觉系统作为一种智能测试仪器对气味进行识别和分类这一新概念则是在 20 年后的 1982 年才被提出。1989 年在北大西洋公约组织（North Atlantic Treaty Organization，NATO）的一次关于化学传感器信息处理会议上对人工嗅觉系统做了如下定义：人工嗅觉系统是由多个性能彼此重叠的气敏传感器和适当的模式分类方法组成的具有识别单一和复杂气味能力的装置。自 1990 年第一届人工嗅觉国际学术会议召开以来，人工嗅觉系统的研究取得了长足进展，1994 年商品化的人工嗅觉系统问世。受敏感膜材料、制造工艺、数据处理方法等方面的限制，目前，人工嗅觉系统的检测与识别范围与人们的期望还存在距离，但这丝毫不妨碍它在很多领域取得成功，将之应用于食品、化妆品、香料香精等的香气质量评定的时机已经逐步成熟。人工嗅觉系统的研究需要关注以下 3 个方面：①检测器对微量、痕量气体分子瞬时性和敏感性；②特定传感响应信号的有效特征提取；③测量数据的表征以及感官评定指标的对应关系，以得到与人的感官感受相符的结果。

2. 人工嗅觉系统的原理与结构

人工嗅觉模拟生物的嗅觉器官，因而其工作原理与嗅觉形成相似，气味分子被人工嗅觉系统中的传感器阵列吸附，产生信号。信号经处理加工与传输，再经模式识别系统作出判断。典型的人工嗅觉系统（artificial olfactory system，AOS）主要由气体传感器阵列、信号调理与转换和数据处理分析系统等部分组成，如图10-3所示。气体传感器阵列由多个相互间性能有所重叠的气体传感器构成，在功能上相当于彼此重叠的人的嗅觉感受细胞。气体传感器阵列产生模拟信号，经过滤波、放大等信号调理，再利用A/D芯片转换采集为数字信号，传送到数据处理分析系统，再通过特征值提取以及模式识别等算法分析，实现气体组分抑或气味特征的识别。信号调理与转换由模拟信号、信号滤波以及信号放大等模块组成，相当于人的嗅觉形成过程中的第2阶段，数据处理分析系统，由阵列数据预处理器、数据处理器、智能解释器和知识库组成，相当于人的嗅觉形成过程中的第3个阶段，起着人的嗅球中经和大脑的作用，具有分析、判断、智能解释的功能。在嗅觉特征气味识别与表征方面，气体传感器阵列结合数据处理分析系统的模式，相比于单个气体传感器，有着更广的检测范围、更高的灵敏度以及更强的可靠性。

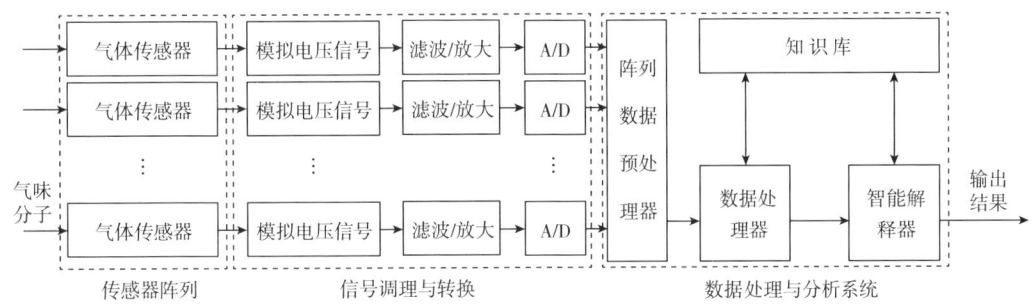

图10-3 人工嗅觉系统结构图

被测嗅觉的强度既可用每个传感器输出的绝对电压、电阻或电导等原始信号或是相对信号的函数进行表征。传感器阵列输出的信号经专用软件采集、加工、处理后与经"人为学习、训练"后得到的已知信息进行比较、识别，最后得出定量的质量因子，由该质量因子来判断被测样品的类别、真伪、优劣、合格与否等。

人工嗅觉系统和人工味觉系统（artificial taste system，ATS）采用的识别方法主要包括统计模式识别（如线性分类、局部最小方差、主成分分析等）和人工神经网络模式识别。嗅觉传感器阵列的响应机理一般较为复杂，响应特性的近似及线性化处理较为困难，往往很难建立精确数学模型。因此，一般类似于支持向量机、人工神经网络等能够处理较复杂的非线性问题的识别算法往往呈现更好的应用潜力。

（二）人工味觉

1. 人工味觉研究的发展历程

人工味觉系统，又称电子舌系统，最早起源于1992年前后，以PVC膜作为载体，以特定脂类分子作为敏感物质，针对酸、甜、苦、咸、鲜5种基本味物质，研制开发了世界上第一台电子舌，并应用于各种啤酒、牛乳、矿泉水等液态类食品整体的质量区分以及日本豆发酵过程的监控。由于人工味觉系统后续的实际应用，通常用于表征食品整体质量等级区分别，而并非简单的呈现酸、甜、苦、咸、鲜基本味觉强弱。1995年，有研究构建了一种以低选择性离子电极为传感器阵列，并结合主成分分析等多元统计分析算法的新型人工味觉系统，称为电子舌系统（electronic tongue）。随后，1997年，有学者成功开发了一种基于金属裸电极和大幅脉冲伏安法,并结合主成分分析等算法的电子舌系统,这一电子舌系统完全突破了之前已开发的人工味觉系统,并在袋泡茶、红酒、牛乳等食品方面的定性分析以及发酵过程监控中展现了非常强的应用潜力。鉴于人工味觉系统(电子舌)在食品质量安全快速分析检测方面的应用前景和价值,许多从事电化学分析、膜材料开发以及电子鼻研究的科学家纷纷投入到该研究领域中,使该系统的研究得到了较快发展。阻抗谱型人工味觉系统以Langmuir-Blodgett和DODAB聚合物薄膜修饰传感器为传感器阵列,基于对样品中的某些特定成分产生响应的原理建立,在胆固醇、咖啡、酒类等领域的辨别和分析中取得了良好效果。表面声波型人工味觉系统基于表面声波的原理,利用声波对于不同味觉物质的声波相变化来对含有味觉物质的液体样品进行检测。此外,浙江工商大学邓少平课题组以多频脉冲伏安法为核心,以6种惰性金属电极为传感器阵列,构建了多频脉冲伏安型人工味觉系统(智舌系统)。该系统具有快速、稳定和灵活等特点,能够实现液体样品的自动化进样检测,在白酒、红酒、果汁、茶饮料、米汤、食用油等多个食品领域上展现了良好的应用潜力。浙江大学王平课题组用参比电极、类脂膜、氧化物和半导体构建了一种能够测试样品的光寻址电位人工味觉系统。当人工味觉系统在检测样品的时候,外电流强弱能够反映出传感器内部类脂膜的响应强度,在食品、环境等许多应用场景中呈现了良好应用能力。虽然,人工味觉系统的研究已经经历30余年的历史,也出现了多种商品化仪器设备,目前,某些传感器也可感知实现味觉的某些感觉,如pH计可用于酸度检测,导电计可用于咸度的检测,比重计或屈光度计可用于甜度的检测等。但是,这些传感器只能检测味觉物质的某些物理化学特性,一方面测得的物理化学参数要受到外界非味觉物质的影响,另一方面这些参数也不能反映出味觉物质之间的交互作用产生的影响,如协同和抑制效应等,因此不能模拟出实际的生物味觉感观功能。另外,精确的数字量化值与人类对外界事物的模糊式描述,如对甜味的描述"有点甜""较甜""很甜""甜得发腻"等,不能统一。由于生物味觉系统的复杂性,人工味觉系统在许多方面还需要研究突破:①灵敏、稳定、可靠的味觉传感器阵列的构建;②特定味觉传感器信号特征值的提取;③如何建立精准的味觉传感器信号特征值与感官评价结果的关系函数。

2. 人工味觉研究的原理与结构

人工味觉系统作为一种智能仿生仪器,是基于生物味觉感受机制而研发的。在味觉系统中,味觉物质被位于味觉细胞生物膜中的非特异性味蕾而感知,并将味觉物质信息转换成电信号通过神经纤维传输至大脑,经过大脑的分析识别,从而在舌头中感受到味觉。而人工味觉系统中的多通道传感器阵列就相当于生物体当中的味细胞及味神经,它可以感受到可溶性味物质的刺激,并将这种刺激进行采集及传输至电脑,电脑就相当于生物体当中的大脑,其功能就是把采集到的响应信号进行一系列的多元统计处理,最后给出各个物质的整体感官信息。具体的设计原理见图10-4。

根据定义和原理,可以将人工味觉系统分成3个主要部分:①具有交互敏感性、非特异性、整体选择性的传感器阵列,传感器阵列是人工味觉系统的一个重要组成构件,可以由不同的材料组成,常见的有PVC膜、惰性金属等;②信号采集系统,这个部件决定了人工味觉系统采集数据的能力;③传感器响应信号特定多元统计分析算法(主要分为定性和定量两类)。另外,虽然很多研究人员将人工味觉系统(电子舌)纳入到了现代化的分析仪器这一类中,但同传统的分析仪器相比,人工味觉系统又具有某些不同于传统分析仪器的特点,人工味觉系统检测的目标不是溶液当中某些单一组分的精确浓度,而是多个组分综合的感官属性特征，或是溶液的整体感官品质信息。

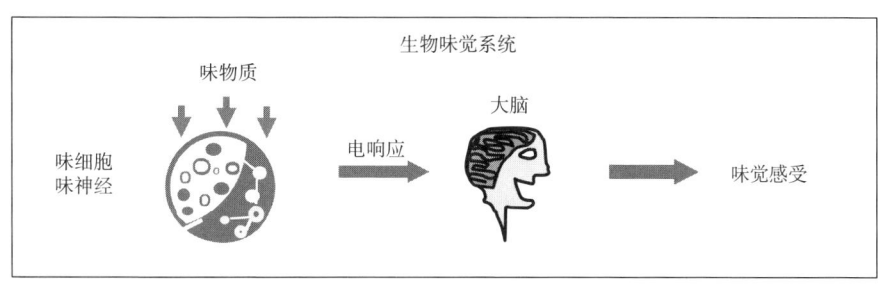

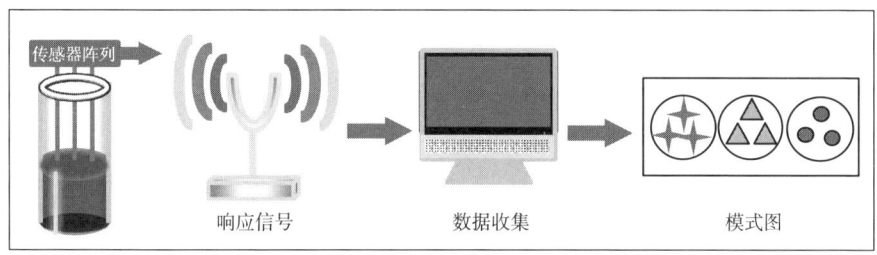

图 10-4　人工味觉系统（电子舌）设计原理

第二节　人工嗅觉、人工味觉的传感器阵列及模式识别

人工嗅觉和人工味觉的工作原理是建立在模拟生物的嗅觉和味觉形成过程的基础上的，也就是说人工嗅觉和人工味觉是一种仿生过程。表 10-1 列出了人的嗅觉、味觉系统与人工嗅觉、人工味觉系统之间的对应关系。人的嗅觉、味觉系统要完成信号接收、预处理及识别功能，所以人工嗅觉、人工味觉系统的信号产生、采集以及后续的数据处理（数据预处理与模式识别）是研究人工嗅觉、人工味觉系统的重要内容。

表 10-1　人的嗅觉、味觉系统与人工嗅觉、人工味觉之间的对应关系

人的嗅觉、味觉系统	人工嗅觉系统	人工味觉系统
初级嗅觉、味觉神经元：嗅细胞、嗅神经、味细胞、味蕾	气体传感器阵列	味觉传感器阵列
二级嗅觉、味觉神经元：对初级嗅觉、味觉神经元来的信号进行调节、抑制	运放、滤波等电子线路	运放、滤波等电子线路
大脑：对二级嗅觉、味觉神经元得到的信号进行处理，作出判断	计算机	计算机

一、人工嗅觉、人工味觉传感器及阵列

（一）嗅觉传感器及阵列

嗅觉传感器又称气体传感器。早期对气体的检测主要采用电化学法或光学法，检测速度

慢、设备复杂、成本高、使用不方便。随着科学技术的迅速发展，在工农业生产和社会生活中，气体污染环境的问题越来越受到重视。随着煤气、液化石油气和天然气的开发利用，各种气体灾害的危险性也随之增加，人们需要对各种易燃、易爆和有毒气体进行及时的检测和监控。因此，气体传感器在节能、环保、防灾等方面的应用获得了迅速的发展。此外，气体传感器在食品加工、酒类检测、化妆品生产、保健卫生等领域也开始获得广泛应用。

气体传感器通常是指由气敏元件、电路和其他部件组合在一起所构成的传感装置。气敏元件指能感知环境中某种气体（如 CO、CO_2、O_2、Cl_2 等）及其浓度的一种元件。在实际应用中，气体传感器应满足下列要求：①具有较高的灵敏度和宽的动态响应范围，在被测气体浓度低时，有足够大的响应信号，在被测气体浓度高时，有较好的线性响应值；②性能稳定，传感器的响应不随环境温度、湿度的变化而发生变化；③响应速度快，重复性好；④保养简单，价格便宜等。目前研制的半导体气体传感器还不能完全满足上述要求，尤其是在稳定性和选择范围方面还有不少问题，有待进一步解决。

用作人工嗅觉气体传感器的材料必须具备两个基本条件：

①对多种气味均有响应，即通用性强，要求对成千上万种不同的气味在分子水平上作出鉴别。

②与气味分子的相互作用或反应必须是快速、可逆的，不产生任何"记忆效应"，即有良好的还原性。

根据材料类型的不同，现有的气体传感器可分为金属氧化物型半导体传感器、有机导电聚合物传感器、质量传感器包括金属氧化物半导体场效应管传感器、红外线光电传感器和金属栅 MOS 气体传感器等，其中，质量传感器包括石英晶体谐振传感器和声表面波（surface acoustic wave，SAW）传感器。

金属氧化物型半导体传感器（图 10-5）是目前世界上生产量最大，应用最广泛的气体传感器，它是利用被测气味分子吸附在敏感膜材料上，使金属氧化物半导体的电阻发生变化这一特性而实现检测的。这种传感器选择性不高，恢复时间长，工作时需要加热，体积大，组成阵列时不易布置，并且信号响应的线性范围很窄；但是由于这类传感器的制造成本低廉，信号检测手段简单，工作稳定性较好，检测灵敏度高，因此是当前应用最普遍、最具实用价值的一类气体传感器。其主要测量对象是各种还原性气体，如 CO、H_2、乙醇、甲醇等。

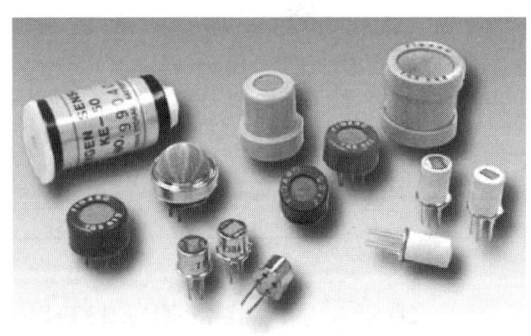

图 10-5 金属氧化物型半导体传感器

有机导电聚合物传感器的工作原理是：工作电极表面上杂环分子涂层在吸附和释放被测

气体分子后导电性发生变化。导电聚合物材料是有机敏感膜材料，如吡咯、苯胺、噻吩等。这种传感器的特点是体积小，能耗小，工作时不需加热，稳定性好，吸附和释放快，被测对象的浓度与传感器的响应在很大范围内几乎呈线性关系，给数据处理带来极大的方便。近年来，这类传感器阵列的应用有增加的趋势。

脂涂层传感器又称质量传感器，典型的脂涂层传感器有声表面波型和石英晶体谐振型两种。1979 年，研究者成功地将表面涂有有机聚合物的声表面波元件用作气相色谱分析仪的检测器，声表面波气体传感器从此不断发展。声表面波型传感器工作原理是在压电晶体上涂敷一层气体敏感材料，当被测气体在流动过程中被吸附在敏感膜上时，压电晶体基片的质量发生变化，由于质量负荷效应而使基片振荡频率发生相应的变化，从而实现对被测气体检测。声表面波型传感器虽然也可以检测某些无机气体，但主要的测量对象是各种有机气体，其气敏选择性取决于元件表面的气敏膜材料，它一般用于同时检测多种化学性质相似的气体，而不适于检测未知气体组分中的单一气体成分。石英晶体谐振型传感器的工作原理是在石英振子上涂敷一层敏感膜（如脂类、硝酸纤维素合成塑料等），当敏感膜吸附分子后，由于质量负荷效应，谐振子的振荡频率就成比例的变化，从而实现对被测气体的检测。谐振子上涂敷的敏感膜材料不同，传感器的性能就不同。

红外线光电传感器的工作原理是：在给定的光程上，红外线通过不同的媒质（这里是气体）后，光强以及光谱峰的位置和形状均会发生变化，测出这些变化，就可对被测对象的成分和浓度进行分析。其特点是在一定范围内，传感器的输出与被测气体的浓度基本呈线性关系，但这类装置的体积大、价格昂贵、使用条件苛刻等，使其应用范围受到限制。

这几种传感器的共同特点是对温度和湿度的敏感性强，所以测试时必须严格控制温湿度的影响。

如前所述，生物嗅觉系统中的单个嗅觉受体细胞的性能（如灵敏度、感知范围等）并不高，但是，生物嗅觉系统的整体性能却很强。同理，也不应该刻意追求单个气体传感器的性能越高越好，而是把多个性能有所重叠的气体传感器组合起来构成嗅觉传感器阵列。第一节中提到嗅觉传感器阵列与单个气体传感器相比，不仅检测范围更宽，而且其灵敏度、可靠性都有很大提高。因此，近年来对气体或气味进行检测时，大多数人都趋向于用嗅觉传感器阵列装置。嗅觉传感器阵列装置的发展趋势是集成化、监测范围宽和携带方便。表 10-2 列出了常用的嗅觉传感器阵列装置及有关特性。

表 10-2　　　　　　　　　　　常用的嗅觉传感器阵列及有关特性

气体敏感材料	传感器类型	典型的被测对象
金属氧化物	化学电阻	可燃气体
有机导电聚合物	化学电阻	NH_3、NO、H_2、乙醇
脂涂层	声表面波、压电材料	有机物
红外线	光能量吸收	CH_4，CO_x，NO_x，SO_2

（二）味觉传感器阵列

味觉传感器阵列是人工味觉系统最为重要的组成部分，其性质的优劣决定了人工味觉系统极限性能。味觉传感器阵列分为两种类型,一类为直接通过特定敏感膜感应溶液味觉信息的传感器;另一类为光学、电化学等信号,采集溶液组分整体物理化学,再结合多元统计分析算法,表征溶液味觉抑或是感官信息的传感器。

针对第一类传感器,在研究中较为常见是多通道类脂膜味觉传感器阵列,以 PCV 膜为载体,脂类物质为敏感物质,能部分再现人的味觉对味觉物质的反应。此处以多通道类脂膜味觉传感器阵列对苦味的检测机制为例进行介绍。常用的各种类脂膜材料见表 10-3。

表 10-3 常用的类脂膜材料

类脂膜材料(英文)	类脂膜材料(中文)
dioctyl phosphate(DOP)	二辛基磷酸盐
cholesterol	胆固醇
oleic acid	油酸
decyl alcohol	癸基乙醇
trioctylmethylammonium chloride(TOMA)	三辛基甲基氯化铵
oleylamine	油烯酸
diatearyldimethyammonium bromide	二磺胺二甲基溴化铵
trimethylstearylammonium chloride	三甲基磺胺氯化铵
DOP∶TOMA=9∶1	按 9∶1 比例配 DOP 和 TOMA
DOP∶TOMA=5∶5	按 5∶5 比例配 DOP 和 TOMA
DOP∶TOMA=3∶7	按 3∶7 比例配 DOP 和 TOMA

油酸的分子式为 $C_{18}H_{34}O_2$,相对分子质量为 282.5,结构式为 $CH_3(CH_2)_7CH=CH(CH_2)_7COOH$。油酸由 18 个碳原子组成,在 9、10 位之间有一个不饱和双键,该不饱和双键极易被强氧化剂氧化。胆固醇亦为不饱和醇,易被氧化。当油酸和胆固醇作为电活性物质被固定在聚合物上时,由于与待测溶液发生氧化还原反应导致膜中不同电荷的聚集,失去电中性而产生道南电位,从而实现对待测液检测。

研究结果表明,苦味物质能使磷脂膜的阻抗增加。产生苦味的物质很多,主要有奎宁、马钱子碱或尼古丁等有机苦味物质和卤盐等含碱土金属离子(Ca^{2+}、Mg^{2+})的无机苦味物质。虽然它们具有不同的分子特性,但都可以引起磷脂膜阻抗增加,如奎宁、马钱子碱或尼古丁是强抗水的,它们通过进入膜的烃基链层,占据膜上的小孔,使类脂膜呈压缩状态,从而使膜的阻抗增加;而含碱土金属离子的苦味物质由于 Ca^{2+}、Mg^{2+} 等碱土金属离子易受磷脂分子束缚,一方面,该苦味物质在磷脂膜的分子间的窄槽内压缩类脂分子,使膜的阻抗增加,另一方面,该苦味物质和类脂分子之间的离子交换使膜阻抗增加。因此,可以认为磷脂膜的阻抗增加能够模拟生物生理系统苦味感觉产生的过程。但是基于磷脂膜阻抗测量的苦味传感系统尚有以下几个问题。

①有些并不产生苦味感的味觉物质,比如蔗糖、谷氨酸钠(味精),也能使磷脂膜阻抗增加,可能是它们对磷脂膜有很高的亲和力,可以吸附在膜表面。因此,目前的传感系统不能很好地将苦味物质从高吸附性物质中区分出来。

②具有相对低的毒性的苦味物质,比如咖啡因、可可碱和 L-氨基酸,它引起膜阻抗的

增加量比那些高毒性物质的要小。目前的传感系统的灵敏度对检测低毒性苦味物质还不够有效。

③一些苦味物质引起的阻抗变化虽然较大，但它们引起的阻抗变化在特定浓度点时是不连续的，称这种不连续变化为"跃迁"，即浓度与膜阻抗变化呈现极强的非线性。这种变化的不连续性对检测苦味带来了困难。

④$CaCl_2$ 和 $MgSO_4$ 都含碱土金属离子，它们引起跃迁的浓度低于人体对苦味产生感觉的阈值浓度。除 $CaCl_2$、$MgSO_4$ 外，苦味物质引起膜阻抗跃迁的浓度比人体内相应的阈值浓度高。因此，阐明机制，找出苦味物质固有响应是很必要的。

基于目前研究情况，多通道类脂膜味觉传感器阵列还有待进一步研究。

针对第二类传感器阵列，以瑞典林克平（Linköping）大学的温奎斯特（Winquist）课题组提出的贵金属裸电极，并结合大幅脉冲伏安法为典型代表，国内浙江工商大学邓少平课题组，浙江大学王俊课题组均对其工作进行进一步的拓展。图10-6 和图10-7 为金属裸电极传感器阵列和传感器激发采集响应信号。此类型传感器阵列构建思路为，抛开味觉感官5种基本味觉感受，首先通过物理化学手段，尽可能多地将溶液中的味觉感受物质的信息转化为电流电压信号进行采集，然后借助计算机技术的发展，通过特征值提取，多元统计分析算法等手段，建立传感器阵列响应信号与特定感官属性之间的关系模型，进一步表征溶液的感官特性抑或是整体感官品质特征。

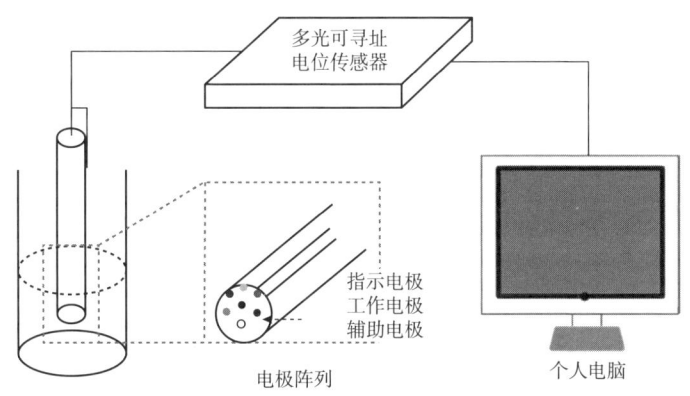

图10-6　基于金属裸电极传感器阵列的人工味觉系统

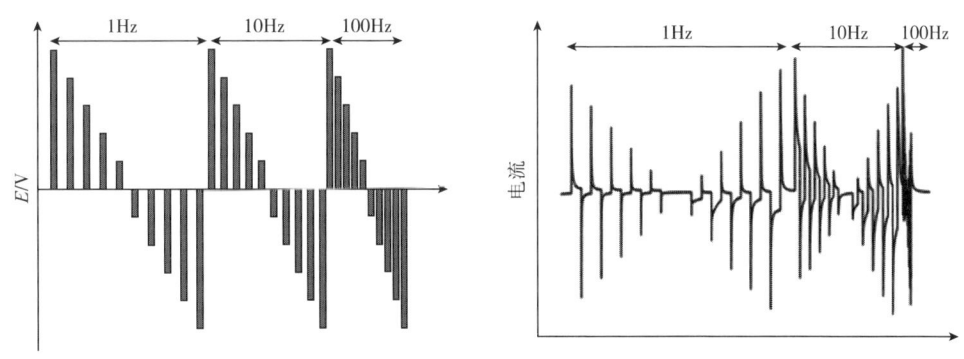

图10-7　金属裸电极传感器阵列激发响应信号

(三)人工嗅觉和味觉传感器阵列的微结构化

可利用微机械制造技术及微电子技术将微型传感器阵列、电子线路和微处理器集成为一个完整的微结构系统。与分立元件形成的阵列相比,采用微结构可形成较大的阵列,且微结构具有结构一致性和成膜一致性,使整个系统的鲁棒性(robustness)得以增强。然而随着结构尺寸的变小,敏感单元之间的相互影响变大,尤其是发热造成的不均匀的温度分布使传感器不能在所需的工作温度下工作,因而降低了传感器的选择性、灵敏性和重复性等。

由于对微结构传感器进行热分析较难,一般需要用仿真方法进行优化。有限元分析(finite element analysis,FEA)是用得最多的仿真方法,该方法最早应用于力学分析,近年来也开始应用于热分析。在多层膜的静态热分布中,当遇上较复杂的几何形状和载荷情况时,用解析方法较难获得热模型的解,这时FEA方法就具有优势。冯山姆(Samuel K. H. Fung)将FEA方法用于分析集成气体传感器的热行为,并提出了一种新的气体传感器阵列,它具有较好的隔热效果,但集成较难且容易损坏。杜克·东利(Duk-Donglee)应用FEA仿真了一个方形膜的热分布,并由此得到了膜长度与加热层长度的最佳比率。P. 麦克卡尼(P. Maccagnani)等研制了以多孔硅为热隔离层材料的微结构气体传感器,并用FEA分析其热机械行为。

由上可知,工作温度对传感器的特性有很大的影响,而且在传感器的阵列实现中,可通过调整阵列中的各个传感器的工作温度实现对不同气体的最佳识别,所以选择最佳的工作温度是一个很重要的问题。很少相关的研究,大多数人通过实验数据来寻找最佳工作温度。

二、人工嗅觉、人工味觉的信号处理

(一)人工嗅觉的响应表达式

人工嗅觉、人工味觉的数学模型非常复杂,目前人工味觉的数学模型还在研究中,因此这里只介绍人工嗅觉的响应表达式。设由 m 个气体传感器组成阵列,检测对象为 h 种不同成分、不同浓度的气体组成的混合气体。

第 i ($i=1, 2, \cdots, m$) 个气体传感器的灵敏度 k_i 与单一化学成分 j ($j=1, 2, \cdots, h$)(浓度为 b_j)之间关系的数学表达式如式(10-1)所示:

$$k_i = \frac{G_{ij}^W}{G_{ij}^S} = a_{ij}(b_j + p_{ij})^{t_j} \tag{10-1}$$

式中 G_{ij}^S、G_{ij}^W——传感器在标准状态和工作状态的电导率;

t_j——0~1之间的常数;

a_{ij}、p_{ij}——待定系数。

第 i 个气体传感器对由各种成分浓度为 b_j ($j=1, 2, \cdots, h$) 组成的混合气体的总响应 q_i 之间关系的表达式如式(10-2)所示:

$$q_i = a_{i0} + a_{i1}b_1^{t_1} + \cdots + a_{ij}b_j^{t_j} + \cdots a_{ih}b_h^{t_h} \tag{10-2}$$

式中 a_{i0}——常数项。

由 m 个气体传感器组成的阵列对某种气体混合物进行一次测量,得到一个数值向量,见式(10-3):

$$\begin{pmatrix} q_1 \\ q_2 \\ \vdots \\ q_m \end{pmatrix} = \begin{bmatrix} a_{11} & a_{12} & \cdots & a_{1h} \\ a_{21} & a_{22} & \cdots & a_{2h} \\ \cdots & \cdots & & \cdots \\ a_{m1} & a_{m2} & \cdots & a_{mh} \end{bmatrix} \begin{pmatrix} b_1^{t_1} \\ b_2^{t_2} \\ \vdots \\ b_h^{t_h} \end{pmatrix} + \begin{pmatrix} a_{10} \\ a_{20} \\ \vdots \\ a_{m0} \end{pmatrix} \quad (10-3)$$

式（10-2）可认为是一个气体传感器对气体混合物的响应模型；式（10-3）则描述了气体传感器阵列对气体混合物的响应模型。这说明传感器的测量值与气体浓度之间关系非常复杂，待定系数很多，用常规的数据处理方法很难找到式（10-3）中的参数。对于具有高度选择性的气体传感器阵列，系数矩阵可简化为对角矩阵，则当 $h<m$ 时，方程有唯一解。即该系统可以准确地进行成分分析，但要求混合气体成分不超过 m 种。实际上，由于组成传感器阵列的传感器的选择性不高，在性能上相互重叠，因此，系数矩阵往往是不可对角化的，即存在大量非零的非对角元。此时，系统可以监测更多种气体，但精度将降低。实际的传感器特性，还受到温度等环境因素影响［这些变化反映在待定系数 a_{ij}（$j=1\cdots m$）上］，使得气体传感器阵列对气体混合物的响应模型更趋复杂，这也是用神经网络进行数据处理的原因。

（二）信号特征提取、选择和归一化

在模式识别中，特征提取是一个重要的问题。如果从输入数据中得到了能区分不同类别的所有特征，那么模式识别和分类也就不困难了。但实际上只需要提取对区分不同类别最为重要的特征，即可有效地分类和计算，这称为特征的选择。特征可分为三种：物理特征、结构特征和数学特征。前两种特征用接触、目视观察或其他感觉器官检测得到。数学特征如统计均值、相关系数、协方差矩阵的特征值和特征向量等，常用于机器识别。

采样后的传感器输出是一个时间序列，其稳态响应值和瞬态响应值是提取特征的依据。常用的特征提取方法如表10-4所示。实验表明，相对法和差商法有助于补偿敏感器件的温度敏感性。对数分析常用于浓度测定，可将高度非线性的浓度响应值线性化。表中 x_{ij} 为第 i 个传感器对第 j 种气体的响应特征值，V_{ij}^{max} 为第 i 个传感器对第 j 种气体的最大响应值，V_{ij}^{min} 为第 i 个传感器对第 j 种气体的最小响应值。

表10-4　　　　　　　　　气体传感器响应的常用特征提取方法

方法	公式	传感器类型
差分法	$x_{ij} = V_{ij}^{max} - V_{ij}^{min}$	金属氧化物化学电阻，SAW
相对法	$x_{ij} = V_{ij}^{max} - V_{ij}^{min}$	金属氧化物化学电阻，SAW
差商法	$x_{ij} = (V_{ij}^{max} - V_{ij}^{min})/V_{ij}^{min}$	金属氧化物电阻，导电聚合物
对数法	$x_{ij} = \lg(V_{ij}^{max} - V_{ij}^{min})$	金属氧化物电阻

传感器阵列中不同传感器的不同特征值之间数据差异性可能会很大，有时会相差几个数量级。因此，在提取传感器特征的基础上，还需将传感器响应值归一化，即使得传感器响应特征值处于［0，1］区间，几种常见的归一化方法见表10-5，表中 y_{ij} 为归一化的特征值，x_{ij}^{max} 为第 i 个传感器对第 j 种气体的响应最大特征值，x_{ij}^{min} 为第 i 个传感器对第 j 种气体的响应最小特征值。$\bar{x}_{ij}$、σ_{ij} 为第 i 个传感器在第 j 种气体中多次响应特征值的平均值和方差。

表 10-5　　　　　　　　　　　　　　　特征值归一化方法

方法	公式
一般归一化（sensor normalization）表达	$y_{ij}=\dfrac{x_{ij}-x_{ij}^{min}}{x_{ij}^{max}-x_{ij}^{min}}$
矢量归一化（vector array normalization）表达	$y_{ij}=\dfrac{x_{ij}}{\sqrt{x_{1j}^2+x_{2j}^2+\cdots+x_{nj}^2}}$
自归一(autoscaling)表达	$y_{ij}=\dfrac{x_{ij}-\overline{x}_{ij}}{\sigma_{ij}}$

第三节　人工嗅觉、人工味觉技术在食品检测中的应用

目前，在国内外对人工嗅觉和人工味觉的应用研究中，相对来讲，人工嗅觉的应用更广泛，产品也更成熟。下面分别介绍人工嗅觉、人工味觉技术在食品检测中的应用。

一、人工嗅觉技术在食品检测中的应用

（一）人工嗅觉技术应用简介

目前，食品气味测定方法中用的最多的是气相色谱法（gas chromatography，GC），气相色谱仪是重要的理化分析仪器，它几乎可用于所有化合物的分离和测定。灵敏度高（10^{-12}g/s），分离和测定可一次完成，也可以和多种波谱分析仪器联用，这些优点使它在各类化学分析方法中占有十分重要的地位。但它也有不足之处：需要制备和处理样品，选择合适的萃取溶剂以及合适的色谱分离条件，分析时间通常要几十分钟至几小时；由于挥发物浓度一般比较低，用氢火焰离子化检测器（FID）检测有时不能满足要求；而且面对未知物检测时，一般要有标准样品，否则无法定性，即使能对某种或某几种成分定性鉴别，也不能获得整体的嗅觉信息。与气相色谱法相比，人工嗅觉技术操作快速简便，样品不需要前处理，也不需要任何有机溶剂进行萃取，因此是一项有利于环境保护，不影响操作人员健康的绿色分析技术。测定一个样品通常需要几分钟至几十分钟，但很少超过半小时，而且，能获得未知样品整体的信息，具有人工智能的识别作用。与传统的感官评定方法相比，人工嗅觉技术更客观，重复性更高。国外对人工嗅觉的研究异常活跃，主要应用在酒类、茶叶、鱼和肉等食品挥发气味的识别和分类中，其目的是进行质量分级和新鲜度判别。根据对象的不同，气敏传感器阵列及分析方法也不同。另外在环保监测、临床诊断、香水香型的判别等方面也有所应用。

人工嗅觉系统在常规理化分析和传统感官评定这两种检测手段之间的某些领域发挥着重要作用，或者说它在食品的气味研究方面可以作为常用的仪器分析法和感官测试方法的补充。它在大多数方面提供了比人的鼻子更敏感、更客观、更具重复性的气味辨别方法，解决了食品评价手段对食品工业自动化的制约，在食品工业的各个方面都将发挥越来越大的作用。下面介绍几种国外食品检测中应用比较成功的人工嗅觉系统及其检测过程。

表 10-6　　　　　　　　　　　　商品化的人工嗅觉系统

人工嗅觉系统名称	所在国家	所用传感器类型	所用传感器数目
Airsense	德国	MOS	10
Alpha MOS	法国	MOS/CP/QCM	达到 24
AromaScan	英国	CP	32
Bloodhound Sensor	英国	CP	14
HKRSensorSysteme	德国	QCM	6
Lennartz electronic	德国	MOS/QCM	达到 40
Neotonics	美国，英国	CP	12
Nordic Sensor Technologies	瑞士	MOSFET/MOS/IR/QCM	达到 15
RST Rostock	德国	QCM/MOS/SAW	达到 6

注：表中 MOS(mental oxide semiconductors)为金属氧化物传感器；CP(conducting polymer)为导电聚合物传感器；QCM(quartz crystal microbalance)为石英晶体谐振传感器；IR(infrared)为红外线光电传感器；SAW(surface acoustic wave)为声表面波传感器；MOSFET(mental oxide semiconductor field effect transistor)为金属氧化物半导体场效应管传感器。

（二）对啤酒香味的检测应用

啤酒的香味大约是由 700 种挥发或不挥发的化合物产生的。啤酒的香味辨别是个复杂的问题，在所含的几百种化合物中，有一些物质浓度极低，甚至低于多数气相色谱法的最低测量浓度。测量啤酒的香味通常采用常规的理化分析方法（如气相色谱法）或器官感觉的方法。这些方法昂贵、费时、灵敏度不高并且缺乏定量的信息，人工嗅觉系统可测量啤酒的气味，以取代现有的分析方法。人工嗅觉系统的气体传感器阵列由 12 个导电聚合物气体传感器组成，每一个导电聚合物气体传感器具有很宽的气体响应范围，它由两个薄的金电极和两电极缝隙间的敷有电化学沉积物的导电聚合体薄膜组成，能对啤酒的顶空饱和气体的部分成分发生响应。来自传感器阵列的信号经过适合的接口和调理电路，再由分类器处理，最后用多变量统计法得出结果。这种人工嗅觉系统能区分不同品牌的啤酒，也能区分合格的与腐败的啤酒。

图 10-8 是啤酒的顶端气体取样示意图，该取样系统由恒温水浴装置、样本容器、传感器头 3 个分离元件组成，样本容器体积为 2.0L，它浸在温度为 30℃恒温水浴装置中，传感器头固定在 1 个用来密闭样本容器的盖子上，旁边装有 1 个以均和混合气体的启动风扇。传感器头 4 个侧面上都有 1 个传感器座，座子的一面装有 3 个导电聚合物气体传感器，另一面连接导线。这样传感器头上总共装有 12 个导电聚合物气体传感器组成传感器阵列。测试时盖子与样本容器密闭，使传感器头在封闭的环境中进行测试。

该装置对 3 种不同品牌的啤酒进行了鉴别，3 种啤酒分别为淡啤酒 1（标准强度的淡啤酒）、淡啤酒 2（增强强度的淡啤酒）和淡色啤酒（低乙醇啤酒）。啤酒的测试过程如下：先将样本容器放入水浴中，再注入 100mL 的啤酒，密封后停留 20min，直到液体和顶端气体达到均衡状态。使传感器头位于容器中啤酒样本的顶端气体中，10min 后移出传感器头。样本容器用水洗净然后用纯净的空气吹干以去掉任何杂质。再将传感器头放入干净的试管中，停留 30min 使传感器还原。这样就完成了对一种啤酒的一次测试，典型的测试时间总共大约 40min。

该人工嗅觉系统分别对这 3 种淡啤酒中每一品牌 5 个不同批次的样品进行了测试，通过

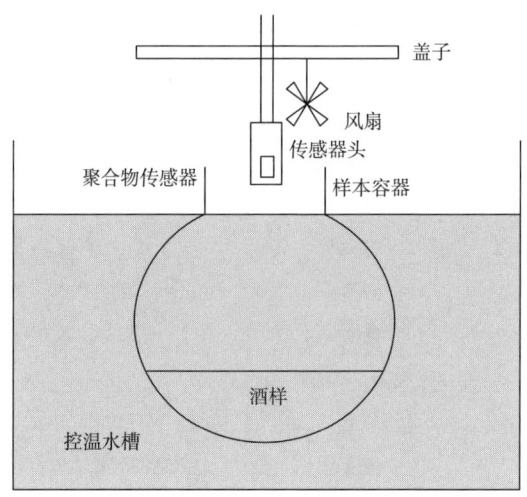

图 10-8 啤酒的顶端气体取样示意图

元素分析（CA）识别分析，结果表明可以将这 3 种啤酒区分成 3 个明显的类别，人工嗅觉系统的识别率为 100%。该人工嗅觉还对同一批淡啤酒随时间的变化进行了跟踪试验。这项研究表明，使用导电聚合物气体传感器阵列和相关的模式识别技术发展的人工气味系统，能区别各种商业啤酒的香味，也能确定偏离标准啤酒香味的程度，可以应用于酿酒厂的质量控制。

（三）对食品新鲜度的检测应用

人工嗅觉系统在食品分类或识别方面有广泛的应用。意大利罗马第二大学的人工嗅觉系统采用覆盖有非金属卟啉和相关化合物的 8 个石英晶体谐振气体传感器（QMB）组成气体传感器阵列。该传感器阵列中的每个传感器具有较宽的响应范围，且每个传感器均是针对所测食物散发的特殊气味的不同而有不同的选择性响应，因此整个传感器阵列的响应范围比较宽。这些特殊的气味是由多种有代表性的化合物形成的，例如，有机酸、乙醇、胺、硫化物、羰基化合物。具有呋喃和吡咯的有机酸和羰基化合物是糖的裂解产物，而胺、乙醇和硫化物是氨基酸降解的产物。各个传感器对于上述几种物质的灵敏度彼此不同，灵敏度的不同不仅是由于分子内部固有的选择性，也与分子质量有关，例如，传感器对长链醇和短链醇的灵敏度差异较大。在检测鱼的新鲜度时，长链的羰基和乙醇的数量与新鲜鱼的气味相联系，而短链的醇、羰基、硫化物和氮化物的数量与坏鱼气味相联系。

结果如图 10-9 所示，结合主成分分析法可以将不同新鲜度的鳕鱼区分开来。

（四）对食品制作过程监控的检测应用

在葡萄酒酿造过程中，必须时刻监控由微生物发酵引起的气味变化。在整个过程中，由于酵母菌的代谢而产生较为复杂的物质，这些物质的成分、浓度和化学特性都会导致整个葡萄酒风味发生变化。因此，可用以 32 个有机电导聚合物为气敏传感器的人工嗅觉系统结合主成分分析数据处理法监测葡萄酒酿造过程中的气味变化。

利用人工嗅觉系统监控产品品质的技术同样被应用于伊比利亚火腿生产过程。这里所使用的传感器包含半导体薄膜材料氧化锡和金属催化剂铬。该人工嗅觉系统结合主成分分析和

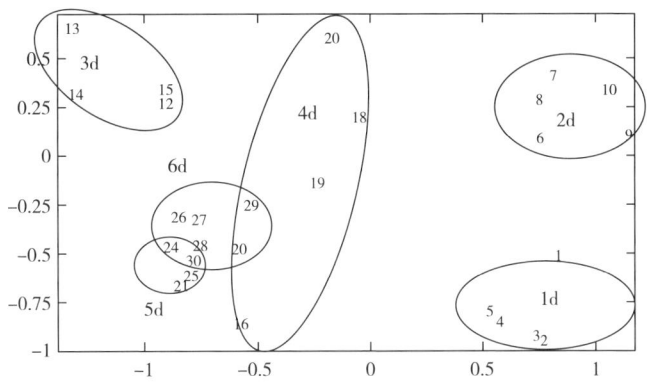

图 10-9　鳕鱼存储时间的 PCA 分析结果

概率神经网络分析能够很好地区分出受污染和没受污染的火腿。

在红茶制作过程中，经过发酵工序之后茶叶的青草香会转变为花香味，发酵的时间决定了生产的红茶的品质，所以要选择合适的时间结束发酵过程。可利用含有 8 个金属氧化物传感器的人工嗅觉系统对红茶发酵过程中的气味进行实时监测，并且利用时间延迟神经网络分析和自组织映射的方法对红茶发酵的最佳时间进行预测。

（五）对食品真伪鉴别的检测应用

人工嗅觉系统还能能够实现对橄榄油、奶酪、蜂蜜、醋等的真假判断。彭扎（Penza）和卡萨诺（Cassano）制备一套含有 4 个金属氧化物传感器的人工嗅觉系统，该人工嗅觉系统所使用金属氧化物为 WO_3，4 种金属催化剂 Pt、Au、Pd 和 Bi 分别修饰 4 个金属氧化物传感器。一些掺入甲醇、乙醇的意大利葡萄酒使用这个人工嗅觉系统来判断真假。PCA 和 BP 神经网络被用来判断掺假的葡萄酒，并来确定添加的混淆物。添加的甲醇和乙醇的比例为 10%。通过对结果的分析可以发现，使用神经网络模式识别能够提供平均 93% 左右的准确率，并能够区分出到底含有甲醇还是乙醇。

研究人员研发了一种可靠的、灵活的手提式人工嗅觉系统，这种人工嗅觉系统可以自动控制静态顶空进样系统，并且能够将橄榄油的等级分为超纯、纯、次级纯。人工嗅觉系统在对超纯与纯等级的橄榄油鉴定时存在一些小误差，概率为 86.8%，但在对次级纯的橄榄油鉴定时不存在什么误差，准确率高达 96.1%。

以上应用实例表明，人工嗅觉系统的使用范围越来越广泛。随着研究的不断深入，人工嗅觉系统将在食品检测与监测方面发挥越来越大的作用。

二、人工味觉技术在食品检测中的应用

（一）人工味觉技术的应用概况

人工味觉的研究在国外的起步时间还不长，但已经取得了很大的突破。目前，应用人工味觉系统可以很容易地区分几种饮料，如咖啡、啤酒和电解质饮料。使用人工味觉系统的一大优点是不需要对食物进行任何预处理，把饮料倒入杯子里很快就可以测出味道。人工味觉系统也可以用来检测脂状食物或固体食物的味道，如检测番茄时，测量之前使用搅拌器打碎

番茄，再进行测试，然后可以通过输出电势模式的形状区分不同品种的番茄。

近来，人们对饮用水的质量越来越关注，大多数人要求安全而且味道好的饮用水，对饮用水的安全的快速检测是非常必要的，然而，目前还没有一个满意的评定饮用水质量的测量系统。人工味觉对许多化学物质有敏感性，可以检测出水的硬度，以及其中是否含有有害物质。同样，人工味觉也可以用于对工厂排水污染物的检测，许多污染物质，如Fe^{3+}、Cu^{2+}等离子，在几分钟之内就可以检测出来，试验结果表明，人工味觉在水质环境检测方面有应用的可能性。现在国际上已经把味觉传感器的研究列为重要的发展目标，用人工的方法实现生物味觉的功能，向不能检测的生物量——味觉挑战，人工味觉有着广阔的发展前途。下面简单介绍目前应用比较成功的一种多通道人工味觉系统在食品味道检测中的应用实例。

（二）对食品味道的检测应用

多通道人工味觉系统的传感器用类脂膜构成的多通道电极制成，多通道电极通过多通道放大器与多通道扫描器连接，从传感器得到的电子信号通过 A/D 转换为数字信号，然后送入计算机进行模式识别处理，得到相应的味道。装置见图 10-10，其中，采用了 8 个味觉电极，电极上面有一层类脂/聚合物敏感膜，缓冲液为 3mol/L 的 KCl 溶液，上部用 Ag/AgCl 标准电极。整个传感器阵列是密封的，通过测量多通道类脂膜和参考电极之间的电压差来反映味觉信号（图 10-10）。

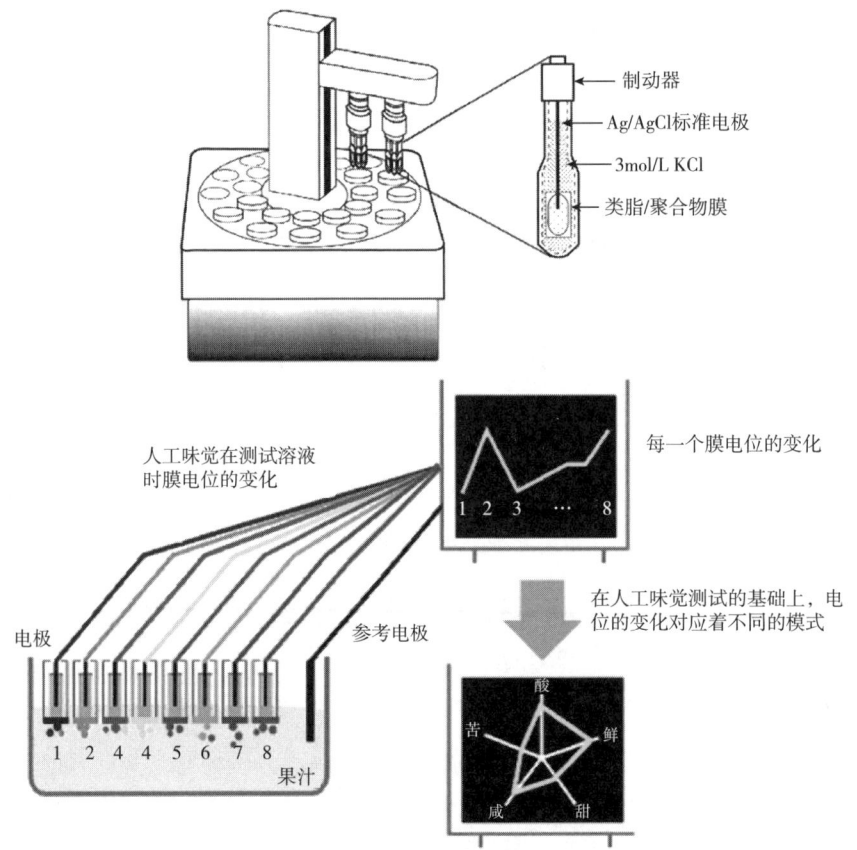

图 10-10 多通道人工味觉装置及其响应过程示意图

图 10-11 所示的是该人工味觉区分 2 种酸（醋酸、柠檬酸）和 3 种产生鲜味化合物 [谷氨酸钠（MSG）、肌苷酸二钠（IMP）、鸟苷酸二钠（GMP）] 的结果。该人工味觉中应用了 7 种不同的类脂膜电极，从图中可以看出，对柠檬酸和醋酸的测试中，由于它们都是酸，所以响应的趋势是大致相同的，但由于这两种酸的成分不同，各膜的响应强度不一样。海藻、鱼、肉、蘑菇都能产生鲜味，但各自产生鲜味的成分不同，海藻中的谷氨酸钠、鱼和肉中的肌苷酸二钠、蘑菇中的鸟苷酸二钠等都产生相应的鲜味。人工味觉对这 3 种鲜味物质响应趋势是相似的，但响应的强度不同。从图 10-11 中两幅图比较可以看出，人工味觉对食品中的酸和食品中的鲜响应不论是从强度还是趋势都是不同的。用该人工味觉测试食品时，对那些产生相同味道的食品人工味觉的响应相同，而那些产生不同味道的食品，人工味觉产生不同模式的响应。

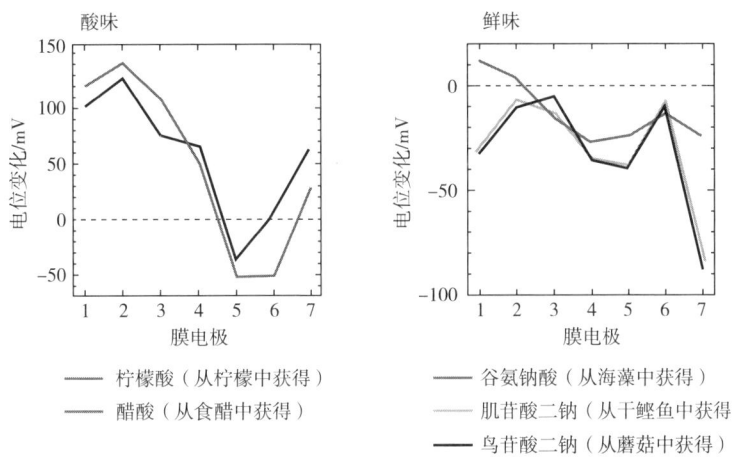

图 10-11　人工味觉测试 2 种酸和 3 种鲜味化合物

（三）对食品货架期的检测应用

研究人员采用材质为不同类型的金属、金属氧化物及不溶性金属盐的 16 个电极组成的电位型人工味觉系统，对鱼的新鲜度进行评价，将人工味觉系统与质构、pH、总挥发性盐基氮（TVB-N）等生物化学指标之间建立定量 PLS 模型，取得了良好的相关性（相关系数>0.98），实现了对传统的感官分析方法的一种良好补充。将人工味觉系统与经典的感官品评方法相结合对韩国 17 种市售可食用的蘑菇中鲜味成分进行分析，得出人工味觉系统与感官品评得分之间具有显著相关性的关系，从而确定了人工味觉系统适用于蘑菇鲜味分析的结论。利用多频脉冲伏安型人工味觉系统（图 10-12）对存储在 4℃不同时间的鱼肉进行检测，得出人工味觉系统在鱼肉的品质及新鲜

图 10-12　多频脉冲伏安型人工味觉系统

度评价中具有巨大潜力。将人工味觉系统与人工嗅觉系统结合起来用在乳制品货架期监控当中，结果证明了人工味觉系统在乳制品的货架期监控方面具有独具一格的优点，可以部分代替人类的感官品评，避免品评人员主观差异性造成的影响。

（四）对食品质量分级的检测应用

食品的品质分级关系到食品的质量定位和消费者的切身利益，尤其是在酒类和茶叶行业中，品质往往决定着产品的价格定位和目标消费人群。研究表明，人工味觉系统分析结果与化学和微生物分析结果一致，人工味觉系统作为快速检测工具，能够有效地区分出酒类和茶叶产品间品质的差别，帮助实现产品的定位及配方的优化。将人工味觉系统作为红酒年份预测和有机酸、酚类化合物定量分析的快速检测工具，人工味觉系统预测红酒年份误差在1.8年以内，并能有效检测多种有机酸的含量。把不同橡木片分别浸泡于人工配制的葡萄酒溶液和酿制葡萄酒中，用人工味觉系统区分不同种类的橡木片对葡萄酒的影响情况。

在茶叶方面，人工味觉系统可有效区分年份、炒焙工艺不同的茶叶产品。使用伏安型人工味觉系统对不同炒制温度、时间和不同贮藏期的苦荞茶进行品质辨识，使用主成分分析区分了炒制温度差异较大的苦荞茶，而对于同一炒制温度不同炒制时间的茶样以及不同储期的茶样区分效果不佳；用线性判别方法区分了不同炒制温度和时间制备的12组苦荞茶以及不同储期的7组苦荞茶，其区分指数分别达到9.8%和9.7%。采用主成分分析不同年份和不同等级的普洱茶样品结果表明，人工味觉系统均能有效地对不同年份和不同等级的普洱茶样品进行分类。建立不同年份熟普洱茶样品的线性判别模型，该模型对未知样品的识别率达93.75%。

三、人工味觉和人工嗅觉的结合

在人体内，味觉与嗅觉通常是一起使用的，只是二者是从不同角度分析同一种物质。人工嗅觉是由气体传感器阵列和数据处理组成，对不同的气味具有信号处理、模式识别等功能；人工味觉是基于电化学响应性的变化对液体进行分析，因此，人工味觉和人工嗅觉技术的联合使用可更好地模拟食品的风味，获得更可靠的区分和鉴别结果。

采用人工嗅觉（电子鼻）和人工味觉（电子舌）数据融合的方法鉴别掺入熟番茄的新鲜樱桃番茄汁。结果表明，基于电子舌和电子鼻数据融合的预测性能优于单独使用电子舌或电子鼻的预测性能，4种融合方法得到的pH和可溶性固形物预测值与实际值具有很好的相关性，相关系数均大于0.99。用电子鼻和电子舌区分来自7个产地、不同品种的共126个苹果样本，结果表明，电子鼻和电子舌共同使用能够更好地区分来源不同的苹果，使用线性判别分析、支持向量机和偏最小二乘判别分析都对样本有较好的判别效果。

尽管人工嗅觉与人工味觉可以分别区分物质，但是它们的结合可以更进一步提高识别能力，二者的集成化可以广泛应用于食品的检测和监测，目前这方面的研究正处在初级阶段。

> **思考题**
>
> 电子舌和电子鼻是如何模拟人的嗅觉和味觉的？

第十一章

气味可视化检测技术

学习目标

掌握气味可视化检测技术的原理,并熟悉气味可视化检测装置的构成及功能,了解气味可视化检测技术在食品领域中的应用。

重点和难点

重点是气味可视化传感器敏感材料的选择与制备;难点是气味可视化检测技术信号分析方法。

第一节 气味可视化技术

电子鼻技术作为气味无损检测手段具有很多优势,但是电子鼻对低浓度的挥发性成分检测能力较差,同时易受环境湿度和酸度的影响。近年来,一种基于化学响应色素作为传感器单元的气味可视化技术被广泛应用于气味和挥发性成分的检测。气味可视化技术是根据化学响应色素与待测物挥发性物质发生反应后,导致自身或者载体光信号、电信号等发生变化,并依据变化的信号来定性定量分析待测物的一种技术。气味可视化技术主要是依赖于化学响应色素分子的共价键、离子键和氢键等强作用力,具有不易受环境中水蒸气等干扰因素的影响的优点。常用的化学响应色素为卟啉、金属卟啉、酞菁和pH指示剂等。为了能够更好地区分结构、功能相似的化合物,针对这一问题,电子鼻技术采用通过基于某组聚合物的性质(如质量、体积、电导率)或一组加热的金属氧化物上的电化学氧化的变化的多个传感器组成交叉响应的传感器阵列,能够有效提高气味可视化传感器的灵敏度和选择性。

气味可视化传感器信号处理过程如下,首先是对采集到的原始阵列传感器图像和反应后的图像通过图像校正、去噪等一系列预处理,将阵列上化学响应色素整齐排列并从图像的背景中分割出来,然后分别提取每个色素中心点附近100个像素点取平均值,将反应前后的传感器上每个化学响应色素做差得到RGB差值(ΔR、ΔG、ΔB),ΔR、ΔG、ΔB计算公式见式(11-1)~式(11-3)。每个化学响应色素的RGB差值作为后续数据处理方法的输入数据,对待检测气体进行识别。在图像处理完成后，为了实现检测结果的可视化，将图像处理获得的光谱信号以标准模板图像的形式显示。

$$\Delta R = |R_a - R_b| \quad (11-1)$$

$$\Delta G = |G_a - G_b| \quad (11-2)$$

$$\Delta B = |B_a - B_b| \quad (11-3)$$

式中，R、G、B 为红绿蓝三原色，ΔR、ΔG、ΔB 为化学响应色素某一像素点三原色分量相减的绝对值，下标 a（after）代表传感器阵列与待检测气体反应后的图像，下标 b（before）代表传感器阵列与待检测气体反应前的图像。

由于气味可视化传感器阵列不易受环境湿度、温度和酸度的影响，对固体和液体的样本的气味检测效果优于金属氧化物气敏传感器，因此气味可视化技术能够为具有不同品质的食品绘制指纹图谱。气味可视化技术已成功地应用于肉、水产品的新鲜度检测，区分不同种类和年份的酒、醋以及不同种类的咖啡、糖和蜂蜜。

第二节　气味可视化技术与指示膜技术

食品在贮藏过程中，由于所携带的微生物的作用以及自身酶促反应、细胞呼吸、脂质氧化等因素都会使食品的新鲜度下降，在此过程中能够产生特征性气体。而食品的成熟过程，例如，果蔬的后熟和发酵食品的发酵过程，也会产生特征性气体物质。

食品新鲜度和成熟度指示标签正是利用传感材料与这些特征气体发生反应，产生可测信号。从本质上来讲，食品新鲜度和成熟度指示标签也是气体传感器。例如，醛、酮和醇是牛乳变质的代谢副产物，这些化合物也可以通过化学氧化形成，或者通过酶催化反应或自由基引发的脂质氧化形成。将希夫（Schiff）试剂吸附在比表面积较大的 SiO_2 纳米粒子上。当挥发出的醛和酮与 Schiff 试剂接触时，Schiff 试剂会发生由淡红色到紫色的颜色变化，因此可以用于实时检测牛乳的新鲜度。有机硫化物是洋葱的特征性挥发气体，纳米银能够与洋葱在储藏期间挥发出的硫化物结合，使纳米银胶体溶液的颜色由黄色变成无色，因此可以用于实时指示洋葱的新鲜度。鲜切蔬菜在储藏过程中，由于微生物的生长繁殖和植物细胞的呼吸作用，会产生大量的 CO_2，根据此现象，可以利用甲基红、溴百里酚蓝、溴甲酚紫等指示剂制备 CO_2 敏感型的传感标签用于鲜切青椒的新鲜度指示。泡菜等发酵食品在发酵过程中由于厌氧菌或兼性厌氧菌的呼吸作用会产生大量的 CO_2，由于泡菜挥发出 CO_2 溶解在壳聚糖与考马斯亮蓝色素混合溶液中，使溶液的 pH 下降，壳聚糖将包裹的考马斯亮蓝重新释放到溶液中，溶液由无色重新变成蓝色，因此可以根据蓝色的深浅来指示泡菜的成熟度。

肉类新鲜度智能指示标签是食品新鲜度智能标签中研究最为广泛的一类。动物性食品中的蛋白质在细菌和酶的作用下，逐渐分解为多肽和氨基酸，进而产生胺类等含氮低分子化合物、硫化物、酸类、醇类和酯类等挥发性物质。比较常见的肉类新鲜度智能指示标签通常能够与呈碱性的挥发性含氮化合物发生反应，产生肉眼可见的颜色变化。

一、生物胺敏感型肉类新鲜度智能指示标签

（一）基于合成色素的肉类新鲜度智能指示标签

基于合成色素的比色型指示标签是肉类新鲜度智能指示标签中重要的一类。在合成色素中，pH 指示剂是最常用的色素。通过总结 20 余种 pH 指示剂的变色范围和颜色变化，可以看出不同的 pH 指示剂的变色范围有差别，制备复合指示剂是调节其变色范围的一个重要方法。

早在 2000 年，有学者将溴甲酚绿（BCG）涂布在疏水性聚四氟乙烯（PTFE）薄膜和聚对苯二甲酸乙二醇酯（PET）薄膜上，用于指示鱼肉的新鲜度。其他一些基于合成色素的肉类新鲜度指示标签如表 11-1 所示。

虽然基于合成色素的肉类指示标签研究较多，但是仍然面临着合成色素的安全问题。主要安全问题在于合成色素从指示标签中泄漏和在包装环境中的扩散行为。此外，基于荧光的肉类新鲜度指示标签也是一个重要研究方向。荧光需要激发光源激发产生，因此，荧光标签可以用于一些特定场合。将异硫氰酸荧光素（fluorescein isothiocyanate，FITC）和原卟啉 IX（protoporphyrin IX，PpIX）分别作为反应指示剂和对照指示剂通过共价键结合在纤维素薄膜上。不仅防止了荧光分子的浸出泄漏问题，同时当肉挥发出的生物胺与异硫氰酸荧光素结合时，会使其绿色荧光增强，而原卟啉 IX 的红色荧光不变，因而产生明显的颜色变化。

表 11-1　基于合成色素的智能指示标签在肉类新鲜度指示中的应用

显色剂	食品种类	食品贮藏温度和时间	反应物	标签颜色变化
聚二乙炔	鱼、鸡肉、猪肉、牛肉	4℃,8h	挥发性生物胺	由蓝至红
聚邻苯二胺-苯胺共聚物	罗非鱼	10℃,48h	挥发性生物胺	由红至黄
溴甲酚绿和甲基红混合	鸡胸肉	4℃,12d；10℃,2.78d	二氧化碳	由紫变黄变绿
溴甲酚绿	鱼肉	25℃,6h	挥发性生物胺	由黄至绿
甲基红和溴甲酚紫	牛肉	4℃,7.3d	挥发性生物胺	由红至黄 由黄至紫
溴酚蓝	鳕鱼片	4℃,4.5d；22℃,18h	挥发性生物胺	由黄至蓝
溴甲酚紫、溴百里酚蓝、甲基红	瘦猪肉	5℃,6d	挥发性生物胺	由红至绿

（二）基于天然色素的肉类新鲜度智能指示标签

为了解决化学合成色素的安全问题，近年来，越来越多的研究开始关注天然色素。在天然色素中，花青素是一类对 pH 敏感的安全可食性色素，广泛存在于花卉、水果和谷物中。可以利用花青素代替化学色素制备肉品新鲜度指示标签。

表 11-2 列出了部分近些年来发表的基于天然色素的智能指示标签用于肉类新鲜度的实时指示研究。这些天然色素包括花青素、姜黄素、茜草色素和紫草萘醌色素。通常这些标签都是以薄膜的形式固定在包装的内部，与肉腐败变质过程中挥发出的生物胺反应，产生肉眼可

见的颜色变化。

同时从表 11-2 中可以看出，前期研究所制备的基于天然色素的指示标签基本上是亲水性的。在实际应用过程中，冷鲜肉的包装内部通常具有高湿度，天然色素容易从亲水性薄膜中溶出泄漏。从而，导致指示标签中的色素浓度降低和分布不均匀，显著影响到指示标签的灵敏度和显色效果。因此，基于天然色素的指示标签在高湿度下的稳定性是需要考虑和解决的问题。

表 11-2　　基于天然色素的智能指示标签在肉类新鲜度指示中的应用

标签类型	色素	聚合物	肉类	储藏温度和时间	反应物	标签颜色变化
亲水性薄膜	紫荆花花青素	壳聚糖	猪肉和鱼肉	25℃，24h	挥发性生物胺	由红变绿
	玫瑰茄花青素	淀粉和聚乙烯醇	鱼肉	4℃，135h	挥发性生物胺	玫红到绿
	紫甘蓝花青素	果胶	牛肉，鸡肉，虾和鳕鱼	4℃/21℃，96h	挥发性生物胺	由紫变蓝
	玫瑰茄花青素	淀粉、壳聚糖和聚乙烯醇	猪肉	25℃，72h	挥发性生物胺	玫红至绿最终到黄
	紫薯花青素	直链淀粉和玉米醇溶蛋白	猪肉	25℃，72h	挥发性生物胺	紫至绿
	茜草色素	壳聚糖	牛肉	4℃，6d	挥发性生物胺	黄至紫
	甜菜红	淀粉和聚乙烯醇	虾肉	20℃，48h	挥发性生物胺	粉红至黄
	姜黄素	塔拉胶	虾肉	25℃，3d	挥发性生物胺	由黄到棕黄
	姜黄素	卡拉胶	猪肉和虾肉	25℃，3d	挥发性生物胺	由黄到棕黄
疏水性薄膜	紫草萘醌色素	纤维素	虾肉和猪肉	20℃/4℃/-20℃，5d	挥发性生物胺	由玫红到紫至蓝紫

（三）基于新型纳米材料的肉类新鲜度智能指示标签

贵金属纳米材料的局域表面等离子共振（LSPR）特性与纳米粒子的形状、尺寸、材料、粒子间距、介质等密切相关，因此通过调控这些参数，可以制备出各种独特的光学传感器。基于贵金属纳米材料的比色型传感器已经应用于各种检测应用中。在食品新鲜度检测中也有报道，例如，基于银纳米粒子的半胱氨酸传感器用于检测牛乳的新鲜度检测。然而，用于肉类新鲜度实时监测的研究仍有限。由于挥发性生物胺呈碱性，诱导乙酸间苯酚酯水解为间苯二酚，间苯二酚会还原银离子成银单质，从而附着在金纳米棒上，金纳米棒的颜色发生变化。将纳米棒固定在琼脂中制备成水凝胶成功用于牛肉和三文鱼的新鲜度指示。

还可以将银纳米粒子（AgNPs）包埋在聚乙烯醇（polyvinyl alcohol，PVA）溶液中，通过喷墨打印制备出 PVA-AgNPs 薄膜。该薄膜与生物胺反应时，能够引起 AgNPs 的等离子体共振阻尼常数的增加，使 AgNPs 的颜色由黄色变成无色。该薄膜成功用于鸡肉的新鲜度指示。

也可以利用细菌纤维素保护 AgNPs，当 AgNPs 与生物反应时，生物胺能够刻蚀 AgNPs，使得 AgNPs 的尺寸减小以及粒子间距的增加，从而使 AgNPs 细菌纤维素薄膜的颜色从琥珀色变成灰色。

二、硫化物敏感型肉类新鲜度智能指示标签

肉类在腐败变质过程中由于含硫蛋白的分解，通常会产生一些含硫化合物，主要包括硫化氢、甲硫醇、硫醚等，这些硫化物与肉的新鲜度密切相关。目前，针对硫化物的比色型传感器包括贵金属纳米粒子、荧光分子，以及其他发射团。在玻璃片上合成了对硫化氢敏感的比色型银纳米棒阵列。由于硫化氢的含量与培养基中一些细菌，如大肠杆菌（$E.\ coli$）、铜绿假单胞菌（$P.\ aeruginosa$）、枯草芽孢杆菌（$B.\ subtilis$）和金黄色葡萄球菌（$S.\ aureus$）的数量正相关，而银纳米棒对硫化氢具有高灵敏度，因此该银纳米棒可以用于检测细菌的数量。当银纳米棒与硫化氢反应时生成硫化银，颜色由银色变成蓝色。由于肉的腐败变质也主要由细菌引起，因此该研究为基于银纳米的硫化氢比色传感器应用于肉类新鲜度的指示提供了理论基础。

可以合成硫化氢荧光探针，当探针与硫化氢反应时，探针的蓝色荧光显著增强。将该探针固定到滤纸上，用于包装中的猪肉、鸡肉和牛肉的指示。在储藏过程中，探针的荧光逐渐增强。将肌红蛋白固定在琼脂凝胶中制备成标签，然后置于含有鸡肉的包装中。肌红蛋白能够与鸡肉在腐败变质过程中产生的硫化氢结合，颜色由褐色变成红色。

从本节中可以看出，目前针对肉类新鲜度的基于天然色素的生物胺敏感型指示标签主要存在天然色素在亲水薄膜中容易溶出的问题。而对于比色型硫化物指示标签在肉类新鲜度的研究较少。但许多研究表明基于贵金属纳米粒子的比色型传感器对硫化物具有很好的检测效果，为比色型硫化物指示标签的制备以及在肉类新鲜度指示中应用提供了方向。

思考题

气味可视化检测技术的原理是什么？在食品、农产品加工工业中，气味可视化检测技术能应用在哪些领域？

第十二章
食品声学和力学检测技术

> **学习目标**
>
> 掌握声学、力学技术分析原理,并熟悉声学、力学检测装置的构成及功能,了解声学、力学技术在食品领域中的应用。

> **重点和难点**
>
> 重点和难点是声学、力学信号分析方法。

食品与农产品的声学、电学和力学特性,是其物理性质中十分重要的内容。不仅是涉及相关加工机械、加工工艺的理论依据,而且是对食品与农产品进行品质评价的主要指标。食品与农产品的声学、电学和力学特性与食品与农产品的生化变化、变质情况有着密切关系,通过声学、电学和力学性质的测定,可以把握食品与农产品的品质变化。

第一节 食品的声学检测技术

一、声学特性检测技术

(一)声学特性检测技术研究概况

利用食品与农产品声学特性对其进行无损检测和分级是现代声学、电子学、计算机、生物学等技术在食品与农产品生产和加工中的综合应用。它具有适应性强、检测灵敏度高、对人体无害、使用灵活、设备轻巧、成本低廉、可在野外及水下等各种环境中工作和易实现自动化等优点,是一项正在飞速发展的新技术,在不少发达国家该技术经过多年的研究和发展,已逐步进入实际应用阶段。在我国,声波检测技术在工业和医学上的应用已比较广泛,但在食品与农产品生产和加工中的应用研究尚处于起步阶段,应充分利用国际学界已取得的经验,对食品与农产品的声学特性与其品质之间的关系进行深入研究,以便尽早在食品与农产品无损检测和分级中应用。

(二)食品与农产品的声学特性及检测原理

食品与农产品的声学特性是指食品与农产品在声波作用下的反射特性、散射特性、透射特性、吸收特性、衰减系数和传播速度及其本身的声阻抗与固有频率等,它们反映了声波与食品或农产品相互作用的基本规律。食品与农产品声学特性的检测装置通常由声波发生器、声波传感器、电荷放大器、动态信号分析仪、微型计算机、绘图仪或打印机等组成。检测时,由声波发生器发出的声波连续射向被测物料,反射、散射或从物料透过的声波信号,被声波传感器接收,经放大后送到动态信号分析仪和计算机进行分析,即可求出食品与农产品的有关声学特性,并在绘图仪或打印机上输出结果。食品与农产品的声学特性随食品与农产品内部组织的变化而变化,不同食品与农产品的声学特性不同,同一种类品质不同的食品与农产品其声学特性往往也存在差异,故根据食品与农产品的声学特性即可判断其内部品质的状况,并据此进行分类、分级。

(三)声学特性检测技术应用

1. 基于声学特性检测西瓜内部空心

西瓜声学检测系统如图12-1所示,硬件系统主要包括信号发生装置(由包裹塑料的金属球敲击西瓜表面)、信号接收装置(利用传感器贴在样品表面,感应振动信息)、信号处理装置(电荷放大器、数据处理器,内含集成电路板)和数据分析处理系统(电脑及数据采集控制系统)。软件部分采用C语言编程设计数据采集窗口,输入编号和敲击点,与触发装置连接,完成数据采集。

在采集声信号之前,先在西瓜上标记几个待测点(图12-2)。西瓜梗部标记1号,蒂部标记2号。在西瓜上画一条赤道线,其上每隔90°标定3~6号点(3号所在部位为西瓜自然生长状态的靠地点附近);在介于赤道和西瓜梗部之间画一条纬线L_1,其上标记4点7~10;在赤道和西瓜蒂部之间画一条纬线L_2,其上标记4点11~14。敲击是用来考察声学方法是否可用于空心的方位测定。这些点组合成不同的信号敲击-接收组合,用ij表示,其中i表示信号敲击点,j表示信号接收点。

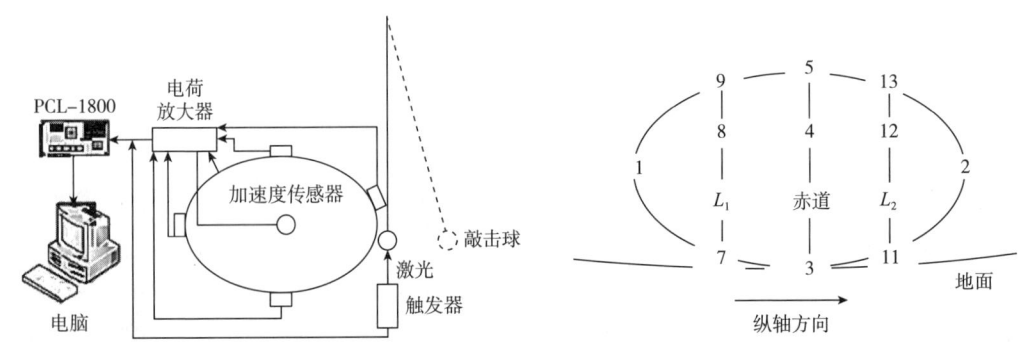

图12-1 西瓜声学检测系统 图12-2 西瓜标号示意图

西瓜切开后情况如图12-3所示。声信号采集完毕之后,采用傅立叶变换将时域信号转换成频域信号,得到信号幅频谱。然后,对敲击点和接收点幅频谱上每个频率(下称频率点)

对应的幅值计算其透过率，如式（12-1）所示：

$$\delta_{ij} = A_j/A_i \tag{12-1}$$

式中　δ_{ij}——敲击点为 i，接收点为 j 时敲击-接收点组合 ij 间的声透过率；
　　　A_i——接收点 i 幅值；
　　　A_j——敲击点 j 幅值。

借助判别分析函数建立声透过率值与样品间空心测定关系，并对理论判定结果与实际空心结果比较，计算出模型判定空心准确率。结果表明，赤道部位可以获得更好的空心检测结果。这是因为空心主要发生在赤道部位，声传递过程中容易发生回波、共振、透射或反射。声信号在西瓜内部传递相对复杂，声振动在赤道部位的传递能更好进行，所以能更好地反映西瓜内部情况。

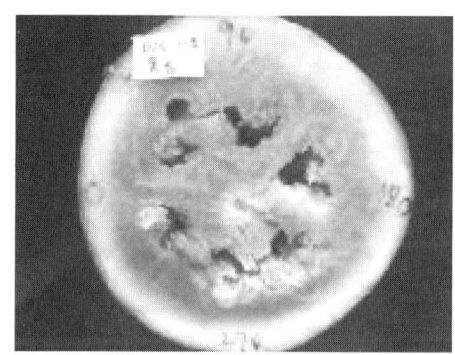 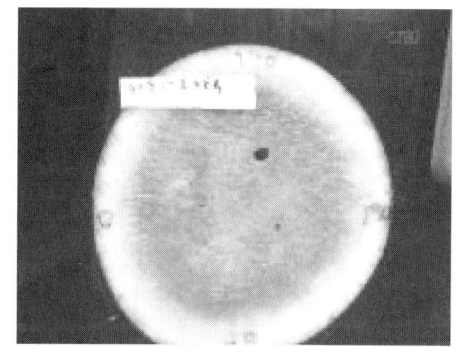

图 12-3　西瓜内部瓜瓤状态

2. 利用声学特性检测西瓜成熟度

通过拍打听声挑选西瓜是传统挑选西瓜的方法之一。这是因为随着西瓜的生长和成熟，瓜瓤细胞间的组织结构会逐渐由紧密变松散，所以其音频特性也会随组织结构的改变而改变。目前已经证明，与西瓜成熟度有显著相关性的音频特性有基频、功率谱峰值频率、音频波形对称度、衰减时间等。西瓜音频特性与成熟度的相关性已经有多位学者通过研究和试验进行了证明。

图 12-4 是不同成熟度西瓜的打击音波曲线。未熟西瓜在打击瞬时，其音波振幅达到最大，随后急剧衰减，呈不规则的衰减波形。而适熟西瓜和过熟西瓜的最大振幅出现在打击之后的某一时刻，其波形上下对称，呈有规律的衰减。两者波形相比，过熟西瓜的音波持续时间比适熟西瓜的稍长。为定量比较不同成熟度的音波波形，可以分别计算出波形对称度 α 和对数衰减率 β。

图 12-5 是西瓜的打击音波功率谱密度曲线。分析打击音波功率谱密度可知，未熟西瓜的打击音波含有多种频率成分，而且峰值频率 f_t 较高，为 164~280Hz，随成熟度增加，f_t 逐渐减少，在收获适期，为 132~164Hz，仅有一种频率成分。过熟果的 f_t 进一步减小到 107~130Hz，在 f_t 上下，又出现一些较小的峰值。

目前智能手机已普及，其内置摄像头、麦克风、全球定位系统、加速度计等，已使移动感测颇具应用开发潜力。采用智能手机采集不同成熟度西瓜拍打声信号（图12-6），提取有效判别成熟度的特征参数，构建定性判别模型，开发出可判别西瓜成熟度的应用软件，实现西瓜成熟度的快速检测。

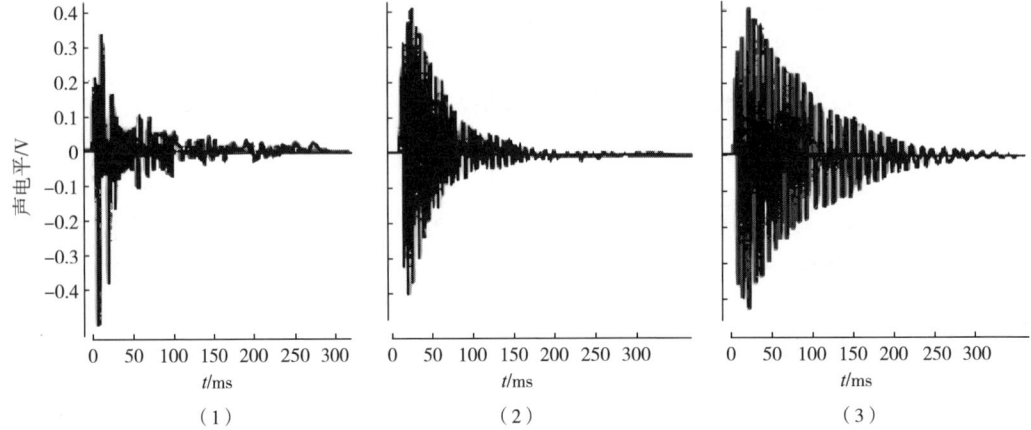

图 12-4　西瓜果实打击音波曲线

（1）未熟果　（2）适熟果　（3）过熟果

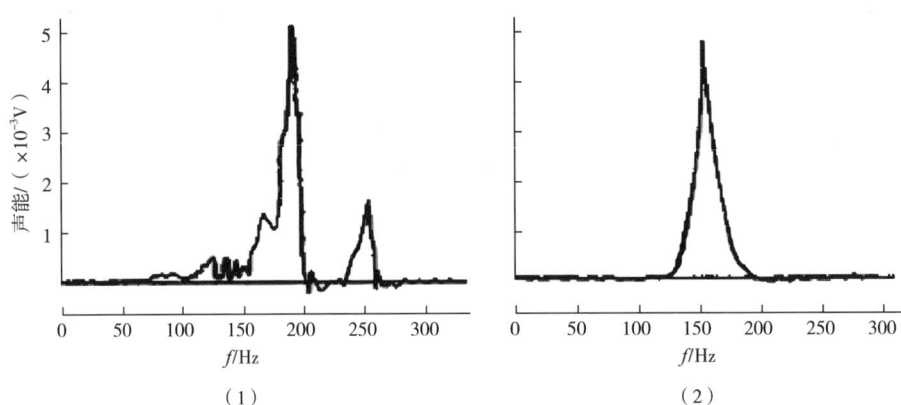

图 12-5　西瓜打击音波功率谱密度曲线

（1）未熟果　（2）适熟果

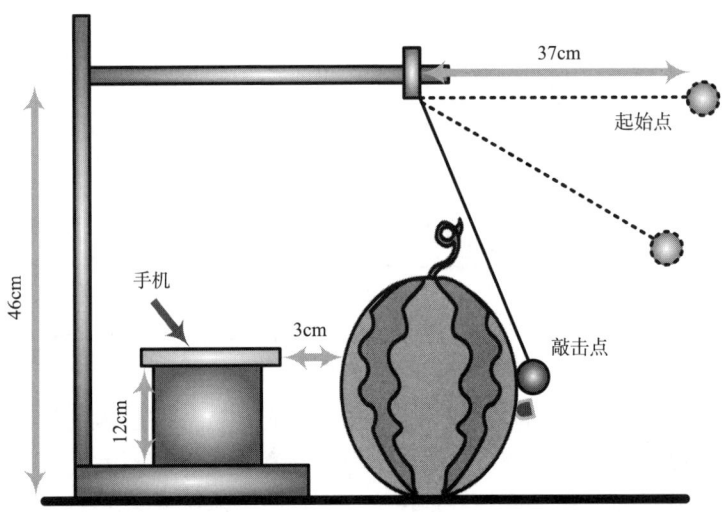

图 12-6　基于智能手机的西瓜成熟度检测系统

二、超声波检测技术

(一)超声波检测技术原理

在各种各样的无损快速检测技术中,超声波检测技术是一条可行和有效的途径之一。工业中应用的超声波检测技术可分为两种类型。一是利用高能量超声波破坏处理对象的结构和组织,如清洗设备和管道、破坏生物细胞、化学反应的乳化等操作,这类技术所利用的超声波特征是频率较低(不超过100kHz)、能量较高和其操作过程大多连续;另一类技术是利用低能量超声波对处理对象进行无损检测(NDT),其特点是频率较高(0.1~0.2MHz)、能量较低和大多采用脉冲式操作。后一类技术,因为能量低,所以声波通过时不会根本改变介质的物理或化学性质。

超声波检测技术是利用高频声波与物质之间的相互作用测得被测物质内部的物理化学性质的一种技术。这种技术目前已比较成熟地运用在医学、海洋学、材料工业和化工操作过程中的生物和非生物物质的检测和研究,但如何应用食品与农产品的无损检测及分级中去,还是一个较新课题。根据超声波检测技术的原理以及在其他方面应用的实绩,这种运用应该是可行的。尤其在光学不透明体系(绝大部分食品与农产品体系都具有该性质)有着广泛的应用前景。

超声波通过介质时大致表现为3种形式:压缩波、表面波和切变波。在NDT应用中,压缩波是最常用的超声波形式,其他两种形式的超声波使用得比较少。这是因为压缩波在介质中的传递是通过介质的压缩和膨胀进行的,介质质点在声波作用下以原始位置为原点所发生的振荡仍服从虎克定律,换言之,介质的结构在声波传递过程中未发生任何根本性的破坏。

超声波检测技术最为常用的两个测量参数是通过介质的声速和振幅衰减。超声波检测技术也分为连续式和脉冲式,前者操作较复杂,仪器和技术要求较高,测量精度也相应高,主要使用在一些专门的研究领域。工业上比较实用的是脉冲式,其优点是操作简单、快速,易于实现自动化。

1. 超声波的声速检测技术

当一个平面波通过介质时,超声波性质与介质的物理性质可用一个简单的数学式关联,见式(12-2):

$$(k/\omega)^2 = \rho/E \tag{12-2}$$

式中　k——介质的复合波数,cm^{-1};

　　　ω——角频率,$\omega = 2\pi f$,f是声波频率,Hz;

　　　E——介质的弹性模量,MPa;

　　　ρ——介质密度,kg/m^3。

声学均匀体系(大多数食品与农产品体系如水、分子溶液或油脂类属于这类体系)的衰减很小,介质的物理性质E和ρ基本上与声波频率无关,动态和静态测定的数值相差很小。因此,令$C = \omega/k$,上式简化为式(12-3):

$$C^2 = E/\rho \tag{12-3}$$

所以只要测出介质的声速,即可检测介质的物理性质。对固态介质,其弹性模量可表达为式(12-4):

$$E = K + \frac{4}{3} \times G \tag{12-4}$$

式中　　K——体积弹性模量，MPa；

　　　　G——刚性模量，MPa。

对液态介质，由于不具有刚性或刚性很小（如凝胶），此时从上述两式得到式（12-5）：

$$C^2 = K/\rho \qquad (12-5)$$

即声速只取决于介质的体积弹性模量和密度。在 ρ 已知的情况下，通过声速的测定就可直接反映出介质的内部结构。

在超声波检测技术中，常使用绝热压缩率 β 表述介质的弹性和结构特点。事实上，$K=1/\beta$，即 $C^2 = (\rho\beta)^{-1}$，由于不同介质（或介质在发生物理或化学反应前后）的组织结构不同，其绝热压缩率 β 也不同，因而其物理性质和超声波性质均有所区别，所以通过检测超声波性质的区别和变化，可定性或定量检测介质的物理性质甚至是分子水平上的变化。

超声波检测技术原理如图12-7所示，从信号发生器产生一个具有一定频率和振幅的脉冲电子波，在传至发送探头的同时，也传至时间计数器记录开始时间 T_1；脉冲电子波在发送探头被转化成相应频率的超声机械波通过样品压缩传递，被接收探头接收并再次转化成电子波，然后送至时间计数器记录停止时间 T_2；则 $\Delta T = T_2 - T_1$ 即为超声波通过样品的时间。而样品的距离 d 可利用已知声速的物质准确测知，所以声速即可求出。

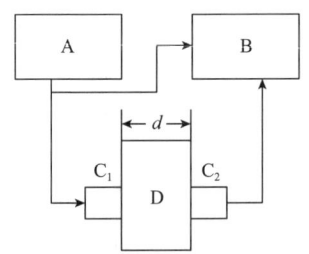

图12-7　超声波检测技术原理示意图

A—脉冲信号发生器　B—时间计数器　C_1—发送探头　C_2—接收探头　D—样品

在两相的界面处，声波可能透过或反射，所以在测量中往往只使用一个探头（既作为发送，亦作为接收使用），此时测到的是声波到达某一选定界面后再反射折回探头的时间，即 $C = 2d/\Delta T$。因为探头位置的移动操作是十分简便的，所以这种技术的操作费用很低，而且非常适于在线检测。

2. 超声波的衰减检测技术

当声波通过介质时，其振幅会出现减小，几乎所有物质均不同程度地会使超声波产生这种衰减。这种声波衰减主要是由于传递过程中声波能量发生吸收和散射。吸收的机制可能是声能在传递过程中被转化成了其他形式的能量。而散射则是当声波入射到一个介质的不连续处（如分散粒子的表面或其他两相界面）时，它会被散射而偏移入射波方向。在散射过程中超声波的能量形式并不发生改变，但由于被散射到其他方向以及相位发生了变化，所以接收器难以检测到这些能量。通常超声波在液态介质中的吸收表现为3种基本形式：热传导、黏滞耗散和分子弛豫。这些形式均反映了介质分子水平的性质及其相互作用，所以可以从衰减的程度对这些性质进行研究。在不均匀体系中散射是一个十分重要的超声波现象，体系的微结构以及许多物理性质均对超声波散射有着特定的影响。食品与农产品的许多体系均不同程度地存在散射，通过检测吸收和散射可以探知这些体系的性质和内部结构。

通过介质后振幅的衰减满足式（12-6）：

$$A = A_0 e^{-\alpha d} \tag{12-6}$$

式中　α——衰减系数；
　　　A——声波通过介质后检测到的振幅；
　　　A_0——初始振幅；
　　　d——超声波通过的距离。

衰减系数的测定与测量声速的原理相同，此时测量的参数是相邻回波的振幅及其变化。由于声速测定可以简化为距离和时间的测定，所以测量误差仅来自这两个项目的测定操作，而衰减系数的测定则由于导致衰减的机制的复杂性，使得较难正确判定误差的来源。因此，在实际的超声波测量技术中，速度的测量比衰减的测定要简单得多，而且对测定结果的分析也更容易明了，故而使用也更普遍。

从原理上讲，超声波技术主要能用于下面各项目的检测：
①物质的体积弹性模量和刚性弹性模量；
②物质的复合剪切黏度，尤其适于黏弹性的介质；
③分散体系和胶体体系的分散相粒度大小及其他性质；
④不同超声波性质的混合物体系的组分含量；
⑤不同超声波性质的介质层的厚度或深度；
⑥物质的流动速度；
⑦物质的相转变。

（二）超声波检测技术应用

1. 超声波检测技术在乳状液体系中的应用

乳状液体系由于分散相粒子的散射光作用，所以体系呈现浊而不透明（如牛乳），尤其是分散相所占容积比较大时，利用光学仪器是无法观察粒子的状况的。例如，贮藏或加工过程中体系是否发生分层？粒子是否发生聚集或结晶？用常用的检测手段很难判断，另外操作也会干扰和破坏原体系的状态，但是使用超声波检测技术能方便地解决这个问题。

静止状态下，粒子会由于重力作用而发生迁移。对食品中的油与水乳状液，由于油相密度小于水相密度，故而油珠会向上迁移而聚集在体系的顶端，即体系发生分层。传统的检测方法是把整个体系（或取部分样品试验）在选定的时间内快速冷冻以固定油珠的位置，然后再一层一层地沿样品高度取样，检测油的含量以确定它沿样品高度的分布，进而得出在不同时间段的分布变化，然后获得该体系分层的动力学结果。这种操作不仅费时，而且要破坏体系。但使用超声波技术则可以在很短的时间内完成上述的检测过程。如图12-8所示，超声波探头贴向样品容器外壁，并从容器底部向顶部快速移动。由于油与水的超声波速度不同，在油和水比例不同的区域，超声波的速度不一样。所以沿样品高度方向速度分布是不均匀的（随着油分含量的上升，声速下降）。对样品沿高度扫描测定，可得到油珠沿高度的分布图；通过规定时间间隔的测定，可获体系的分层动力学性质，进而可对体系作出评价并及时反馈信息到其他加工操作过程。这种方法的优点在于操作简便、快速，且不影响样品。适于产品（或中间制品）过程的质量评价和操作控制监测。

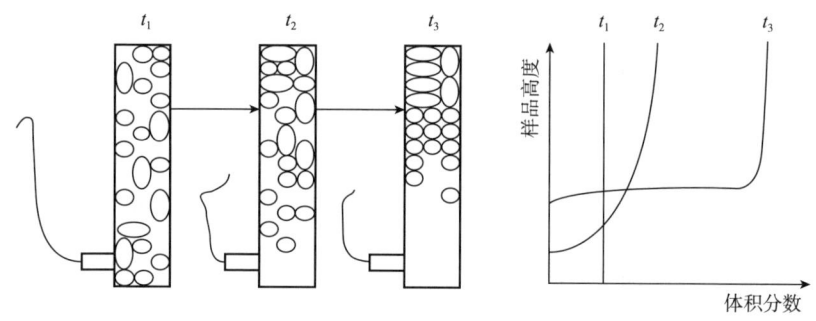

图 12-8 超声波检测乳状液分层的示意图

2. 利用超声波检测马铃薯空心

在外表正常的马铃薯块茎的中心部形成不规则的空洞是生理紊乱的一种表现，这是马铃薯主要质量缺陷之一，会对生产者和加工者带来严重的经济损失。马铃薯内部品质的超声波检测系统如图 12-9 所示。在该系统中，超声波探头经耦合剂直接与马铃薯表面接触，测试时高频脉冲发生器产生的脉冲电信号，由发射探头转换为宽频带超声波，射入到马铃薯中，遇到不连续组织时，一部分波能被反射，另一部分继续传播，穿过马铃薯的超声波则被另一侧的接收探头接收，放大后在示波器上显示，经计算机分析可求出超声波穿过马铃薯所需的时间和透射信号的强弱。由于马铃薯中的空心会导致超声波的多次反射，所以通过空心马铃薯的信号比通过实心马铃薯的信号弱，波动时间长，有更多的波峰和波谷，而且透射信号的幅值和功率谱密度都要小得多。根据这些差异，就可以将空心与实心马铃薯区分开来。

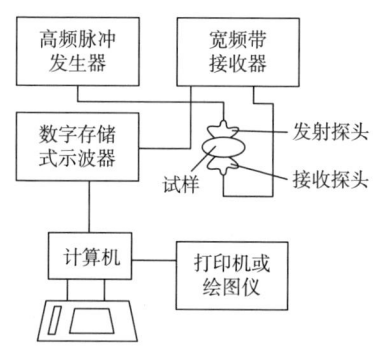

图 12-9 马铃薯空心的超声波检测系统

（三）超声成像技术应用

超声成像技术为超声波检测技术的一个重要分支，其不仅具有超声波检测技术的常规优点，而且还具有一些特性，例如，直观性强、灵敏度高等。超声成像技术是运用检测超声波采集试样表面及内部可见图像的技术，是检测试样内部情况与缺陷的有效手段。超声成像检测系统如图 12-10 所示，主要包括精密 X、Y、Z 轴运动装置和超声换能器（探头）、信号发射/接收装置、工业控制计算机、耦合剂槽。计算机触发信号发射/接收器发出驱动信号，探头通过内部压电材料的压电效应使得电压转换为超声波。声透镜将超声波聚焦成球面波（称作超声束）并将焦点置于耦合剂（如水、甘油）中的试样表面或内部，超声波在试样表面或内部声阻抗间断处发生反射。反射回波被探头又转换为电压，被接收器接收。电压信号通过滤波、放大等处理后送至数据采集中的 A/D 卡，转成数字信号，并进行相应处理。反射信号包括泄漏发射波、内部反射波（来自声透镜和匹配层之间反射）和样品反射波。因此，将成像闸门置于感兴趣的回波信号处（如样品表面回波信号），并根据该信号的强度，转换为有着灰度值大小的像素点，并在计算机上实时显示。为获取试样的二维图像则需进行 X-Y 平面或者 Y-Z 和 X-Z 平面扫描，最终获取试样的表面或内部的二维灰度图像。

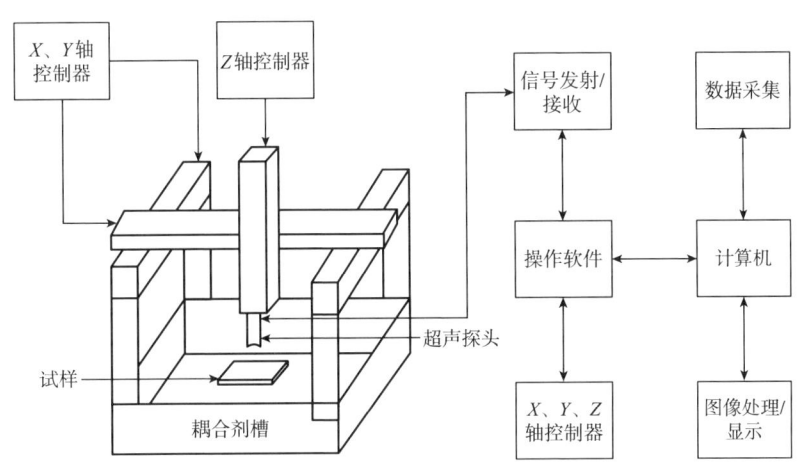

图 12-10 超声成像检测系统原理图

1. 超声成像技术在火腿肠等级标定和异物检测中的应用

火腿肠作为人们生活中最常见的食品，以各种各样的形式存在于市场。为了规范市场，GB/T 20712—2022《火腿肠质量通则》依据火腿肠各组分（蛋白质、淀粉、水分等）含量差异把火腿肠划为特级、优级、普通级。火腿肠作为常见的肉糜蒸煮制品之一，组分含量差异极大地影响着火腿肠内部的凝胶体系结构，导致不同等级火腿肠的质构（硬度、脆性、黏着性等）情况有所差别，为超声成像技术识别火腿肠等级提供了依据。图 12-11 为品牌 A、B 的特级、优级、普通级火腿肠超声图像。观察图像可知，同一品牌的特级、优级、普通级火腿肠超声图像在回波整体强度、分布上均具有一定差异；品牌 A、B 同等级火腿肠的超声图像区别不大，超声回波在强度与分布上有一定的类似；特级火腿肠的超声图像与其他等级相比超声回波平均强度小，但产生回波的区域较少且分布随机，最终导致图像均一性较差；优级火腿肠的超声图像的回波平均强度相对特级火腿肠较大，回波区域增多，图像直观均一性较好；普通级火腿肠相对其他等级平均回波强度最大，由于图像中回波区域的急剧增加，使得较多的局部区域回波强度过大，最终图像直观均一性比优级稍差，比特级稍好。由超声波在介质内部发生反射的原理可知，介质内部质构发生变化时（主要是密度和绝热压缩量）将会引起超声波发生反射，且质构变化越为剧烈时，超声波反射回波强度越大；特级火腿肠内部结构稳定，且内部结合力强，因此各部位之间质构变化较小，引起的超声波反射较少，且回波强度也较小；普通级火腿肠内部结构松散，内部结合力小，且由于淀粉含量较高在储藏时易老化形成微晶束，导致各部位之间质构变化较为剧烈，使得超声波在其内部传播时反射情况大幅增加且回波强度增大。

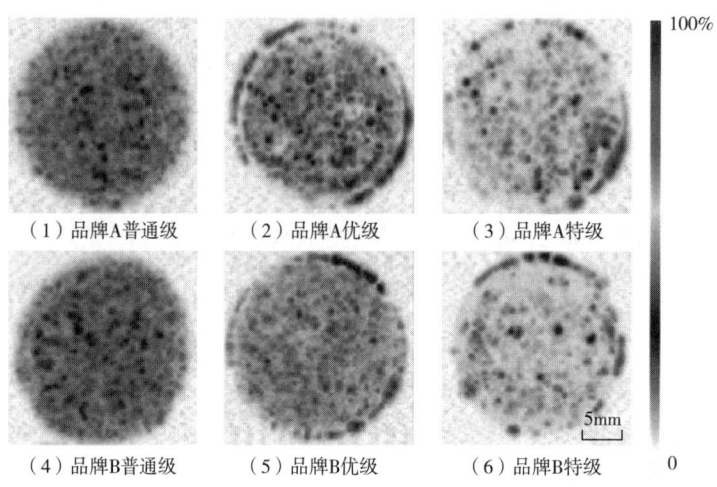

图 12-11 各级火腿肠截面超声图像

彩图 12-11

随着市场需求量的不断增加，火腿肠加工与生产已由传统的手工作坊式发展为大规模机械化生产。机械化生产促进了火腿肠产业的发展，但机械设备在长时间运转过程中不可避免出现磨损、老化、零部件脱落等问题，导致火腿肠中出现异物；同时，火腿肠生产原料中也难免会混入一定的异物。现有的火腿肠品质分析技术侧重理化指标的分析而忽略了异物的检测，这导致了极大的安全隐患。图 12-12 为不同尺寸异物在火腿肠不同深度时的超声图像，是将获取的 X-Y 平面扫描区域回波强度归一化处理再映射到 0~255 灰度级并进行彩色编码后所得，其中标尺为反射信号大小。图中空白部分区域有微弱的回波信号，可能是火腿肠内部颗粒回波与外部噪声造成的；异物超声图像中除异物区域明显的回波信号外，其他区域也具有较小的回波信号，可能造成原因与空白中相同。从图中可以看出在 5mm 的深度时各尺寸异物检测情况良好，基本呈现异物实际形状；在 10mm 深度时尺寸为 3mm×3mm 的塑料异物检测效果急剧下降，其他尺寸异物基本被检出；在 15mm 深度时各尺寸异物检测效果较差，异物基本被检出，但实际形状基本无法判断；同时不同异物在同一深度下检出情况也具有较大差异，从图中可直观地判断金属异物的平均回波幅值最大，塑料异物平均回波幅值最小，这与回波信号分析结果相符。同种异物在不同尺寸时检出情况也具有较大差异，从图中可以看到尺寸越大检出情况越好。

彩图 12-12

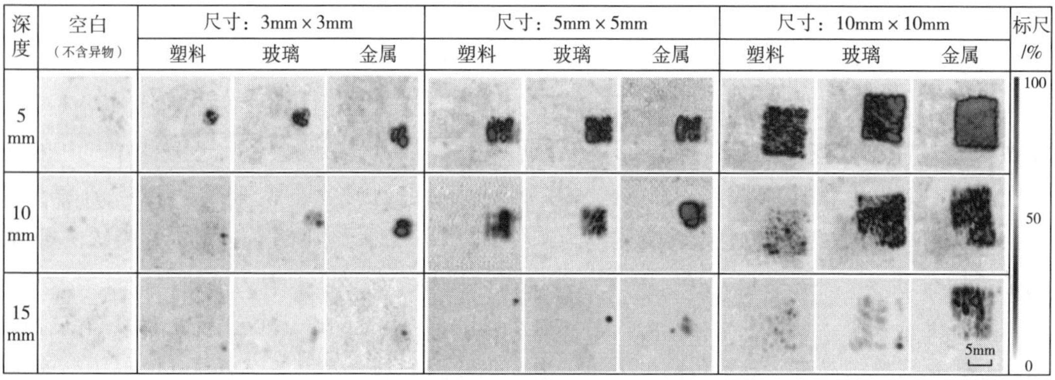

图 12-12 不同尺寸塑料、玻璃及金属在火腿肠中不同深度时超声图像

2. 基于超声成像技术的冰鲜和冻融三文鱼鉴别

三文鱼肉质鲜美、营养丰富。冰鲜贮运（0~4℃保藏）可最大限度保持三文鱼的口感及风味，赋予冰鲜三文鱼远高于冰冻三文鱼（-18℃保藏）的销售价格。为了防止冻融三文鱼"以假乱真"、变质冰鲜三文鱼"以次充好"，有必要对三文鱼的品质进行检测。冻融三文鱼在冰冻贮藏时，鱼体内部形成冰晶，导致肌肉中的部分空间网状结构及膜结构被破坏；随着贮藏时间的增加，伴随着冰晶的生长，肌肉组织结构及膜结构的破坏越严重，导致肌原纤维间的间隙增大甚至发生分离、变形甚至断裂，解冻后这种破坏不会恢复。而冰鲜三文鱼虽然也是低温贮运，但没有冰冻-解冻过程，内部组织结构完整。由超声波在介质内部反射的原理可知，介质内部质构发生变化时将会引起超声波发生反射，且质构变化越剧烈，超声波反射回波强度越大。

三文鱼样本超声图像如图 12-13 所示，超声图像颜色表征反射强度的大小，反射强度越大，颜色越深，颜色值越大。F组冰鲜三文鱼样本与T组冻融三文鱼样本的超声图像颜色有明显的差异，且随着贮藏天数的增加，颜色等高线的颜色值越来越大，从浅蓝到深蓝甚至到竹绿色变化；F组和T组三文鱼样本超声图像在回波整体强度和分布上均具有一定差异；同一样本的超声图像在反射强度上总体相似，因样本的生物多样性，同一样本的不同部位反射强度存在一定的差异。冰鲜三文鱼较冻融三文鱼超声图像的反射回波强度明显偏小，反射回波的聚集较少，图像的均一性较好；F1、F2、F3 冰鲜三文鱼和 T1、T2、T3 冻融三文鱼随贮藏天数的延长超声反射回波平均强度逐渐变大，回波区域逐渐增加，且较多的局部区域回波强度过大，使得图像的均一性越来越差。综上所述，F组和T组三文鱼样本的超声图像在回波整体强度和分布上均具有一定差异，同一样本的超声图像在反射强度上总体相似。因此，通过超声图像信息能够实现冰鲜和冻融三文鱼的鉴别。

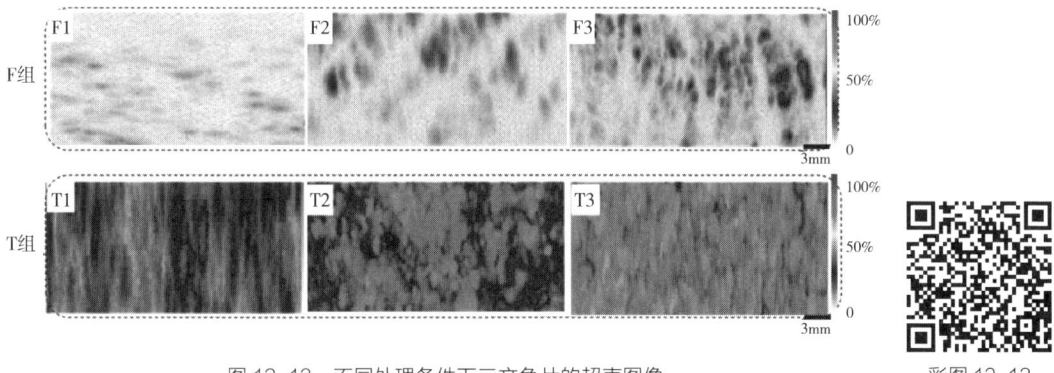

图 12-13　不同处理条件下三文鱼片的超声图像　　　彩图 12-13

第二节　食品的力学检测技术

一、食品与农产品品质检测中常用的力学特性

力学检测研究的是物料的力学特性，它包括质量、应力、硬度、振动以及冲击作用下的

各种响应等,每个项目包括的内容都很丰富。

利用食品与农产品的力学特性进行品质的检测是无损检测最为常用的方法之一,在生产过程中许多力学特性需要及时地检测,以便及时控制其生产过程。例如,泊松比可以衡量面包等膨松食品的膨松程度;在面包生产中,面团的流变特性(弹性、延迟弹性、压力松弛等)直接影响到面包的质量;在乳制品生产中,乳制品的表观黏度具有重要意义,如在浓缩过程中,可以用表观黏度的变化确定其浓缩点,在炼乳生产中,更需要精确地控制其黏度,因为表观黏度过大会导致变稠,过低则可能出现脂肪分离与糖沉淀。因此,在生产过程中及时快速地检测各种力学特性变化,对提高产品的质量和生产水平起到至关重要的作用。

农产品的力学特性是其成熟状态和品质的一个重要指标。果蔬生长和存储过程中,细胞间的结合力变小。除此之外,物料的重量、表面和内部颜色、形状、硬度、黏度等物理指标均会产生一系列的变化。

例如坚实度检测。坚实度是反映细胞间结合力变化的物理指标。目前,坚实度检查的常用方法是 M-T 戳穿试验方法(Magness-Taylor puncturetest)。该方法是用一定直径的钢制压头,按一定的压缩速度对果蔬进行压缩试验,同时测量压缩力,压缩力的最大值称为其坚实度。M-T 戳穿试验简单易行。但 M-T 戳穿试验是损伤性的,不可能逐个检验,故大样本的试验无法实现。另外,果蔬不同位置的 M-T 试验的结果有较大的差异。

再如硬度的检测。硬度是表示物体软硬程度的量。它主要取决于物体本身的弹性模量、屈服强度、塑性、脆性以及内部分子结构、结晶状态及原子间的键结合力等因素。硬度的检测方法可以分成静负荷和动负荷两种。

而振动是物体在某一个位置作往复运动的物理现象。物体的振动可用振幅、振动速度、振动加速度、振动频率等振动参数来表征。振动检测往往把振动的机械能转换成电量来检测。

食品与农产品种类繁多,组成复杂,对不同状态的食品与农产品进行品质检测时,常用的力学特性主要有下面的内容。

①固体物料的力学特性主要包含质量(重量)、密度、应力-应变规律、冲击、振动、屈服强度、硬度、蠕变、松弛、流变模型等。

②散粒体的力学特性包含摩擦、黏附、变形、流动、离析等。

③液体物料的力学特性主要包含流体力学特性、流变特性、黏性、黏弹性等。

二、力学特性检测技术

果蔬坚实度、硬度与成熟度的关系极大,下面着重介绍它们的无损检测方法。

随着果蔬的生长期和贮藏时间的不同,果蔬的坚实度也在不断地变化,坚实度的变化可以客观地反映出果蔬内部品质的变化。坚实度的检测主要应用在以下三方面:

①对生长中果蔬的成熟度进行监测和分析,决定合适的收获期。

②对收获的果蔬按其成熟度分级,以便存储。

③果蔬内部品质的检测,保鲜、存储期的确定。

在果蔬坚实度无损检测中,果蔬组织的杨氏模量是一个重要的基本参数。由于果蔬组织材料的复杂性,模量测量结果受其形状、大小、密度等因素影响。另外,测量传感器和施加力的位置和方向也会影响其测量结果。在较早的研究中,一般将果蔬视为各向同性的线性材料,在 20 世纪 70 年代,就有人注意到果蔬切割的方法、位置及方向会影响对其物理参数的估计,并对苹果的材料性能做了详细的研究,证实了果蔬组织的时变特性和各向异性。

(一)利用振动频率检测果蔬坚实度的方法

利用果蔬振动的固有频率检测其坚实度为众多学者所关注。虽然他们的测量方法和技术不完全相同,但其原理是一致的。库克(Cooke)等建立了简化为线弹性球体的果蔬动力学模型,并通过理论分析得到了各向同性线弹性球状果蔬的固有频率与其材料杨氏模量 E 的关系如式(12-7)所示:

$$E = \left[\frac{\rho(6\pi^2)^{\frac{2}{3}}2(1+\mu)}{\Omega^2}\right]f^2 m^{\frac{2}{3}} \quad (12-7)$$

式中　E——果蔬的杨氏模量,MPa;
　　　ρ——果蔬的密度,g/cm³;
　　　μ——果蔬的泊松比;
　　　m——果蔬的质量,g;
　　　Ω——归一化频率,Hz;
　　　f——果蔬的固有频率,Hz。

经测量得到固有频率 f 后,由上式可以估算出果蔬的杨氏模量 E,从而确定其坚实度。

用冲击振动产生的噪声和振动信号分别研究苹果和桃子的坚实度。将测得的杨氏模量与试样压缩试验得到的杨氏模量和 M-T 坚实度试验结果进行对比,结果表明前两种方法得到的杨氏模量相关性较好。相关系数均在 0.75 以上,但与 M-T 试验结果相关性较差,相关系数仅为 0.27。用压电薄膜作为传感器研究了苹果的固有频率与坚实度的关系,目的是开发一种能满足果蔬在线分级要求(达到 5~10 个/s)的技术,研究发现,期望无损检测的坚实度与M-T 试验结果有良好相关是不现实的,因为 M-T 测量的是果蔬组织材料压缩和剪切共同引起的破坏强度。因此,M-T 试验结果受压缩和剪切弹性模量的共同影响,而振动固有频率无损检测的坚实度仅与压缩弹性模量有关。

通过理论分析,也有认为坚实度指数应为 $S = 2m/3f_2^2$(f_2 为物料的第二固有频率)。例如,对存储苹果定期进行 0~600Hz 宽带随机激励,对用压电晶体传感器和加速度传感器所测量的信号进行频谱分析,结果表明,苹果在存储期内坚实度指数 $S = 2m/3f_2^2$ 有明显变化。

对西瓜的坚实度研究也取得了较好的结果,西瓜的固有频率随成熟度的增加而降低,坚实度指数与含糖量也存在明显的相关关系。

果蔬坚实度的研究对果蔬按成熟度分级,果蔬存储过程的检测有很大的实用价值。但目前的研究成果距实用仍有较大的差距,有些基本的理论问题尚不清楚。从发展趋势来看,无损检测方法将会替代 M-T 等损伤检测方法。

(二)利用冲击力检测果蔬坚实度的方法

利用冲击力检测果蔬坚实度的力学原理是弹性球体对刚性平面的跌落冲击问题。冲击力与弹性球(即果蔬)的质量、几何尺寸、材料杨氏模量等参数有关。通过测得的冲击力估计或计算出材料的杨氏模量,并与坚实度联系起来是研究的核心。有些科技工作者提出了一种非线性的球体与平板冲击的力学模型,并通过最小二乘法拟合出球体的刚度。利用这一原理开发了一种可记录梨、桃等果蔬受力与变形的试验装置。这种方法需要抓取果蔬,并在果蔬表面安装传感器，所以用于自动在线分级比较困难。测量果蔬跌落在刚性平板的冲击力的装置设计，可利用冲击力的特征预测果蔬的坚实度。通过对冲击力信号进行傅立叶变换，发现未成熟的坚硬果蔬冲击力响应中含高频成分较多。有学者研究了桃子杨氏模量与冲击力时域和频域特征量的相关性。例如，将番茄从 7cm 高度落在力传感器上，根据冲击力估计番茄的坚实度，可将番茄分成 3 个等级。利用铁摩辛柯弹性理论建立了弹性球与平面冲击的位移与力的数学模型，并将数值模拟结果与实际测量结果进行了比较。研究表明，冲击速度对结果的影响很大，因此在果蔬自动分级时要求将冲击速度控制为一常数。

采收后的水果往往是不同成熟度（过成熟、刚成熟和未成熟）相混杂。过熟的水果极易受机械损伤，变质腐烂，影响其他水果；不同成熟度的水果其品味不一样，其贮藏、运输和加工要求也不同。因此，实现水果按成熟度分级十分必要。

通常成熟度判断大都采用破坏方法，如硬度、糖酸度测量。也有非破坏法，如按颜色、呼吸强度进行分类等，但一般只能作定性判断，不适用于机械化自动分级。而用手工和目测进行成熟度分级，精确度差、生产率低。一般来讲，成熟度与硬度之间也有相关关系，为此，通过研究与硬度有关的水果冲击力学特性，建立起恢复系数、能量吸收率和冲击力时间特性参数等与硬度关系的数学模型。可为设计水果快速检测仪和自动分级机提供科学依据。

用于测定桃子力学特性的测试系统如图 12-14 所示。在金属平板下安装 3 只压力传感器，等边三角放置，边长为 20cm。压力传感器型号为 CL-YB-11，量程 5kg，精度等级 0.3。采用 YD-15 型动态电阻应变仪。光线示波器为 SC-16 型，可用 1m/s、2.5m/s 速度自动记录，其纵坐标记录力值，横坐标为时间，试验前对纵坐标刻度进行标定。桃子在一定高度（最底表面到金属平板垂直距离）自由下落至金属平板上，下落同时由触发器引发光线示波器拍摄记录。桃子的硬度由 TG-2 型水果硬度计测得。

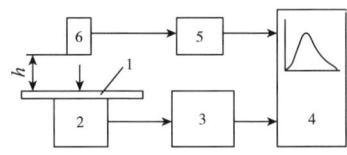

图 12-14 果蔬力学测试系统示意图
1—金属平板　2—压力传感器　3—动态电阻应变仪　4—光线示波器　5—触发器　6—抓果器

果蔬的冲击力特性参数主要有恢复系数、能量吸收率和冲击力时间特性参数。

1. 典型冲击力特性参数

下面以桃子的冲击特性检测为例，介绍有关冲击特性检测中的基本定义和方法。在下落高度和质量一定时，桃子硬度不同，冲击力特性也不同。图 12-15 为桃子的典型冲击力特性图，图 12-15（1）由上下两个小图组成，分别记录了硬度较高及硬度较低的两个桃子连续 2 次冲击的时间间隔（下落冲击后回弹至再次开始冲击），从图 12-15（1）可以看出，桃子硬度越高，连续 2 次冲击的时间间隔越长。图 12-15（2）反映了桃子与金属板整个接触过程中，接触冲击力开始由零快速升到峰值，随后又快速下降的过程，这期间力作用时间较短。

（1）恢复系数　桃子恢复系数 r 的测定类似于工程材料中的恢复系数的测定，可由自由下落至金属平板的试验测得。恢复系数如式（12-8）所示：

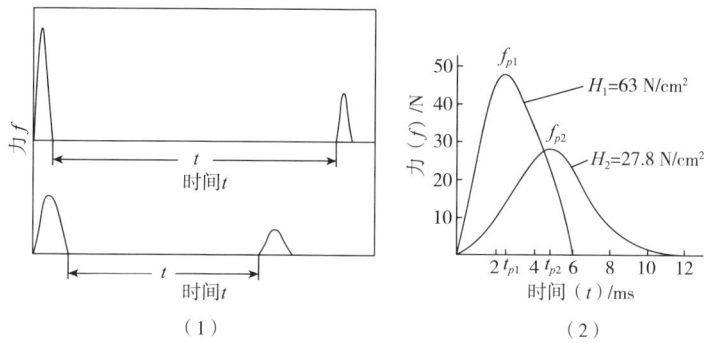

图 12-15 典型的冲击力特性

$$r = \frac{V_2}{V_1} \quad (12\text{-}8)$$

式中　r——恢复系数,%；

V_1——物料冲击前的速度，m/s；

V_2——物料冲击后的速度（V_1 与 V_2 方向相反，这里仅考虑大小，不考虑方向），m/s。

如果能测得自由下落第一次碰撞结束时到回弹后再次开始碰撞时的时间间隔 t，在不计空气阻力时有式（12-9）：

$$V_2 = g \cdot \frac{t}{2} \quad (12\text{-}9)$$

代入式（12-8）中有式（12-10）：

$$r = \frac{V_2}{V_1} = \frac{g\left(\frac{t}{2}\right)}{\sqrt{2gh}} = \sqrt{\frac{g}{8h}} \cdot t \quad (12\text{-}10)$$

式中　h——物料的自由下落高度，m；

g——重力加速度，m/s²。

硬度高，t 大，r 变大。实际上，恢复系数为下落后最初两次碰撞中的第二次碰撞冲量与第一次碰撞冲量之比，故 r 是与冲量有关的参数。

（2）能量吸收率　设第一次碰撞后回弹高度为 h_1，则物料碰撞前后具有的机械能之比等于 h 与 h_1 两个高度之比。

由于金属平板质量远大于桃子质量且冲击变形极小，其能量吸收可不计。因此物料本身的能量吸收率 E 以式（12-11）计算：

$$E = \frac{h - h_1}{h} \times 100\% \quad (12\text{-}11)$$

桃子硬度高，t 大，h_1 大，E 变小。E 是与能量有关的参数。

（3）冲击力时间特性参数　冲击力时间特性参数定义为冲击力峰值与到达冲击力峰值所经过的时间之比。由图 12-15（2）可得物料的冲击力峰值 f_p、达到最大力峰值所需时间 t_p。由此可算得冲击力时间特性参数 c，见式（12-12）：

$$c = \frac{f_p}{t_p} \quad (12\text{-}12)$$

式中　c——物料的冲击时间特性参数，N/s；

f_p——物料的最大冲击力,N;

t_p——到达最大冲击力的时间,s。

硬度越高,f_p 也越高,t_p 越小,故时间特性 c 越大。

2. 冲击力特性参数与硬度的关系

(1) 恢复系数 r 与硬度 H 的关系　图 12-16 示意了某品种桃子的恢复系数与硬度之间的关系。由图 12-16 可知,桃子硬度高,恢复系数也高,两者关系类似于指数曲线或双曲线。指数曲线模型为式 (12-13):

$$r = ae^{\frac{b}{H}} \tag{12-13}$$

双曲线模型为式 (12-14)

$$\frac{1}{r} = a + \frac{b}{H} \tag{12-14}$$

式中　H——桃子硬度,N/cm^2;

a、b——待定系数。

然后将试验所得的一批桃子的数据采用上述两种模型进行回归分析,结果表明恢复系数与桃子硬度符合指数曲线模型或双曲线模型。通过 F 检验发现,采用双曲线模型来拟合更接近桃子的恢复系数与硬度之间的客观内在关系。

(2) 能量吸收率 E 与硬度 H 的关系　图 12-17 表示了桃子能量吸收率与硬度之间的关系曲线。硬度越高,桃子的吸收能量下降。试验所得数据符合指数模型 $E = ae^{b/H}$ 和双曲线模型 $\frac{1}{E} = a + \frac{b}{H}$,通过 F 检验发现,采用指数模型来拟合更接近桃子的能量吸收率与硬度之间的客观内在关系。

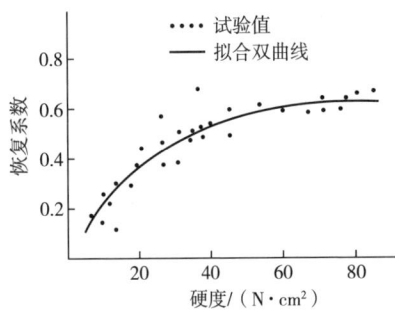 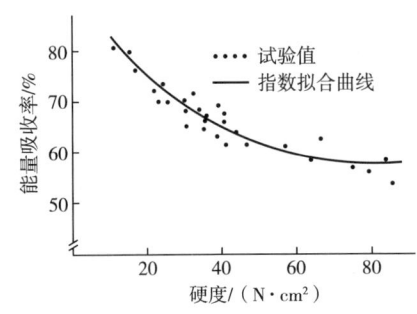

图 12-16　恢复系数与硬度的关系　　图 12-17　能量吸收百分比率与硬度的关系

(3) 冲击力时间特性参数 c 与硬度 H 的关系　图 12-18 为桃子的冲击时间特性与硬度之间的关系曲线。硬度增加,冲击力时间特性参数值变大。试验所得数据符合指数模型 $c = f_p/t_p = ae^{b/H}$ 和双曲线模型 $\frac{1}{c} = a + \frac{b}{H}$,通过 F 检验发现,采用双曲线模型来拟合更接近桃子的冲击力时间特性参数与硬度之间的客观内在关系。

(4) 3 个冲击力参数比较　为便于结果分析,将桃子按硬度(成熟度)不同分成 3 个等级:①过于成熟,$H < 35N/cm^2$;②刚成熟和已成熟,H 为 $35 \sim 55N/cm^2$;③未成熟,$H > 55N/cm^2$。

然后分别进行冲击力特性试验，结果表明 3 个冲击力参数均可以作为按硬度（成熟度）分级的参数（即预测硬度），且不受桃子本身质量影响。

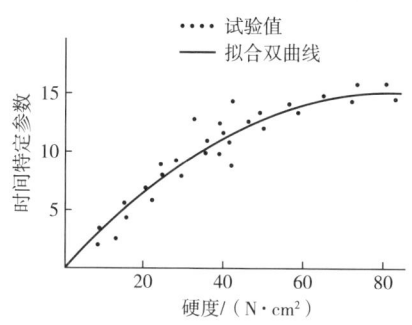

图 12-18　冲击力时间特性与硬度的关系

三、力学特性检测技术在食品检测中的应用

（一）梨的动态力学特性检测

在研究梨的动态特性时发现，在不同预加载荷、激振功率、成熟程度等条件下梨果实动态试验的弹性模量和相位角明显不同。在相同频率下，随预加载荷的增加，弹性模量增加；在相同预加载荷、激振功率和频率下，未成熟梨的动态试验相位角较小，成熟梨的相位角较大，未成熟梨的动态试验弹性模量较大，成熟梨的弹性模量较小。

新鲜梨子果肉的动态弹性模量与梨子的硬度和弹性有一定的联系，因此，有必要了解不同成熟程度的梨子整个果实的动态特性及其对相位角和弹性模量的影响，以便根据动态试验结果来探讨梨子的有关力学特性以及用其特性进行品质评价。

梨的动态特性试验系统的结构方框图如图 12-19 所示。主要设备有激振器、力传感器、加速度传感器以及电荷放大器等。正弦交变力通过正弦波发生器经过功率放大器放大后，由电动式激振器产生。加速度和力传感器的信号经放大，通过水平和垂直通道输入示波器。通过调节功率放大器改变激振功率。

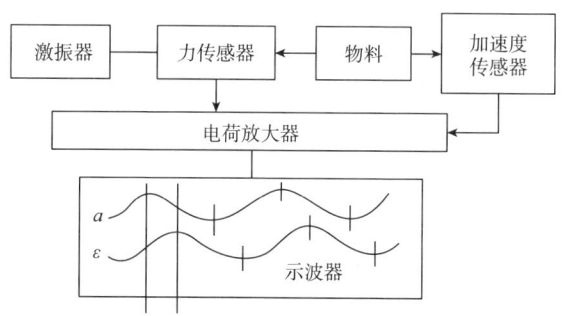

图 12-19　梨子动态轴向加载试验装置系

结果表明，在动态试验时梨的应力与应变间存在一个相位角（图 12-20），利用动态试验应力与应变间的相位角和弹性模量可评价梨子的成熟程度。梨的动态综合弹性模量与坚实度

之间存在相关性，弹性模量增加，坚实度也增加。弹性模量与坚实度的对应关系可以采用二次多项式拟合。当激振频率在 60Hz 和 140Hz 时，随相位角增大，梨的坚实度下降。相位角与坚实度的关系，也可以采用二次多项式拟合。

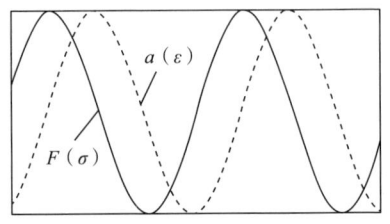

图 12-20　梨的应力与应变相位角

（二）利用冲击振动检测西瓜成熟度

一种传统、公认、客观地描述西瓜成熟度的检验方法是测量其果汁的含糖量。但这种方法需要切开西瓜，是损坏性的，不可能大样本数检测，更不能逐个检验。

在西瓜成熟度无损检测方面，人类已经积累了丰富的经验，如"计算生长期""观察外部形态""触、拍、压、闻"等无损检测法等，但这些方法依赖于个人经验等主观因素，一般消费者难以掌握。因此，如何科学地、客观地无损检测，按西瓜成熟度分组销售，对销售者和消费者都是有益的。

西瓜内部结构分为瓜皮和瓜瓤。从力学角度看，瓜瓤各部位性能相差较大，瓜瓤又可分为3层，第 1 层为接近瓜皮部分，第 2 层为中间层，第 3 层为中心部分。西瓜在成熟过程中，瓜皮的硬度和弹性模量逐渐增加，但内部瓜瓤组织细胞间的结合力随西瓜的逐渐成熟而变小。因此，瓜瓤变得松、脆，瓜瓤的弹性模量随西瓜的成熟逐渐变小。为了了解西瓜各部位的力学性能和数值模拟计算的方便，对某一品种西瓜的皮、瓤弹性模量进行了试验测量，表 12-1 给出了对应的检测数据。

表 12-1　　　　　　　　　某一品种西瓜各部位材料的弹性模量

西瓜部位	弹性模量 E/MPa	
	1#西瓜，含糖 9.0%	2#西瓜，含糖 11.0%
瓜皮（硬皮内侧）	2.20	2.40
外层（瓜瓤外层）	0.51	0.42

试验表明，瓜皮的弹性模量是瓜瓤的 5 倍左右，瓜瓤的各部分弹性模量也不相同，但差异不显著；从两个西瓜的对比来看，瓜皮之间的弹性模量差别不大（10%），而瓜瓤的弹性模量则差别较大（20%以上）。所以，可以采用冲击振动方法无损检测西瓜的成熟度。

1. 冲击振动响应法无损检测西瓜成熟度的原理

西瓜外形一般为不规则的椭球状，但其长、短轴相差较小，作为近似和简化，西瓜可以视为多层球状弹性体。当其受到瞬态冲击时，球体将产生振动响应。按照弹性体振动理论，由冲击造成的振动响应的频率是弹性体的固有频率。球体的固有频率与其材料的密度、几何尺寸和弹性模量等因素有关，可由球体振动的微分方程解出，也可以通过实验得到。

可以证明，球体的拉压弹性模量 E 与固有频率 f、质量 m 之间的关系为：$E \propto f^2 \cdot m^{\frac{2}{3}}$，可见，当已知西瓜的固有频率和质量后，就可以确定其弹性模量。

西瓜成熟后，瓜瓤的弹性模量变小，对某个质量一定的西瓜，固有频率降低，所以利用固有频率可以估算西瓜的成熟度，这就是冲击振动响应法进行西瓜成熟度无损检测的基本原理。

2. 西瓜固有频率的测量

西瓜固有频率测量试验装置如图 12-21 所示。为了得到西瓜的固有频率，试验中采用锤击激励,测量其瞬态激励力,由加速度计测量瞬态激励产生的响应。激励力和振动响应信号经电荷放大器放大后,送至B&K2032动态信号分析仪,经快速傅立叶变换运算(FFT),得到西瓜的频率响应函数(图12-22)。从实部和虚部曲线中,可得到各阶固有频率和幅值。激振点选择在西瓜直径最大的截面,测量位置位于同一截面激振点的对面。由图12-22可见,西瓜在冲击激励下产生的振动有多阶固有频率,经过对西瓜前4阶固有频率和幅值与其含糖量相关性的研究,发现仅基频(第1阶固有频率)与含糖量有较好的相关性(相关系数为0.80),故以基频作为振动参数来研究西瓜的成熟度比较合适。

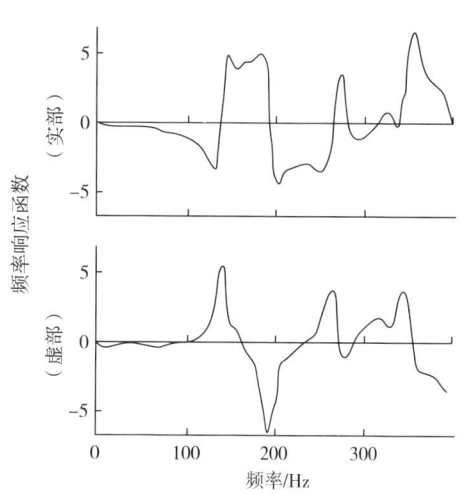

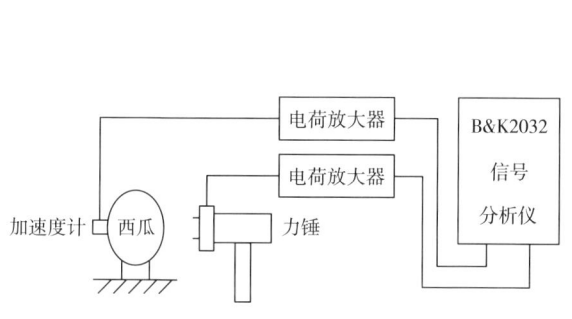

图12-21 西瓜固有频率测试

图12-22 西瓜频率响应函数

采用冲击振动的方法,得到了与西瓜含糖量相关的基频振动参数,可实现西瓜的无损检测。但西瓜的质量对其基频也有一定影响,在含糖量一定的情况下,质量小的西瓜比质量大的西瓜基频高。因此仅用基频一个参数来估计西瓜的成熟度(含糖量)是不完全的,必须考虑质量的影响。可采用$f^2 \cdot m^{\frac{2}{3}}$来表示西瓜的成熟度,可称之为西瓜的成熟度指数,这与其他果蔬(如桃、梨、苹果等)的成熟度指数是一致的。

图12-23为试验样本西瓜的成熟度指数与含糖量的关系。从图中可以看出,成熟度指数与含糖量有较为接近的线性关系($r=0.82$)。因此,用西瓜成熟度指数来检验西瓜的成熟程度是一种比较有效的无损检测方法,易于生产和流动等过程中的应用。

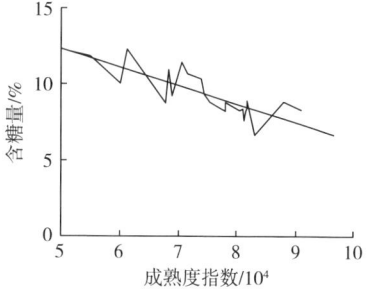

图12-23 西瓜成熟度指数与含糖量的关系

思考题

声学和力学检测技术在食品、农产品检测方面存在哪些局限性?

第十三章

电化学技术

> **学习目标**
>
> 掌握电化学技术分析原理，并熟悉电化学工作站的构成及功能，了解电化学技术在食品领域中的应用。

> **重点和难点**
>
> 重点是电化学信号产生机制和电极的修饰和功能化，纳米探针检测技术和生物芯片的分析原理；难点是电化学定量分析方法和生物样品处理与芯片杂交技术在食品领域中的应用。

电化学是研究电和化学反应相互关系的科学。电化学技术作为现代分析科学中主要的传感检测手段之一，已经在重要分析物的检测中显示了较高的应用价值。电化学技术具有操作简便、响应快速和成本低廉等优点，并且具有直接反馈采集的电信号的特性，有利于检测系统的小型化和集成化，已被广泛应用于食品检测领域。

第一节 电化学技术概述

电化学技术是根据电解液中的电化学性质及变化进行分析，可以测定电流、电势、电导和电量等参数。在电化学分析中，待测物质在电极上发生氧化还原反应进而得失电子产生相应的电解电流，在一定条件下该电流与溶液中待测物质的浓度成正比关系，是定量分析的基础。

一、电化学信号产生机制

电化学反应都是在电极与电解质溶液的接触界面发生的，即主要是涉及电荷在电子导体和离子导体之间的转移过程。在实验中常采用三电极体系进行测量，整个测量体系由两个回路构成，如图 13-1 所示。极化电源、电流表 A、辅助电极、工作电极构成的回路称为极化回路。在极化回路中有极化电流通过，可对极化电流进行测量和控制。电压表 V、参比电极、工作电极构成的回路称为测量回路。在测量回路中，可对工作电极的电势进行测量，由于此回路中只有极小的测量电流，所以基本不会对工作电极的极化状态和参比电极的稳定性造成干扰。

电极界面的电活性物质发生氧化反应或者还原反应时产生的电流称为电解电流，也称为法拉第电流。根据法拉第定律，见式（13-1）：

$$Q = nF\frac{W}{M} \quad (13-1)$$

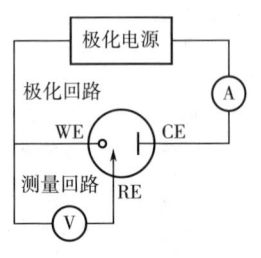

图 13-1　电化学测量体系示意图
WE—工作电极　RE—参比电极
CE—对电极

式中　Q——电解电量；
　　　W——反应物的质量；
　　　M——反应物的摩尔质量；
　　　F——法拉第常量。

法拉第电流直接反映了电极上氧化还原反应速率的大小，而该电极反应速率随反应体系的不同而不同，并且与外加电解电压、反应物浓度、反应条件等多种因素有关。

电极反应过程如图13-2所示，涉及传质、偶和化学反应和电极表面吸/脱附过程的电极反应。其总反应可表示为式（13-2）：

$$O + ne \rightleftharpoons R \quad (13-2)$$

具体包含一系列影响溶液中溶解的氧化物 O 转化为还原态形式 R 的步骤。一般来讲，影响一个电极反应的最主要的因素有两个：反应物从本体溶液扩散到电极表面的速率，称为物质传递速率（传质速率）；电子在电极表面与溶液之间的转移速率，称为电子转移速率。其他的影响因素还包括：电子转移反应的前置或后续化学反应；其他的表面过程如吸附与脱附，电沉积或溶出反应等相变过程（图13-2）。当电极上发生电化

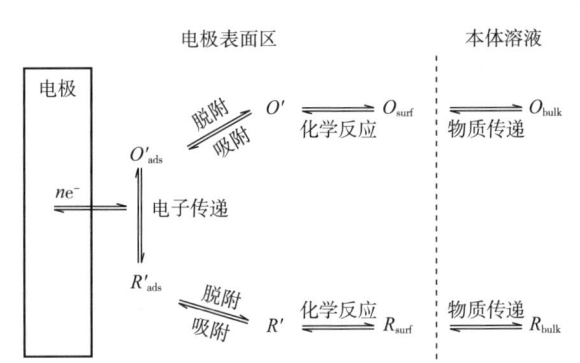

图 13-2　电极反应过程步骤示意图

学反应时，法拉第电流的大小由传质速率和电子转移速率中速率较慢的一个所决定。因此，在众多步骤中速率最慢的步骤称为决速步骤，该步骤的速率大小决定了整个电极反应过程的总速率。电极反应过程是否可逆取决于电子转移速率与平均传质速率之比：若反应物传质速率比电子转移速率低很多，反应物传质速率称为决定性因素，那么这个电极反应过程称为可逆过程；如果电子转移速率比传质速率慢很多，电子转移速率成为决定性因素，这时的电极反应过程称为不可逆过程；当这两个速率相当时会共同影响整个电极反应过程的速率，则称为准可逆过程。

二、电化学分析方法的基本原理

电化学分析方法是利用待测目标物直接或间接在电极表面发生电化学反应产生电化学信号，从而实现对目标物进行定量或定性分析的一种技术。常用的电化学分析方法主要包括：循环伏安法、线性扫描伏安法、差分脉冲伏安法、计时电流法等。

1. 循环伏安法

循环伏安法是进行电化学分析运用最广泛的技术。循环伏安法可以快速提供关于氧化还原过程的热力学信息、不同电子传递反应的动力学信息和成对的化学反应或吸附过程信息。由于它可以快速给出电活性物质的氧化还原电位，以及评估基质对于氧化还原过程的影响，因此常常是电分析研究进行的第一个实验。在研究氧化还原电对时可以快速地扫描电极电位，一旦确定峰位置，则可以研究峰电位与扫描速率之间的关系并进行定性。循环伏安法的电位-时间曲线和电位-电流曲线如图 13-3 所示。

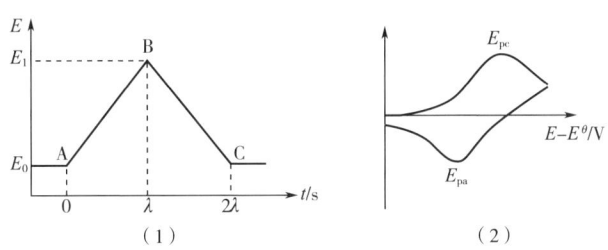

图 13-3 循环伏安法
（1）电位-时间曲线 （2）电位-电流曲线

重复的三角形电位激发信号使得工作电极上的电位在两个设定的值（V_1、V_2）之间来回扫描，为了得到循环伏安图，在电位扫描期间同时测定工作电极的电流。循环伏安法中电压扫描的过程包括阳极、阴极两个方向，因此可以从循环伏安图中的氧化峰和还原峰的峰高，以及峰形的对称性判断反应的可逆程度。如果反应是可逆的，则曲线上下是对称的；如果不可逆，则不对称。循环伏安图最重要的参数是氧化还原峰的峰电位（E_{pc}、E_{pa}）和峰电流（i_{pc}、i_{pa}）。对于一个可逆反应，还原电位 E^0 公式为式（13-3）：

$$E^0 = \frac{E_{pa} + E_{pc}}{2} \tag{13-3}$$

峰距为式（13-4）：

$$\Delta E_p = |E_{pa} + E_{pc}| = \frac{2.303RT}{nF} \tag{13-4}$$

因此，对于一个可逆的氧化还原反应，在 25℃ 下 $\Delta E_p = (0.0592/n)$ V 或者转移一个电子，电位差为 60mV。然而实际情况中，由于一些外在因素，很难得到这样一个理想的状态。

循环伏安法是一种很有用的电化学研究方法，可以用于研究液体-电极接触处吸附现象和分析物吸附解析等。然而却不能将线性扫描波形、背景充电电流和电活性物质产生的电流区分开，因此该法很少用于定量分析。

2. 线性扫描伏安法

线性扫描伏安法是控制电极电势按恒定速度，从起始电势 E_i 变化到某一电势 E_λ，同时记录响应的响应电流。电极电势的变化率称为扫描速率，在线性扫描伏安法中扫描速率为一常数。线性扫描伏安法中常用的电势扫描波形和伏安曲线如图 13-4 所示。常用的电势扫描速率为 0.001~0.1V/s，可单次扫描或多次扫描。根据电流-电势曲线测得的峰电流与被测物的浓度呈线性关系，可作定量分析，更适合于有吸附性物质的测定。

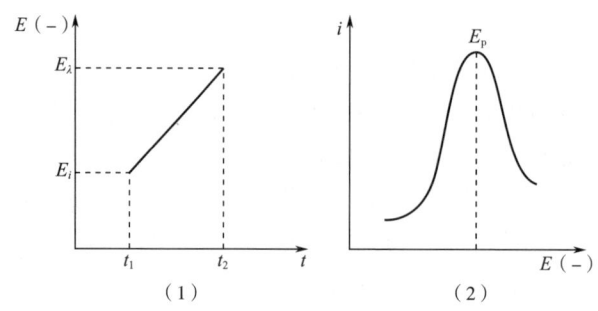

图 13-4　线性扫描伏安法的电势扫描波形及伏安曲线图

3. 差分脉冲伏安法

差分脉冲伏安法是检测痕量有机和无机物质常用的技术。差分脉冲伏安法与常规脉冲伏安相同的是电位扫描伴随一系列脉冲,不同的是在小振幅(10~100mV)下,每个固定的电位脉冲又与基础电位小幅度的变化重叠。差分脉冲伏安法电势随时间的变化如图 13-5 所示。差分脉冲伏安图包括峰电位和峰电流,峰电位与分析物的性质有关,峰电流与相应分析物的浓度成一定的比例。这样的定量方法不仅取决于相应的峰电位,也与峰宽有关。差分脉冲伏安法得到的峰形可以用来

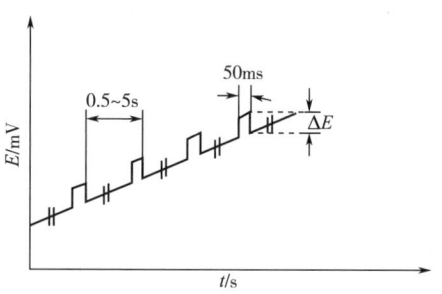

图 13-5　差分脉冲伏安法电势随时间的变化关系

区别氧化还原电位相似的两种物质。响应得到的峰形相对于平坦的背景电流,使得这项技术在分析混合物时显得尤为重要。

脉冲振幅和电位扫描速率的选择经常需要权衡灵敏度、分辨率和速度。例如,大的脉冲振幅则得到大的宽峰。常见的脉冲振幅在 25~50mV,扫描速率 5mV/s。相比于可逆系统,不可逆氧化还原系统得到的电流峰宽且低。因此,这项技术也可以提供关于分析物的化学形态的信息,如氧化态、络合态等。

4. 计时电流法

计时电流法是一种研究电极过程动力学的电化学分析法和技术。其原理是在电解池上突然施加一个恒定的、足够使溶液中的某种电活性物质发生氧化还原反应的电位,然后记录电流和时间的变化。在整个过程中,溶液电阻向双电层瞬间充电表现为电流的突跃,然后由于双电层充电电流随着双电层电位差的增加而逐渐减小,电流开始按指数规律减小,这一电流衰减的快慢与电极的时间常数有关,当电流衰减到水平段,双电层充电基本结束,得到的稳定电流便是电极反应的电流。

计时电流法常用于电化学中电子转移动力学的研究。计时电流法工作电压的选择通常是通过循环伏安图来确定的,即取循环伏安图中的峰电流或在峰电压附近找一些电压点,用 I-T 方法分别测同一标本,描绘出一个电压和电流的曲线,选取电流最大的电压。

近年来,还出现两次电位突跃的方法,称为双电位阶的计时电流法。即首先突然加一电位,使电极发生反应,经很短时间的电解后,又跃回到原来的电位或另一电位处,此时原先的电极反应产物又转变为它的原始状态,从而可以在 I-T 曲线上更好地观察动力学的反应过

程；并从科特雷耳方程出发，考虑反应速率，进行数学推导和作图，求出反应速率常数。

三、电化学的技术特点及应用难点

（一）电化学的技术特点

电化学技术之所以成为一种快速、高效、适合现场快速检测的分析工具，是由其技术特点决定的。电化学分析的主要技术特点如下。

1. 操作简单，成本低廉

目前，食品检测主要依赖于仪器方法，如色谱、质谱和原子光谱等，这些仪器存在成本昂贵、操作复杂、检测时间长和需要专业操作人员等缺点。与上述仪器检测技术相比，电化学设备成本较低、操作程序简单、分析过程耗时短，有望替代传统的仪器分析方法。

2. 灵敏度高，选择性好

随着材料科学的发展，具有稳定的化学性能、大的比表面积、良好导电性、生物兼容性和高特异性的材料，被应用于电化学传感器的开发，使电化学分析技术的灵敏度和选择性不断提高。

3. 设备便携，易于集成

近年来，随着微流控芯片技术的发展，结合微型/小型化的电化学检测器，开发出了一体化的电化学检测平台。利用微流控芯片自动完成进样、混合和分离等程序，能够实现整个检测过程的自动化。与微流控芯片结合的电化学技术，具有微型化、便携化和即时分析的特点。

（二）电化学的应用难点

由于食品组分本身的复杂性和化学污染物的未知性，目前电化学技术在食品检测方面的应用存在以下难点。

1. 食品中其他组分的干扰

由于食品成分复杂，针对食品中特定污染物的检测，容易受到其他食品组分的干扰。例如，在食品重金属检测中，食品中的其他有机组分会在电极表面吸附，导致电极表面钝化，影响电化学响应信号的产生。针对不同的检测对象，需要选择合适的前处理方法，获得样品中的目标物，去除其他干扰成分。

2. 电化学传感器的稳定性

电化学生物传感器常需要借助于酶生物催化和抗体的免疫识别，这些蛋白质的生物活性的保持程度会影响电化学传感方法的稳定性。然而，酶的活性易受外界因素影响，难以获得稳定的电化学信号。为了解决蛋白质活性对传感器稳定性的影响，可采用酶的替代品，例如，使用适配体替代抗体识别目标物，采用合成模拟酶实现催化作用。

3. 检测结果的重复性

目前，电化学传感器中使用单一的纳米材料越来越少，更多的是使用纳米材料的复合体，利用不同纳米材料的优点，或者是将纳米材料与功能聚合物、生物分子等相结合，提高电化学传感器的各项检测性。在检测过程中，经过在电解液中长时间的浸泡，会使电极表面的修饰材料脱落，造成检测结果的重复性差。另外，电化学传感器在检测后，传感界面很难恢复到初始状态，再次使用所获得的结果重复性差。

第二节　电化学仪器

电化学工作站是最常用的电化学仪器，具备常规的电化学测量技术。三电极系统是最常用的电极系统，其中工作电极是三电极系统中最关键的电极，是发生电化学反应的电极。工作电极的修饰与功能化，能够有效提高检测的灵敏度和选择性。

一、电化学工作站的基本构成及功能

随着电子信息技术的发展，出现了硬件集成化、软件程序化、功能模块化，集各种测量手段于一体的电化学分析测量仪器，即电化学工作站。电化学工作站将恒电势仪、恒电流仪和电化学交流阻抗分析仪有机地结合在一起，是一套完整的、数字化的电化学体系监测分析设备。电化学工作站系统的硬件主要包括4大部分：产生所需激励信号的快速数字信号发生器，高精度的恒电势仪（恒电流仪），高速数据采集系统及数据工作站。这4部分配以电解池，可实现对电化学系统中电流、电位等信号进行控制和测量。仪器中一般还配有电位电流信号滤波器、多级信号增益、iR降补偿电路等组件，可以达到很高的测量精度。电化学工作站实物图如图13-6所示。

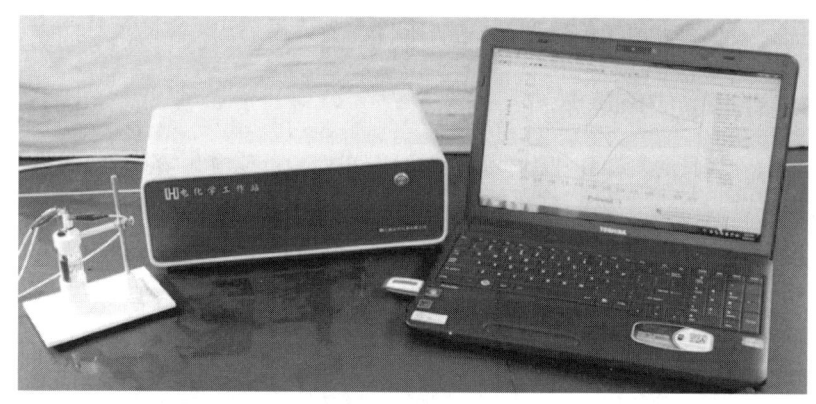

图13-6　电化学工作站

电化学工作站由计算机控制进行测量。计算机的数字量可通过数模转化器转化成能用于控制恒电位仪或恒电流仪的模拟量，而恒电位仪或恒电流仪输出的电流、电压及电量等模拟量也可通过数模转化器转换成可由计算机识别的数字量。通过计算机可进行各种操作，如产生各种电压波形、进行电流和电压的采样、控制电解池的通和断、灵敏度的选择和滤波器的设置、iR降补偿的正反馈量、电解池的通氮除氧、搅拌、旋转电极控制等。由于计算机可同步产生扰动信号和采集数据，使得测量变得十分容易。计算机同时还可用于用户界面、文件管理、数据分析、处理、显示、数字模拟和拟合等。计算机控制的电化学工作站十分灵活，实验控制参数的动态范围宽广，并将多种测量技术集成为单个仪器中，不同实验技术间的切换也十分方便。电化学工作站涵盖了常规的电化学测量技术，具体功能见表13-1。

表 13-1　电化学工作站功能一览表

功能名称	英文及缩写
循环伏安法	cyclic voltammetry（CV）
线性扫描伏安法	linear sweep voltammetry（LSV）
塔菲尔图	TAFEL
电位扫描-阶跃混合法	sweep-step functions（SSF）
计时电流法	chronoamperometry（CA）
计时电量法	chronocoulometry（CC）
阶梯波安法	staircase voltammetry（SCV）
差分脉冲伏安法	differential pulse voltammetry（DPV）
差分常规脉冲伏安法	differential normal pulse voltammetry（DNPV）
常规脉冲伏安法	normal pulse voltammetry（NPV）
方波伏安法	square wave voltammetry（SWV）
多电位阶跃法	multi-potential steps（STEP）
交流阻抗测量	AC impedance（IMP）
交流阻抗-时间测量	impedance-time（IMPT）
交流阻抗-电位测量	impedance-potential（IMPE）
交流伏安法	AC voltammetry（ACV）
二次谐波交流伏安法	second harmonic AC voltammetry（SHACV）
计时电流法	chronopotentiometry（CP）
电流扫描计时电位法	chronopotentiometry with current ramp（CPCR）
电位溶出分析法	potentiometric stripping analysis（PSA）
电流时间曲线	amperometric i-t curve（i-t）
差分脉冲电流法	differential pulse amperometry（DPA）
双差分脉冲电流法	double differential pulse amperometry（DDPA）
三脉冲电流	triple pulse amperometry（TPA）
控制电位电解库仑法	bulk electrolysis with coulometry（BE）
流体力学调制伏安法	hydrodynamic modulation voltammetry（HMV）
开路电位时间曲线	open circuit potential-time（OCPT）

二、电化学检测的电极系统

在传统电极系统中，三电极系统是最为常见的电化学分析系统，如图 13-7 所示，三电极包括工作电极（working electrode，WE）、参比电极（reference electrode，RE）和对电极（counter electrode，CE）。

参比电极是用来提供标准电位的电极，其电位不随测量体系的组分及浓度的变化而变化。参比电极必须具有良好的可逆性、重现性和稳定性，且电极不易极化、内阻小、接液电位小。常用的参比电极有标准氢电极、汞-氧化汞电极、汞-硫酸亚汞电极、甘汞电极、银-氯化银电极等。

辅助电极也叫称电极，其作用是和工作电极组成一个串联回路，只起到导电的作用。为了减少辅助电极极化对工作电极的影响，辅助电极本身的电阻要小，并且不易极化，其面积通常要求大于工作电极。在电化学体系中，辅助电极电流与工作电极电流大小相等、方向相反。常用的辅助电极是铂电极。

工作电极是三电极系统中最关键的电极，是发生电化学反应的电极。工作电极的基本要求是：①所研究的电化学反应不会因电极自身所发生的反应而受到影响，并且能够在较大的电位区域中进行测定；②电极必须不与溶剂或电解液组分发生反应；③电极面积不宜太大，电极表面最好是均一平滑，且能够通过简单的方法进行表面净化。常用的工作电极有玻碳、铂、金、银、铅、导电玻璃等。

针对特定的待测物，对商用工作电极进行个性化修饰，可获得具有高灵敏度和选择性的电化学传感器。典型的电化学传感器由两部分组成：一部分是能够选择性识别被测物质的感受器，即敏感元件，由对被测物具有高选择性识别功能的膜构成；另一部分是信号转换元件，即将信号从一种形式转换成另一种形式的传感元件。生物体内存在许多分子识别功能物质（如酶、抗体、核酸等），能选择性地识别特定的物质。电化学生物传感器正是巧妙地利用生物分子固有的识别性能，将其固定在适当的载体上，将生物分子识别反应产生的各种物理化学变化转换成可测量的电信号，然后再通过放大、整波、数字化或其他处理，最终通过仪表或显示终端记录结果，从而达到分析检测的目的。电化学传感器工作原理如图13-8所示。

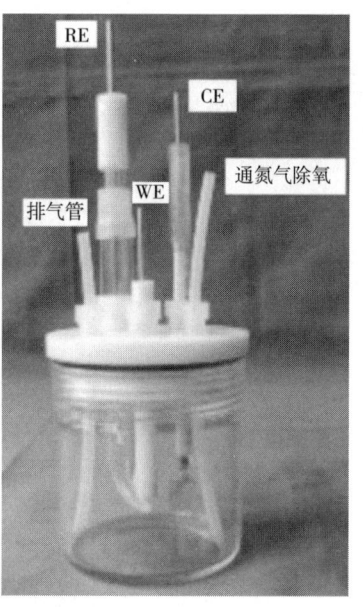

图13-7 三电极体系电解池组成

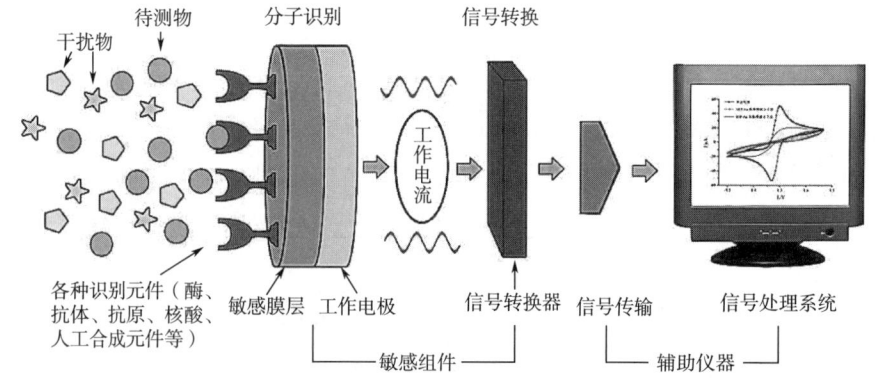

图13-8 电化学传感器工作原理图

三、电极的修饰与功能化

电极表面的处理和修饰能够使其具备独特的功能，用生物分子将电极功能化能进一步提升电极的特异性。电极的修饰和功能化在电化学技术中具有举足轻重的作用，有着很好的研究前景。

(一) 电极的预处理

在采取电极修饰步骤之前，首先需要对电极进行表面的预处理。电极预处理一方面是为了获得活性好和重现性好的电极表面初始状态，以利于后续修饰过程的进行；另一方面是为了取得溶液中氧化还原过程在裸电极上反应所产生的电化学参数初始值（包括电位和电流常数以及电位变化速率），并作为空白对照与后续在电极表面上产生的检测结果进行比较。

修饰电极的基底材料主要是碳（包括石墨和玻碳）、贵金属及半导体。一般所用的固体电极必须先经过表面清洁处理，获得良好的电极表面状态，利于后续修饰步骤的进行。常见的固体电极表面的第一步处理是进行机械打磨、抛光至镜面。用于打磨的材料，常用的有金相砂纸；用于抛光的材料常用的有金刚砂（SiC）、氧化锆（ZrO_2）、氧化镁（MgO）和氧化铝（Al_2O_3）粉及其抛光液。打磨抛光时按照打磨抛光材料粒度大小降低的顺序依次进行。例如，在对新电极表面进行预处理时，先用金刚砂纸粗磨和细磨，再用 Al_2O_3 粉按 $1.0\mu m$，$0.3\mu m$ 和 $0.05\mu m$ 粒度在抛光布上分别进行抛光。每次抛光后要先用去离子水洗去表面污物，再移入超声水浴中清洗，每次 3~5min，直至清洗干净。最后再分别用乙醇、稀酸和去离子水等彻底洗涤，就可以得到光滑、平整的电极表面。电极表面的第二步处理是电极活化，主要是运用电化学的方法对电极进行活化处理。电化学活化通常在一定的介质环境（如强的矿物酸或中性电解质溶液）中，在恒电位、恒电流或循环电位扫描极化的条件下获得氧化的、还原的或干净的电极表面。经过预处理的电极具有良好的活性和稳定性，可为后续电极修饰打下良好的基础。

(二) 修饰电极的制备

化学修饰电极按其修饰的方法一般分为共价键合型、吸附型、聚合物型三大类。

共价键合是利用化学反应将修饰试剂共价结合到电极表面的方法。常用基体电极有碳电极、金属和金属氧化物等，这些电极表面有许多含氧基团如羧基、羟基和酸酐等，将这些电极经过适当处理后，可以大大增加含氧基团的含量，使电极表面的化学活性提高。

吸附法是将电极浸入含有表面活性物质的电解液中，使活性物质吸附于电极表面。在进行电极反应时，吸附在电极表面上的物质就会表现出其特性，参与或影响反应的进程，也可以通过自组装技术在电极表面引入修饰分子膜，以利用这些修饰分子的特殊功能实现特异性生化检测。当电极浸入溶液时，就会发生吸附效应，这是由固体/溶液界面的吸附性质所决定的，可利用这一现象来改变电极表面的微结构。吸附型修饰电极根据修饰物质吸附在电极上的方式可以分为平衡吸附法、静电吸附法和涂层法。

聚合物修饰电极是利用修饰剂通过聚合反应在电极表面形成修饰膜的一种修饰电极的方法。制备方法有氧化或还原沉积、有机硅烷缩合以及等离子体聚合等，聚合物薄膜有的自身已经含有化学或是电活性的基团，有的则是通过反应将预定的活性基结合到薄膜上。能够发生聚合的单体很多，因此可以利用这些单体的性质来制作不同功能的化学及生物传感器。目前的制备方法根据所用初始试剂的不同可分为聚合物制备和单体制备两大类。

(三) 电极的功能化

电极表面的功能化是指利用不同方法在电极表面修饰功能性的生物大分子，实现电极的特异性修饰，以便达到对目标物的特异性检测和识别。一般功能化方法的选择需要考虑具体的应用需求及生物敏感分子本身的特性。

酶是一种由活细胞产生的、对其底物具有高度特异性和催化功能的大分子物质。常用的酶的固定方法主要包括载体法、包埋法及交联法等。抗体是免疫系统的一种具有高特异性的大型Y形蛋白质，是免疫生物传感器的主要生物敏感分子。通常，抗体结合特异性抗原的部位为Fab部分，最佳的固定方法是尽量使Fc段与传感器表面结合，完全暴露Fab段。DNA/RNA是由脱氧核糖核苷酸/核糖核苷酸经磷脂键缩合而成的长链状生物分子。常用于固定DNA/RNA分子的方法有：吸附法、自组装法、生物素-亲和素固定法等。

酶、抗体、DNA/RNA等生物敏感元件在电极表面的有效固定对于电化学生物传感器的检测性能至关重要，对特异性、灵敏度、稳定性以及重复性等指标都有重要影响。因此，电极的生物分子功能化也是传感器研制过程中的核心要素之一。在选择功能化方法的同时，需要综合考虑传感器的精度需求、应用场景、市场需求等要素。

第三节 电化学定量分析方法

由于食品样品成分比较复杂，常存在除被测物质以外的其他成分。在电化学检测中，利用传统的标准曲线法进行定量分析，会引入一定的测量误差。因此，在对食品进行检测时，为了避免基体效应，减小测量误差，常使用多次标准加入法进行定量分析。标准加入法虽然检测速度较慢，但是可以克服标准曲线法的基体效应，对于基底组成未知的样品尤为适用。标准加入法可以分为单次标准加入法和多次标准加入法。

一、单次标准加入法

假设体积为 V_x 的样品中待测离子的浓度为 C_x，第一次检测得到溶出峰峰高为 h，则有式（13-5）：

$$h = KC_x \tag{13-5}$$

在电解池中加入标准溶液进行测试，标准溶液浓度为 C_s，加标体积为 V_s，在相同的实验条件下测得的溶出电流峰高为 H，则有式（13-6）：

$$H = K' \frac{V_x C_x + V_s C_s}{V_x + V_s} \tag{13-6}$$

如果标准溶液加入的量很小，不影响样品的基体组成，便有 $K = K'$，上述式（13-5）与式（13-6）相除，消去 K 和 K'，可得式（13-7）：

$$C_x = \frac{C_s V_s h}{H(V_x + V_s) - hV_x} \tag{13-7}$$

当标准溶液的浓度大于待测样品的浓度的100倍，且加标体积仅为待测样品体积的1%~2%时，标准溶液的加入引起的待测样品体积的变化可以忽略，式（13-7）可以简化为式（13-8）：

$$C_x = \frac{C_s V_s h}{(H - h) V_x} \tag{13-8}$$

二、多次标准加入法

将浓度为 C_s 的标准溶液连续多次加入到体积为 V 的样品中，每次加入体积为 V_s，并检测溶出峰，溶出峰峰高分别为 $H_1 \sim H_n$。以加入标准溶液的体积为 X 轴，溶出峰峰高为 Y 轴，画出各点，绘制直线，延长线与 X 轴的交点为 V_x'，与 Y 轴的交点为待测离子浓度 C_x 对应的峰高 H，如图 13-9 所示。假设标准溶液加入的量还不至于引起基体组成变化，即 K 相等，则待测离子的浓度如式（13-9）计算：

$$C_x = -\frac{V_x' C_s}{V_x} \tag{13-9}$$

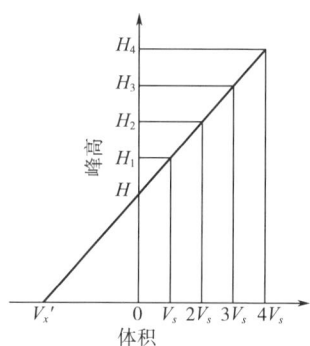

图 13-9 多次标准加入法图解

第四节 电化学技术在食品领域中的应用

随着纳米材料、生物技术、微电子等技术的发展，新型的电化学传感器及装备不断被开发和改进，使电化学分析检测的灵敏度、特异性和稳定性不断提高，在食品品质与安全快速检测领域发挥越来越重要的作用。

一、肉类新鲜度检测

生物阻抗是生物组织的一个基本生理参数，能够在一定程度上反映生物器官、组织、细胞甚至整个机体的电学性质。猪肉属于生物组织，和其他组织一样含有大量不同形态的细胞。细胞由细胞膜和细胞内液组成，细胞间存在细胞外液和细胞间质（图 13-10）。细胞内液和细胞外液是含有各种细胞器的半流动性物质，从其电特性来看可以当成电解质。细胞膜是包围整个细胞的膜，化学成分主要是脂类和蛋白质，其电压和电流特性较为复杂，但在外加电流下可近似为电介质。把细胞内液和细胞外液看做导体，细胞膜看成电容器的介质，这样细胞内液和细胞外液均可近似看成电容器。

生物组织的电路模型如图 13-11 所示，R_i、R_e、C_m 分别代表整个生物组织的等效内、外电阻和膜电容，即所谓的三元件生物电阻抗模型。测定猪肉在多个频率下的阻抗值，根据三元件模型可知，生物阻抗谱不仅反映肉品中细胞间和细胞内电解质的变化（电阻），还反映了细胞结构的变化（电容），即反映组织变化的信息和猪肉品质的信息。猪肉新鲜度与细胞结构变化密切相关，随着时间的推移，肉质发生腐败，其组织结构发生变化，如肌纤维肿胀、颗粒形变、横纹消失，细胞膜发生溶解破裂，肌肉纤维呈泡沫状溶解，只有少数肌纤维正常。猪肉组织的阻抗大小取决于肌肉组织内体液的含量、细胞膜的完整性、细胞内外分布的电阻率及广泛存在的分布电容。猪肉组织微观结构复杂导致阻抗特性复杂化，多种复杂因素导致猪肉组织阻抗更像是一张复杂的电路网络。在该电路网络中细胞内、外液和细胞膜会随着肌肉组织腐败变质而发生显著改变，进而影响阻抗谱特性。因此，利用生物组织的阻抗特性能够间接评定猪肉新鲜度。

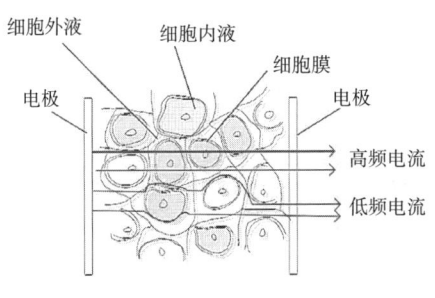

图 13-10　生物组织的导电通路

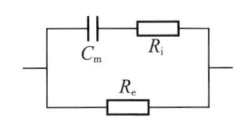

图 13-11　生物组织等效电路图

二、冰鲜与冻融三文鱼鉴别

生物组织在冻结过程中，细胞膜会受到冰晶不同程度的损伤，使生物组织的内部结构发生改变，从而引起生物组织电特性的改变。生物组织具有显著的阻抗各向异性，即阻抗会因电流在肌肉中的流通方向改变而改变。这种各向异性是由于动物特殊的肌肉组织结构造成的，肌肉组织由一系列细长的肌束复合网络组成，肌束中充满不规则形状的肌细胞，肌束和肌细胞分别被肌膜和细胞膜等结缔组织包裹着，因此电流从不同方向通过生物组织时所流经的组织结构并不相同。不同组织的导电性具有差异，其中结缔组织的导电性接近绝缘体，而细胞内液以及细胞外液基质中由于含有丰富的导电离子，所以具有良好的导电性。当电流通路中膜组织较多时，生物阻抗和容抗会偏大，通路中膜组织较少时则生物阻抗和容抗偏小。因电流流通方向的不同而产生的介电性质差异的特性就是生物组织的阻抗各向异性，而这种差异的大小则与组织内部膜结构的完整性有关。膜结构完整的生物组织不同测试方向的介电特性差异较大，膜结构被破坏的生物组织，其不同测试方向的介电特性差异较小。三文鱼在冷冻过程中，肌体的膜结构极易受到破坏，尖锐的冰晶导致膜结构破裂，膜孔隙率增加，细胞基质流出等后果，结缔组织系统被破坏会使电流在各个方向的通路差异变得不明显，导致冻融三文鱼的各向异性降低，这可以作为冰鲜与冻融三文鱼的鉴别指标。

电极结构如图 13-12 所示，该电极主要由使用聚四氟乙烯板固定的两对互相垂直的镀金铜质探针（$\varphi=1mm$）组成。考虑到市场上鱼片的尺寸，每对探针所设置间距为 15mm，长度为 10mm。阻抗谱测试过程中，将四根电极垂直插入鱼片，使其中一对电极的电流方向平行肌纤维方向，另一对电极的电流方向垂直于肌纤维方向。

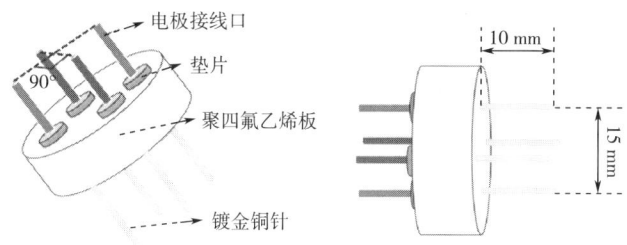

图 13-12 四电极结构示意图

采用求商法对阻抗各向异性进行量化。i 为某一特定检测频率，MP_i 为该频率下平行肌纤维方向的阻抗模值，MV_i 为该频率下垂直肌纤维方向的阻抗模值，PP_i 为该频率下平行肌纤维方向的相位值，PV_i 为该频率下垂直肌纤维方向的相位值。正交各向异性特征参数 POCP 计算方法如下。

用式（13-10）计算测试频率 i 下的阻抗模值正交各向异性特征参数 $MOCP_i$：

$$MOCP_i = \left| 1 - \frac{MP_i}{MV_i} \right| \qquad (13-10)$$

用式（13-11）计算测试频率 i 下的相位值正交各向异性特征参数 $POCP_i$：

$$POCP_i = \left| 1 - \frac{PP_i}{MV_i} \right| \qquad (13-11)$$

MOCP 和 POCP 越大，代表样品不同方向电特性差异越显著。

冰鲜与冻融三文鱼的 MOCP 和 POCP 如图 13-13 所示，冰鲜样本的 MOCP 在 0.1~10Hz 频段要高于三组冻融三文鱼，在 10~100Hz 频段的样本曲线发生重叠，可能是样品在冻融 15d 时品质差异比较于冰鲜样品不明显。在检测频率大于 100Hz 时，冰鲜样本的 MOCP 曲线渐高于三组冻融样本。冰鲜样本的 POCP 在 0.1~1Hz 频段内高于三组冻融样本，随检测频率的升高，冰鲜与三组冻融样本的 POCP 特征曲线逐渐靠近，发生交叉与重叠。总体来看，冰鲜三文鱼和三组不同处理的冻融三文鱼提取的特征指标有较明显的差异。在较低检测频率下，冰鲜三文鱼的 MOCP 和 POCP 都要高于冻融三文鱼，说明冰鲜样本相比冻融样本具有明显的阻抗各向异性。可能是因为冰鲜样本具有较完整的膜结构，而冻融处理后的三文鱼内部细胞膜结构受到了破坏，从而导致不同方向的电流流经的组织结构差异减小，阻抗各向异性随之降低。

三、抗氧化成分检测

茶叶是天然抗氧化剂儿茶素的主要来源，茶是世界上饮用人数最广的饮料之一。茶多酚是茶叶及其相关产品质量具有重要影响的主要功效成分，因此进行茶多酚检测是鉴定茶叶及其相关产品质量的有效手段。茶多酚的还原性较强，在电位的作用下能在工作电极表面发生氧化反应，其苯环上的酚羟基向阳极传递两个电子，进而氧化成醌。茶多酚的电化学反应机理如图 13-14 所示。

有研究人员制备 3 种低成本的工作电极——银电极、碳糊电极和玻碳电极，研究了在茶多酚含量测定应用上的可行性。通过分析茶多酚在电极表面的氧化还原行为，发现碳糊电极、玻碳电极的氧化电流峰值随茶多酚含量成比例增强，线性范围为 10~100μg/mL。所制玻碳电极测定绿茶茶样中的茶多酚含量的重复性和准确性较碳糊电极好。与国标方法相比，电化学检测茶多酚所需时间大大缩短。

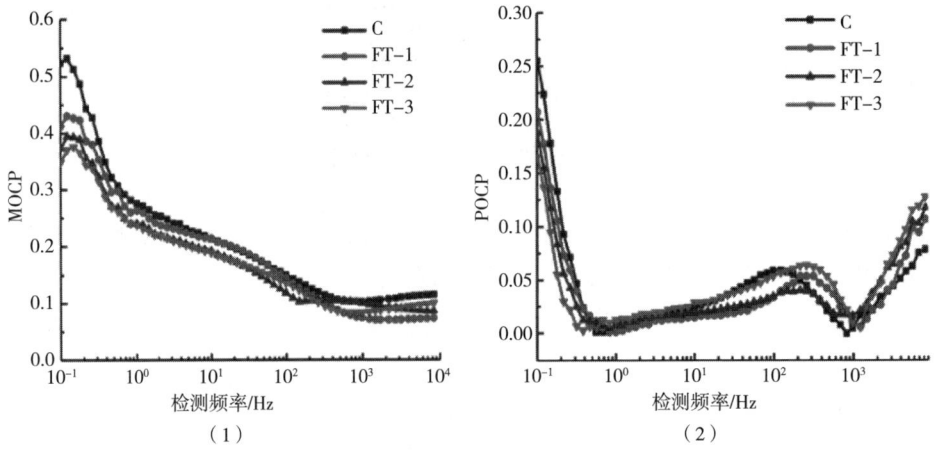

图 13-13　冰鲜与冻融三文鱼
（1）MOCP 谱　（2）POCP 谱

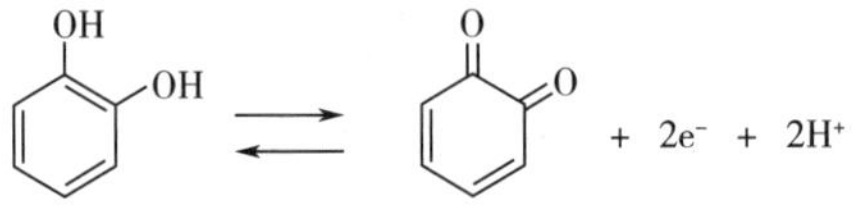

图 13-14　茶多酚的电化学反应机制

思考题

三电极系统的工作原理是什么？

第十四章

纳米探针和生物芯片检测技术

> **学习目标**
>
> 掌握纳米探针检测技术的分类及分析机理,了解生物芯片制备方法及在生物样品处理中的应用;了解纳米探针检测技术在食品品质及安全检测中重要意义,提高学习先进科学文化知识的兴趣和主观能动性。

> **重点和难点**
>
> 重点是纳米探针检测技术和生物芯片的分析原理;难点是生物样品处理与芯片杂交技术在食品领域中的应用。

蓬勃发展的纳米技术,特别是各种具有特殊性质纳米材料的出现及应用,为提出新型的测试原理、发展灵敏的食品安全检测技术打开了一片广阔的天地。纳米材料是指三维空间中至少有一维处于纳米尺度范围(1~100nm)或由它们作为基本单元构成的具有特殊性能的材料。由于纳米材料的小尺寸以及特殊的表面状态,使其表现出许多既不同于微观粒子又不同于宏观物体的特性,例如,量子尺寸效应、表面效应、体积效应和宏观量子隧道效应等。这些特殊的性能使得纳米材料在诸多方面得到了广泛应用,尤其是将纳米材料作为标记物用于构建纳米探针,从而指示特定物质(如核酸、蛋白质、细胞结构等)的性质或物理状态,有效克服了传统标记物的缺陷,具有识别选择性高、稳定性好、制备简单、灵敏度高、实用性强等特点,对发展高效、快速、高灵敏的食品安全检测技术具有极大的推动作用,为生物标记技术的发展拓宽了方向。

第一节 纳米探针检测技术

纳米探针检测技术因其具有高灵敏、高通量的特性,为食品安全检测提供了有效方法。依据纳米探针所使用的纳米材料类型,可将其分为纳米金探针、磁性纳米探针、量子点探针、上转换发光纳米探针、碳基纳米探针、纳米酶探针、金属-有机框架基纳米探针。

一、纳米金探针及其应用

纳米金又称胶体金,可分为纳米金球、纳米金棒及纳米金花等。通常所说的纳米金探针,是指将免疫球蛋白、核酸适配体、凝集素等结合在纳米金表面制备的功能化纳米金粒子；定量加入牛血清白蛋白和聚乙二醇等试剂作为溶液的稳定剂，以防止探针在盐溶液中发生团聚。利用纳米金探针可以进行待测组分的定性、定位及定量研究（图14-1）。由于胶体金在可见区呈现特征的酒红色，通过电子显微镜可清楚地观察抗原-抗体反应、DNA杂交和免疫组化反应。当纳米金分散在溶液中时，溶液的颜色会随着纳米金颗粒之间距离的变化而变化。基于纳米金的这一特性，

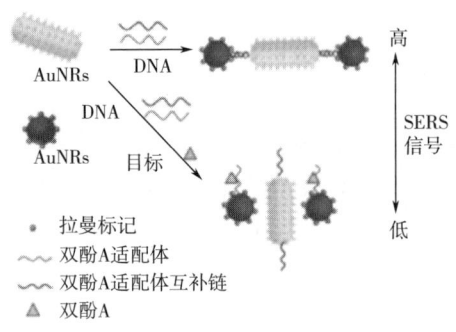

图14-1 纳米金探针在传感分析中的应用

可实现特定多核苷酸序列的检测；其原理是利用纳米金与巯基（—SH）间强的作用力（Au—S键），将末端连有—SH的单链DNA固定于纳米金表面制备DNA探针，并将其与靶序列杂交形成伸展的纳米金和多核苷酸的聚集体；通过测定溶液颜色的变化实现特定多核苷酸序列的测定，该方法属于光学比色分析法。

1. 纳米金的制备

（1）化学还原法　包括抗坏血酸还原法、柠檬酸钠还原法、硼氢化钠还原法及鞣酸-柠檬酸钠还原法。还原剂的选择与制备的纳米金粒径有关。一般来讲，利用抗坏血酸还原氯金酸可制得粒径在5~12nm的纳米金；用柠檬酸钠还原氯金酸可制得粒径>12nm的纳米金。在用同一种还原剂时，制备的纳米金粒径可通过调节还原剂的用量来控制，还原剂用量的多少与制备的纳米金粒径成反比。在纳米金的形状控制合成中，以棒形纳米金的研究居多。一般是在阳离子表面活性剂存在的体系中，采用电化学或化学还原氯金酸来制备纳米棒。

（2）晶种生长法　通常在直接一步制备金纳米颗粒的过程中，成核与生长同时进行，体系中的颗粒可能会处于不同的生长状态，容易造成产品颗粒尺寸分布范围变宽。晶种生长法是以预先合成的单分散小颗粒作为晶种，使后续加入的金前体在晶种表面还原，从而实现金纳米颗粒的二次生长。晶种生长法将成核与生长阶段分开进行，可以在较宽尺寸范围内逐级控制颗粒的尺寸。为避免晶种生长合成中新还原的金属原子独立成核导致较宽的颗粒尺寸分布，需要尽可能降低金前体与晶种间的比例。

2. 纳米金的修饰

纳米金的表面修饰方法主要分为物理修饰法和化学修饰法，常用的修饰剂有硫醇、胺类、表面活性剂和天然大分子（糖类、核酸、蛋白质等），以及无机类聚合物（如硅酸酯或钛酸酯的醇解和缩聚产生的二氧化硅或二氧化钛）等。

（1）表面物理修饰法　通过吸附、涂敷和包覆等物理手段对纳米金表面进行改性，包括表面吸附和表面沉积。表面吸附是通过范德华力将异质材料（以十二烷基磺酸钠、油酸等表面活性剂为主）吸附到纳米金表面进而对其包覆改性。表面沉积是在纳米金表面沉积一层与表面无化学结合的异质包覆层。

（2）化学修饰法　通过纳米金表面原子与修饰剂分子发生化学反应，改变其表面结构和状态，达到纳米粒子分散、稳定、复合及赋予其新功能的目的。在纳米金表面发生的化学反应通常有3种类型。

①酯化反应：是指酯化剂与纳米金表面原子反应，由原来的亲水疏油表面变为亲油疏水

表面；通常适用于表面为弱酸性或中性的纳米粒子。

②偶联反应：是指用偶联剂处理表面活性高的纳米粒子，使其与有机物具有更好的相容性。

③表面接枝改性反应：分为偶联接枝、聚合生长接枝、聚合和接枝同步3种；偶联接枝反应是高分子物质与纳米金表面官能团直接反应实现接枝；聚合生长接枝反应是聚合物单体在纳米金表面聚合生长，形成对纳米金的包裹；聚合和接枝同步是聚合物单体在聚合时被纳米金表面强自由基捕获，形成高分子链与纳米金表面的化学连接；该法能大大提高纳米金在有机溶剂和高分子物质中的分散性，制备出高性能的纳米金复合材料。

3. 纳米金探针的应用

（1）致病菌检测　相关学者利用荧光纳米粒子和纳米金分别标记李斯特菌序列特异性分子信标探针的5'端和3'端，成功构建了荧光纳米探针，并将其用于食品样品中李斯特菌目标DNA的高灵敏检测。同时，研究人员利用纳米金探针也实现了福氏志贺氏菌、大肠杆菌的灵敏、准确检测。

（2）毒素检测　基于银增强纳米金标记探针的免疫分析方法，相关学者利用化学发光技术和免疫层析试纸，分别实现了食品中黄曲霉毒素B_1、玉米赤霉烯酮的快速检测。与传统直接竞争酶联免疫吸附法相比，该法简便快捷、适用性强。

（3）农药、兽药残留检测　有机磷和氨基甲酸酯这两类杀虫剂均能抑制乙酰胆碱酯酶的活性，利用罗丹明B（荧光物质）标记纳米金，通过荧光和比色两种分析手段分别实现了西维因、二嗪农、马拉硫磷、甲拌磷几种农药的灵敏检测。同时，相关学者将联吡啶和克伦特罗抗体修饰于纳米金表面，并将其作为增强拉曼散射探针构建了竞争型表面增强拉曼散射免疫分析法；基于拉曼光谱信号强度的变化，实现了克伦特罗的灵敏检测，检出限为0.10pg/mL。同时，纳米金也可用于农药残留的电化学检测（图14-2）：将纳米金沉积在裸金电极表面上，再在其表面修饰啶虫脒的核酸适配体，并用6-巯基-1-己醇封闭裸金电极表面的非特异性结合位点；当加入啶虫脒时，电极表面形成的啶虫脒-适配体复合物会引起电子传递阻抗（R_{et}）增大，且R_{et}的变化与啶虫脒浓度呈现正相关性，基于此，能够实现对啶虫脒的定量分析。

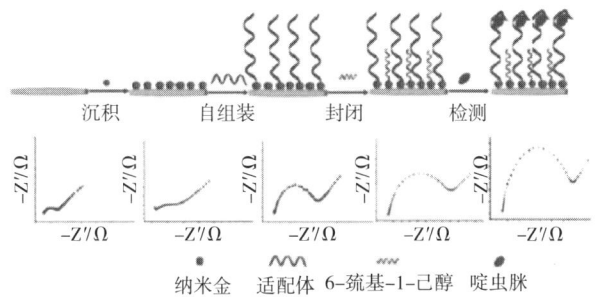

图14-2　基于电化学法的纳米金传感器用于啶虫脒的检测

（4）重金属检测　以鞣酸（GA）为还原剂和稳定剂，通过一步法合成纳米金。在Pb^{2+}存在时，会形成Pb-GA复合物，从而使纳米金发生聚集，溶液的颜色由酒红色变为紫色，最终变为蓝色；基于此，测定Pb^{2+}的检出限为5.8μg/L。该法无需在纳米金表面修饰配体，在制备纳米金过程中即可实现 Pb^{2+} 的检测。

二、磁性纳米探针及其应用

磁性纳米颗粒是指含有磁性金属或金属氧化物的超细粉末且具有超顺磁性的纳米粒子，通常包括氧化铁、氧化铬、氧化钴等，其中氧化铁（γ-Fe_2O_3、Fe_3O_4）磁性材料应用最多。磁性纳米粒子通过表面共聚和表面改性的方法，能与有机物、高分子聚合物及无机材料结合形成核壳结构的磁性复合粒子，并偶联细胞、酶、抗体及核酸等多种生物分子。在外加磁场的作用下，磁性粒子易于和底液分离，具有操作简便、分离效率高，且不易被体内和细胞内各种酶降解等优点。

1. 磁性纳米粒子的制备

磁性纳米粒子制备方法有共沉淀法、微乳液法、热溶剂法、高温分解法等。共沉淀法操作简单、原料易获取且反应条件温和，能够完成批量制备，且产物纯度高，是目前最为常用的方法之一。微乳液法制备产物尺寸小、粒径均匀，且由于加入表面活性剂使得磁性纳米粒子不易团聚；但由于反应过程在低温下进行，粒子结晶性较差且晶型多样，其磁富集性能有待于进一步提高。热溶剂法制备的产物晶型较好、纯度高且尺寸可控，但反应条件需高温高压，产物的分散性与溶解性较差。高温分解法制备的产物分散性好、粒径均匀，但成本高、毒性强。

2. 磁性纳米粒子的表面修饰

磁性纳米粒子的表面修饰主要有两种途径：一种是依靠化学键合作用，利用有机小分子化合物进行修饰；另一种是用有机或无机材料直接包裹磁性纳米粒子。常见磁性纳米粒子的表面修饰有硅烷化修饰、高分子聚合物修饰和有机分子修饰。

（1）硅烷化修饰 首先，在磁性纳米粒子外部包覆硅层后，可以保护 Fe_3O_4 纳米粒子，防止其进一步氧化；其次，无毒的二氧化硅具有良好的亲水性和生物相容性；最后，由于二氧化硅表面含有硅烷醇基团，易于再次与硅烷化试剂发生耦合反应，在其表面引入—NH_2、—COOH 和—SH 等活性基团，与抗体、蛋白质、酶和核酸适配体等多种生物分子发生相互作用。

（2）高分子聚合物修饰 将 Fe_3O_4 纳米粒子与氨基酸类（多肽、蛋白质等），多糖类（葡聚糖、壳聚糖等），聚乙二醇及聚丙烯醇等高分子聚合物偶联，能够防止 Fe_3O_4 氧化、团聚，同时又可以使其直接与生物分子连接。

（3）有机分子修饰 加入有机小分子作为分散剂和稳定剂，使磁性纳米材料的合成与修饰同步实现。

3. 磁性纳米探针的应用

（1）致病菌检测 免疫磁分离技术普遍应用于致病菌检测研究的分离阶段，其筛选结果可联用显色反应、酶联免疫吸附测定、聚合酶链式反应、生物传感器技术。其中，Fe_3O_4 作为核壳结构磁珠的内核，在检测前对微生物进行分离与富集，避免了传统方法长时间的微生物培养和扩增过程，并克服了快速检测方法中假阳性高、食品复杂基质对检测结果的影响，提高了检测的时效性、灵敏度和准确度。

（2）毒素检测 通过结合 Fe_3O_4 的磁性和纳米金颗粒的催化活性，建立了高灵敏的蓖麻毒素检测体系，即分别在 Fe_3O_4 纳米颗粒和金纳米颗粒上标记识别蓖麻毒素 A 链和 B 链的

6A6 和 7G7 抗体，在检测体系中形成 Fe_3O_4-蓖麻毒素-Au 的夹心结构，从而能够利用 Fe_3O_4 的磁性分离夹心复合物，并利用金颗粒催化银离子（Ag^+）还原形成放大的电信号，达到检测的目的（图 14-3）。相对于传统的聚合酶联免疫方法而言，该方法的检测限度提高了 5 倍，而检测时间缩短为原来的 1/3，能够很好地用于食品和水中蓖麻毒素的检测。

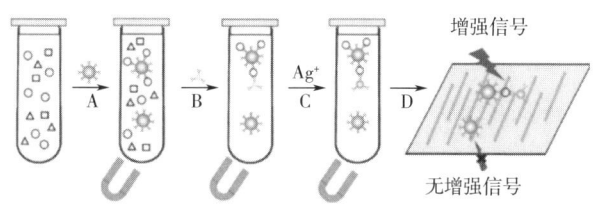

图 14-3　磁性 Fe_3O_4 和纳米金用于蓖麻毒素的检测

（3）农药、兽药残留检测　相关学者将磁性纳米粒子与荧光免疫分析方法相结合，实现了白菜、胡萝卜、菠菜等蔬菜样品中三唑磷农药的灵敏检测。基于 ZrO_2 和有机磷之间的强吸附作用，制得的 Fe_3O_4-ZrO_2 复合粒子对有机磷农药的富集倍数可达 20~50 倍，并可重复使用；将其用于有机磷农药的电化学检测，取得了满意的结果。同时，将磁性纳米粒子与酶联免疫方法相结合，实现了牛奶中氯霉素的灵敏检测。

三、量子点探针及其应用

量子点是一种三维团簇，由有限数目的原子组成，其三个维度尺寸均在纳米数量级，具有类似于体相晶体的规整原子排布。常见的荧光量子点有 A 族半导体（CdSe、CdS 和 ZnS 等）和 ⅠA、ⅤA 族半导体（InP 和 InAs 等）。量子点的粒径较小，其电子和空穴被量子限域，因而表现出许多独特的物理性质，其中以其优异的光学性质最为突出：①量子点荧光发射波长可通过控制尺寸及成分调节；②量子点的激发光谱宽且连续分布，可实现"一元激发、多元发射"；③尺寸均一的量子点发射光谱呈对称的高斯分布，半峰宽较窄；④量子点的荧光量子产率高、光稳定性好，可经受反复多次激发而不易发生光漂白，适合于对标记对象进行实时、长时、动态监测；⑤量子点具有很好的空间兼容性，一个量子点可以偶联两种或两种以上生物分子或配体，从而能够制备多功能的成像及检测探针；⑥量子点可用于多光子荧光显微成像。总之，量子点的激发光谱宽且连续分布、发射光谱窄、化学稳定性高、生物相容性好，是一种理想的荧光探针。

1. **量子点的合成**

（1）有机金属合成法　在无水无氧的条件下，使有机金属化合物在具有配位性质的有机溶剂环境中生长而形成纳米晶粒，即反应前驱体注入高沸点的溶剂，然后通过调节反应温度控制微粒的成核与生长过程。较为常用的有机相合成量子点的体系是三辛基膦（TOP）/三辛基氧化膦（TOPO）组成的混合溶液，其中 TOP 为还原剂和溶剂，而 TOPO 为金属离子的络合剂。

（2）水相合成法　主要包括 3 种方法。

①水相回流法：用水溶性巯基羧酸为稳定剂，通过加热回流前驱体混合溶液使量子点逐

渐成核并成长。

②水热/溶剂热合成法：在特制的密闭反应器（高压釜）中，采用水或其他溶剂作为反应体系，通过将反应试剂加热至临界温度或接近临界温度，在体系中产生高压环境，从而合成量子点。

③微波辅助合成法：利用微波辐射从分子内部加热，克服了普通水浴或油浴局部过热以及量子点生长速度缓慢的不足。

2. 量子点的修饰

（1）羧基化法　利用量子点表面元素（如 Zn、Cd 等）与巯基之间较强的络合作用力，使量子点与巯基乙酸、巯基丙酸、巯基丁二酸等巯基羧酸类化合物络合在其表面修饰羧基。羧基官能团在量子点表面的修饰有助于改善量子点的亲水性，并能够与带有氨基的生物分子偶联，且不破坏所标记生物材料的活性。

（2）硅烷化法　利用巯基与量子点的配位作用，以巯丙基三甲氧基硅烷取代量子点表面包覆的 TOPO，再将溶液调为碱性，使巯丙基三甲氧基硅烷水解，从而在量子点表面生长二氧化硅层。二氧化硅层的修饰能够提高量子点的稳定性及其在水相中的溶解度。同时，通过改变亲水溶液中巯丙基三甲氧基硅烷的成分，可以获得表面带有不同电荷的水溶性量子点，从而结合不同结构的生物分子。

（3）聚合物修饰法　相关学者将 CdSe/ZnS 量子点包覆在由聚乙二醇-磷脂酰乙醇胺（PEG-PE）和磷脂酰胆碱形成的嵌段共聚物胶囊中，然后用氨基 PEG-PE 取代 50% 的 PEG-PE 磷脂，从而在胶囊表面引入伯胺，使量子点胶囊与氨基修饰的 DNA 共价连接，从而制备特异性的 DNA 杂交探针。采用聚合物高分子修饰的量子点，提高了量子点的水溶性和稳定性，并可以通过聚合物末端的功能基团（如—COOH、—NH_2 等）偶联生物分子制备纳米探针。

3. 量子点探针的应用

（1）致病菌检测　利用不同荧光量子点标记不同的致病菌抗体，基于免疫学方法实现食品中多种致病菌的同时检测，从而缩短检测时间、提高测定效率。相关学者将不同粒径、发射波长为 525nm、705nm 的量子点分别偶联大肠杆菌、沙门氏菌抗体，制备量子点探针。该探针荧光信号稳定、结合抗体生物活性高，能特异识别混合体系中相应的生物菌。基于此，利用荧光分析法实现大肠杆菌、沙门氏菌的特异检测。

（2）转基因检测　*CaMV 35S* 基因是来源于花椰菜花叶病毒的 35S 启动子，是转基因植物的一种非常重要的外源启动子基因。相关学者以 PbSe-壳聚糖为载体用于固定 DNA；利用电活性物质亚甲紫为杂交指示剂，实现了 *CaMV 35S* 启动子基因片段的电化学测定，检出限为 $1.6×10^{-11}$ mol/L。

四、金属-有机框架基纳米探针及其应用

金属-有机框架材料（metal-organic frameworks，MOFs），又称多孔配位聚合物或者多孔配位网络结构，是由有机配体、金属离子（簇）两部分次级结构单元通过配位作用而构成的有机无机杂化材料，在几何学和结晶学上都有着定义明确的拓扑结构。利用不同的有机配体和金属盐在特定条件下通过配位自组形成的 MOFs 是一种孔隙率超高、比表面超大，且拥有有机和无机两种性质的多孔材料；通过改变有机配体和金属离子可以达到孔径调节和形成不同结构的目的（图 14-4）。因此，MOFs 较传统的多孔材料拥有更好的调节性和可控性，使研

究者可以根据需要进行材料的设计；同时自身又拥有较好的化学与热稳定性，使其在气体储存、吸附、气体和液体的选择性分离、催化、离子交换、传感等领域也得到了进一步的应用。

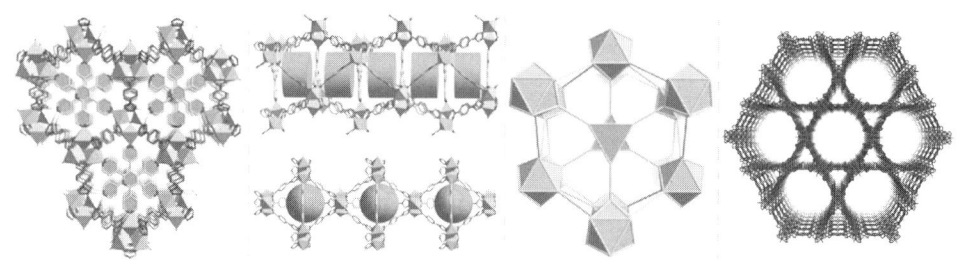

图 14-4　一些典型的 MOFs 单元结构

1. 金属-有机框架材料的分类

依据金属-有机框架材料的组分不同，通常将其分为以下 6 种：CPLs 系列（coordination pillared-layer）、MILs 系列（material of institute lavoisier）、PCNs 系列（porous coordination network）、UIOs 系列（university of oslo）、IRMOFs（isoreticular metal-organic framework）系列以及 ZIFs（zeolitic imidazolate framework）系列，其特点和典型代表材料如表 14-1 所示。

表 14-1　金属-有机框架材料的分类、特点及典型材料

分类	特点	典型材料
CPLs 系列	材料结构会在吸附客体分子时发生转变，吸附客体分子的能力也随之变化	CPL-1
MILs 系列	发生呼吸现象，即在外界因素刺激下材料结构会发生大孔和小孔的转变	MIL-47
PCNs 系列	孔道直径大，较好的热稳定性和化学稳定性	PCN-14
UIOs 系列	孔道尺寸大、孔隙率高	UIO-66
IRMOFs 系列	孔道结构规整，孔容积和表面积大	IRMOF-1
ZIFs 系列	永久的孔道性质和较高的热稳定性	ZIF-8

2. MOFs 及其薄膜的合成

（1）MOFs 的合成　主要有 5 种合成方法。

①水（溶剂）热法：是通过在高温高压下，利用有溶剂的密闭容器合成 MOFs 的方法。常选用 N,N-二甲基甲酰胺（DMF）作为水（溶剂）热法制备 MOFs 的溶剂，通过高温高压的方法加速晶体的成晶过程，偶尔也会使用一些其他溶剂（乙醇、甲醇）帮助晶体的析出。该法的优势在于操作简单、成本较低，是目前最为常用的方法；但在制备过程中，降温速率对晶体的形成有一定影响，且形成的 MOFs 纯度相对稍低。

②缓慢扩散法：将金属盐、有机配体和溶剂按一定的比例混合在一起，然后在密闭的容器中反应一段时间生成配合物晶体。该法制备的单晶体较大，操作简便；但耗时较长，并对反应物的溶解性要求极高。

③微波加热合成法：是较为新颖的一种 MOFs 材料合成方法。由于其具有选择性加热、快速、均质等特点，被广泛地应用在多种有机合成中。该法可以加快成核速率、缩短反应时间，且合成的晶体形态具有较高的可控性；但合成的晶体大。

④超声波合成法：是指通过调节超声波能量控制化学合成的结晶过程。其优点是合成的晶体粒径均匀，但副产物较多。

⑤机械化学合成法：又名研磨法，是指在机械球中将有机配体与无机组分（金属盐、硝酸盐等的混合物）进行研磨制备MOFs。该法整个反应过程中无需加热处理，不使用有机溶剂，适合进行规模化生产。

(2) MOFs薄膜的合成　主要有4种合成方法。

①液相外延生长法：将基底材料交替浸入金属离子和有机配体溶液中进行层层生长，这种方法可以得到较为有序的晶体薄膜。

②朗缪尔-布罗杰特（langmuir-blodgett，LB）层层自组装法：先利用一种LB装置，将MOFs薄膜通过π-π堆积作用在液面上组装成薄膜，然后将薄膜转移到基底表面上。

以上两种方法可以制备出非常薄的MOFs薄膜，并且易于在分子水平上控制薄膜的定向性。

③直接合成法：将空的或者修饰过的基底直接置于原料中，在适当的条件下，直接在基底的表面生长薄膜。

④种子生长法：又名二次生长法，先在基底表面修饰一层种子颗粒，然后在其上继续生长薄膜。由于MOFs在多孔材料如陶瓷、Al_2O_3、TiO_2等表面异相成核比较困难，因此种子的使用使得均匀MOFs薄膜易于在基底表面制备。

3. 金属-有机框架材料的应用

(1) 气体的吸附和分离　多孔MOFs具有较大的比表面积及未配位的不饱和金属位点，且孔洞的尺寸、形状和表面环境易于调控，因此可以用于气体分子的吸附和分离。由于气体分子的尺寸和极性差异，不同的气体小分子在多孔结构孔腔内的吸附热力学和动力学行为会有较大的不同，从而导致不同的气体分子在多孔材料内表现出吸附行为的选择性。目前，多孔MOFs在气体的吸附与分离方面研究较多的是能源气体（如H_2、CH_4和烃类分子等）的储存以及CO_2的选择性分离。

(2) 发光材料和荧光检测　发光MOFs在感光材料、荧光检测等方面都有潜在的应用价值。MOFs材料主要有以下几种发光机理：①有机配体内部的发射；②无机金属中心的发射；③金属到配体的电荷转移（MLCT）；④配体到金属的电荷转移（LMCT）；⑤不同有机配体之间的电荷转移（LLCT）；⑥客体分子诱导发光。目前研究较多的是具有d^{10}电子构型的过渡金属构筑的配位聚合物以及稀土金属构筑的配合物的发光性能。其中，LMCT通常发生在金属Zn^{2+}和Cd^{2+}所构筑的配合物发光中，而MLCT则在Cu^+和Ag^+配合物发光中较为常见。基于MOFs的光学性质，相关学者通过卟啉作为有机配体与铬氧簇（Zr-O）结合制备了MOFs材料（图14-5），基于荧光猝灭机制实现了水相中硝基类化合物的快速、特异检测。

(3) 有机催化　MOFs在有机催化方面具有潜在的应用价值，是因为其具有①不饱和的金属活性位点：该类MOFs（如MIL-101、HKUST-1等）的催化活性源于其金属组分，可以是孤立的金属中心或是金属簇。其中有些MOFs只包含一种金属中心，它可以同时作为MOFs的构成组分和催化活性位；而有些MOFs则包含两种不同的金属中心，其中一个是催化活性中心，另一个金属中心不具有催化活性，仅作为结构构成组分。②催化功能基团：该类MOFs（如IRMOFs-3、NH_2-MIL-53等）的催化活性中心是有机配体的功能基团，该基团是自由基团，不参与配位，可以催化某一个特定的有机反应。用于构造该类MOFs的有机配体通常包

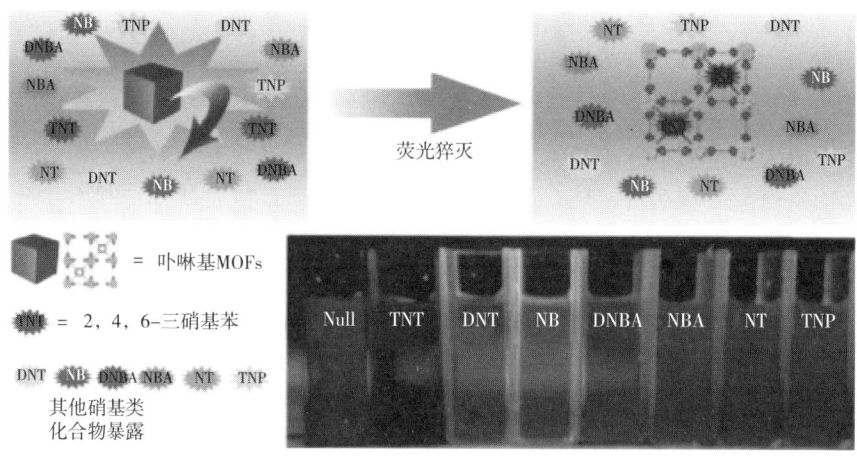

图 14-5 卟啉基 MOFs 用于 TNT 的荧光检测

含两种基团，一种用于与金属离子配位构造骨架结构，另一种是作为催化活性中心起催化作用。③纳米反应空穴：有些 MOFs 材料（如 MOF-5）既没有不饱和的金属位点，又没有自由的活性有机基团，但其孔隙里可以负载具有催化活性的纳米金属或者金属氧化物等，因此可以提供物理空间，使得催化反应发生。例如，在 MOF-5 的孔隙里载入纳米钯，该产物对有机反应如氢化反应等具有催化活性。基于 MOFs 的上述催化特性，相关学者制备了催化活性优异的 MOFs，并实现了对特定 DNA 的电化学检测；近期，某课题组也合成了以铜离子为金属催化活性中心的 MOFs 仿生酶（图 14-6），基于该 MOFs 对葡萄糖的催化氧化作用，实现了乳品中汞离子的电化学检测，检出限可达 $0.001\mu mol/L$。

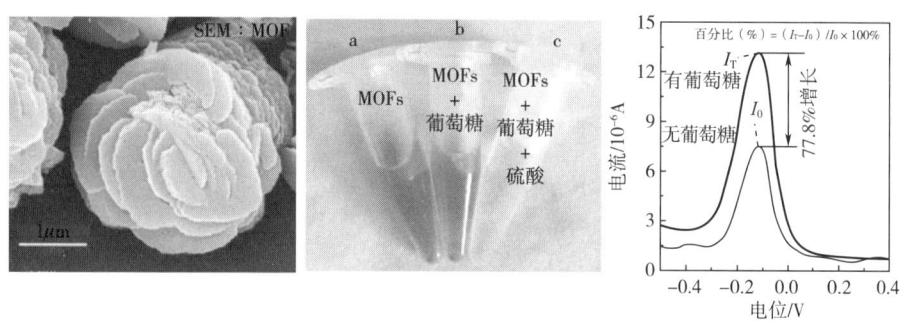

图 14-6 MOFs 仿生酶的形貌及催化性能表征

第二节　生物芯片的概念及历史沿革

一、生物芯片的基本概念

生物芯片（biochip）的概念源自计算机芯片。狭义的生物芯片是指包被在固相载体（如硅片、玻璃、塑料和尼龙膜等）上的高密度 DNA、RNA、蛋白质、细胞等生物活性物质探针的微阵列（microarray）。这些微阵列由生物活性物质以点阵的形式有序地固定在固相载体上形成；由于探针的结构和固定位置已知，将待测物在芯片表面培养，即可实现对核酸、蛋白质、细胞等生物组分的高通量定量分析，并可用化学荧光法、酶标法、同位素法等方法获取信息，再用光谱仪、光度计等光学仪器进行数据采集，最后通过专门的计算机软件进行数据分析。对于广义生物芯片而言，除了上述被动式微阵列芯片之外，还包括利用光刻技术和微加工技术在固体基片表面构建微流体分析单元或装置，以实现对生物分子进行智能化大信息量并行处理分析的微型固体薄型器件。这类广义生物芯片包括核酸扩增芯片、阵列毛细管电泳芯片、主动式电磁生物芯片等。

根据特异性探针在载体上空间分布的不同，生物芯片可以分为二维芯片和三维芯片。上述探针分布特征规律通常由生物芯片基片表面活性官能团特性决定。二维芯片可以通过载体表面化学修饰醛基、环氧基、异硫氰酸基等官能团制备得到，上述官能团呈现平面分布，具有良好的经济性和有效性。但是受到活性面积限制，探针灵敏度、检出限等指标往往较低。引入新型多孔材料如石墨烯、氧化锌纳米颗粒等作为载体，可以实现三维芯片制备，从而扩大探针容量，进一步提升检测性能。机械点样过程如图14-7所示。

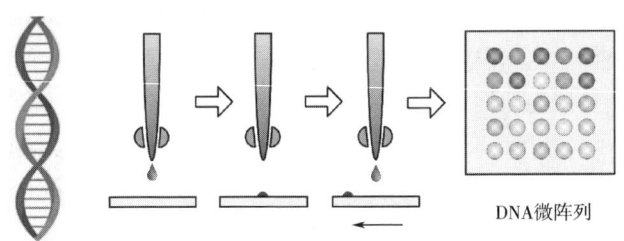

图14-7 生物芯片机械点样图

在生物技术领域里，一个完整的实验分析过程通常包括3个步骤：样品制备、生化反应以及结果检测。这3个步骤往往是在不同的实验装置上进行的。而生物芯片发展的最终目标是将这3个过程通过微加工技术整合到一块芯片上去，以实现所谓的微型全分析系统或称缩微芯片实验室（lab-on-a-chip）。

与传统的研究方法相比，生物芯片技术具有以下优点。

（1）信息的获取量大、效率高　目前，生物芯片的制作方法有接触点加法、分子印章DNA合成法、喷墨法和原位合成法等，能够实现在很小的面积内集成大量的分子，形成高密度的探针微阵列。这样制作而成的芯片就能并行分析成千上万组杂交反应，实现快速、高效的信息处理。

（2）生产成本低　由于采用了平面微细加工技术，可实现芯片的大批量生产；集成度提高，降低了单个芯片的成本；可以引入柔性制造技术，在同一生产线上实现多种不同功能芯片的同时生产。

（3）所需样本和试剂少　因为整个反应体系缩小，相应样品及化学试剂的用量减少，且作用时间短。

（4）容易实现自动化分析　生物芯片发展的最终目标是将生命科学研究中样品的制备、生物化学反应、检测和分析的全过程，通过采用微细加工技术，集成在一个芯片上进行，构成所谓的微型全分析系统，实现分析过程的全自动化。

二、生物芯片技术研究的背景

原定于 2005 年竣工的人类 30 亿碱基序列的测定工作（human genome project，HGP，人类基因组计划）由于高效测序仪的引入和商业机构的介入，在 2000 年 6 月人类基因组的草图完成，2003 年年底完成基因的全部测序工作，人类遗传信息已一览无遗。怎样利用该计划所揭示的大量遗传信息去探明人类众多疾病的起因和发病机制，并为其诊断、治疗及易感性研究提供有力的工具，则是继人类基因组计划完成后生命科学领域内又一重大课题。以功能研究为核心的后基因组计划已经开启，为此，研究人员需要设计和利用更为高效的软硬件技术来对如此庞大的基因组及蛋白质组信息进行加工和研究。建立新型、高效、快速的检测和分析技术就势在必行了。这些高效的分析与测定技术已有多种，如 DNA 质谱分析法、荧光单分子分析法、杂交分析等。其中，以生物芯片技术为基础的许多新型分析技术发展最快也最具发展潜力。早在 1988 年，就有研究者将短的 DNA 片段固定到支持物上，以反向杂交的方式进行序列测定。生命科学与计算机科学、材料科学、微加工技术、有机合成技术等相关学科的迅猛发展，为生物芯片的实现提供了实践上的可能性。生物芯片的设想最早源于 20 世纪 80 年代中期，20 世纪 90 年代实现了 DNA 探针分子的高密度集成，即将特定序列的寡核苷酸片段以很高的密度有序地固定在一块玻璃、硅等固体片基上，作为核酸信息的载体，通过与样品的杂交反应获取其核酸序列信息。

三、历史沿革

20 世纪 90 年代至今，以 DNA 芯片为代表的生物芯片技术已经得到了快速的发展。生物芯片技术除了 DNA 芯片技术外，还包括免疫芯片分析技术、芯片核酸扩增技术、细胞芯片分析技术和以芯片为平台的高通量药物筛选技术等。这些新兴技术的出现为生命科学研究、食品卫生检验、疾病诊断与治疗、新药开发、国防、司法鉴定、航空航天等领域带来一场革命。

许多科技发展促成了生物芯片的发展。在某种意义上讲，生物芯片这个概念是由弗雷德·桑格尔（Fred Sanger）和沃特吉尔伯特（Walter Gilbert）提出的。他们发明了现在广泛使用的 DNA 测序方法，并由此在 1980 年获得了诺贝尔奖。DNA 化学测序和电流学及琼脂糖凝胶体微孔法的结合，为分子检测的小型化发展打下了基础。另一个诺贝尔奖获得者凯利·穆利斯（Kary Mullis）在 1983 年首先发明了聚合酶链式反应（PCR）法，以及后来在此基础上的一系列研究使得微量的 DNA 可以放大，并能用实验方法进行检测。

DNA 芯片的基本原理是在固相支持物上固定核酸并通过杂交过程来检测核酸。此基本原理实际来自于 20 世纪 70 年代出现的 Southern 印迹杂交和 Northern 印迹杂交技术。80 年代中期，国际上几个研究小组同时开发了杂交测序的技术，基本原理是在固相支持物上固定成百上千个 8 碱基长度的寡核苷酸片段，然后与待测序的 DNA 片段进行杂交。由于不同的寡核苷酸的碱基序列是相互覆盖的，通过计算机来分析杂交信号，便可以拼接出未知 DNA 的序列。在 20 世纪 80 年代初期，贝恩斯（Bains W.）等人将短的 DNA 片段固定到支持物上，借助杂交方式进行序列测定。1986 年，莱诺·胡德（Leroy Hood）发明的荧光色谱 DNA 测序法又促进了 DNA 测序的自动化发展。更进一步的发展，如杂交序列、基因标记识别、表达序列标记物等，为 DNA 测序的小型化和自动化提供了一些关键性技术，大大地提高了 DNA 测序的效率并降低其费用。基因芯片从实验室走向工业化却是直接得益于探针固相原位合成技术和照相平版印刷技术的有机结合以及激光共聚焦显微技术的引入。它使得合成、固定高密度的数以万计的探针分子切实可行，而且借助激光共聚焦显微扫描技术使得可以对杂交信号进行实时、灵敏、准确的检测和分析。正如电子管电路向晶体管电路和集成电路发展所经历的那样，核酸杂交技术的集成化也推动了分子生物学技术的革新。

福多尔（Fodor）等 1991 年 2 月在 Science 期刊上发表论文，他们利用固相化学合成、光敏保护基团及光刻掩膜技术，在固相支持底物上高密度合成了多肽和寡核苷酸，并用合成的多肽在固相支持物上与抗体进行了亲和反应。同年 9 月，Science 期刊发表了一篇评论，介绍了 Fodor 等在 1.28cm^2 的面积上原位光合成 65000 个点的工作，第一次提出了 DNA 芯片（DNA chip）的概念。到 1995 年，舍纳（Schena）等在 Science 期刊上发表论文，将 45 个拟南芥基因固定在一张玻片上，并行检测拟南芥植株不同组织及不同处理后 45 个基因表达的变化，此报道第一次将高精度机械手点样技术、荧光标记技术、双通道荧光扫描技术及数据分析软件结合在一起，可以说是 DNA 芯片技术在基因表达分析中第一次真正意义上的应用。随后，用于基因表达分析的 DNA 芯片技术发展迅速，在玻片上点样的密度越来越大。一些完成基因组测序的微生物全基因组 DNA 芯片已经制备出来并应用于各项研究中，如酿酒酵母、结核杆菌、大肠杆菌以及白色念珠菌的全基因组 DNA 芯片。

人类基因组计划和分子生物学相关学科的发展也为基因芯片技术的出现和发展提供了有利条件：1992 年，Fodor 领导的小组运用半导体照相平板技术，对原位合成制备的 DNA 芯片作了首次报道，这是世界上第一块基因芯片；1995 年，布朗（P. Brown）实验室发明了第一块以玻璃为载体的基因微矩阵芯片。随后，基因芯片技术蓬勃发展，得到了日益广泛的研究和应用：在玻片芯片上成功筛选了酵母蛋白质中的磷脂作用蛋白；在硅片基上实现了可编程 DNA 器件组装方法，利用这些 DNA 器件协同工作，成功模拟了细胞工作过程。

第三节　生物芯片主要类型

现在学术界从不同角度对生物芯片的分类有多种。通常的生物化学反应过程包括三步，即样品制备、生化反应、结果检测和分析，将这三个不同的步骤集成为不同用途的生物芯片，所以按此种分类可将生物芯片分成不同的类型，即用于样品制备的生物芯片、生化反应生物芯片及各种检测用生物芯片（图 14-8）。

1. 样品制备芯片

将通常需要在实验室进行的多个操作步骤集成于芯片上，通过升温、变压脉冲以及化学裂解等方式对细胞进行破碎，通过微滤器、介电电泳等手段实现生物大分子的分离；通常采用微机电技术（MEMS）制备片基芯片，通过掩膜、溅射和光刻等通用半导体制备工艺，实现微米甚至亚微米级别的反应池、测试腔和通路的加工。例如，应用湿法蚀刻、反应离子蚀刻、等离子蚀刻等工艺在硅片上加工出含有 5000 个高 200μm、直径 20μm 的细柱式结构的 DNA 萃取芯片，专门用于 DNA 的萃取。

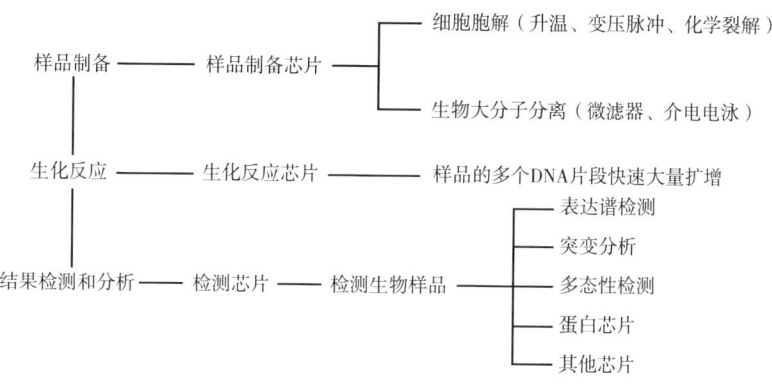

图 14-8 按照生物化学反应过程分类的生物芯片类型

2. 生化反应芯片

生化反应芯片是在芯片上完成生物化学反应，与传统生化反应过程相比，高效、快速，例如，PCR 反应芯片可以节约实验试剂，提高反应速度，完成多个片段的扩增反应，由于受当前检测分析仪器的灵敏度所限，通常在对微量核酸样品进行标记和应用前必须对其进行一定程度的扩增，PCR 芯片为快速、大量地获得 DNA 片段提供了有力的工具。

3. 检测芯片

检测芯片常用于生物样品检测，是目前发展最为迅猛的芯片技术，例如，用于 DNA 突变检测的毛细管电泳芯片；用于表达谱检测、突变分析、多态性测定的 DNA 微点阵芯片（也称基因芯片）；用于大量不同蛋白检测和表位分析的蛋白或多肽微点阵芯片（也称蛋白或多肽芯片）。

三种生物芯片的最终发展目标是将样品制备、生化反应到检测分析整个过程集成为微型分析系统，即芯片实验室。

生物芯片的形式多种多样：以片基材料分，有纸质、聚四氟乙烯薄膜等柔性芯片，通常以丝网印刷或喷涂方法制备，另外有硅、玻璃、陶瓷等片基固态芯片，可通过 MEMS 工艺、半导体加工和 3D 打印等方法制备；以检测的生物信号分，有核酸、蛋白质、生物组织碎片等；以工作原理分，有杂交型、合成型、连接型、亲和识别型等。

从功能和应用角度来看，常用的生物芯片主要是三类：即 DNA 芯片（DNA chip，DNA microarray）、蛋白芯片（protein chip）、芯片实验室（lab on a chip）。

第四节　生物样品处理与芯片杂交

生物样品往往是非常复杂的生物分子和无机物的混合体，除少数特殊样品外，一般不能直接与芯片进行反应。要将样品进行特定的生物处理，获取其中的蛋白质或 DNA、RNA 等信息分子并加以标记，以提高检测的灵敏度和选择性。为促使生物分子在芯片进行响应，需要明晰芯片上生物分子之间的反应机制。通过选择合适的反应条件使生物分子反应处于最佳状况，能够有效减少生物分子之间的错配比率。在此基础上，对生物芯片信号进行检测和分析，从而获取最能反映生物本质的信息。目前，最常用的芯片信号检测方法是将芯片置入芯片扫描仪中，通过采集各反应点的荧光强弱和荧光位置，经相关软件分析图像，即可以获得有关生物信息，其流程如图 14-9 所示。

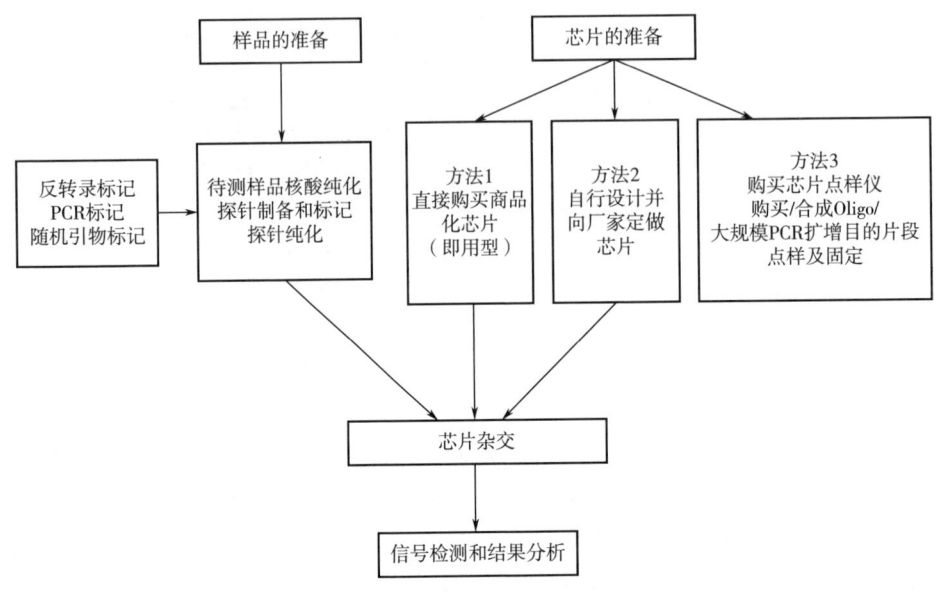

图 14-9　生物芯片总流程图

生物芯片技术之所以成为新技术，就是能够用相对简单快捷的方法完成以往极为复杂、耗时甚至不可能完成的工作。尽管生物芯片技术能够提供极为丰富的信息，而使用芯片的流程却并不复杂。

一、样品制备和处理

目前，由于灵敏度所限，多数方法需要在标记和分析前对样品进行适当程序的扩增。不过也有不少人试图绕过这一问题，例如，引入固相 PCR 方法，引物特异性强，无交叉污染并且省去了液相处理的烦琐；引入大规模并行固相克隆法（massively parallel solid-phase cloning），可在一个样品中同时对数以万计的 DNA 片段进行克隆，且无需单独处理和分离每个克隆。高度集成的微型样品处理系统（如细胞分离芯片、基因扩增芯片等）是实现上述目标的有效手段和发展方向。为了获得基因的杂交信号必须对目的基因进行标记，目前采用的最普遍的荧光标记方法与传统方法（如体外转录、PCR、逆转录等）在原理上并无多大差异，只是采用的荧光素种类更多，这可以满足不同来源样品的平行分析。

生物样品往往是十分复杂的生物分子混合体，而所需的往往是其中极微量的一部分。如前所述，根据样品来源、基因含量、检测方法和分析目的的不同，采用的核酸分离、扩增和标记方法各异。用于基因芯片分析的核酸样品主要有 cDNA、DNA、aDNA（anti-sense RNA）。cDNA 主要是用于检测基因的表达情况；以 DNA 和 aDNA 为杂交靶样品主要用于基因分型（gene typing）、单核苷酸多态性（SNP）分析和基因测序（microsequencing）等。

（一）单链化处理

杂交 DNA 经 PCR 扩增可得到双链 DNA 产物，杂交前双链结构需经变性处理。一般在较高温度环境（98℃或 100℃）中保温数分钟使双链解离。也可在室温下加入适量强碱（如

0.05mol/L NaOH）或酸性溶液反应数分钟使双链退火，但后续的中和、洗脱过程烦琐，并给杂交体系带入了新的干扰因素。更为重要的是在杂交过程中互补链仍会与探针竞争与靶链DNA的杂交，使反应体系中实际用于杂交的靶序列浓度降低，从而影响杂交效率。所以较理想的是只得到大量的单链产物。将 PCR 扩增产物由 T7 RNA 聚合酶体外转录成 aRNA，可以为杂交提供足量的单链核酸，比单纯 PCR 产物用于杂交更具有优势。在转录过程中，实现的是单链的重复性线性扩增，易于量化控制。1 个 DNA 分子在转录体系中可得到 100 个有效的 aRNA 分子，完全可以满足用于杂交的核酸靶序列量要求。

（二）基因值 DNA 的分离纯化

对于基因分型、SNP 分析和基因组（genomic chip）来讲，要检测基因组或者染色体上的突变，就需要制备样品的基因组 DNA（而非 RNA）以进行检测。

现在可以根据不同的样品来源选择特定的试剂盒。一种样品纯化技术可方便快速从多种样品中纯化高质量的基因组 DNA（genomic DNA），无需酚氯仿抽提和乙醇沉淀等步骤。试剂盒的使用步骤如图 14-10 所示。

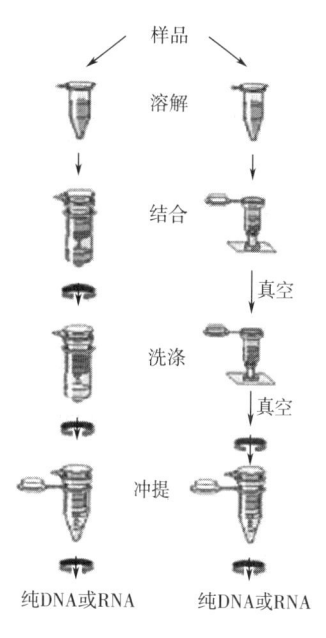

图 14-10　DNA 或 RNA 的分离纯化

（三）靶序列长度的处理

cDNA 芯片常用于表达谱分析。由于芯片上固定了较长的核酸序列，所以对靶序列长度没有太高的要求。寡核苷酸芯片探针序列较短，一般为 20~30bp；有的公司则开发了探针为 70mer（1mer=1 个核苷酸单体）的寡核苷酸芯片。在一些检测特异性较高的实验中，如杂交测序（SBE）、单核苷酸多态性和点突变检测方面具有无比的优越性。由于空间位阻的存在，对靶核酸的长度也有要求：较长的 DNA 容易形成发卡状二级结构，杂交时形成空间位阻，导致探针与靶样品杂交效率降低。较长的 aRNA 同寡核苷酸芯片的杂交效果也不甚理想，同样会由于内部的碱基配对，阻碍杂交时异源双链体的形成。

采取适当的方法获取合适长度的寡核苷酸片段（20~200bp），可以避免长链二级结构产生的负面影响，提高杂交效率，增加特异性。用巢式 PCR 扩增引物，可特异性的扩增得到一定长度的核酸片段。用 3 对特定引物扩增分别得到了 176bp，85bp，32bp 的 DNA 片段，然后进行单链化处理。对含较长 cDNA 片段的样品可对其进行片段化处理。样品的片段化处理方法主要有化学试剂处理、酶法水解、超声波处理和热处理。

（四）靶样品的标记方法

常用于标记的染料主要有同位素、生物素和荧光染料。不同染料各有利弊。

同位素标记灵敏度较高，所需仪器均为实验室常规使用设备，易于展开相关工作。但在信号检测时，一些杂交信号强点阵容易产生光晕，干扰周围信号的分析；同位素具有放射性和毒性，危害操作人员健康并引发环境污染。对于阵列密度较小的芯片可以使用同位素标记。

以生物素标记样品通常要与其他大分子-抗生物素的结合（如结合化学发光底物酶等）联合使用，再利用结合后的特殊性质获取杂交信号。生物素标记方便，无污染，比同位素标记稳定，有效使用期可达半年，价格也较低。但与底物酶结合化学发光的光强较弱，因而不适合高密度的基因芯片，常用于膜芯片。

荧光染料灵敏度较高，通过适当内参的设置及对荧光信号强度的标化，可以对信号进行定量分析，是目前芯片研究中使用最多的标记染料。使用荧光素标记的最显著优势是可选用多种发射波长不同的荧光素，满足不同来源样品的平行分析。多色荧光技术可以大大提高芯片检测的准确性和检测范围。选用多种荧光染料时应注意它们的发射波长应尽量远离，避免信号间的干扰。最常用的双色荧光组合试剂是 Cy3 和 Cy5。

高密度芯片分析一般采用荧光素标记。但试剂价格昂贵，并且需要昂贵的检测系统，如 CCD 传感器或荧光共聚焦扫描系统进行信号采集和数据分析。

也有研究者用生物素与抗生物素-荧光素结合法，通过生物素与抗生物素的结合作用，使荧光携带物定位于芯片上发生杂交的位点，信号检测同上述荧光法。有报道联合使用荧光素直接标记法，可得到多波长的荧光杂交信号图谱。标记方法有直接标记法和间接标记法。

（五）用于多次反复杂交的可洗脱探针制备技术

一种 cDNA 探针合成标记试剂盒（Strip-EZ RT Kit）专门为尼龙膜及其他预制杂交膜基质微阵列而设计。尼龙膜基质和其他塑料基质的优点之一，是在杂交检测后可以将膜上结合探针洗脱，因而膜可以得到重复使用，能够有效地降低单次使用成本。反之，常规膜再生操作需将膜放在十二烷基硫酸钠（SDS）溶液中煮沸一定时间，因而会对膜和膜上的信号造成损耗，通常重复使用 3 次后已经得不到清晰的信号。

Strip-EZ RT Kit 的工作原理，是在逆转录酶合成 cDNA 探针的同时，掺入经修饰过的脱氧核苷酸（这种修饰不会影响探针的杂交特性）和标记核苷酸，合成的探针与膜经过杂交、检测后将膜浸入专用降解溶液中并保持 5min，修饰过的脱氧核苷酸降解，探针即被降解为寡核苷酸碎片，再将膜浸入再生缓冲液中，在 68℃ 下温和地洗脱降解的寡核苷酸碎片，膜即可再生。Strip-EZ RT Kit 制备的 cDNA 探针可以在非常温和的条件下（试剂由试剂盒提供）洗脱原有的杂交信号，减轻对膜的伤害，延长膜的使用寿命，降低膜的使用成本。数据表明经过 9~15 次反复洗脱后的膜，依然能得到清晰的杂交信号（如图 14-11 所示，上边为 Strip-EZ 标记探针，下边为普通探针，膜经过多轮反复杂交-洗脱-再杂交后检测信号），这个试剂盒可用于同位素标记和非放射性标记，需要 1μg 以上的 mRNA 或者 10μg 以上的总 RNA 作为起始材料，不过尽可能使用纯化的 mRNA，因为使用总 RNA 会导致较高的非特异背景，影响检测。

以上各种方法都要求较大量的起始材料（通常要 1μg 以上的 mRNA），对于细胞数量不少于 1000 或者质量不少于 100μg 的样品，可以使用 SMART PCR 技术。SMART 技术利用逆转录酶在逆转录反应过程中遇到 mRNA 5'端帽子结构时会自动加若干个 dCTP 的特性，在反应体系中加入末端带若干个 G 的 SMART 寡核苷酸与之形成匹配，使逆转录酶以 SMART 引物为模板继续延伸合成的 cDNA，从而使合成的 cDNA 5'端带上 SMART 引物的对应序列，就可以直接用 PCR 进行扩增。因此，只要少至 50ng 的总 RNA 就可以通过扩增得到足够的材料来合成探针。扩增后的 cDNA 加入基因特异性引物（如果没有，可以用随机引物，但会导致背景升高和灵敏度降低)、克列诺(Klenow)酶、SMART 封闭液和标记物合成 cDNA 探针。这个 SMART 封闭液可以阻断前面的 SMART 引物,避免对后继的探针合成和杂交产生影响。通过优化 SMART 技术,可以保证扩增后的 cDNA 基本保持原始 RNA 样品的复杂度和相对丰度,因而合成的探针也保持同样的代表性。

对于更少的样品,比如用激光捕获显微切割系统,从组织切片上挑选的少量细胞或者手术切下的小组织块(如活组织检查切片),则可以考虑以下方法:用带有 T7 序列的 Oligo(dT)和高灵敏度 Sensiscript RT Kit(适用于特别少量的 RNA 样品,如单细胞 RT-PCR)将样品 RNA 反转录为带 T7 序列的 cDNA,再用 MEGAscript High Yield Transcription Kit(MEGAscript 高产量转录试剂盒)进行体外转录,大量扩增 mRNA 后再用不同的方法制备探针。该试剂盒可以在较短时间内合成大量 RNA,其产量为常规方法的 10~50 倍,最长可以合成长达 16kb 的转录本,特别适合少量样品中低丰度的 RNA 扩增。

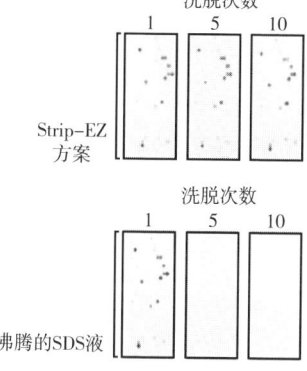

图 14-11 Strip-EZ RT 试剂

二、生物芯片制作

制作生物芯片需要考虑 3 个因素:固定在芯片上的生物分子样品、芯片片基结构特点和制作芯片的仪器。研究目的与对象不同,期望实现芯片类型与功能不同,则制备芯片方法也不尽相同。目前生物芯片的主要制作方法有接触点加法、分子印章 DNA 合成法、喷墨法和原位合成法等。

(一)芯片的制作方法

1. 原位合成法

原位合成有两种主要途径,即原位光刻合成和压电打印法(piezoelectric printing)。

(1)原位光刻合成 这是一项寡聚核苷酸原位光刻技术,是生产高密度寡核苷酸基因芯片的核心关键技术。该方法的主要优点是可以用很少的步骤合成极其大量的探针阵列。某一含 N 个核苷酸的寡聚核苷酸,通过 $4 \times N$ 个化学步骤能合成出 $4 \times N$ 个可能结构。例如,想要合成 8 核苷酸探针,通过 32 个化学步骤,8h 可合成 65536 个探针。

(2)压电打印法 原理与普通彩色喷墨打印机相似,冲洗、去保护、偶联等步骤与一般固相合成技术相同。因为该技术采用的化学机制与传统的 DNA 固相合成一致,所以不需要定制特殊化学试剂。但与常见方法不同的是,装置具有多个芯片喷印头和墨盒,墨盒中装有四种碱基合成试剂。喷印头可在整个芯片上移动。支持物经过包被后,根据芯片上不同位点探针的序列需要,高效地将特定碱基喷印在芯片目标位置。每步产率可达到 99% 以上,可以合成出长度为 40~50 个碱基的探针。

2. 点样法

点样法是将预先通过液相化学合成好的探针、PCR 技术扩增 cDNA 或基因组 DNA 经纯化、定量分析后,引入阵列复制器(arraying and replicating device, ARD)或阵列点样机(arrayer),并由计算机控制机器人准确、快速地将不同探针样品定量点样于带正电荷的尼龙膜、硅片等片基材料的相应位置上(支持物应事先进行特定处理,如包被以带正电荷的多聚赖氨酸或氨基硅烷），再由紫外线交联固定得到 DNA 微阵列或芯片。点样的方式分两种：其一为接触式点样，即点样针直接与固相支持物表面接触，将 DNA 样品留在固相支持物上；其二为非接触式点样（即喷点），以压电原理将 DNA 样品通过毛细管直接喷至固相支持物表面。打印法具有探针密度高的优点，通常 $1cm^2$ 可打印 2500 个探针，但是定量准确性及重现性不佳，打印针易堵塞且使用寿命有限。喷印法的优点是定量准确、重现性好、使用寿命长；缺点是喷印斑点面积大、探针密度低，通常 $1cm^2$ 面积只能实现 400 点左右。点样机器人具有一套计算机控制三维移动装置、多个打印/喷印头、一个减震底座，上面可放内盛探针的多孔板和多个芯片。根据需要，还可以增设温度和湿度控制装置、针洗涤装置。打印/喷印针将探针从多孔板取出直接打印或喷印于芯片上。点样仪性能评价指标主要包括点样精度、点样速度、一次点样芯片容量、样点均一性、样品是否有交叉污染及设备操作的灵活性、简便性等。

3. 分子印章原位合成法

分子印章技术与上述两种方法在合成原理上相同，区别仅在于该技术利用预先制作的印章将特定的合成试剂以印章印刷的方式分配到支持物的特定区域。后续反应步骤类似于压电打印原位合成技术。分子印章类似于传统印章，其表面依照阵列合成要求制作成凹凸不平的平面，依次将不同的核酸或多肽合成试剂按印到芯片片基特定位点进而进行合成反应。选择适当的合成顺序、设计凹凸位点不同的印章，即可在支持物上原位合成出位置和序列预定的寡核苷酸或寡肽阵列。从这一点上讲，分子印章原位合成技术与压电打印原位合成技术更为相似。除了可用于原位合成外，分子印章还可以通过点样方式制作微点阵芯片，目前，已有分子印章技术用于制备蛋白微点阵芯片的报道。

以上三种原位合成技术所依据的固相合成原理相似，只是在合成前体试剂定位方面采取了不同的解决办法，并由此导致了许多细节上的差异。但三种方法合成时都必须确保不同聚合反应之间的精确定位，这一点对合成高密度寡核苷酸或多肽阵列尤为重要。同时，由于原位合成每步合成产率的局限，较长（>50nt）的寡核苷酸或寡肽序列很难用这种方法合成。尽管如此，由于原位合成的短核酸探针阵列具有密度高、杂交速度快、效率高等优点，而且杂交效率受错配碱基的影响很明显，所以原位合成的 DNA 微点阵适合于进行突变检测、多态性分析、表达谱检测和杂交测序等需要大量探针和高杂交严谨性的实验。

（二）芯片片基的制作

用点样法制作芯片，除了专用的仪器外，还需要选择合适的固相支持物——芯片片基，也就是载体材料。芯片片基可选择经过相应处理的硅片、玻片、瓷片、聚丙烯膜、硝酸纤维素膜或尼龙膜等作为支持物。作原位合成的支持物在聚合反应前要先使其表面衍生出羟基或氨基（视所要固定的分子为核酸或寡肽而定）并与保护基建立共价连接；作点样用的支持物应使其表面带上正电荷以吸附带负电荷的探针分子，通常需包被氨基硅烷或多聚赖氨酸等材料。

（三）点样样品

点样样品的制备是非常关键的一步。样品的纯度、杂交特异性直接决定自制芯片的质量和可信度。某公司的玻璃阵列和塑料阵列具有 80 个碱基长寡核苷酸序列，对应 8300 个基因，均经过基因库筛选，以保证同源性最低且可以提供有效杂交信号。这种设计可以保证很高的分辨率、灵敏度，并能够通过基因公司定购特定寡核苷酸来制作专用芯片。满足约 1000 次芯片点样的 8327 个人类基因、5002 个小鼠基因或者将近 4000 个大鼠基因的寡核苷酸片段（冻干）放在 96 孔板中，连同 100 个 Type Ⅱ 玻片和杂交盒，200mL 杂交液，能够全面满足中小型实验项目的需求。配套寡核苷酸序列数目齐全，质量可靠，能为自制芯片性能提供可靠保证，也避免了合成 8000 多个基因过程的不确定性。

（四）芯片杂交

当两个不同来源的单链 DNA 分子（DNA 片段）的核苷酸序列互补时，在复性条件下可以通过碱基互补配对成为双链"杂种"DNA 分子（DNA 片段），此过程称为 DNA 杂交。如果其中一个单链 DNA 分子（DNA 片段）带有容易检测的标记物（DNA 探针），经杂交后就可以检测到另一个单链 DNA 分子（DNA 片段）。转化子的总 DNA，经过变性处理成为单链 DNA 分子（DNA 片段），用预先根据待检测的重组 DNA 分子制备的 DNA 探针与其杂交，进一步根据标记物检测杂交的 DNA 片段，出现阳性杂交的转化子就是预期的重组子。杂交的方法有 Southern 印迹杂交、斑点印迹杂交和菌落（或噬菌斑）原位杂交等。

第五节　生物芯片及自动化仪器在食品安全检测中的应用

一、生物芯片在转基因食品安全性检测中的应用

（一）转基因食品的安全问题

随着转基因技术作物的商品化生产，食品安全性越来越受到广泛的关注。传统毒理学的食品安全评价方法已不能完全适用于转基因技术食品。1990 年召开的第一届联合国粮食及农业组织（FAO）/世界卫生组织（WHO）联合专家咨询会议在安全性评估方面迈出了第一步。会议首次回顾了食品生产加工中生物技术的地位，讨论了来源于动物、植物、微生物的各类食品。在对每一类食品讨论时，详细考虑了在进行生物技术食品安全评价时的一般性和特殊性的问题。最后，会议提出了生物技术添加剂的安全评价策略，建议安全评价策略应基于被评价食品成分的分子、生物和化学的特征，并基于以上方面的考虑来决定对该食品进行传统毒理评价的必要性和范围。会议明确阐述转基因食品的安全评价策略是基于对产品加工过程的充分了解，以及产品本身的详细特征描述。1993 年，经济合作与发展组织（OECD）提出了食品安全性分析的原则——实质等同性（substantial equivalence）原则，即如果某个新食品或食品成分与现有的食品或食品成分大体等同，那么它们是同等安全的。1996 年第二届 FAO/WHO 联合咨询会议重申了 1990 年咨询会议的总建议，强调建立一个全面完善的食品法规对于保护人类健康是至关重要的。各国政府应确保这类法规与不断发展的新技术相适应。目前，根据 OECD 的实质等同性原则，各国及国际机构均在积极制定相应的条例，以便在促进生物技术发展的同时，保障环境安全及人类健康。2017 年，我国农业部召开了全国农业转基因生物安全监管工作会议，明确提出了转基因作物研究试验、品种审定、种子生产和加工经营等环节需要强化监管，并要求进一步增加番木瓜苗木生产和进口环节监管力度。

基因工程是否可能改变食品既有的营养成分或增加过敏原、毒素，长期食用对于人类健康的影响究竟是什么样的，影响到底有多大？这仍是一个未知数。包括是否会导致人体本来的吸收功能遭受破坏，改变激素正常分泌，增加基因突变的几率，或改变代谢途径，产生食物过敏或免疫系统被破坏的可能，人们疑虑重重。

事实上，人们的担心不是多余的。基因改造可能制造出一些无法预测的异种或新病毒、病源，以致增加未来疾病诊断治疗上的困难度，然而这却不是短期安全性评估所能预见的。

人们最为关心的是转基因食品对人体健康是否有负面影响？转基因食品与市场销售常规食品相比较，有无不安全的成分？这样就需对其主要营养成分、微量营养成分、抗营养因子的变化、有无毒性物质、有无过敏性蛋白以及转入基因的稳定性和插入突变等进行检测，重点是检测其特定差异。此外，一个比较集中的问题是对转基因产品标记基因的安全性评价。尽管国际社会认为大部分常用的标记基因是安全的，但仍有一部分标记基因的安全性未能肯定。并且所谓可安全使用的标记基因，仅指基因本身，并不包括启动子、终止子、基因多效性及其他多种可能的次生效应。次生效应可因插入位点不同而异，而迄今为止，人类尚无法预测基因的插入位点和准确地做到基因的定点整合。因此，有关标记基因的安全性也是转基因食品安全评价中一个重要的方面。

关于食品和食品成分安全性评价主要包括：①转基因食品中基因修饰导致的新基因产物的营养学评价（如营养促进或缺乏、抗营养因子的改变），毒理学评价（如免疫毒性、神经毒性、致癌性或繁殖毒性）以及过敏效应（是否为过敏原）；②由于新基因编码过程造成现有基因产物水平的改变；③新基因或已有基因产物水平发生改变后，对作物新陈代谢效应的间接影响，如导致新成分或已存在成分量的改变；④基因改变可能导致突变，例如，基因编码或控制序列被中断，或沉默基因被激活而产生新的成分，或使现有成分的含量发生改变；⑤转基因食品和食品成分摄入后基因转移到胃肠道微生物引起的后果；⑥遗传工程体的生活史及插入基因的稳定性。

（二）应用生物芯片技术检测转基因食品

1. 转基因食品的检测方法

转基因物质有可能在耕种、收获、运输、贮存和加工过程中混入食品中，对食品造成偶然污染。因此，不论是采用何种手段进行防护（如对转基因食品贴示标签、对转基因与非转基因食品原料进行分别输送），在食品工业中对转基因原料或成分的检测都是必不可少的；另外，需要明确区分转基因食品与非转基因食品，对转基因食品进行选择性标记，对食品中转基因成分含量进行限制，因此也需要准确有效的检测技术。

转基因食品检测方法是对转基因食品进行确认、生产和管理的必要工具。转基因食品检测的实质就是检测产品中是否存在外源 DNA 序列或重组蛋白产物。转基因农作物的种类多、数量大，所以检测难度很大。与庞大的植物基因组相比，转基因作物中外源 DNA 含量十分微小，因此对检测灵敏度提出了非常高的要求。

由于转基因生物的特征是含有外源基因和表现出导入基因的性状，因此，目前国际社会对植物性转基因食品的检测采用的技术路线主要有两条：①检测插入的外源基因，主要应用 PCR、Northern 杂交及 Southern 杂交、生物芯片技术、基因的酶法检测等方法；②检测表达的重组蛋白，主要采用酶联免疫吸附（ELISA）法、Western 杂交及生物学活性检测等。各种检测对象（如 DNA 与蛋白质）不同，检出敏感度及可检出灵敏度也有所不同。对转基因成分进行检测，必须快速、准确、灵敏、可靠。但是含有转基因成分的农产品种类多、数量大，尤其是在含有转基因成分的食品中，其待检测成分（核酸或蛋白质）往往已被降解或破坏，且含量大多在 10^{-6} 甚至在 10^{-9} 或 10^{-12} 数量级范围，检测难度很大。

2. 转基因食品的生物芯片检测

生物芯片是转基因食品检测的新方法。目前，对于转基因食品的检测，先是检测用于制造该食品的植物、动物性原料是不是转基因的。我国生产的 BT-TGP 转基因植物检测型芯片，通过检测外来的基因序列（DNA 序列），可鉴定该植物是否含有转基因成分。这类方法和目前已知的同类 PCR 法相比，除操作简便、快速、结果准确外，具有高通量的特性，解决了转基因检测中样品核酸制备中的困难，同时可降低检测成本和所需时间，这是转基因食品检测的发展方向之一。我国也开发了转基因植物检测基因芯片。

生物芯片技术检测转基因食品的流程如下。

（1）转基因食品原料（作物）检测基因芯片的制备　目前，对于外源基因的检测主要是通过对转入的外源基因进行 PCR 扩增，然后进行紫外或荧光检测。要进行 PCR 扩增必须知道待扩增 DNA 的序列。转基因食品中的外源基因不仅包括外源蛋白编码序列，还包括选择性标记基因和对于外源基因发挥作用所必须的功能基因。根据所选择的用作模板的外源基因的不同，PCR 试验可分为不同的类型。如果所选择的 DNA 序列是广泛存在于转基因植物中的序列，如 35S 启动子和 NOS 终止子，则这种试验将不具有专一性，这种扩增能检测出多种不同的转基因食品。但如果所选择的扩增靶序列既包括启动子又包括特定的外源基因，或者是既包括特定的外源基因又包括终止子，则 PCR 试验将具有专一性。对 35S 启动子和 NOS 终止子进行扩增能检测到大量的转基因食品，通过检测 35S 启动子和 NOS 终止子来检测转基因食品的方法已被确定，并在 1998 年被欧盟采纳，但这种方法对于不含 35S 启动子和 NOS 终止子而是其他启动子和终止子的转基因食品来进行检测，易造成假阴性结果。另一方面，由于花椰菜花叶病毒的存在，35S 启动子也存在于一些样品中，因此，当通过检测 35S 启动子和 NOS 终止子而认为样品为阳性时，还要进行验证试验。验证试验可以通过两种方式来进行，一是通过用限制性内切酶进行酶解后再进行凝胶电泳分析，二是进行 Southern 杂交。进行 PCR 实验所需的仪器较少，而对操作者的要求却较高。

选择合适的基因片段后，分别设计扩增引物，PCR 扩增得到探针；经纯化、浓缩、高温水浴变性后，利用基因芯片全自动点样仪，将探针和阴性对照点样于包埋有氨基的载玻片上；玻片经水合、干燥、UV 交联后用 SDS 洗涤后稍作处理，晾干备用。

（2）转基因食品原料（作物）DNA 的提取　通常选用转基因作物（如大豆、玉米）颗粒饱满的种子作为检测对象，若转基因作物为有叶作物，则对新鲜叶进行检测。将检测对象浸泡过夜后加入 20mL 提取液，捣碎后加入聚乙醇辛基苯基醚（Triton-100），搅拌 45min 后过滤；中速离心去上清，沉淀中加入另一提取液，混匀后中速离心去上清。沉淀中加入 SDS 混匀并中速离心 5min，将上清转移到 10mL 的离心管中。加入 10%体积的 NaAc 和 2 倍体积无水乙醇沉淀，70%乙醇清洗后烘干，溶于适量缓冲液（TE）中。

（3）目的片段的扩增和标记　采用多重 PCR 方法对提取的被检测转基因作物 DNA 样品进行扩增和 Cy3 或 Cy5 标记。选用适当的反应体系和反应程序进行扩增。扩增产物加入 5μg 鲑鱼精 DNA，经乙醇共沉淀后再溶解于 15μL 杂交液中。

（4）杂交和洗涤　标记探针于95℃水浴变性后，取 15μL 铺在芯片微点阵表面，用一片盖玻片覆盖其上，然后放置在杂交盒中，于60℃杂交 4~6h；依次用 SDS 水溶液、0.2×柠檬酸钠（SSC）水溶液、SSC 水溶液洗涤芯片并晾干。

（5）杂交结果的检测与结果分析　杂交结果于基因芯片扫描仪上在波长为 560nm（Cy3 标记）或 660nm（Cy5 标记）处进行扫描检测，利用软件分析杂交信号，最后对结果进行分析得到结论。

二、生物芯片在营养与食品化学、生物安全性检测领域的应用

（一）生物芯片技术在营养研究领域的应用

生物芯片技术在营养研究领域发挥着重要作用，主要涉及到营养与肿瘤相关基因表达的研究，例如，癌基因、抑癌基因的表达与突变；营养与心脑血管疾病关系的分子水平研究；营养与高血压、糖尿病、免疫系统疾病、神经系统、内分泌系统关系的分子水平研究。近年来，在肥胖研究中人们发现了与营养及肥胖有关的蛋白质和基因，如瘦素、神经肽 Y、增食因子、黑色素皮质素、载脂蛋白、非偶联蛋白等。采用生物芯片技术研究营养素与蛋白质和基因表达的关系，将为揭示肥胖的发生机制及预防打下基础。此外，还可以利用生物芯片技术研究金属硫蛋白/金属硫蛋白基因及锌转运体基因等与微量元素（如锌等）吸收、转运与分布的关系，以及视黄醇受体/视黄醇受体基因与维生素 A 的吸收、转运与代谢的关系等。

（二）生物芯片在食品化学、生物安全性检测领域的应用

目前，食品营养成分的分析，食品中有毒、有害化学物质（农药、化肥、重金属、激素等）的分析与检测，食品中污染的致病微生物的检测，食品中生物毒素（细菌毒素、真菌毒素）检测等大量的监督检测工作几乎都可以用生物芯片完成。

> **思考题**
>
> 生物传感器检测技术的核心是生物传感器件，有哪些生物元件可以作为生物传感器的敏感元件？

第十五章

多传感器信息融合检测技术

学习目标

掌握不同传感器检测原理之间的相关性与差异性，学会利用数据融合方法对不同类型的传感器检测数据进行分析，并能够根据不同的实际检测需求设计多感检测方法。了解我国学者在多传感器信息融合方面的重要贡献，增强爱国情怀和科技自信心。

重点和难点

重点和难点是根据不同传感器数据之间的相关性与差异性，充分获取有效信息，避免有效信息的损失或冗余。

第一节 多传感器信息融合检测原理

一、多传感器信息融合的概念

多传感器信息融合（Multisensor Data Fusion）技术首先是从军事领域发展起来的，20世纪70年代，美国国防部为了检测某一海域中的敌方潜艇，很重视声呐信号理解的研究，尝试对多个独立连续的信号进行融合来检测敌方潜艇，多传感器信息融合技术开始出现。其后，美国国防部不断地研究多传感器信息融合技术并将其投入实战。1991年，在海湾战争中，美国将多传感器信息融合技术应用在战场目标识别和态势估计上，取得了比较好的结果。由于多传感器信息融合最早用于军事领域，其最初定义为一个处理、探测、互联、相关、估计以及组合多源信息和数据的多层次、多方面过程。多传感器信息融合的目的是为了获得准确的状态和身份估计，即完整且及时的战场态势和威胁估计。这一定义主要强调多传感器信息融合的3个方面：

①多传感器信息融合的内容主要包括处理、探测、互联、相关、估计及组合信息；

②多传感器信息融合在几个层次上对多源信息进行处理，其中每个层次都表示不同级别的信息抽象；

③多传感器信息融合的结果既包括低层次的状态和身份估计，又包括高层次的整个战术

层面上的全局态势估计。

上一定义是早期的，主要是应用在军事领域。国外的最新研究成果表明，比较确切的多传感器信息融合的定义是利用计算机技术在一定准则下自动分析、综合按时序获得的多个传感器的观测信息以完成所需的决策和估计任务而进行的信息处理过程。从这一定义可以看出，多传感器信息融合的核心是协调优化和综合处理，其硬件基础是多传感器系统，加工对象是多源信息。多传感器信息融合技术实际上就是通过研究给定的某种任务和可以得到的各种信息资源，有效地组织和利用多源信息，以获得比只用单一信息资源更可靠、稳定、协调一致且经济的分析决策结果。总之，多传感器信息融合的功能与意义可以概括为：①提高时间或空间分辨率，扩展时空监测范围；②增加目标特征矢量的维数，降低信息的不确定性；③增强系统的容错能力和自适应能力，降低推理的模糊程度，提高系统的可靠性与鲁棒性。

综上所述，多传感器信息融合的实质是将来自多传感器或多源的信息和数据进行综合处理，从而得出更准确可信的结论。事实上，多传感器信息融合在自然中随处可见。以人脑为例，多传感器信息融合就是其常见的基本功能之一。在日常生活中，人们自然地运用大脑的这一能力把来自人体各个传感器（如眼、耳、鼻、皮肤等）的信息组合起来，并利用已取得的先验知识去估计、理解周围的环境和正在发生的事件。人脑在处理问题时充分利用了不同传感器的信息所具有的不同特征，如实时、快变、缓变、相互支持或互补，也可能互相矛盾或竞争。而多传感器信息融合的基本原理与人脑综合处理信息一样，充分利用多个传感器的冗余或互补信息依据某种准则来进行综合，以获得被观测对象的一致性解释或描述。多传感器信息融合的基本目标是通过数据的组合推导出更多的可用信息，即利用多个或多种传感器联合操作的优势，来提高单一传感器系统的有效性和反欺骗性。例如，计算机视觉系统可以检测农产品的外观品质，但对农产品的内部品质很难判别，容易受到欺骗，而近红外光谱系统可以判别农产品的内部品质，将这两种传感器系统的数据组合在一块可以推导出更多的可用信息。到目前为止，多传感器信息融合技术已广泛应用于工业控制、机器人、空中交通管制、海洋监视、综合导航和管理等领域。

二、多传感器信息融合的结构

多传感器信息融合的结构有多种模式，主要有开环模式和闭环模式两大类。

1. 开环模式

开环模式按结构分有串行、并行和混合融合三种，如图 15-1 所示，整个融合过程是开环的。串行融合时，当前传感器还要接收前一级传感器输出结果，每个传感器既有接收、处理信息的功能，又有融合信息的功能。各传感器的处理信息的过程同前一级传感器输出的信息形式有很大关系。最后一个传感器综合了所有前级传感器输出的信息，得到的输出将作为串行融合系统的结论。因此，串行融合时，前级传感器的输出对后级传感器的影响大。并行融合时，各传感器直接将各自的输出信息传输到融合中心，传感器之间相互没有影响，融合中心对各信息按融合算法综合处理后，输出最终结果。

混合融合方式是串行、并行二者的结合，该结构具有神经网络的特性，但不涉及权值和学习算法问题，可以将多传感器视为神经网络的输入层，初级融合中心视为隐层，最终融合中心视为输出层，则可得混合融合方式的神经网络式结构图，如图 15-2 所示。

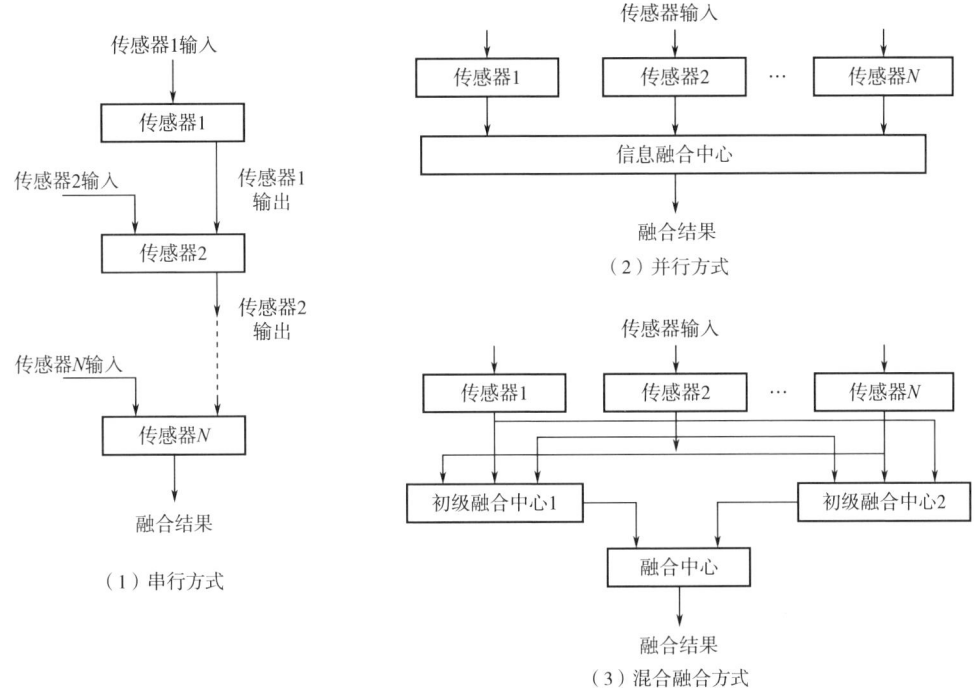

图 15-1　信息融合开环模式

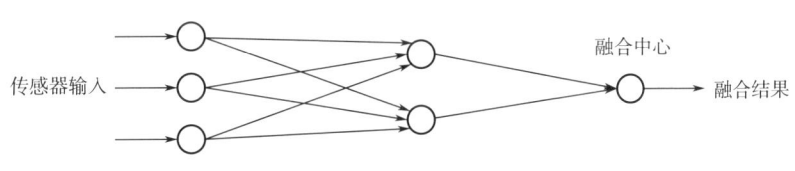

图 15-2　神经网络结构图

2. 闭环模式

以上提到的开环模式的多传感器信息融合研究，是从传感器输出的信息开始，然后在这些信息的基础上再讨论融合系统的结构和方法，是单向的。事实上可以将融合延伸到传感器建模的过程，在模型的角度来优化和协调各传感器，并配合系统的融合算法，达到多传感器信息融合的目的，这样就牵扯到了传感器管理问题。从多传感器信息融合的系统角度出发，可以将传感器部分、多传感器信息融合部分、决策支持部分和传感器管理部分组合成一个多传感器信息融合的闭环控制模式，以得到一个具有反馈结构的、实时调整的和整体优化的多传感器信息融合系统，如图 15-3 所示。

在该闭环模式中，传感器子系统相当于整个系统的探测装置，多传感器信息融合子系统的功能是对传感器信息进行融合处理以获得状态估计和目标属性；决策支持子系统接收融合结果并为人的指挥、控制提供可选方案；传感器管理子系统根据上述几方面提供的反馈依据形成传感器管理方案后，直接对传感器配置进行调节，因此它对闭环模式起着不可替代的反馈调节作用。

闭环控制模式最大的优点就是借助传感器管理子系统作为反馈环节而形成闭环控制系统，使系统始终处于一种动态的、整体的优化调节过程中。

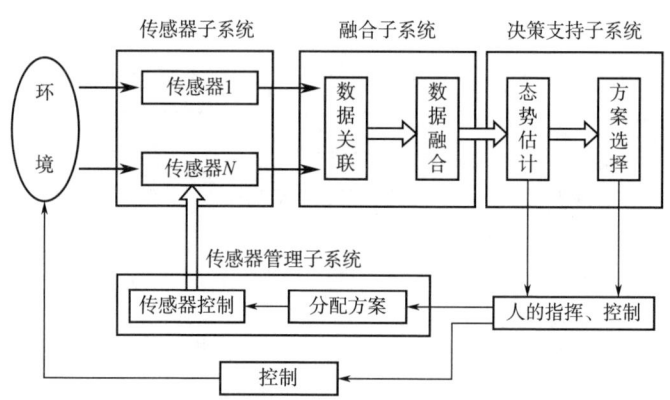

图 15-3 数据融合系统闭环模式

三、多传感器信息融合技术的不同层次

因为多传感器信息融合技术所处理的多传感器信息具有复杂的形式,而且可以出现在不同的信息层次上,所以多传感器信息融合技术也具有不同的层次,即数据层、特征层和决策层。

(1) 数据层融合 数据层融合是直接在各种传感器的原始数据上进行综合和分析的过程,是一种在采集到的原始数据层上进行的融合,如图 15-4 所示。因为数据层融合是直接处理原始数据,这种融合可以保持尽可能多的现场数据,提供其他融合层次所不能提供的细微信息。但它的缺点也是很明显的:

① 这种融合是在信息的最低层次进行的,所以要处理的数据量太大,处理代价高,时间长,实时性差。

② 抗干扰能力较差,传感器原始信息的不确定性、不完全性和不稳定性要求在融合时有较高的纠错处理能力。

③ 融合前要对传感器信息进行校准,各传感器信息之间有校准精度,同时各传感器的数据类型、数据量纲要一致,故一般用于同类或相似的传感器信息的融合。

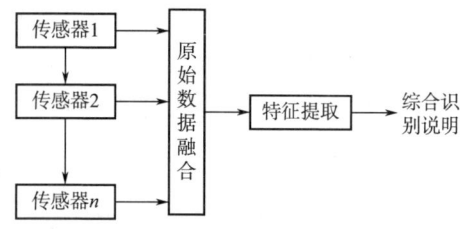

图 15-4 数据层的信息融合数据处理过程

(2) 特征层融合 特征层融合是中间层次上的融合,它是先提取传感器原始信息的特征信息,然后对各特征信息进行综合分析和处理,如图 15-5 所示。特征层融合的优点主要有:

① 由于对传感器原始信息进行了特征提取,信息得到了压缩,有利于实时处理。

② 由于所提取的特征信息直接与决策分析有关,因此融合结果能最大限度地给出决策分析所需要的特征信息。

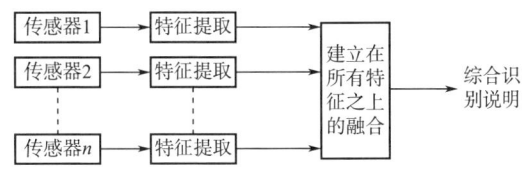

图 15-5 特征层的传感器融合

(3) 决策层融合 决策层融合的目的是为指挥控制决策提供依据，它是一种高层次融合，如图 15-6 所示。决策层融合是直接针对具体决策目标的，是三级融合的最终结果，其融合结果直接影响决策的正确水平。因此，决策层融合必须按照具体决策问题的需求，充分利用特征层融合所提供的各类特征信息，采用适当的融合技术来实现。

决策层融合的主要优点有：
①灵活性高，通信量小，抗干扰能力强。
②因为是利用各类特征信息，系统对信息传输带宽要求很低。
③能有效地融合反映环境或目标不同侧面、不同类型的信息。
④传感器可以是不同类型的，对传感器的依赖性小。
⑤具有容错性，当一个或几个传感器出现错误时，通过适当的融合，还能获得正确的结果。

决策层融合的主要缺点是：
①预处理代价高，因为要对原传感器信息进行预处理以获得各自的判别结果。
②信息损失大，很多有用的信息在预处理和特征提取过程中损失掉了。

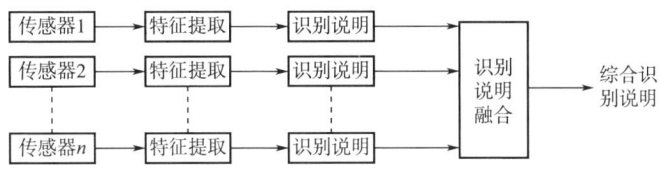

图 15-6 决策层的信息融合数据处理过程

(4) 不同层面的联合融合 不同层面的融合可能联在一起。设想要融合 4 个传感器，其中的两个是相似的（图 15-7），就可以对这 2 个传感器使用数据层的融合技术，从这 2 个传感器提供的信号的基础上提取特征信息，再与从第 3 个传感器上提取的特征信息联合得到一个识别说明，这一说明再与从第 4 个传感器信息中得到的识别说明相融合。这一简单的例子列举了 3 种水平融合的联合运用。

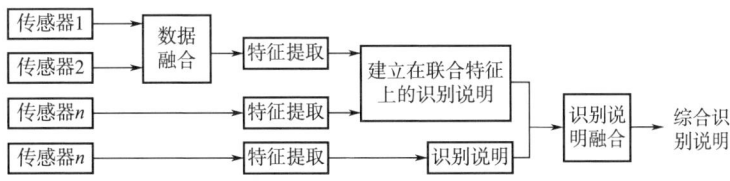

图 15-7 联合几种不同层次传感器融合的框图

四、多传感器信息融合技术研究和发展的方向

1. 研究方向

多传感器信息融合不是一门单一的技术,而是一门跨学科的综合理论和方法,目前主要的研究方向：

①建立同类型信息融合的数值处理方法和不同类型信息融合处理方法的基础理论。

②兼有稳健性和准确性的融合算法和模型的研究。

③研究信息融合用的数据库和知识库,高速并行检索和推理机制。

④开发推理系统,尤其是不确定性推理,以进行融合过程中的状态估计和决策分析。

⑤研究信息融合的分布式数据处理体系结构。

⑥把处理算法分解成适于在并行机上实现的并行处理。

⑦将神经网络用于探测跟踪、分类和估计等问题。

⑧信息融合系统的工程化设计方法和系统评估方法。

2. 发展方向

目前多传感器信息融合技术是一个十分活跃的研究领域,在这方面将来的发展方向有：多层次传感器融合、微传感器和智能传感器融合、自适应多传感器融合。

(1) 多层次传感器融合　由于单个传感器具有不确定、观测失误和不完整性的弱点,因此单层信息融合限制了系统的能力和鲁棒性。对于要求具有高的鲁棒性和灵活性的先进系统,可以采用多层次传感器融合的方法。数据层融合方法可以融合多传感器数据；特征层融合方法可以融合数据和特征,得到融合的特征或决策；决策层融合方法可以融合特征和决策,得到最终的决策。

(2) 微传感器和智能传感器融合　传感器在人们的日常生活中起着重要的作用,它就像人的五官一样,是采集外部环境信息并处理信息的重要工具。传感器的性能、价格和可靠性是衡量传感器优劣的重要标志,然而许多有着优良性能的传感器由于体积大而限制了其应用市场。微电子技术的迅速发展使小型或微型传感器的制造成为可能。智能传感器将数据处理、硬件和软件集成在一起。如1000系列数字式石英智能传感器；可以识别4种气体的嗅觉传感器；DSTJ 3000智能压差压力传感器是其中最为成功的,它在同一块半导体基片上用离子注入法配置扩散了压差、静压和温度3个敏感元件,整个传感器还包括变换器、多路转换器、脉冲调制、微处理器和数字量输出接口等。

(3) 自适应多传感器融合　通常,多传感器融合需要感知环境的精确信息。然而,在实际应用中,不可能完全得到关于感知环境的精确信息,并且传感器不可能确保一定正常工作。因此,对于各种各样不确定情况,鲁棒融合算法是十分必要的。现已研究出一些自适应多传感器融合算法来处理由于传感器的不完善带来的不确定性。例如,通过革新技术提出一种扩展的联合方法,该方法能够估计单个测量序列滤波的最优卡尔曼增益。还有学者研究出一种可以在轻微环境噪声下应用的自适应目标跟踪模糊系统,它的处理过程结合了卡尔曼滤波算法。

3. 存在的问题

多传感器信息融合是一个不完全成熟的新研究方向,尚处在不断变化和发展过程中。从目前收集到的资料来看,多传感器信息融合技术存在的问题可归纳如下：

①未形成基本的理论框架和有效广义模型及算法。
②关联的二义性是信息融合中的主要障碍。
③融合系统的容错性或稳健性没有得到很好的解决。
④对信息融合的具体方法的研究尚处于初步阶段。
⑤信息融合系统的设计还存在许多实际问题。

第二节　多传感器信息融合的数据处理

多传感器信息融合技术是对来自不同传感器（信息源）的数据信息进行分析与综合，以产生对被测对象统一的最佳估计，因而可以使信息在准确性、可靠性及完备性等方面较其中任一传感器有明显提高，由于传感器提供的信息都具有一定程度的不确定性，因而信息融合过程实质上是一个非确定性推理与决策的过程。

近年来，针对多传感器信息融合中的不确定性处理，人们提出了多种不同的数据融合方法。下面将简要介绍最常用的融合方法——贝叶斯（Bayes）方法、D-S证据推理方法、模糊集和神经网络方法。

一、贝叶斯方法

主观贝叶斯方法是最早用于处理不确定信息的方法，于1976年提出，是融合静态环境中多传感器低层数据的一种常用方法。贝叶斯方法是通过概率分布的形式对证据或者说信息进行描述的，适用于信息中有高斯噪声的不确定性情况。当用贝叶斯方法处理多传感器信息融合问题时，需要具备研究对象的大量先验知识，从而能够将传感器提供的不确定性信息表示为概率，并利用贝叶斯条件概率公式对它们进行处理。先验知识的获取和精确的概率表达是制约其应用的主要原因之一。另外，贝叶斯方法不能分别不确定和不知道两种识别状态。

贝叶斯方法用在多传感器信息融合时，是将多传感器提供的各种不确定性信息表示为概率，并利用概率论中贝叶斯条件概率公式对其进行处理。使用贝叶斯方法要求系统可能的决策相互独立。这样就可以将这些决策看作一个样本空间的划分，使用贝叶斯条件概率公式解决策问题。

设系统可能的决策为 A_1，A_2，…，A_m，当某一传感器对系统进行观测时，得到观测结果 B，如果能够利用系统的先验知识及该传感器的特性得到各先验概率 $P(A_i)$ 和条件概率 $P(B/A_i)$，则利用贝叶斯条件概率公式，根据传感器的观测将先验概率 $P(A_i)$ 更新为后验概率 $P(A_i/B)$。当有 n 个传感器，观测结果分别为 B_1，B_2，…，B_n 时，假设它们之间相互独立且与被观测对象条件独立，则可以得到系统有 n 个传感器时的各决策总的后验概率如式（15-1）所示：

$$P(A_i/B_1 \wedge B_2 \wedge \cdots B_n) = \frac{\prod_{k=1}^{n} P(B_k/A_i)P(A_i)}{\sum_{j=1}^{m} \prod_{k=1}^{n} P(B_k/A_j)P(A_j)} \quad (15-1)$$

式中，i、$j = 1$，…，m；$k = 1$，…，n。最后系统的决策可由某些规则给出，例如，取具有最大后验概率的那条决策作为系统的最终决策。贝叶斯方法多传感器的信息融合过程可用如图 15-8 来表示。

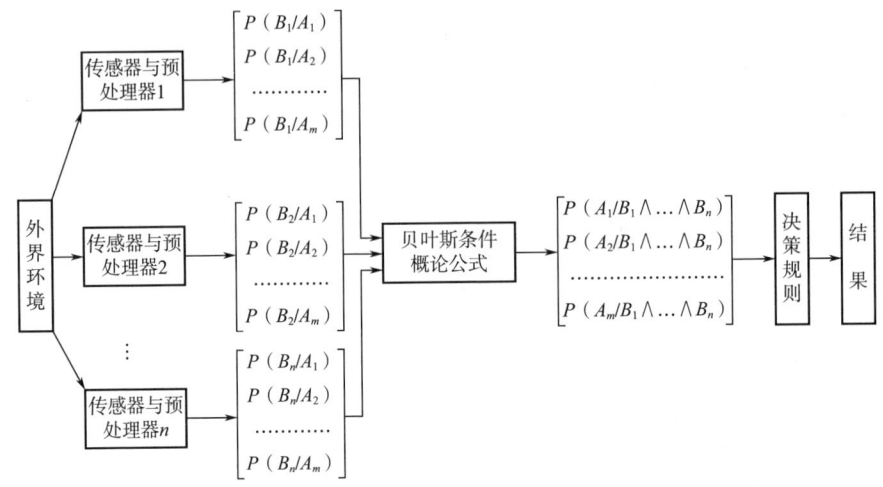

图 15-8　多传感器信息融合的过程示意图

二、D-S 证据推理方法

D-S 证据理论是由登普斯特（Dempster）首先提出的，由谢弗（Shafer）进一步完善发展起来的一种不确定性信息的表达和处理方法，简称 D-S 理论。D-S 理论是贝叶斯方法的扩展，因引入信任函数（Belief function）和满足比概率论更弱的公理，将前提严格的统计条件从它的成立条件中分离。证据理论采用基本概率赋值，对一些事件的概率加以约束，以建立信任函数而不是精确的难以获得的概率，从而能够区分"不确定"和"不知道"之间的差异。另外，在应用证据理论时，对于某一个传感器信息，不仅能够影响单一的假设，还能影响更一般的不明确的假设，因此证据理论可以在不同细节、不同水平上收集和处理信息。

D-S 证据推理的 3 个基本要点是：基本概率赋值函数 m_i、信任函数 Bel_i 和似然函数 Pls_i。D-S 方法的推理结构是自上而下的，分 3 级，

推理结构如图 15-9 所示。

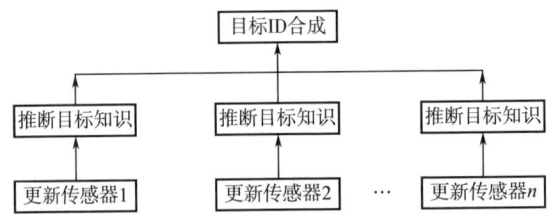

图 15-9　D-S 方法推理结构

第 1 级为目标合成，其作用是把来自独立传感器的观测结果合成为一个总的输出结果（ID）。第 2 级为推断，其作用是获得传感器的观测结果并进行推断，将传感器观测结果扩展成目标报告。这种推理的基础是：一定的传感器报告以某种可信度在逻辑上会产生可信的某些目标报告。第 3 级为更新，各种传感器一般都存在随机误差，所以在时间上充分独立的来

自同一传感器的一组连续报告,比任何单一报告可靠。因此,在推理和多传感器合成之前要先组合(更新)传感器的观测数据。

D-S 证据推理在多传感器数据融合中的基本应用过程如图 15-10 所示。它首先计算各个证据的基本概率赋值函数 m_i、信任函数 Bel_i 和似然函数 Pls_i;然后用 D-S 组合规则计算所有证据联合作用下的基本概率赋值函数、信任函数和似然函数;最后根据一定的决策规则,选择联合作用下支持度最大的假设。

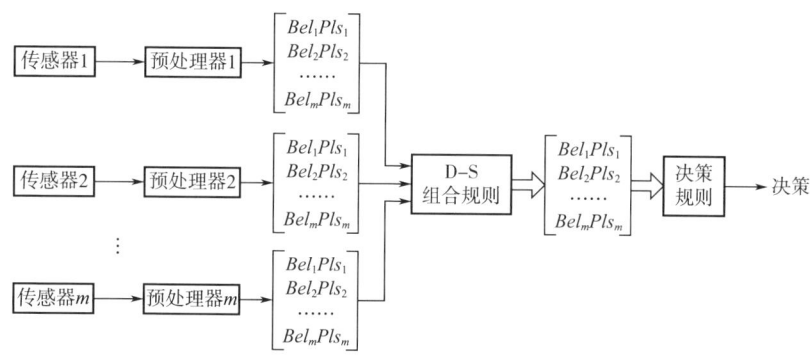

图 15-10 D-S 证据推理在多传感器数据融合中的基本应用过程

虽然 D-S 证据理论在信息融合中应用很广,但是它在应用中要求合并的证据相互独立,而且证据独立是一个很强的条件,很多情况下都不能满足,虽然大多数的研究者假设其近似独立并直接使用 D-S 证据理论,但是这样做必然会使融合结果超出预期。

随着人工智能、模糊逻辑、神经网络等学科的发展,它们往往能以简便而更有效的方式给出信息的不确定性推理过程,从而为解决信息融合算法中的不确定性问题提供一种探索和模拟人的识别机理的途径。

三、模糊集理论

模糊集的概念于 1965 提出,它的基本思想是把普通集合中的绝对隶属关系灵活化使元素对集合的隶属度从原来只取 [0,1] 中的值扩充到可以取 [0,1] 区间中的任一数值,因此很适合于用来对传感器信息的不确定性进行描述和处理。在应用于多传感器信息融合时,将 A 看作系统可能决策的集合,将 B 看作传感器的集合,A 和 B 的关系矩阵 $R_{A \times B}$ 中的元素 μ_{ij} 表示由传感器 i 推断决策为 j 的可能性,X 表示各传感器判断的可信度,经过模糊变换得到的 Y 就是各决策的可能性。

具体地,假设有 m 个传感器对系统进行观测,而系统可能的决策有 n 个,则:

$A = \{y_1/决策1, y_2/决策2, \cdots, y_n/决策n\}$

$B = \{x_1/传感器1, x_2/传感器2, \cdots, x_m/传感器m\}$

传感器对各可能决策的判断用定义在 A 上的隶属函数表示。设传感器对系统的判断结果是:

$[\mu_{i1}/决策1, \mu_{i2}/决策2, \cdots, \mu_{in}/决策n]$ $0 \leq \mu_{ij} \leq 1$

即认为结果为决策 j 的可能性为 μ_{ij},记作向量 $(\mu_{i1}, \mu_{i2}, \cdots\cdots \mu_{in})$,则 m 个传感器构成 $A \times B$ 的关系矩阵为式(15-2):

$$R_{A\times B} = \begin{bmatrix} \mu_{11}, & \mu_{12}, & \cdots, & \mu_{1n} \\ \mu_{21}, & \mu_{22}, & \cdots, & \mu_{2n} \\ \cdots\cdots\cdots\cdots\cdots\cdots\cdots \\ \mu_{m1}, & \mu_{m2}, & \cdots, & \mu_{mn} \end{bmatrix} \quad (15-2)$$

将各传感器的可信度用 B 上的隶属数 $X = \{x_1/$传感器 $1, x_2/$传感器 $2, \cdots, x_m/$传感器 $m\}$ 表示，那么，根据 $Y = X \cdot R_{A\times B}$ 进行模糊变换，就可得出 $Y = (y_1, y_2, \cdots, y_n)$，即综合判断后的各决策的可能性 y_i。

四、神经网络方法

当无法得到系统的统计学模型时，神经网络提供了一个将不同传感器信息融合到一个统一框架的方法。基本思想就是通过训练，由经过预处理的传感器信息集合，直接得到相应的系统控制输出。多传感器的信息集成和融合的实质就是在一定的约束条件下由数据空间向命令空间的一个非线性映射的集合，神经网络表达非线性函数的映射能恰好满足这种需要，并且它所固有的并行结构和学习方式非常适合对多传感器信息进行融合处理。

神经网络是由大量类似于神经元的简单处理单元相互连接而成的复杂网络系统，一般来讲，它有以下三个要素：

（1）神经元特性　它定义了将各输入合并为一个总体输入值的函数以及将该总体输入值映射到某一个输出的函数。

（2）学习规则　它给出一组初始权值以及使用过程中如何改变权值来提高性能的方法。

（3）网络的拓扑结构　它描述了网络中神经单元之间的连接方式。

利用神经元可以构成各种不同拓扑结构的神经网络，其中两种典型的结构模型分别是前馈式和反馈式。目前，典型神经网络有反向传播（BP）网络、霍普菲尔德（Hopfield）网络、玻尔兹曼（Boltzman）机及科霍宁（Koheon）网络等。

将神经网络用于多种传感器信息的融合时，首先要根据系统的要求以及传感器的特点选择合适的神经网络模型，包括网络的拓扑结构、神经元特性和学习规则。同时，还需要建立其输入与传感器信息和输出与系统决策之间的映射关系，然后再根据已有的传感器信息和对应的系统决策对它进行学习，确定权值的分配，完成网络的训练。训练好的神经网络参加实际的融合过程，如图 15-11 所示。传感器获得的信息首先经过适当的处理过程 1，作为神经网络输入，神经网络对它进行处理并输出相关的结果，处理过程 2 再将它解释为系统具体的决策行为。

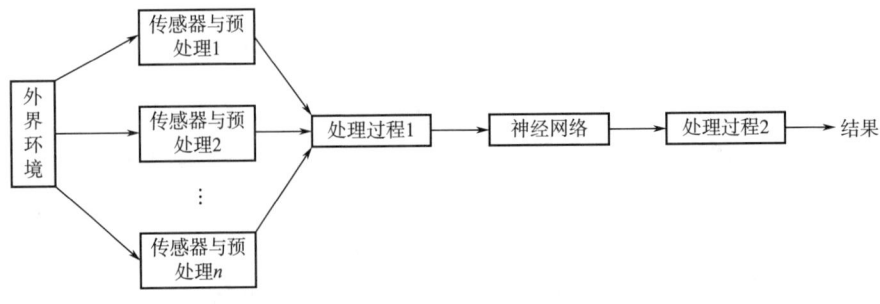

图 15-11　基于神经网络的融合过程

第三节　多传感器信息融合检测技术在农产品品质评定中的应用

一、基于多传感器信息融合检测技术的农产品品质评定研究概况

1. 多传感器信息融合检测技术判定农产品品质的意义

农产品的质量评价和保鲜的问题一直限制着农产品的流通和增值。目前，研究使用单个传感器来检测农产品内外质量的方法已取得了很大的进展。多传感器信息融合检测技术不同于那些用单个传感器来作决定信息的经典传感器技术，而是从多个功能交叉的传感器中得到信息，进行综合判断。它是多输入系统，其中信号处理方法作为传感器系统设计的主要部分和研究重点。前面提到，传感器信息融合技术类似于人的认知过程，即把感官得到的信号数据与对外界作出的推论结合起来。迄今为止，它已经广泛应用到军事领域（战场侦察、战略形势估计）或用于商业目的（如机器人、自动化、遥感系统）。由于是多值并行输入，多传感器信息融合检测技术可以快速、经济、实时地检测农产品品质，其预期经济效益是非常显著的。

2. 多传感器信息融合检测技术在农产品品质评定中的研究现状

多传感器信息融合检测技术不只是对多个传感器简单叠加，而是要通过优化、组合等过程的方法，融合过程中可以是有损检测和无损检测传感器信息的融合，如视觉传感器（无损）和硬度传感器（有损）的信息通过不同的方法（贝叶斯方法、非参数方法、神经网络等）联合起来对甜瓜品质进行检测，可减少误差。大多数融合过程都是无损传感器信息的融合，例如，通过两个无损检测装置（其中包括声音共振）测定桃子的硬度，结果表明，用多元回归分析就能够挑选出那些很软很熟或很硬很不成熟的水果。用神经网络把硬度、颜色和酸度等多个传感器的信息融合起来评定番茄的质量，结果表明，视觉传感器系统和硬度传感器对番茄的分类误差为30%。将传感器信息融合检测技术用于检测刚采摘和冷冻过的番茄，误判率在15%左右。多传感器信息融合方法可用于水果质量评定，用一个彩色摄像系统和近红外光谱技术融合来评价苹果的糖度，提高了苹果糖度的预测精度；用电子鼻和机器视觉两种技术同时评价虾的质量，通过机器视觉得到虾的颜色、大小、外形等信息，通过电子鼻闻到的气味判断出虾的新鲜度，最后综合判断，得出虾的质量等级，比传统的感观评定更客观、精确；用电子鼻、机器视觉和物性仪同时跟踪评价南瓜条在不同贮藏条件下的变化情况，机器视觉考察颜色变化，电子鼻检测贮藏过程中散发的气味，物性仪检测质地，通过综合分析，对不同贮藏环境进行比较，得到最佳的南瓜贮藏条件。

从这些应用中表明，用多传感器信息融合检测技术来评定农产品的品质还在不断研究和完善中。无论是在使用技术方面，还是融合方法方面都有待进一步研究。

二、多传感器信息融合检测技术在农产品品质无损检测中应用的一般步骤

多传感器信息融合检测技术在农产品品质无损检测中应用一般分8步进行，如图15-12所示，即①确定物品中对品质特性很重要的特征；②确定用于评价所测物品质量的辅助方法

（定性或定量方法）；③确定能检测出所选物品特性的无损检测方法；④通过辅助方法和所选的传感器无损检测方法，从所测的物品中得到数据；⑤评价传感器无损检测所用传感器中有没有多余的或者是否需要补充新的传感器；⑥选择和应用适当的多传感器融合方法；⑦通过与辅助方法所得的结果相比较，来评价或提高传感器融合系统；⑧接受或否定或继续改进所提出的传感器融合方法。

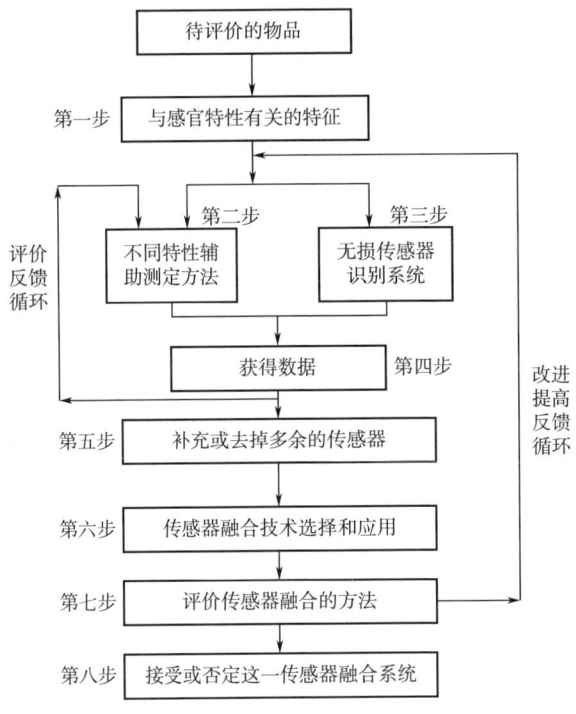

图 15-12 多传感器信息融合方法的应用步骤

1. 与感官特性相关的特征（第一步）

在这一步中，首先应了解一些物品中不同特性之间可能存在的关系是非常重要的（如水果颜色与它所含糖分之间的关系），即使这些关系现在还不是很清楚。其次要求传感器融合设计者与专家充分友好合作，这些专家可以是生产领域专家或是研究农产品的专家（如食品科学领域的专家）。通过这一步所得到的结果是，得到一系列与产品感官特性相关的物理或化学特性，以及一系列这些特性之间的某些关系。

2. 确定产品质量评定的辅助方法（第二步）

辅助方法可以是用一些现有分析仪器对物品进行有损检测方法，得到一些品质指标信息，也可以是专家评定提供的一些定性信息。对前一种情况，测试结果可以用来建立一个自动分类库；而对后一种情况，则用有导师分类法。辅助方法的选择将为第三步传感器无损检测提供更有用的信息和知识。这一步的成功取决于传感器融合的设计者和生产领域、传感器分析领域的技术专家的合作，以及与一组化学物理测量（度量）方面的专业人员之间的合作。这一步的结果是得到一系列与第一步所选特性相关的有损检测的信息或者是评定专家评定结果。

3. 确定产品质量的无损检测方法（第三步）

无损检测方法是建立在那些能够用于测量物理或化学特性的模型基础上的。（例如，弹性理论提供了一个用传感器测量硬度的模型，光在水果内的漫射模型为进行水果糖分检测提供了理论基础）。每个传感器所提出来的信号和特征，以及它们与第一步确定的特性度量的关系必须在这里决定下来，这一步必须同时考虑实时性和经济成本（经济实力）。某些传感器可测定物品的某些特性，可是测定时间太长，速度太慢，或者是非常昂贵（不经济），这些传感器往往不被选用。例如，核磁共振早在 1988 年就已用于研究水果内部的伤损检测，但至今它仍然由于太贵而不能用于现场集成化检测。传感器选择也依赖于：①在系统中补充或去除多余的传感器；②要分析问题本身的特性。

这一步的成功与研究者的传感器知识和化学计量学知识有关。该步得到结果是与第一步所提出的特性相关的一组传感器。很明显这一步可以与第二步同时进行而没必要一定在它后面进行，如图 15-12 所示。

4. 数据的获得（第四步）

在选择好合适的装置（传感器）和辅助方法后，紧接着就是怎样从物品上获得数据，可能有一个试验设计阶段；这里要注意检测对象的不同组分的性质（例如，和生面团过程中的水和面粉），以及那些必须优化的测量参数（频率、获得时间、温度）。如果试验条件很难控制，例如，果园里水果的品质与气候条件密切相关，但大自然的气候条件是无法控制的，在这种情况下，试验设计就更难了，除非用温室大棚来模拟大自然条件。辅助方法的选择主要建立在分析专家所分类的结果和分析有损检测方法所得结果的基础上。事实上，在第四步和第二步之间存在一个循环。

5. 判定无损检测传感器中多余或需补充的标准（第五步）

在开始传感器融合之前，判定不同传感器中所得到的信息是否为同一信息（即信息重复）是非常重要的。当不同传感器测量的是所测样品的不同特性时，则这些传感器是相互补充完善的；反之，则其中一些传感器是多余的，去掉也是可行的。在传感器阵列中描述传感器多余的标准可以用来选择传感器，但同时也得考虑第一步中确定的被测物品特性。该步骤必须确定第三步中选择的传感器是有效还是无效，即判定那些传感器是相互补充还是多余的。这一步的结果是留下一部分传感器，去除多余的传感器。这一过程通过计算一些统计指标来实现（如相关系数、相似度，通过主成分分析、相关环允许不同传感器间存在线性相关关系等）。这种描述的过程能去除那些多余的传感器和没用的特征，但又必须适当地保留一定的冗余，可以提高系统的鲁棒性，在碰到某个传感器失效时，系统仍保持一定的稳定性。

6. 选择和使用适当的传感器融合技术（第六步）

这一步是建立在对生物模型的理解的基础上，通过选择适当的传感器融合层面和融合技术实现。下面逐一介绍生物模型、传感器融合层面的选择和传感器融合技术的选择。

（1）生物模型　人类使用不同的感官系统得到五种不同的感觉，即味觉、嗅觉、视觉、听觉、触觉。这些感觉是意识与外界联系的工具。科学家已经研究了感觉之间的相互作用，例如，通过测试人对乙烷基丁酸盐和糖精的反应表明在人的味觉和嗅觉间有强烈的相互作用；通过研究听觉与视觉间的相互反应，表明两种感觉都参与了接收食品传来的信息；颜色对香味识别存在影响（而香味是定义为与味觉和嗅觉有关的信息）。感官通常理解为观察和传递信息的工具，每一种感官对应其中一种单一的信息，这种方法得出的结论是有偏见的，因为人的感官间确实存在相互作用。事实上，不同感官可能同时参与对同一信息的传输，同时感官在它们的处理过程中分享大量的特性。然而，感官间的相互反应的生理学机制和人类大脑中融合机制的理解还不是很清楚。模拟人的一般感知仍然是一项极具挑战性的工作。特别是在对食品评估时感官的相互反应，即使用当今在食品加工和农业领域广泛应用的人工神经网络也无法解决。

总之，传感器融合的模型部分是受生物模型启发建立的，如人工神经网络。但是，传感器融合技术不仅是对人类大脑的简单模拟。

(2) 传感器融合层面的选择　理论上，传感器融合过程应该在原始数据层面工作时最为有效，但是这种层面实际操作起来却受到诸多限制。首先，在一个系统中很少用相同的或者是度量相同的传感器，其次，这种方法要求高速存储的能力，而当今高速数据处理还不实用。特征层面和决策层面融合技术所用的信息相对传感器提供的原始信号要少一些。这样，这种传送给融合过程的信息中也包括了一些错误噪声。特征层面和决策层面的传感器融合技术能很好地适应有不同类型传感器的实际情况且不需要快速数据处理。另外，融合层面的选择与选择的融合技术有关。

(3) 传感器融合技术的选择　信息融合领域所使用的数学工具是多样的，在不同的应用背景下发展出了多种行之有效的算法。以模糊理论、神经网络理论、证据理论、推理网络为代表的非建模化智能算法因为在对问题的描述上有着语言化的优势，易于问题的描述与处理，是信息融合所采用的主要方法；随机数学方法、统计学方法、小波分析、集合理论、决策理论与算法在信息融合中也有着广泛的应用。但是这些数据融合方法应该在实际应用中结合传感器数据的具体情况进行选择。

7. 评价多传感器信息融合的结果（第七步）

根据最后融合检测所得的结果（如测试准确率、相关系数等）来确定该传感信息融合检测精度是否达到要求，如果不行就要重新从第二步开始优化整个多传感器融合检测系统，如图 15-12 所示。

8. 确定多传感信息融合系统（第八步）

确定所建立的多传感器系统是否满意，如果满意则保留，否则放弃整个系统进行重新设计。

三、基于计算机视觉、电子鼻、近红外光谱三技术融合检测系统在苹果品质评定中的研究实例

1. 研究思路的形成

基于单一技术的水果品质检测，在某些要求不高的特定场合下是有效的，但它检测到的质量信息特征毕竟有局限性。例如，检测水果颜色、形状、尺寸等外观特征是计算机视觉技术之所长，但对于"金玉其外，败絮其中"的个体，即外观无显著异常却已变质且有明显异味或内部腐烂的个体，却无能为力，更无法得到水果的糖酸度信息。

水果的品质包括外观质量（大小、颜色、形状、缺陷等）和内在质量（气味、糖度、酸度等）。如果通过无损检测技术检测水果的外观品质的同时又检测水果的内在质量，然后综合起来给水果一个全面的评价，这样就既可以在贮藏和处理之前剔除掉内部有缺陷的水果，又可以在销售和流通之前，根据质量进行严格分级，有效地提高水果生产的技术水平。

通过计算机视觉、电子鼻和近红外光谱技术来实现对人眼、鼻和舌的扩展，将水果的颜色、形状、尺寸等外观信息与其糖度、酸度等内部信息以及散发出来的气味信息融合起来，然后对照知识库中的专家知识和经验，进行综合判别。用融合技术将计算机视觉、电子鼻和近红外光谱技术的信息融合起来对农产品质量进行较为全面的无损检测。经分析，计算机视觉、电子鼻和近红外光谱的检测有一些共同点，就是无损、简便、数字化、人工智能等，并且这三种不同类型的传感器信息是相互补充的，因此将这三种技术融合起来，不但可以对苹果实现更全面的检测而且可以提高检测的精度。但是这三种技术所得信息的内容和量纲完全不一样，如近红外光谱技术检测得到的是近红外光谱信息（各光谱点的吸收率），而电子鼻检测得到的是一组传感器阵列的响应数据（传感器随时间的反应电压），计算机视觉检测得到的是图像（空间各像素点的灰度值），因此可以排除三种技术之间的原始数据层和特征层的信息融合，应该是建立在各检测技术的识别说明之上的决策层数据融合。但是在单一检测的内部可以采用原始层数据融合和建立在特征提取之上的特征层的融合。因此三种技术融合的方案如图15-13所示。

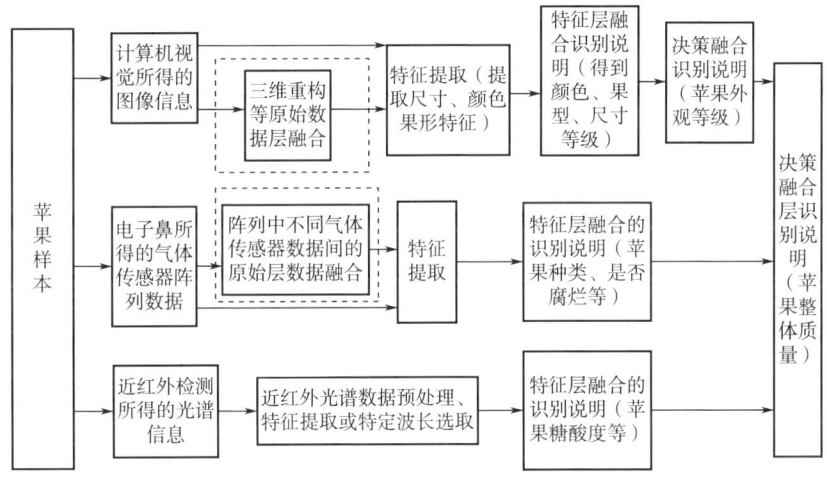

图 15-13　三技术融合检测苹果的融合层面选择

计算机视觉、电子鼻、近红外光谱三技术融合检测系统是集机械、电子、视觉技术、图像处理技术、近红外光谱技术、传感器技术以及计算机技术于一身的多学科相互融合的系统，由融合检测装置和融合检测软件两部分组成。其中，融合检测装置主要由计算机视觉部件、电子鼻部件、近红外光谱获取部件和辅助装置组成；融合检测软件是建立在所研制装置上的数据处理软件，将电子鼻获得的气味信息、计算机视觉部件获得的外观视觉信息以及近红外光谱获取部件获得的近红外光谱信息进行融合分析和处理，给出被测水果的评判结果。

2. 三技术融合检测装置的研制及其检测步骤

（1）三技术融合检测装置的研制　研究的计算机视觉、电子鼻、近红外光谱三技术融合检测装置结构示意图和照片如图15-14和图15-15所示，其主要设备包括计算机、图像采集卡、CCD摄像头、气体传感器阵列、控制电路、A/D采集卡、近红外光纤、红外光谱仪以及辅助机械装置等。主要部件介绍如下：

①CCD：彩色CCD摄像头采用JVC摄像头。

②图像采集卡：图像采集卡采用流星二代（MeteorII）采集卡，该卡是外围组件互连标准（PCI）系列图像采集卡。采集到的数据以高达130MB/s的速度传到系统内存或视频图形阵列（VGA）显示器。帧存储器4MB，提供电源输出端口和RS-232串口端子。具有外部信号触发输入端口功能。

③计算机系统：计算机主要完成系统信息的获取、处理、设备的控制等工作，功能上相当于人的大脑。由于获取的信息包括图像信息、近红外光谱信息和气体传感器阵列的信息，信息量大、处理时间长，因此要求计算机有较高的主频和较强的运算能力。试验中选购了P4微处理器的嵌入式研华工业控制计算机，内存256MB，硬盘40GB，主频2.0GHz。它体积小、可靠性高，抗干扰和抗振动能力强。该计算机具有多种外围组件互连标准/工业标准架构（PCI/ISA）槽的扩展功能，可以插入图像采集卡、A/D采集卡、近红外光谱数据采集卡，用来进行数据处理和融合。

④控制测试环境和气体流向装置：包括恒温装置、过滤器、流量表、气体管路、阀等。

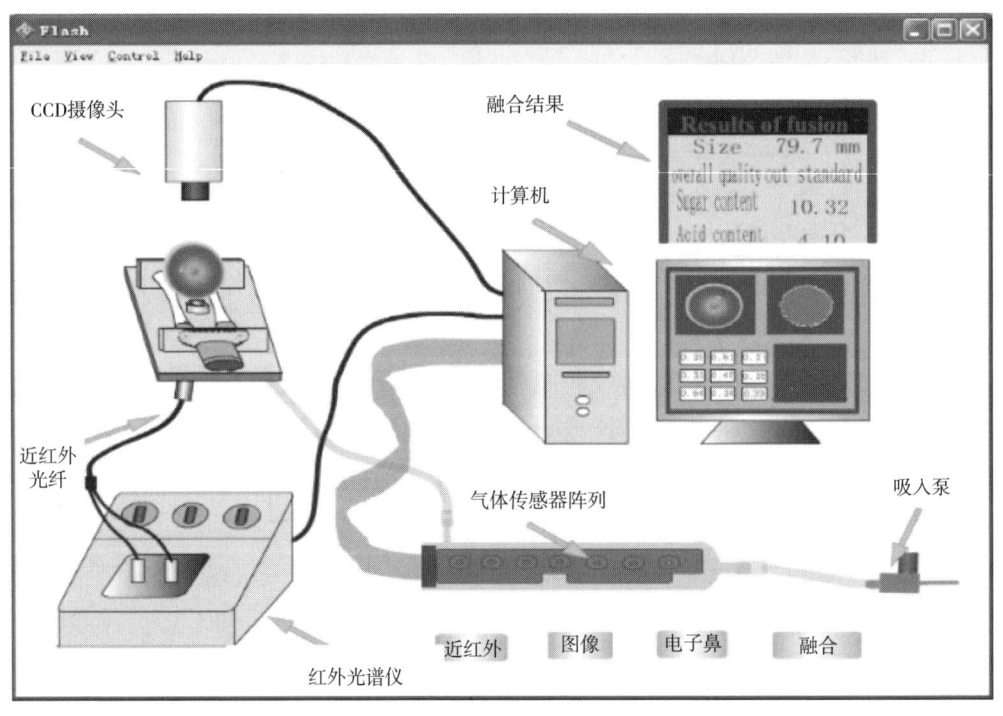

图15-14　融合装置结构示意图

⑤样本采集室：用来同步采集苹果图像、气味和近红外光谱信息，考虑到苹果气味浓度非常低，因此，在摄像头能拍摄到整个苹果图像的情况下尽量缩小样本采集室的体积，以提高电子鼻中气体传感器的响应值。经多次研究和试验，最后确定尺寸大小为140mm×140mm×280mm。该采集室的内壁贴有一层没有味道、无闪烁的白色材料，使室内光线均匀。顶部装有环形荧光灯光源，光源前面装有一散射材料，以创造良好的光学环境；顶部的中心开有一摄像孔，用于摄像头摄像用。底部装有一支架，用来固定近红外光纤和电子鼻吸气管路。支架上面安装有一对由步进电机控制的圆锥滚子，该对圆锥滚子在步进电机控制下可以使苹果自由转动，将苹果表面全方位地呈现在摄像头面前，并有利于近红外光纤对苹果进行多点采

样，减少因采样而带来的系统误差，具体结构如图15-15所示。采集室侧面安装有一扇小门，方便所测果品放入和取出，对着小门的一侧安装有小的电脑风扇，当完成一次样本测试后，小门打开时风扇启动，将上次残留在样本采集室内的气味吹走。

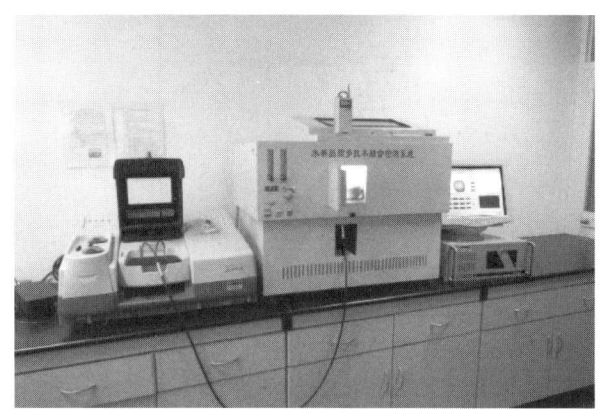

图15-15 融合装置照片

⑥自行开发的气体传感器阵列组合电路和气体传感器阵列室：气体传感器阵列组合电路为一条状电路板，上面安装有组成初始气体传感器阵列的14个气体传感器。气体传感器阵列反应室为与传感器阵列组合电路配套的特制石英玻璃管件，装有气体传感器阵列的组合电路安装在气体传感器阵列反应室内，具体结构如图15-16所示。这样不但方便各传感器的布置，使所测的气味通过每个传感器的表面，而且尽可能地让那些散发气味的材料在反应室外面（如导线等），以减少对所测气体的干扰。并且该结构有耐腐蚀、气体残留少、气体传感器易复原等优点。密封部分都进行了磨口处理，该装置加工中充分考虑了密封性、封装性和可变性（易改性）。

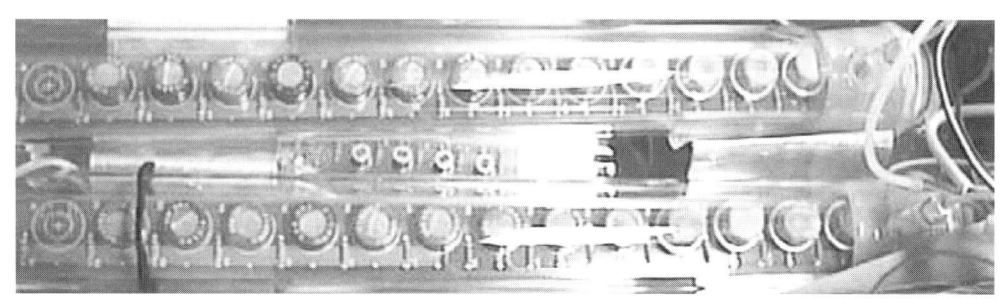

图15-16 气体传感器阵列

⑦气体传感器调理电路：自行开发的电路，主要针对不同气体传感器选择不同的放大和滤波电路，图15-17所示为一路气体传感器的调理电路。图15-18为所研制的调理电路板。它能针对传感器阵列中不同的气体传感器所检测的信号进行程控放大，选择合适的放大倍数和滤波形式，达到提高气体传感器检测精度的目的。因为当气体传感器检测气味比较浓或传感器对所检测信号比较灵敏时，输出信号相对较大，可以通过程控开关选择一个放大倍数比较小的通路，不至于传感器信号在进行A/D转换时产生溢出的现象。而当传感器检测的信号

比较微弱时，可以通过程控开关选择一个放大倍数比较大的通路，不至于由于信号微弱而检测不到信号的现象。使用滤波电路可减少信号的波动。

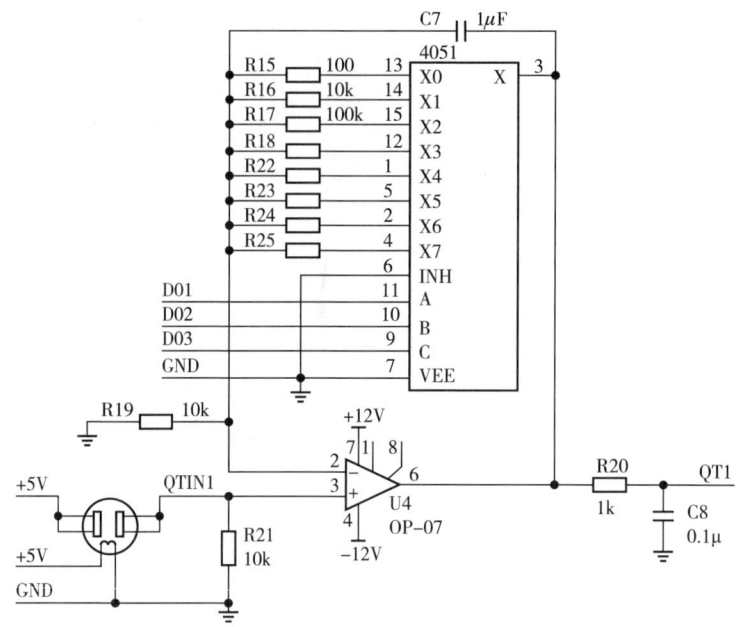

图 15-17　气体传感器调理电路（一路）

图 15-18　气体传感器调理电路板

⑧A/D 采集卡：数据采集卡的精度直接影响到电子鼻部件的精度，经多次研究和筛选，选用 PCL-816 数据采集卡，PCL-816 模块化高分辨率数据采集系统（DAS）可以根据传感器反应值大小选择制定数据采集配置，该卡的扫描频率最高 100kHz，A/D 模块能够提供 16 位分辨率的 16 路模拟量差分输入。两个 12 位单极性或双极性模拟输出通道。用来采集气体传感器阵列与苹果气味的反应值，同时控制步进电机的转速。

⑨试验箱体：为自行设计的特制装置，通过该装置把计算机视觉部件、电子鼻部件和近红外光谱获取部件组合到一起，该装置配有自动恒温装置，可以控制整个测试环境温度。

（2）三技术融合检测装置的操作步骤 操作时，先启动融合检测装置，设定好实验环境参数，如温度、气体流速等，并将电磁阀调整到传感器还原气路上，同时启动红外光谱仪和摄像头。再启动计算机，打开测试程序，设定好采集参数，例如，步进电机的转速、近红外光谱的检测参数和电子鼻检测参数。由于气体传感器的反应、样本采集室光照强度及近红外光谱仪能量都需要一个稳定的过程。所以第一次测量前要有大约 30min 预热过程，该过程主要是让实验装置的测试环境恒定，然后开始苹果测试实验。

测试苹果时的试验步骤如下：

①打开样本采集室的小门，把苹果装入气体样本采集室内的双锥滚子上，关上小门。

②在测试程序界面里用鼠标点一下开始采集的按键，弹出一窗口后，在文件名中输入图像、红外、电子鼻数据保存文件名（图 15-19），用鼠标点击确定，开始采集数据，采集的数据存在所输入的相应文件名内。

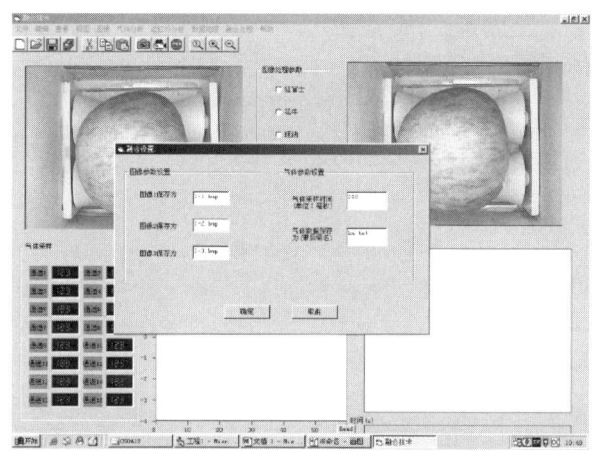

图 15-19 开始采集时各保存文件对话框

③转换气路电磁阀，此时苹果在双锥滚子的驱动下不断地滚动，融合系统的三个部件同时工作：计算机视觉部件在苹果每转动 120°时拍摄一次图像，采集到苹果整个表面的信息传入计算机；而近红外光纤得到的苹果各点近红外光谱，经近红外光谱仪和近红外数据采集卡传入计算机；同时苹果在一定条件下（温度、湿度、流速）散发的气味经无油微型真空泵吸入反应室与气体传感器阵列产生信号，该信号经调理电路、A/D 采集卡传入计算机。

④2min 后程序自动停止采集，此时打开样本采集室小门，取出苹果，打开样本采集室内的换气扇并切换气路到气体传感器阵列还原气路上，通入 3min 洁净空气使气体传感器阵列还原；计算机对传过来的计算机视觉、电子鼻和近红外光谱数据进行分析，得到苹果的大小、颜色、形状等外观质量和糖度、pH、新鲜度、腐烂情况等内在质量信息，并进一步将这些信息融合起来，对苹果的整体质量进行综合判别。本次测试结束。

⑤重复 1~4 对不同苹果进行测试。

3. 三技术融合检测软件的开发

为了对同步采集到的苹果图像信息、近红外光谱信息和气味信息进行处理，提取特征值并加以识别，用计算机编程语言（Visual Basic，VB）开发了一个水果信息融合处理软件系统，该软件系统可以只针对苹果图像、近红外光谱和电子鼻进行单独处理，也可以进行三者信息的融合处理，各处理界面如图 15-20（2）~（5）所示，进入系统的主界面如图 15-20（1）所示。

信息处理软件主要由计算机视觉信息处理模块、电子鼻数据处理模块、近红外光谱数据信息处理模块和建立在这三大模块之上的三技术融合处理模块组成。数据处理流程如图 15-21 所示。

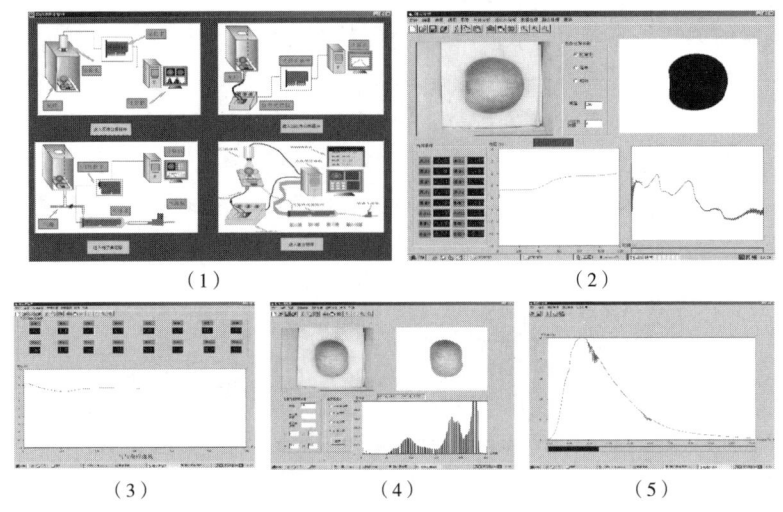

图 15-20　软件界面图

（1）系统主界面　（2）数据融合处理界面　（3）电子鼻数据处理界面
（4）计算机视觉图像处理界面　（5）近红外光谱数据处理界面

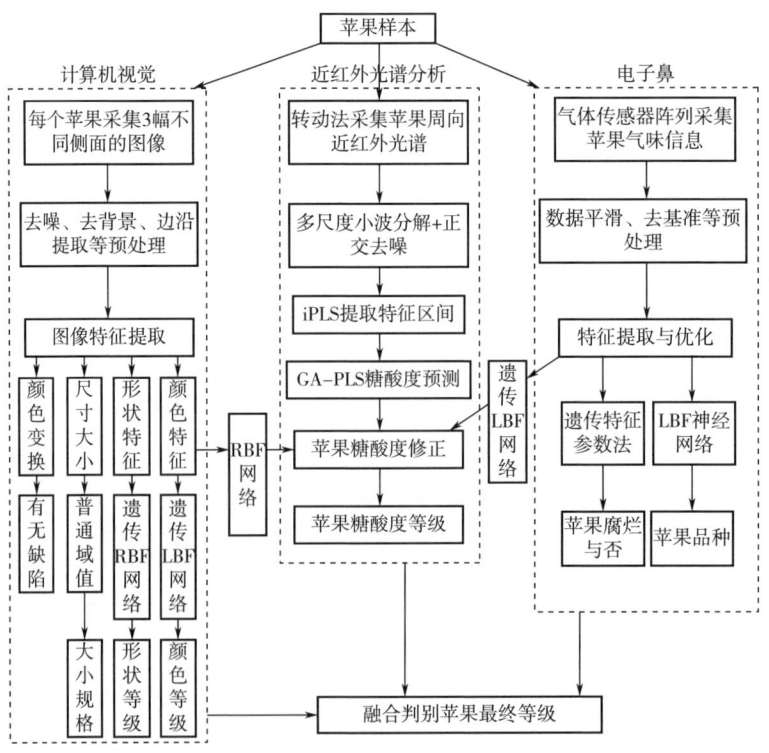

图 15-21　计算机视觉、电子鼻和近红外光谱数据处理流程

(1) 计算机视觉信息处理模块　此模块主要检测苹果外观质量，包括苹果图像信息获取、图像预处理、果体尺寸分析、果形分析、基于颜色的果面分析、缺陷分析等子模块。各子模块功能如下。

①图像获取和预处理模块：主要是获取和保存 3 幅苹果图像，并对每幅图像进行背景分割、滤波、边缘检测等。

②果体尺寸检测模块：完成对苹果的最大横径和最小纵径计算。

③基于颜色的果面分析模块：对颜色模型转换，提取苹果的果面颜色特征，用遗传线性基本函数（linear-basis function，LBF）网络对苹果颜色等级进行判别。

④果形分析模块：从苹果图像中提取合适的果形特征，并用遗传径向基函数网络（radial basis function，RBF）网络对所测苹果果形进行判别。

⑤缺陷分析模块：主要通过颜色模型转换，判断所测苹果是否有缺陷。

(2) 电子鼻数据处理模块　此模块主要检测苹果的气味，包括气体传感器阵列数据获取、预处理、特征提取和模式识别 4 个子模块。

①气体传感器数据获取和预处理模块：主要是采集和保存气体传感器阵列数据，并对采集的传感器数据进行软件平滑滤波、去基准等处理。

②气体传感器数据特征提取模块：针对传感器阵列中每一个传感器数据曲线进行特征提取、特征优化和特征归一化处理。

③电子鼻模式识别处理模块：通过主成分分析和梯度优化的 LBF 网络对苹果进行品种区分，以及用遗传特征参数法对苹果进行腐烂与否的判别。

(3) 近红外光谱数据信息处理模块　该模块主要检测苹果的糖酸度，包括近红外光谱数据获取和预处理、特征光谱谱区筛选和苹果糖酸度建模三大子模块。

①近红外光谱数据获取和预处理模块：主要实现采集苹果的近红外光谱和对所采集的光谱进行中心化、多尺度小波分解去噪和正交去噪声处理。

②近红外特征光谱谱区筛选模块：用 iPLS 法选取与苹果糖酸度最相关光谱区域。

③苹果糖酸度近红外光谱建模模块：在所筛选的光谱区域上用 GA-PLS 法建立苹果糖酸度近红外光谱模型。

(4) 三技术融合处理模块　该模块包括以上三大模块，另外还包括建立在三大模块的基础上的信息融合模块。该信息融合模块主要包括苹果糖酸度模型修正模块和融合判别苹果最终等级模块。

①苹果糖酸度模型修正模块：将基于苹果颜色特征通过梯度优化 RBF 网络得到的糖酸度和基于气体传感器特征值通过遗传 LBF 网络得到的糖酸度对近红外光谱所得的糖酸度信息进行修正，得到最终的苹果糖酸度。

②融合判别苹果最终等级模块：在以上各个指标等级的基础上，可以融合判别苹果最终等级，最终等级的确定过程为，a. 判断苹果的品种，确定一些基本的域值参数；b. 判定苹果是否腐烂和有无缺陷，如果腐烂或有缺陷则该苹果为等外苹果不进行后续判断；c. 确定苹果大小规格；d. 比较取颜色等级和糖酸度等级，取两者中等级低的作为苹果等级（如经判别苹果的颜色等级为 1 级，而苹果糖酸度等级为 2 级，则该苹果的等级为 2 级）；e. 用形状等级修正苹果等级（形状等级为端正和基本端正的苹果，其等级不变；而形状等级为轻微畸形的苹果，该苹果等级降一级，即原来为一级果经形状等级修正后为二级果；形状等级为等外的苹

果,该苹果为该规格等外果;注意形状等级不对规格进行修正);f. 给出融合判别结果(××规格的×等级苹果)。

软件最终输出界面如图 15-22 所示。输出界面中不但有最终融合判定的规格和等级,还有该苹果的一些特征数值,如尺寸、着色度、糖酸度、腐烂与否等。

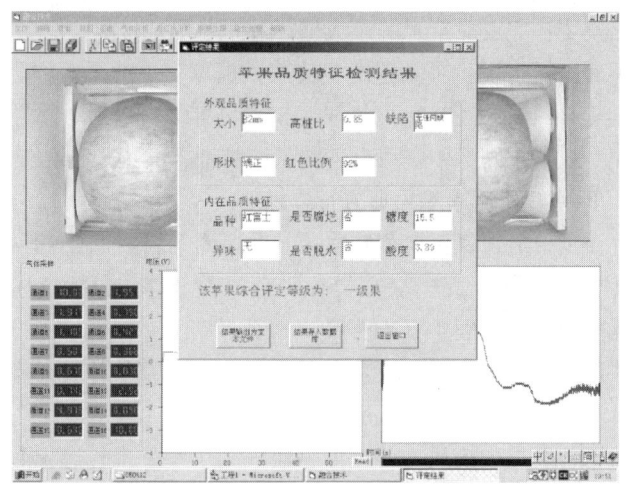

图 15-22 融合系统最终输出结果界面

4. 基于三技术融合系统的苹果品质信息数据库的建立及检测结果

三技术融合检测系统的研制,一方面,对同一苹果,可以同时得到更多的信息,如外观、气味、糖酸度等;另一方面,也为检测不同苹果提供了一个稳定的检测环境(因为检测装置环境可以控制)。因此,在此基础上建立的苹果数据库对苹果生产、收购很有参考价值。由于苹果品种很多,各个不同的品种,其标准均不同,针对山东栖霞产的水晶红富士苹果建立了一个品质信息数据库,并将融合系统用于检测该数据库。所得结果为该种苹果的质量检测提供了一些基础数据,可以用于指导生产、收购和检测。

(1)苹果品质信息数据库的建立

①数据库样本的选取:在组建数据库时,苹果样本是参考 GB/T 10651—2008《鲜苹果》和收购基地的收购标准选取的。先用游标卡尺量得的苹果最大横径作为果径,最小纵径作为纵径,按照果径将苹果分为 5 个规格(图 15-23)。然后通过目测法按照苹果果面红色着色面积和均匀性将每个规格的苹果分为 4 个等级。再用目测法得到苹果果形参数(端正、基本端正、轻微畸形、畸形)对苹果等级进行微调,即如果果形是端正和基本端正则保持原有等级不变,如果是轻微畸形则该苹果降一个等级,如果是畸形果则该苹果为等外果。其中,苹果表面缺陷主要检测黑点、腐烂、干疤、果锈、碰压伤 5 个指标,信息库标准中加大了缺陷的权限,即只要有缺陷就定为等外品。确定苹果的等级结构如图 15-23 所示,首先是将苹果按果径分为 5 个规格,然后在非等外规格中将苹果分为 4 个等级。表 15-1 中除大小规格为等外品的只有 15 个苹果外,每个规格的每个等级均挑选了 20 个苹果,总共 4 规格×4 等级×20 = 320 个苹果,加上大小规格的等外品 15 个,这样数据库有 335 个苹果。另外,对所提到的 5 种缺陷,每种缺陷的苹果各挑 5 个,这样总共有 335+5×5 = 360 个苹果,将这 360 个苹果样本的信息建立成数据库。

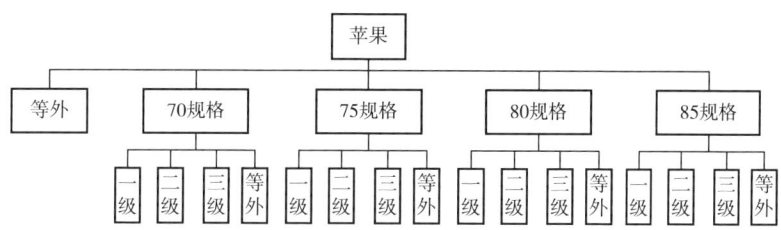

图 15-23 苹果等级库结构

②苹果数据库的建立：所建立的苹果数据库的功能主要是针对不同等级苹果的查询和比较，因为现在虽然有一些标准，如国家标准和基地收购标准，但这些标准中的各个等级的苹果是被抽象化的特征来衡量的。该数据库要给出这些抽象特征的基础上还包括一些苹果的原始信息，如苹果的图像、近红外光谱、气体传感器反应数据等。对于上面选取的 360 个苹果，先用所研制的三技术融合系统进行无损检测，并把得到的所有原始信息保存起来，放入所建的数据库。然后进行常规有损检测，得到的数据也存入数据库。因此该数据库中的数据类型有三种。a. 苹果无损检测的原始信息数据包括 5 幅同一苹果不同侧面的 24 位真彩色图像（其中 3 幅为苹果侧面图像，1 幅是果萼端图像，1 幅是果梗端图像）、近红外光谱、气体传感器阵列反应数据。b. 抽象特征数据包括苹果大小、颜色和形状、苹果的气味特征、近红外特征光谱区。c. 辅助信息包括产地、采集时间、人工判别的一些数据与最终综合等级等。这一阶段的数据库管理系统是基于 ACCESS 2000 数据管理系统开发的，以上 3 种类型的数据都存放在同一数据库里。

该数据库还提供一个用户接口模块，以完善查询用户与数据库系统的交互功能。数据库的查询是基于结构化查询语言（SQL）语言进行的，用户可以根据选择或输入一定的苹果特征来进行苹果信息查询。图 15-24 所示为所检索的 70 规格，着色面积>80，无缺陷，最终等级为 1 级苹果的结果。这里必须指出的是该查询过程是基于一定的苹果品质知识的查询，用户必须懂得一定的苹果品质知识才能有效地完成查询过程。

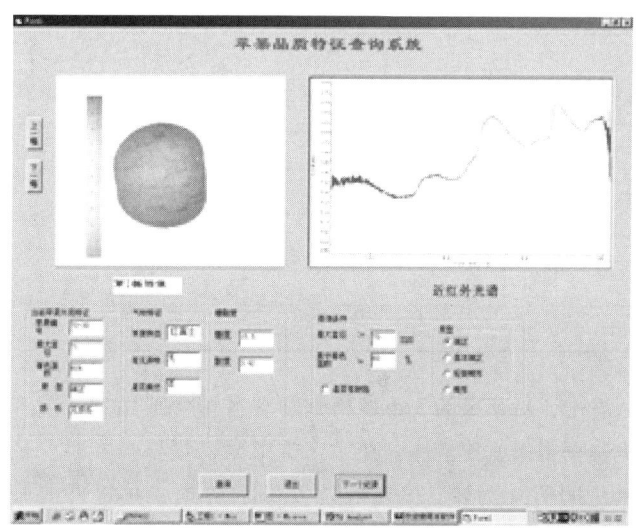

图 15-24 苹果品质特征数据库查询结果界面

（2）三技术融合检测苹果的应用研究　为了验证多技术融合检测系统对苹果的融合判别能力，对以上山东栖霞水晶红富士苹果数据库中的 360 个苹果进行融合检测。对每个苹果的检测按照以上的试验步骤进行，所得的苹果信息处理过程按图 15-20 进行。对数据库中 360 个苹果的人工手工外观分选和多技术融合检测系统分选的结果如表 15-1 所示。表中"20（$17+1^{+1}+2_{-1}$）"表示本级别中共有 20 个苹果，其中 17 个是与人工手工分级相同，"1^{+1}"表示有 1 个苹果来自人工手工分级的上一级，"2_{-1}"表示有 2 个苹果来自人工手工分级的下一级。

表 15-1　　　　　　　　　　　红富士融合分级结果

规格和等级（360 个）		人工手工外观分选个数	融合系统分选个数	误判个数
85 规格（80 个）	一级	20	21（$20+1_{-1}$）	0
	二级	20	20（$18+2_{-1}$）	2
	三级	20	20（$17+1^{+1}+2_{-1}$）	3
	等外	20	19（$18+1^{+1}$）	2
80 规格（80 个）	一级	20	20（$19+1_{-1}$）	1
	二级	20	21（$18+1^{+1}+2_{-1}$）	2
	三级	20	19（$17+1^{+1}+1_{-1}$）	3
	等外	20	20（$19+1^{+1}$）	1
75 规格（80 个）	一级	20	19（19）	1
	二级	20	22（$19+1^{+1}+2_{-1}$）	1
	三级	20	21（$17+1^{+1}+3_{-1}$）	3
	等外	20	18（$17+1^{+1}$）	3
70 规格（80 个）	一级	20	20（$18+2^{-1}$）	2
	二级	20	22（$17+2^{+1}+3_{-1}$）	3
	三级	20	19（$16+1^{+1}+2_{-1}$）	4
	等外	20	19（$18+1^{+1}$）	2
等外（40 个）	大小	15	15	0
	黑点	5	5	0
	腐烂	5	5	0
	干疤	5	5	0
	果锈	5	5	0
	碰压伤	5	5	0

从试验数据可以看出，对苹果的大小规格判别准确率达到 100%，这是由于多技术融合系统的苹果尺寸判断准确率本来就比较高，在手工选取某一规格样本时，每个苹果样本的果径大小都接近该规格的中间值（例如，挑规格为 70 的样本时，尽量挑选那些果径值在 69~71 的苹果样本），这样从样品分布上减少了产生误判的因素。苹果缺陷识别准确率也是 100%，这主要是由于所挑选的样本缺陷比较明显，很容易识别。多技术融合系统对苹果进行分选与

人工手工相比，总共有 33 个苹果产生等级误判（与人工手工分选不符），识别准确率达到 90%以上。产生误差原因如下：①误判主要发生在各规格苹果的二等和三等的识别上，这与人工分级的误差有关，由于二等、三等在形状、颜色上差别不是很明显，很难把握，人工分级本身带有一定的人为误差。②人工手工外观分选除只针对苹果的外观特征，没有考虑苹果的内在指标，这也会产生一定的误差。③多技术融合检测系统本身也存在一定的误差（如在光照环境的稳定和湿度的控制方面还有待进一步完善）。

多技术融合检测系统，在无损的情况下对苹果的外观和内在质量作一个较为全面的评价，与手工检测相比，它不但客观、快速、准确，而且是一项绿色检测方法。与单一检测技术相比，不但获得更多、更广泛的信息，而且所建立的评价模型也更全面、更可靠、精度更高。但本例中的多技术融合检测系统还存在检测时间过长的问题，这主要是电子鼻检测中气体传感器响应时间较长，每个苹果的检测需 4min 左右。另外，近红外光谱技术的检测是在红外光谱仪上进行的，整个系统造价高，可以将研究中筛选的波长作为研制滤波片式的简单近红外光谱检测装置的参考，以降低这方面的成本，这有待进一步研究。

从这个实例中可以看出，多传感器信息融合系统的复杂性，它不但涉及硬件系统的选型和组装，还涉及软件系统的设计和算法的编写。要求研究者不但有较广的知识面，还要有很好的工程动手能力。

思考题

多传感器技术融合的意义是什么？如何进行多传感器融合分析？

第十六章
无损检测数据处理技术

> **学习目标**
>
> 掌握常用的数据预处理、模式识别等数据处理方法，能够根据实际需求优化数据与处理和模式识别方法的组合模式。了解数据处理的底层逻辑，培养逻辑思维和唯物主义辩证法思想。

> **重点和难点**
>
> 重点和难点是如何根据数据类型和实际检测需求，最快地优化和选择不同的数据处理方法，而避免逐个尝试的排列组合模式。

在现代的农产品无损检测过程中，研究者往往借助一些先进的仪器设备，以便在短时间内方便地获得大量数据。例如，在检测苹果的过程中，一条苹果的近红外光谱的数据就可多达几 KB，一张苹果图片的数据可达几 MB，通过高光谱成像仪得到的苹果数据就更多，可达 1GB 以上。这些数据中哪些与农产品品质有关、哪些与之无关，以及通过什么样的方法来建立起这些数据与农产品品质之间的关系是农产品无损检测中的难点。由于仪器所采集的数据除样品的自身信息外，还包含了其他无关信息和噪声，如电噪声、样品背景等，这些信息很难在预处理中全部消除；其次有些区域样品的信息很弱，与样品的组成或性质间缺乏相关关系。如果将这些数据都参与建模，不但计算量大、模型复杂，而且精度也不一定高。研究表明，通过特定方法对自变量进行优选，一方面可以简化模型，更主要的是可以剔除不相关或非线性变量的影响，从而得到预测能力更强的校正模型。由于农产品品质无损检测的数据较多，组合十分复杂，用一般的优化技术很难解决此问题。本章将介绍一些常用的无损检测数据预处理、特征提取和模式识别技术。

第一节 无损检测数据预处理

有许多高频随机噪声、基线漂移、样本颗粒大小和光散射等噪声信息。这些噪声信息会干扰无损检测的结果，并直接影响所建立模型的可靠性和稳定性，因此，一般需要对原始数据进行预处理。常用的有标准正态变量变换（standard normal variate transformation，SNV）、多元散射校正（multiplicative scatter correction，MSC）、一阶导数（first derivatives，1st der）和二阶导数（second derivatives，2nd der）、小波去噪等预处理方法。

1. 标准正态变量变换

SNV 主要是用来消除固体颗粒大小、表面散射以及光程变化对 NIR 漫反射光谱的影响。SNV 与标准化算法的计算公式相同，不同之处在于标准化算法对一组光谱进行处理（基于光谱阵的列），而 SNV 算法是对一条光谱进行处理（基于光谱阵的行）。对需 SNV 的光谱 $X_{i,k}$ 按式（16-1）计算。

$$X_{i,\text{SNV}} = \frac{X_{i,k} - \overline{X_i}}{\sqrt{\dfrac{\sum_{k=1}^{m}(X_{i,k} - \overline{X_i})^2}{(m-1)}}} \tag{16-1}$$

式中，$\overline{X_i}$ 为第 i 样品光谱的平均值（标量），$k = 1, 2, \cdots, m$，m 为波长点数；$i = 1, 2, \cdots, n$，n 为校正集样品数。

2. 多元散射校正

MSC 的目的与 SNV 基本相同，主要是消除颗粒分布不均匀及颗粒大小产生的散射对光谱的影响。MSC 算法的属性与标准化相同，是基于一组样品的光谱阵进行运算的。MSC 在 NIR 固体漫反射和浆状物透（反）射光谱分析时得到了广泛应用。MSC 的具体算法如下：

①计算校正集样品的平均光谱 $\overline{x}$（1×m）（理想光谱）。

②将 x_i 与 $\overline{x}$ 进行线性回归，$x_i = la_i + \overline{x}b_i$，求取 a_i 和 b_i。

③$x_{i,\text{MSC}} = (x_i - la_i)/b_i$；其中，$i = 1, \cdots, n$，$n$ 为校正集样品数；l 为 1×m 的单位向量，m 为光谱的变量数。

3. 一阶导数和二阶导数

导数计算是非常重要的一种方法，导数计算可以消除光谱的基线偏移、漂移和背景的干扰。例如，在光谱扫描的过程中，由于仪器参数的设置、样品包装等的差异，可能造成扫描光谱的基线平移和旋转。基线平移是指光谱中任一波长处的吸光度与真值之间存在固定的偏差；基线旋转是指光谱误差变化中与波长有线性关系的变化量。一阶导数可以消除光谱基线的平移，二阶导数可以消除基线的旋转。由于导数计算往往增加噪声，故导数预处理之前经常需要进行平滑处理。对光谱求导一般都采用萨维茨基-高莱（Savitzky-Golay）卷积求导法计算。在使用时，差分宽度选择是十分重要的：如果差分宽度太小，噪声会很大，影响所建模型的质量；如果差分宽度太大，平滑过度，会失去大量的细节信息。

4. 小波去噪

小波分析是一个迅速崛起的数学分支，它的出现和发展具有深刻的学术意义和广泛的应用价值。小波是一种时间和频率的局域变换，能有效地从信号中提取信息，可通过伸缩和平移等运算完成信号的多尺度细化分析（multi-scale analysis）。从小波分析的数学理论来讲，它是继傅立叶变换之后纯粹数学和应用数学完美结合的又一典范。小波分析理论的发展和工程应用是相互促进的，小波理论指导下的每一次成功的应用，又反过来促进小波理论的上升和发展。从纯粹数学的角度来讲，小波分析是大半个世纪以来调和分析和样条分析的工作结晶。从应用技术的角度来讲，小波分析又是计算机应用、信号处理、图像分析、非线性科学和工程技术等领域在方法上的重要突破。因此，小波分析在它的产生、发展、完善和应用的整个过程中都受到了科技界和工程界的广泛关注。

小波变换来源于博立叶变换,是一种信号的"空间-频率"分析方法,它在时域、频域两个领域都具有刻画信号局部特征的能力,是一种时间窗和频率窗都可以改变的时、频局部化的分析方法。它在低频部分具有较高的频率分辨率和较低的时间分辨率,在高频部分具有较高的时间分辨率和较低的频率分辨率,很适合探测正常信号中夹带的瞬态反常现象并展示其成分,故被誉为分析信号的显微镜。用它分析处理各种信号,特别是用于非平稳信号的分析、奇异性的检测具有更显著的效果。

第二节 模式识别技术

一、相关系数分析

为了讨论各种参数和待测物含量之间的相关关系,采用相关系数来评价,相关系数考察两个变量之间的关联程度,是对两个变量之间关系的度量。相关系数的计算公式如式(16-2):

$$R = \frac{n\sum_{i=1}^{n}xy - \sum_{i=1}^{n}x\sum_{i=1}^{n}y}{\sqrt{\left[n\sum_{i=1}^{n}x^2 - \left(\sum_{i=1}^{n}x\right)^2\right]\left[n\sum_{i=1}^{n}y^2 - \left(\sum_{i=1}^{n}y\right)^2\right]}} \quad (16-2)$$

式中 x,y——两个变量;

n——样本的个数。

相关系数 R 没有单位。其值在-1~+1范围内变动,绝对值越接近1,两个变量间的相关性越密切,越接近0,相关性越不密切。当相关系数绝对值在0.8~1.0时,两个变量为极强相关;当相关系数绝对值在0.6~0.8时,两个变量为强相关;当相关系数绝对值在0.4~0.6时,两个变量为中等程度相关;当相关系数绝对值在0.2~0.4时,两个变量为弱相关;当相关系数绝对值在0.0~0.2时,两个变量为极弱相关或无相关。两个变量之间的相关系数的绝对值越大,从一个变量去预测另一个变量的精确度就越高,这是因为相关系数绝对值越大,就意味着这两个变量的共变部分越多,所以从其中一个变量的变化就可越多地获知另一个变量的变化。

微分处理在遥感中对重叠混合光谱起着重要作用,大量的试验结果表明,利用微分光谱指数监测植物的方法要优于常规宽波段光谱指数,如比值指数等。这主要是由于微分光谱部分减弱了背景因素的影响,从而更清楚地反映出作物光谱的变化特征。光谱反射率的一阶微分如式(16-3)所示:

$$\rho'(\lambda_i) = \frac{[\rho(\lambda_{i+1}) - \rho(\lambda_{i-1})]}{2\Delta\lambda} \quad (16-3)$$

式中 λ_i——每个波段的波长;

$\rho'(\lambda_i)$——波长 λ_i 下的一阶微分光谱值;

$\Delta\lambda$——波长 λ_{i+1} 到 λ_i 的间隔。

二、偏最小二乘分析

偏最小二乘法(PLS)是一种处理两数据块之间关系的一种数学方法,是一种经典的化学计量学算法，也是使用最多和效果最好的方法之一。它将因子分析和回归分析结合，以传感器随时间（频率）变化的数据曲线为例，PLS通过主成分分析将曲线（多维空间数据，维数相当于时间点数）压缩为较低维空间数据，其方法是将曲线数据向协方差最大方向投影，将原曲线分解为多种主成分曲线，不同曲线的主成分分别代表不同组分和因素对曲线的贡献，通过对主成分的合理选取，去掉代表干扰组分和干扰因素的主成分，仅选取有用的主成分参与质量参数的回归。已有不少文献对其基本原理作了详细介绍，这里不再叙述。在实际应用中，PLS建模过程中经常要确定最佳主因子数；在比较模型的好坏过程中，经常要用到一些评价指标，下面就PLS模型的最佳主因子数确定方法和评价指标进行介绍。

1. 模型主因子数的确定方法

PLS模型的最佳因子数（主因子数）通常用每次剔除一个样本的交互验证法（leave one out cross-validation, LOOCV）来确定，即先从训练集的I个样本中随机剔除一个样本i（$i=1, 2, 3, \cdots, I$），然后用余下的（$I-1$）个样本和h（$h=0, 1, 2, \cdots, d$）个主因子建立质量参数y的回归模型，利用该回归模型去预测被剔除样本i的质量参数y_i；对训练集的每一个样本i重复上述测试并将每次剔除的样本组成交互验证集，然后计算主因子数为h（$h=0, 1, 2, \cdots, d$）时模型的预测残差平方和$PRESS_h$，见式（16-4）：

$$PRESS_h = \sum_{i=1}^{I}(y_{p,ih} - y_i)^2 \qquad (16\text{-}4)$$

式中，$y_{p,ih}$为模型对被剔除的第i个样本的质量参数预测值；以最小的PRESS值所对应的因子数作为模型的最佳因子数。

可以看出，在每次剔除一个样本的交互验证法中，交互验证集的样本是与训练集的I个样本完全相同的。但由于该样本集中每一个样本的质量参数预测值都是由其余（$I-1$）个样本建立的回归模型计算得到的，因此该集样本的预测值与实测值之间的均方根误差以及相关系数都不等于训练集的相应指标。后面章节中提到的交互验证法，均指每次剔除一个样本的交互验证法。

2. 模型的评价指标

一般对模型的评价指标主要有以下几个。

（1）交互验证均方根误差（RMSECV） 即模型对交互验证集样本的预测均方根误差，该指标主要用于评价某种建模方法的可行性及所得模型的预测能力，RMSECV可按式（16-5）计算：

$$RMSECV = \sqrt{\frac{\sum_{i=1}^{n}(\hat{y}_l - y_l)^2}{n}} \qquad (16\text{-}5)$$

式中，y_l和$\hat{y}_l$分别为交互验证集中第l个样本的质量参数实测值和预测值，n为交互验证集样本数。

（2）预测均方根误差（RMSEP） 即模型对预测集样本的预测均方根误差，主要用于评价所建模型对外部样本的预测能力。预测均方根误差越小，则表明模型对外部样本的预测能力越高，反之亦然。RMSEP按式（16-6）计算：

$$RMSEP = \sqrt{\frac{\sum_{k=1}^{m}(\hat{y}_k - y_k)^2}{m}} \qquad (16\text{-}6)$$

式中，y_k 和 $\hat{y}_k$ 分别为预测集第 k 个样本的质量参数实测值和预测值，m 为预测集样本数。

（3）校正均方根误差（RMSEC） 即训练集（或称校正集）样本的均方根误差，主要用于评价模型的拟合精度，RMSEC 越小，则拟合程度越好。通常 RMSEC 要小于 RMSECV 和 RMSEP。RMSEC 按式（16-7）计算：

$$\text{RMSEC} = \sqrt{\frac{\sum_{i=1}^{n}(\hat{y}_i - y_i)^2}{n}} \tag{16-7}$$

式中，y_i 和 $\hat{y}_i$ 表示训练集中第 i 个样本的质量参数实测值和预测值，n 为训练集样本数。

（4）相关系数（R^2） 或称平方相关系数，用于考察样本的预测值和实测值之间的相关程度，R^2 越接近 1，则说明预测值与实测值之间的相关程度越好，R^2 按式（16-8）计算：

$$R^2 = 1 - \frac{\sum_{g=1}^{n}(y_g - \hat{y}_g)^2}{\sum_{g=1}^{n}(y_g - \overline{y})^2} \tag{16-8}$$

式中，y_g 和 $\hat{y}_g$ 分别为样本集（包括训练集、预测集和交互验证集）中第 g 个样本的质量参数实测值和预测值，$\overline{y}$ 为样本集中所有样本的质量参数实测值的平均值。

三、神经网络

模式识别是对所要研究的对象根据其共同的特征或属性进行识别和分类。在人工嗅觉和人工味觉中，常用的模式识别方法是人工神经网络数据处理方法。

1. 人工神经网络简介

人工神经网络（ANN）是模拟人的大脑进行工作的，如图 16-1 所示。人工神经网络信息处理技术的兴起，为人工味觉、人工嗅觉检测技术的发展注入了活力。英国研究者率先将人工神经网络用于嗅敏传感器阵列信息处理，并较好地解决了信息的并行处理、变换、环境的自学习和自适应，特别是由于传感器交叉响应带来的非线性严重等难题，在一定程度上可抑制传感器的漂移或噪声，有助于气体检测精度的提高。目前，人工神经网络用于人工嗅觉信息处理中面临的问题是：在网络构造上尚缺乏一定的指导，网络的训练时间较长，特别是在感受器件特性不够稳定或出现疲劳时往往不能满足要求等。未来的人工嗅觉和人工味觉将是传感器阵列与处理电路的大规模集成，神经网络的硬件实现将是首选方案之一，因此，发展新的神经网络算法及与其他模式识别及信号处理方法相结合以解决人工神经网络在人工嗅觉和人工味觉应用中的实际问题成为该领域的又一热点。

在人工神经网络的研究过程中，以误差反传（back-propagation，BP）算法为数学模型的前向多层神经网络（multi-layer neural networks，MLNNs）在模式识别和分类、非线性映射、特征提取等许多领域中获得了成功的应用。

前向多层神经网络模型可以追溯到 20 世纪 50 年代提出的具有学习能力的感知机（perception）模型，它是一种多层的层状模型。网络某一层中的各个神经元接受上一层的输入信号，通过自己进行处理后，将之输出到下一层。由于输入节点和输出节点可与外界相连，直接受到环境的影响，所以常称为可见层，或按信息传播方向称之为输入层和输出层，而称其他不与外界交换信息的中间层为隐层，除输入层外，其他各层的单个神经元可以有任意个

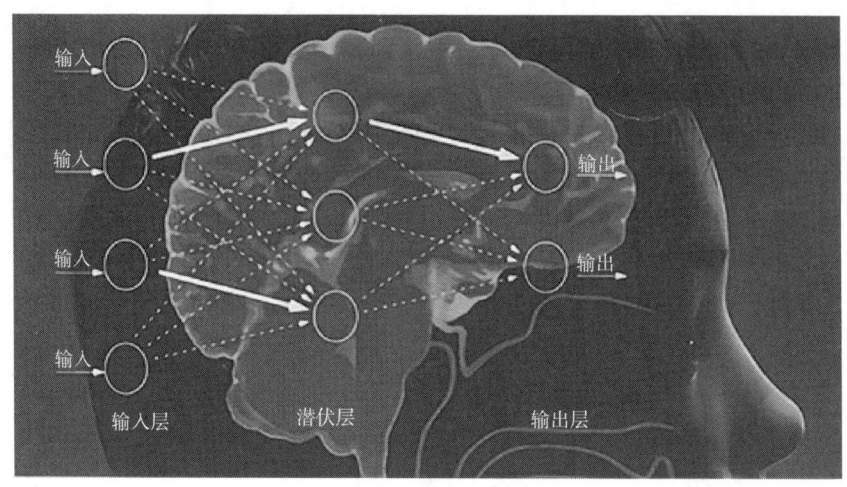

图 16-1 人工神经网络

输入,但只有一个输出。前向多层网络是一种映射网络,它把 m 维空间的有界子集 A 映射到 n 维空间的有界子集 B。

误差反传算法最早于 1974 年提出,于 1985 年进行推广,是迄今为止人们认识最为清楚的一种算法,它克服了感知机算法的许多缺陷,因而一经出现立即引起了神经网络研究工作者的极大兴趣,为人们提供了一种新的改善和提高神经网络能力的有效的计算方法。从本质上讲,这种算法可以看成是最小二乘法的推广。

下面对前向三层神经网络和误差反传算法加以说明。

2. 人工神经网络拓扑结构

图 16-2 为一个前向三层神经网络的拓扑结构示意图,它由一个输入层、一个隐层和一个输出层所组成。当然,隐层可以不止一层。同一层各单元之间不存在相互连接,相邻层单元之间通过权值进行连接。假设一个输入模式的维数为 m,则网络输入层的节点数为 m。输出层节点数与研究对象有关,如果该网络被用来分类,则输出节点数一般等于已知的模式类别数。隐层节点数可以根据需要进行选择。输入层单元是线性单元,即该层的神经元输出直接等于输入。隐层和输出层各单元的常用的传递

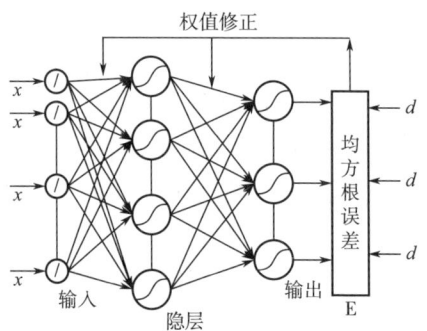

图 16-2 一个前向三层神经网络的拓扑结构

函数为逻辑(Sigmoid)函数,即若该单元的网络输入为 x,则输出为式(16-9):

$$f(x) = \frac{1}{1+e^{-x}} \tag{16-9}$$

误差反传算法的前向多层神经网络的工作原理是,设训练集的模式个数为 N,其中,某一个模式的下标为 p,即 $p=1, 2, \cdots, N$。当输入层各单元接受到某一个输入模式 $X_p = (x_{1p}, x_{2p}, \cdots, x_{ip}, \cdots, x_{mp})$,不经任何处理直接将其输出,输出后的各变量经加权处理后送入隐层各单元,隐层各单元将接受到的信息经传递函数处理后输出,再经加权处理后送入输出各单元,经输出各单元处理后最终产生一个实际输出向量。这是一个逐层更新的过程,被称为

前向过程。如果网络的实际输出与期望的目标输出之间的误差不满足指定的要求,就将误差沿反向逐层传送并修正各层之间的连接权值,这称为误差方向传播过程。对于一组训练模式,不断地用一个个输入模式训练网络,重复前向过程和误差反向传播过程。当对整个输入训练集,网络的实际输出与期望的目标输出之间的误差满足指定的要求时,就说该网络已学习或训练好了。由于这种网络的前一层各单元的输入是后一层所有单元输出的线性加权和,故也称之为线性基本函数(LBF)神经网络。

3. 误差反传算法

误差反传算法是典型的有教师学习算法,设输入层和输出层的节点数分别为 m、n,选择隐层节点数为 L。对于一个输入模式 $X_p = (x_{1p}, x_{2p}, \cdots, x_{ip}, \cdots, x_{mp})^T$,其目标输出为 $d_p = (d_{1p}, d_{2p}, \cdots, d_{jp}, \cdots, d_{np})^T$ ($p=1, 2, \cdots, N$,N 为训练集的模式个数)。图 16-3 为第 h 个隐层单元的放大图,图中,θ_h 为该单元的阈值,$W_h = (w_{h1}, w_{h2}, \cdots, w_{hi}, \cdots, w_{hm})^T$ ($h=1, 2, \cdots, L$) 为连接各输入单元与第 h 个隐层单元之间的权重,则第 h 个隐层单元的输入为式 (16-10):

$$\Phi(X_p, W_h) = \sum_{i=1}^{m} x_{ip} w_{hi} - \theta_h \tag{16-10}$$

则第 h 个隐层单元输出为式 (16-11):

$$z_{hp} = f(\Phi(X_p, W_h)) = \frac{1}{1 + e^{-\Phi(X_p, W_h)}} \tag{16-11}$$

图 16-4 为第 j 个输出单元的放大图,图中,θ_j 为该单元的阈值,$W_j = (w_{j1}, w_{j2}, \cdots, w_{jh}, \cdots, w_{jL})$ ($j=1, 2, \cdots, n$) 为连接各隐层单元与第 j 个输出单元之间的权重,则第 j 个输出单元的输入为式 (16-12):

$$\Phi(z_p, W_j) = \sum_{h=1}^{L} z_{hp} w_{jh} - \theta_j \tag{16-12}$$

第 j 个输出单元的输出为式 (16-13):

$$y_{jp} = f(\Phi(z_p, W_j)) = \frac{1}{1 + e^{-\Phi(z_p, W_j)}} \tag{16-13}$$

于是,第 j 个输出单元的实际输出与目标输出之间的差用式 (16-14) 计算:

$$\Delta_{jp} = d_{jp} - y_{jp} \tag{16-14}$$

对模式 XP,网络的实际输出与目标输出之差的平方和用式 (16-15) 计算:

$$E_p = \frac{1}{2} \sum_{j=1}^{n} \Delta_{jp}^2 = \frac{1}{2} \sum_{j=1}^{n} (d_{jp} - y_{jp})^2 \tag{16-15}$$

式中的 $\frac{1}{2}$ 是为了使后续求导运算变得简捷而设的,对训练集中的所有模式,网络的实际输出与目标输出之差的总平方和用式 (16-16) 计算:

$$E = \frac{1}{2} \sum_{p=1}^{N} E_p = \frac{1}{2} \sum_{p=1}^{N} \sum_{j=1}^{n} \Delta_{jp}^2 = \frac{1}{2} \sum_{p=1}^{N} \sum_{j=1}^{n} (d_{jp} - y_{jp})^2 \tag{16-16}$$

E 即为误差函数,根据链式求导法则,得式 (16-17) 和式 (16-18):

$$\frac{\partial E}{\partial w_{jh}} = \sum_{p=1}^{N} \frac{\partial E_p}{\partial y_{jp}} \frac{\partial y_{jp}}{\partial w_{jh}} = -z_{jh} \sum_{p=1}^{N} [(d_{jp} - y_{jp}) y_{jp} (1 - y_{jp})] \tag{16-17}$$

$$\frac{\partial E}{\partial w_{hi}} = \sum_{p=1}^{N} \sum_{j=1}^{n} \frac{\partial E_p}{\partial y_{jp}} \frac{\partial y_{jp}}{\partial z_{hp}} \frac{\partial z_{hp}}{\partial w_{hi}} = -\sum_{p=1}^{N} \sum_{j=1}^{n} [(d_{jp} - y_{jp}) y_{jp} (1 - y_{jp}) w_{jh} z_{hp} (1 - z_{hp}) x_{ip}] \tag{16-18}$$

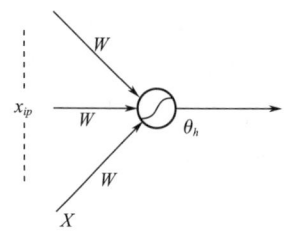
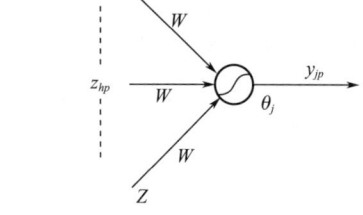

图 16-3 第 h 个隐层单元放大　　图 16-4 第 j 个输出单元放大

误差反传算法的实质是利用梯度下降算法，使权值沿误差函数的负梯度方向改变，这就是所谓的学习规则。如式（16-19）所示：

$$\Delta w = -\eta \frac{\partial E}{\partial w} \tag{16-19}$$

式中，η 为学习因子。在实际应用中，考虑到学习过程的收敛性，η 的取值不宜过大。η 的值越大，意味着每次权值的改变越剧烈，可能会导致学习过程发生振荡，但 η 的取值也不宜太小，太小易使收敛速度变慢，因此，为了使学习因子 η 的值尽可能大一些，又不至于产生振荡，通常在权值修正公式中再增加一个势态项，于是，权值修正公式可表示为式（16-20）和式（16-21）：

$$w_{jh}(t+1) = w_{jh}(t) - \eta \frac{\partial E}{\partial w_{jh}} + \alpha [w_{jh}(t) - w_{jh}(t-1)] \tag{16-20}$$

$$w_{hi}(t+1) = w_{hi}(t) - \eta \frac{\partial E}{\partial w_{hi}} + \alpha [w_{hi}(t) - w_{hi}(t-1)] \tag{16-21}$$

式中，t 为迭代次数，α 为一常数，称为动态因子，它表示上一次学习的权值变化对本次权值更新的影响程度，权值修正是在误差向后传播过程中逐层进行的，当网络的所有权值都被更新一次后，即为网络经过了一次学习周期。误差反传算法的步骤如下：

①初始化网络的权值，一般取 [0, 1] 区间的随机值。选择网络的学习参数，如最大迭代次数 T、允许误差 ε、学习因子 η 和动态因子 α。

②前向传播过程。对于给定的模式，计算网络的是输出，并与目标输出进行比较，如果两者之间的误差超过允许误差，则转向后传播过程。

③反向传播过程。根据网络的实际输出与目标输出之间的误差，计算误差梯度，并据此修正权值和阈值。

④重复第①步和第③步，直至网络收敛到允许误差范围内或迭代次数达到最大次数为止。

4. 网络性能测试

前向多层神经网络采用误差反传算法进行学习时，不仅需要一个训练集，而且还要有一个评价其训练效果的测试集。训练集和测试集都来源于同一研究对象的由输入目标输出对构成的集合。训练集用于训练网络，使网络按照误差反传算法调整其权值和阈值，以达到指定的要求；而测试集则是用来评价已训练好的网络的性能。如果已训练好的网络对测试集效果很差，可能是训练集或测试集不具代表性。

四、支持向量机

基于样本的机器学习问题是现代人工智能技术的一个重要分支，它试图模拟人类从已知经验事件中学习的过程，归纳产生一定的规则或模型，在遇到未知事件或新情况时根据已学习到的规则或模型进行预测。这样的机器学习更加侧重于解决如何从已知数据中挖掘出无法通过一定理论或原理推理分析得到的规则，从而解决比较复杂的预测问题。

统计学在这类机器学习问题中起到了基础性的作用，传统的统计学是样本趋向于无穷大时的渐近理论，而很多实际问题训练样本往往有限。在20世纪90年代初期，针对有限样本的机器学习理论逐渐发展起来，形成了一个较为完善的统计学习理论（SLT）体系，它能将很多现有方法纳入其中，有望帮助解决许多原来难以解决的问题，如神经网络结构选择问题、局部极小点问题等；同时，在这一理论基础上发展了一种新的通用学习方法——支持向量机（support vector machine，SVM），它初步表现出很多优于已有方法的性能。一些学者认为，SVM 正在成为继神经网络研究之后新的研究热点，并将有力地推动机器学习理论和技术的发展。支持向量机，是统计学习理论中最年轻的内容，也是最实用的部分，其核心内容是在1992—1995年提出的，目前仍处在不断发展阶段。

支持向量机起源于统计学习理论，是一个很强大的机器学习算法。在模式分类中，支持向量机遵循结构风险最小化（structural risk minimization，SRM）准则构造决策超平面使得正样本和负样本之间的分类间隔（margin）最大。

SRM 准则认为：学习机对未知数据分类所产生的实际风险（actual risk or test error）是由两部分组成的，一是经验风险（empirical risk or training error，训练误差），第二部分称为置信范围，它和学习机器的 VC 维（Vapnik-Cherovnenkis）及训练样本数有关。

为判断一个学习机的识别分类效果，定义了学习推广能力（generalization）。所谓学习推广能力指训练好的学习机不仅对训练样本有良好的分类能力，对新的识别数据分类准确率也很高。也就是学习机的实际风险和经验风险都小。

训练寻找一个学习机，使其实际风险很小，从而具有良好的学习推广能力，是机器学习的最终目的。由上文可知，一个学习机的实际风险是由学习机的经验风险和置信范围两个部分决定的，所以要取得小的实际风险，必须同时考虑这两个因素。支持向量机能够同时减少经验风险和置信范围。许多实验也证明支持向量机有很好的学习推广能力，使之在农产品品质无损检测的模式识别中得到了广泛应用。以下介绍支持向量机的原理，然后介绍支持向量机在农产品品质无损检测模式识别中的应用。

本节中首先介绍经验风险最小化准则和结构风险最小化准则，然后讨论支持向量机在训练过程中是如何体现结构风险最小化准则的，最后总结支持向量机的特性。

（一）经验风险最小化

1. 期望风险与经验风险 (expected risk and empirical risk)

在二类模式识别问题中，监督式学习的过程可以如下表示：给定一个决策函数集，见式（16-22）。

$$f(X, \lambda): \lambda \in \Lambda, f(X, \lambda): R^N \to \{-1, 1\} \tag{16-22}$$

其中，Λ 是抽象参数集合，它里面的每个元素（每个元素可以由几个数组成）构造了一个映射函数，通过这个映射函数把数据 $x_i \in R^N$（$x_i = (x_{i1}, x_{i2}, \cdots, x_{iN})$）映射成 1 或者 -1（即两个不同的类别）。在模式识别中，称 x_i 有 N 个特征。对于苹果图像识别问题，这 N 个特征可以是大小、色彩或形状，对于近红外光谱识别问题，可以是特征波长上的吸光度或者是预处理中提取的特征,而对于电子嗅觉,可以是气体传感器的时域特征(最大值、平均值、最大斜率等)或频域特征(小波系数等)。

对于一组数据 (x_1, y_1),(x_2, y_2),…,(x_i, y_i),$x_i \in R^N$,$y_i \in \{1, -1\}$,不知道数据分布概率 $P(x, y)$ 前提下,函数 $f(\cdot, \lambda)$ 的期望风险能够使下面的值最小。

函数 $f(\cdot, \lambda)$ 称为假设函数(hypotheses),函数集 $\{f(\cdot, \lambda): \lambda \in \Lambda\}$ 称为假设空间,表示为 H。因此,期望风险是量度函数对未知数据正确预测分类能力的一个标准,称函数 $f(\cdot, \lambda)$ 是在给定 λ 下通过训练出来的训练分类机。比如,假设函数可以是固定结构下的径向基函数(radial basis function)或者多层感知器。在这样的例子中,Λ 中的参数就是神经网络中的权值和偏差(bias)。

因为不知道概率分布 $P(x, y)$,所以直接计算期望风险是不可能的。用如式(16-23)所示经验风险去近似估计某个假设函数的期望风险值:

$$R_{\text{emp}}(\lambda) = \frac{1}{2l} \sum_{i=1}^{l} |f(x_i, \lambda) - y_i| \quad (16\text{-}23)$$

2. VC 维数

由大数定理知道,经验风险 R_{emp} 与期望风险 R 以一定范围的概率相互收敛。因此,为了达到好的学习机器推广能力,一个最直接的方法是使经验风险达到最小就可以保证期望风险最小。这是经验风险最小原则(empirical risk minimization,ERM)。ERM 原则的假设是,如果 R_{emp} 与 R 相互收敛,那么 R_{emp} 和 R 的最小值也相互收敛。但是,这个假设实际上是不成立的。如果 R_{emp} 和 R 是相互归一化收敛(uniform convergence),则上面的假设成立。其中,归一化收敛定义如式(16-24)所示:

$$\text{对任意 } \lambda \in \Lambda \text{ 且 } \varepsilon \geq 0, \ p(\sup_{\lambda}|R(\lambda) - R_{\text{emp}}(\lambda)| > \varepsilon) \to 0 \text{ 即 } N \to \infty \quad (16\text{-}24)$$

假设空间 H 的 VC 维 h 的有限性是 R_{emp} 和 R 是相互归一化收敛的充分与必要条件。

假设空间 H 的 VC 维 h 定义为:考虑一个进行两类物体识别的函数。如果给定 1 个点来表示要进行分类的物体,那么把这 1 个物体分成两类的方法有 21 种。对于每一种分类,总是可以找到一个函数来实现。

实现 21 种分类的函数组成的集合定义为 $\{f(\cdot, \lambda)\}$,那么称这 1 个点能够被 $\{f(\cdot, \lambda)\}$ 打散,VC 维定义为:函数集 $\{f(\cdot, \lambda)\}$ 的 VC 维就是它能打散的最大样本数目。例如,函数集 $\{f(\cdot, \lambda)\}$ 只能实现 m($1 \leq m \leq l$)个点的 $2m$ 种分类方式,则 $\{f(\cdot, \lambda)\}$ 的 VC 维是 m。若对任意数目的样本都有函数能将它们打散,则函数集 $\{f(\cdot, \lambda)\}$ 的 VC 维是无穷大。经证明,R^N 空间中有向超平面(oriented hyperplanes)的 VC 维是 $N+l$。

这样,VC 维成了对假设空间 H 复杂度的度量,它一般是与函数 $f(\cdot, \lambda)$ 中自由参数的数目有关的。比如,径向基函数和多层感知器的 VC 维就是由隐藏单元的数目决定。

3. 风险边界(risk bound)

使用 VC 维的概念,推导出期望风险和经验风险之间的不等式关系,如式(16-25)所示:

$$R(\lambda) \leq R_{\text{emp}}(\lambda) + \sqrt{\frac{h(\lg(2l/h) + 1) - \lg(\eta/4)}{l}} \quad \forall \lambda \in \Lambda \quad (16\text{-}25)$$

其中 $0 \leq \eta \leq 1$,h 是函数 $f(\cdot, \lambda)$ 的 VC 维,不等式的右边称为风险边界,不等式右边的第二项称为 VC 置信值(VC confidence)。从上面可以看出,期望风险的上界与概率分布

$P(x, y)$ 无关。这样，为了取得小的期望风险，也就是要达到好的学习推广能力，那么要同时使经验风险和 VC 置信值都小。因为 VC 置信值是 VC 维 h 的增函数，R_{emp} 通常是 h 的减函数，所以选择一个折中的 h 可以使期望风险达到最小。如何选择 h 是一个困难但又非常重要的问题。

（二）结构风险最小化

由上文可知，在样本有限的情况下所训练的学习机，其经验风险可以很小。但是为了保证其经验风险很小，不得不反复应用同样的样本进行学习（如隐马尔可夫链的参数迭代训练过程），这样导致训练后的机器十分复杂，其 VC 维 h 就很大，因为经验风险是 h 的减函数，所以经验风险就小，而 VC 置信值是 h 的增函数，其值就相应大。这种情况下，导致二者的和期望风险就变大了。

于是，出现了在学习过程中，学习机对样本的分类识别能力很好（表现为其经验风险很小），而在实际应用中，学习机对新样本的分类能力就差，这就是所谓的过学习（over-fit）问题。

反之，如果经验风险和期望风险都很大，VC 置信值小，这种情况称为欠学习问题。因为在训练不充分，导致学习机过于简单，甚至不能对样本数据进行良好分类。

这样，需要同时最小化经验风险和置信值。其实，在传统方法中，选择学习模型和算法的过程就是调整置信值的过程，如果模型比较适合现有的训练样本，相当于可以同时使经验风险和置信值同时为小，则可以取得比较好的实际识别分类效果。但因为缺乏理论指导，这种选择只能依赖先验知识和经验，造成了如神经网络等方法对使用者"技巧"的过分依赖。

统计学习理论提出了一种新的策略，即是结构风险最小化（SRM）准则来选取比较好的 VC 维 h，使经验风险和置信值达到一个折中，最终使期望风险为小，如图 16-5 所示。

在 SRM 准则中，构造一个嵌套的假设空间结构：$H_1 \subset H_2 \subset \cdots \subset H_n \subset \cdots$

在这个嵌套假设空间中，满足式（16-26）：

$$h(n) \le h(n+1) \qquad (16-26)$$

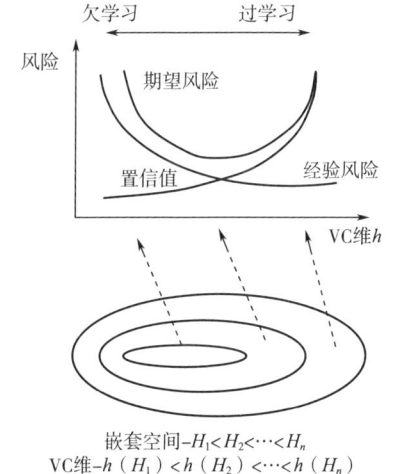

图 16-5 结构风险最小化

其中，$h(n)$ 表示 H_n 空间的 VC 维。每个 $h(n)$ 都是可以计算的，或者是有上界的。实现 SRM 原则可以有两种思路，一是在每个空间 H 中求最小经验风险，然后选择使最小经验风险和置信值之和最小的空间，但这种方法比较费时；因此，有第二种思路，即选择适当的空间使得其经验风险和 VC 维之和最小，支持向量机就是采用了这种近似的方法的实现 SRM 准则，使经验风险和 VC 维同时最小，进而使得实际风险最小。

（三）构造支持向量机

以下将依次讨论如何构造线性可分（linearly separable）、线性不可分（linearly non-separable）与非线性不可分（non-separable）三类支持向量机。

1. 线性可分支持向量机

先考虑最简单的情况，如何在线性可分的训练样本中训练出线性可分支持向量机。训练的目的是找出可以分割两类训练样本的最优超平面。在这里，"线性可分"指的是存在一对 (w, b)，满足式（16-27）：

$$x_i \cdot w + b \geq 1 \quad \forall x_i \in \text{Class 1}$$
$$x_i \cdot w + b \geq 1 \quad \forall x_i \in \text{Class 2} \quad (16\text{-}27)$$

因此，此时的假设空间就是判定函数集合，如式（16-28）所示：

$$f(x; w, b) = \text{sign}(w^T x + b) \quad (16\text{-}28)$$

为了使得决策平面对应于唯一的参数对 (w, b)，还必须满足约束条件式（16-29）：

$$\min_{i=1,\cdots,l} |w^T x_i + b| = 1 \quad (16\text{-}29)$$

其中，$x_1, \cdots, x_l$ 表示训练样本数据。满足式（16-29）的超平面称为规范超平面（canonical hyperplanes）。根据前面对 VC 维的解释可知，R^N 中的规范超平面的 VC 维数为 $N+1$。为了应用 SRM 准则，接下来通过增加如下的约束来构造规范超平面的结构。

用 D 来表示包围所有样本点 $x_1, \cdots, x_l$ 的最小的 N 维球面的直径，那么上述的函数集合如式（16-30）所示：

$$f(x; w, b) = \text{sign}(w^T x + b) \quad \|w\| \leq A \quad (16\text{-}30)$$

该函数集合的 VC 维 h 符合式（16-31）所示边界条件：

$$h \leq \min[D^2 A^2], N+1 \quad (16\text{-}31)$$

同时，可以看出从一个样本数据点 x 到 (w, b) 定义的超平面的距离如式（16-32）所示：

$$d(x; w, b) = \frac{|w^T x + b|}{w} \quad (16\text{-}32)$$

将式（16-29）代入到式（16-32），可以得出，规范超平面和与其最近的样本数据点之间的距离是 $\frac{1}{\|w\|}$。因此，如果 $\|w\| \leq A$，那么规范超平面与其最近的样本数数据点之间的距离肯定大于等于 $\frac{1}{A}$。这就意味着，符合式（16-29）约束条件的规范超平面集合是距离最近的样本数据点至少 $\frac{1}{A}$ 的规范超平面。显然，在这里，两类样本点之间的距离是 $\frac{2}{\|w\|}$，这个距离被称为分类间隔（margin of separation）。

根据式（16-31），$\|w\|$ 的最小化会使得 VC 维减小。因此，在所有可以正确分类样本数据的规范超平面中，具有最小的 $\|w\|$ 的超平面可以使得式（16-7）中的风险边界最小，满足条件 $y_i(w^T x_i + b) \geq 1 (i=1, \cdots, l)$ 且使 $\|w\|$ 最小的分类面就叫作最优分类面，位于超平面 $H1$ 和 $H2$ 上的训练样本点就称作支持向量（support vector）（图 16-6）。

这样，寻找最有超平面的问题就等同于式（16-33）

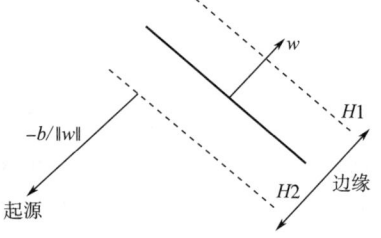

图 16-6 线性可分超平面
（支持向量位于超平面上）

的二项式规划问题（quadratic programming problem）：

$$\underset{w,\ h}{\text{Minimize}} \quad \phi(w) = \frac{1}{2} \| w \|^2 \quad (16\text{-}33)$$

满足 $y_i(w^T x_i + b) \geqslant 1 (i = 1, \cdots, l)$，这里 $\phi(w)$ 是 w 的凸函数，于是上面问题转换为约束条件下最优化求解问题（也即凸二项式规划问题），称为原问题（primal problem），可以用拉格朗日（Lagrangian）方法求解。这样有两个好处，一是约束条件 $y_i(w^T x_i + b) \geqslant 1(i = 1, \cdots, l)$ 可以用拉格朗日乘子代替；二是所有的训练和测试样本都能以向量点积的形式出现（这点在下面变得很重要，因为在线性不可分时候，要应用范函性质把低维空间数据向高维特征空间映射）。

对于上述最优超平面的问题，为每个 $y_i(w^T x_i + b) \geqslant 1(i = 1, \cdots, l)$ 引入拉格朗日正数乘子（相当于为每个样本引入正数乘子）$a_i(1 \leqslant i \leqslant l)$，则有拉格朗日函数方程式（16-34）：

$$L_p = \frac{1}{2} \| w \|^2 - \sum_{i=1}^{l} a_i y_i (w^T x_i + b) + \sum_{i=1}^{l} a_i \quad (16\text{-}34)$$

为了求上面拉格朗日函数方程在约束条件下关于 w 和 b 的最小值，由于极值的条件是其倒数为0。在方程中对 w 和 b 进行微分，得到式（16-35）：

$$w = \sum_{i=1}^{l} a_i y_i x_i$$

$$\sum_{i=1}^{l} a_i y_i = 0 \quad (16\text{-}35)$$

从上文可知，w 解的向量是训练样本的线性组合形式，根据拉格朗日凸函数的特性，通过训练，最佳 w^* 存在唯一解。为了得到 b 最佳优化值 b^*，需要应用优化理论的卡罗需-库恩-塔克（Karush-Kuhn-Tucker, KKT）结论，在鞍点，对偶变量与约束的乘积为0，有式（16-36）：

$$a_i^* [y_i(w^{*T} x_i + b^*) - 1] = 0 \quad \text{for} \quad i = 1, \cdots, l \quad (16\text{-}36)$$

只有那些满足上面式（16-35）的拉格朗日乘子可以认为不为0。由于对于每对训练样本都有一个拉格朗日乘子，每个 $a_i^* > 0$。拉格朗日乘子所对应的样本就叫作"支持向量"，位于超平面 $H1$ 和 $H2$ 上。而其他的样本位于 $H1$ 和 $H2$ 两边。支持向量是训练样本中的关键点，如果保留支持向量，而删除其他的训练样本，那么可以得到同样的最佳分类超平面。

对于每个支持向量 (x_i, y_i)，由式（16-37）可以求到 b 的最佳优化值 b^*。

$$b^* = y_i - w^{*T} x_i \quad (16\text{-}37)$$

实际计算中，取所有支持向量的最佳优化值 b^* 的平均值作为最后值。

由式（16-34）和式（16-35），原来的约束条件下的最优化求解问题转变为如式（16-38）所示的偶问题（dual problem）形式：

$$\text{Maximize} \quad Q(A) = \sum_{i=1}^{l} a_i - \frac{1}{2} \sum_{i=1}^{l} \sum_{j=1}^{l} a_i a_j y_i y_j x_i^T x_j \quad (16\text{-}38)$$

满足 $\sum_{i=1}^{l} a_i y_i = 0$，$a_i \geqslant 0$，$i = 1, 2, \cdots, l$。

同样判别函数就从最初的式子变为如式（16-39）所示形式：

$$f(x, w, b) = sign\left(\sum_{i=1}^{l} y_i a_i x^T x_i + b\right) \quad (16\text{-}39)$$

其中，(x_i, y_i) 是支持向量。

2. 线性不可分支持向量机

对于线性不可分的情况，至少存在着一个样本数据点 (x_i, y_i) 不满足式（16-40）的约束：

$$y_i(w^T x_i + b) \geq 1 (i = 1, \cdots, l) \tag{16-40}$$

这时，称分类边界是松弛的。为了处理这种线形不可分的情况，必须定义一组非负的松弛项 $\{\xi_i\}_{i=1}^{l}$，定义如式（16-41）所示：

$$y_i(w^T x_i + b) \geq 1 - \xi_i \quad (i = 1, \cdots, l) \tag{16-41}$$

$\{\xi_i\}_{i=1}^{l}$ 的意义是样本数据点距离分类平面的有向距离。当 $\xi_i \geq 1$ 时，对应的样本数据点就会位于分类超平面的错误一方，称为误分类（misclassification）。在线形不可分情况下，支持向量指的是在 $\xi_i > 0$ 时使得式（16-39）等号成立的样本数据点。

如式（16-42）所示定义的函数 $\phi(\xi)$ 可以用来计算所有处于分类超平面错误一方的样本个数：

$$\phi(\xi) = \sum_{i=1}^{l} I(\xi_i - 1) \tag{16-42}$$

其中，函数 $I(\xi)$ 的定义为式（16-43）：

$$I(\xi) = \begin{cases} 0, & \text{若 } \xi \leq 0 \\ 1, & \text{若 } \xi > 0 \end{cases} \tag{16-43}$$

上述 $\phi(\xi)$ 函数的使用使得优化问题不再是凸函数，而成为了一个多项式复杂程度的非确定性问题（NP 完全问题）。为了简化优化过程，$\phi(\xi)$ 用如式（16-44）所示的近似算法代替：

$$\varphi(\xi) = \sum_{i=1}^{l} \xi_i \tag{16-44}$$

最终，为了使得分类边界最大化，同时保证误分类样本数的最小化，线形不可分支持向量机的训练过程需要解决式（16-45）所示的原问题：

$$\underset{w, b, \xi}{\text{Minimize}} \phi(w, \xi) = \frac{1}{2} \| w \|^2 + C \sum_{i=1}^{l} \xi_i \tag{16-45}$$

满足 $y_i(w^T x_i + b) \geq 1 - \xi_i (i = 1, \cdots, l)$，$\xi_i \geq 0 (i = 1, \cdots, l)$。

对比式（16-38）和式（16-45）可以发现，线性不可分情况下的偶问题和线性可分情况下的偶问题之间仅有如下区别：约束 $a_i \geq 0 (i = 1, \cdots, l)$ 被 $0 \leq a_i \leq C(i = 1, \cdots, l)$ 取代了。除此之外，线性不可分情况 h 的最优化和最优 w^* 的求解过程和线性可分时的做法一致。而最优的偏移量 b^* 的求解过程和上述过程稍微不同。同样依据 KKT 条件，可知式（16-46）：

$$a_i^* [y_i(w^{*T} x_i + b^*) - 1 + \xi_i] = 0 (i = 1, \cdots, l) \tag{16-46}$$

为了使得所有的 $\{\xi_i\}_{i=1}^{l}$ 非负，可以定义式（16-47）：

$$\mu_i \xi_i = 0, i = 1, \cdots, l \tag{16-47}$$

其中，μ_i 是拉格朗日乘子。令原问题的拉格朗日函数对 ξ_i 的偏导为 0，可以得到式（16-48）：

$$a_i + \mu_i = C \tag{16-48}$$

根据式（16-47）和式（16-48）可以得到：$\xi_i = 0$，若 $a_i < C$。

因此，最优偏移量 b^* 就可以通过将满足 $0 \leq a_i \leq C(i = 1, \cdots, l$，从而 $\xi_i = 0)$ 的样本数据点带入式（16-46）来计算。同样的，取所有支持向量的最佳优化值 b^* 的平均值作为最后值。

3. 非线性不可分支持向量机

由于现实世界中的模式识别问题一般都不可能构造出线性的最优超平面，因此上述的支持向量机算法必须进行扩展。扩展包括两个步骤：

① 将输入的变量 x 通过非线性映射转换到高维特征空间；

② 在高维特征空间中再构造最优超平面。

第一步映射的依据是覆盖（Cover）定理，Cover 定理指出：一个复杂的模式识别分类问题，在高维空间比低维空间更容易线性可分。在第二步中，采取上一节所述的步骤来构造最优超平面。需要注意的是，这里的支持向量对应的是特征空间中的向量，而不是输入空间。

令 $\{\varphi_j\}_j^M$ 表示了一组从输入空间到高维特征空间的转换，其中 M 表示的是特征空间的维数。则非线性映射定义如式（16-49）所示：

$$x \rightarrow \varphi(x) = (\varphi_1(x), \varphi_2(x), \cdots, \varphi_M(x)) \tag{16-49}$$

相应的支持向量机的假设函数为式（16-50）：

$$f(x) = sign(w^{*T}\varphi(x) + b^*) = sign\left(\sum_{i=1}^{l} y_i a_i^* \varphi^T(x)\varphi(x_i) + b^*\right) \tag{16-50}$$

再定义 K 为内积核函数（inner-product kernel），形式如式（16-51）所示：

$$K(x, z) = \varphi^T(x)\varphi(z) = \sum_{j=0}^{M} \varphi_j(x)\varphi_j(z) \tag{16-51}$$

将式（16-51）代入式（16-50），得到式（16-52）：

$$f(x) = sign\left(\sum_{i=1}^{l} y_i a_i^* K(x, x_i) + b^*\right) \tag{16-52}$$

于是，对应的凸二项式规划问题如式（16-53）所示：

$$\text{Maximize } Q(A) = \sum_{i=1}^{l}\sum_{j=1}^{l} a_i a_j y_i y_j K(x_i, x_j) \tag{16-53}$$

满足 $\sum_{i=1}^{l} a_i y_i = 0$，$0 \leq a_i \leq C (i = 1, \cdots, l)$。

核函数的引入非常关键，使得从输入空间到高维特征空间的非线性映射的计算开销大大缩减。常用的核函数有：

(1) 线性内核　　$k(x, y) = x \cdot y$。

(2) 多项式内核　　$k(x, y) = [(x \cdot y) + 1]^q$。

(3) 径向基函数内核　　$k(x, y) = \exp\{-y\|x - y\|^2\}$。

(4) Sigmoid 内核　　$k(x, y) = \tanh(v(x \cdot y) + c)$。

概括地讲，支持向量机就是先通过用内积核函数定义的非线性变换将输入空间变换到一个高维空间，在这个空间中求（广义）最优分类面。支持向量机分类函数形式上类似于一个神经网络，输出是中间节点的线性组合，每个中间节点对应一个支持向量，如图 16-7 所示。

（四）支持向量机小结

在上文中，大致介绍了支持向量机的原理和训练过程。在这里需要概括一下支持向量机的一些重要特性。

支持向量机近似地实现了 SRM 准则：同时最小化学习机的经验风险和 VC 维，从而使得训练得到的学习机的风险边界最小。因此，支持向量机具有较好的学习推广能力。

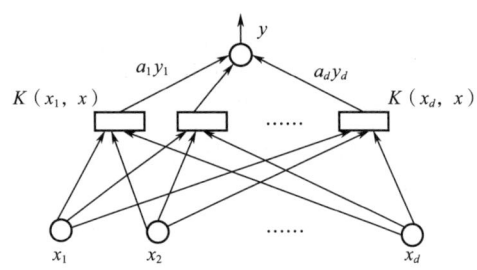

图 16-7 支持向量机示意图

通过将优化问题的原问题转换为其偶问题，同时使用了内积核函数，支持向量机机可以很好地控制学习机的复杂度而不受特征空间的维数的影响。事实上，支持向量机支持维数为无限大的特征空间。

进一步，凸二项式规划问题保证了支持向量机可以得到一个全局最优解，而其他的许多学习算法通常却只能得到局部最优解。

在支持向量机的训练过程中，只需要解决凸二项式规划问题，支持向量机的所有参数就都能够计算完成。

1. LS-SVM 算法

对于农业工程人员，要彻底地理解支持向量机的算法并通过编程来实现它还是存在很多的困难，一个便利的实现方案是使用已经存在的支撑向量机软件包。目前有关支持向量机计算的相关软件很多，使用得最多是 SVMlight 软件包、LIBSVM 软件包和 LS-SVMlab 软件包。这些软件包及其帮助文档都可以在相关网站免费下载（仅对学术用户）。这里就本书中后续部分用到的 LS-SVMlab 进行详细介绍。

最小二乘支持向量机（least squares support vector machine，LS-SVM）用解线性等式来代替标准支持向量机的二次规划问题。在这种算法中，用等号来代替问题公式中的不等式。对应的线性系统称为扩张系统或 KKT 系统，其理论基础是共轭梯度方法。这种算法最大的优点是能够解决大尺度问题。比较适合应用于有大量训练样本的系统辨识、优化控制等领域，以下对该算法作详细阐述。

支持向量机分类和回归问题可以归结为如式（16-54）所示的标准形式，为一带约束最优化问题：

$$\min J_{LS}(w, \xi) = \frac{1}{2}(w \cdot w) + C \sum_{i=1}^{N} \xi_i^2 \tag{16-54}$$

其中，$y_i [\Psi(x_i) \cdot \omega + b] \geq 1 - \xi_i$ $(i=1, \cdots, N)$。

LS-SVM 算法对标准支持向量机的改进就在于一个符号，即将式（16-54）中条件限制的 $\geq$ 变成 $=$。其目标函数如式（16-55）所示：

$$\min J_{LS}(w, \xi) = \frac{1}{2}(w \cdot w) + C \sum_{i=1}^{N} \xi_i^2 \tag{16-55}$$

其中，$y_i [\Psi(x_i) \cdot \omega + b] = 1 - \xi_i$ $(i=1, \cdots, N)$。

相应的拉格朗日函数为式（16-56）：

$$L = J - \sum_{k=1}^{N} \alpha_k \{y_k [w^T \varphi(x_k) + b] - 1 + e_k\} \tag{16-56}$$

其中，α_k 为拉格朗日乘子，根据 KTT 最优条件，有式（16-57）：

$$\frac{\partial L}{\partial w} = 0 \to w = \sum_{k=1}^{N} \alpha_k y_k \varphi(x_k)$$

$$\frac{\partial L}{\partial b} = 0 \to w = \sum_{k=1}^{N} \alpha_k y_k = 0$$

$$\frac{\partial L}{\partial e_k} = 0 \to \alpha_k = \gamma \cdot e_k$$

$$\frac{\partial L}{\partial e_k} = 0 \to y_k [w^T \varphi(x_k) + b] - 1 + e_k = 0 \tag{16-57}$$

对于 $k=1$，…，N，上式消去 w 和 e，得到如式（16-58）线性系统：

$$\begin{bmatrix} 0 & \gamma^T \\ \gamma & ZZ^T + \gamma I \end{bmatrix} = \begin{bmatrix} b \\ a \end{bmatrix} = \begin{bmatrix} 0 \\ \vec{1} \end{bmatrix} \tag{16-58}$$

其中，$Z = [\phi(x_1)^T y_1, \cdots, \phi(x_N)^T y_N]$，$Y = [y_1, \cdots, y_N]$，$\vec{1} = [1, \cdots, 1]$，$e = [e_1, \cdots, e_N]$，$\alpha = [\alpha_1, \cdots, \alpha_N]$。根据默瑟（Mercer）条件，可以用 $\Omega = ZZ^T$，这样就可以使用核函数了，如式（16-59）所示。

$$\Omega_{kl} = y_k y_l \varphi(x_k)' \varphi(x_l) = y_k y_l k(x_k, x_l) \tag{16-59}$$

上述线性系统用最小二乘法即可解。由式（16-57）可以得出，在 LS-SVM 中，支持向量值 α_k 正比于这一点的错误率。由于在标准的支持向量机算法中，许多向量值是为 0 的，而在 LS-SVM 中许多支持向量值 α_k 尽管很小，但不为 0，向量值呈层状分布。

式（16-58）中的矩阵维数是 $(N+1)\times(N+1)$，当 N 比较大时，这样的矩阵在运算过程中是不可能被存储的，因此求解式（16-58）需要一种迭代方法。对于形如 $Ax=B$（其中，$A \in R^{n \times n}$，为对称正定矩阵；$B \in R^n$）方程，赫斯滕斯-斯蒂费尔（Hestenes-Stiefel）共轭梯度算法是一种不错的迭代求解法。过程如下：

$i=0$；$x_0=0$；$r_0=B$；
while $r_i \neq 0$，
　　　$i=i+1$；
if $i=1$，
　　$p_1=r_0$；
else

$$\beta_i = r'_{i-1} r_{i-1} / r'_{i-2} r_{i-2}$$
$$p_i = r_{i-1} + \beta_i p_{i-1} \tag{16-60}$$

end

$$\lambda_i = r'_{i-1} r_{i-1} / p'_i A p_i$$
$$x_i = x_i - 1 + \lambda_i p_i$$
$$r_i = r_i - 1 - \lambda_i A p_i$$

end

$$x = x_i$$

只要 $A=I+C$ 是对称正定矩阵且 $rank(C)=r$，这个算法就是收敛的且会在 $r+1$ 步收敛。这样可以求得式（16-58）的解，先将式（16-58）变化为式（16-61）：

$$\begin{bmatrix} 0 & \gamma^T \\ \gamma & H \end{bmatrix} \begin{bmatrix} \xi_1 \\ \xi_2 \end{bmatrix} = \begin{bmatrix} d_1 \\ d_2 \end{bmatrix} \qquad (16\text{-}61)$$

其中，$H=\Omega+\gamma^{-1}I$，$\xi_1=b$，$\xi_2=a$，$d_1=0$，$d_2=\bar{1}$。

但式（16-61）中的矩阵不是正定的，因此这种形式的矩阵方程不能用式（16-60）来求解，然而式（16-58）、式（16-59）都等价于式（16-62）：

$$\begin{bmatrix} s & 0 \\ 0 & H \end{bmatrix} \begin{bmatrix} \xi_1 \\ \xi_2 + H^{-1}Y\xi_1 \end{bmatrix} = \begin{bmatrix} -d_1 + Y'H^{-1}d_2 \\ d_2 \end{bmatrix} \qquad (16\text{-}62)$$

其中，$s=Y'H^{-1}Y>0$（$H=H'>0$）。

最终，式（16-60）求解过程如下：

使用梯度算法式（16-59）求解方程 $H\eta=Y$ 和 $H\nu=d_2$，解得 η，ν；

计算 $s=Y'\eta$；

最终解为：$\begin{cases} b=\xi_1=\eta'd_2/s \\ a=\xi_2=\nu-\eta\xi_1 \end{cases}$。

2. LS-SVM 软件

针对以上算法已经开发出了相应的矩阵实验室（Matlab）算法工具箱——LS-SVMlab Toolbox，该算法工具箱为一符合自由软件工程（GNU）通用公共许可证的自由软件，工具箱可以完成分类和回归两大功能，大部分应用研究都基于此工具箱。实用工具箱时需注意以下几点：

(1) 调用函数时多用"help"语句，理解每个函数的参数含义，这样才能正确使用每个函数，达到自己想要的结果。

(2) 工具箱可以实现分类和回归分析（函数拟合）　从工具箱的使用角度来看，分类与回归的最大区别是训练目标不同。回归的训练目标是实际需要拟合的函数值；而分类的训练目标是 1，2，…N（分成 N 类），再通过适当的编码方案将 N 类分类转换成多个二类分类。比较文件 Regression_LS_SVMlab.m 与 Classification_LS_SVMlab.m 的前几行就可以注意到这一点。另外，分类算法以正确分类率来作为性能指标，在回归算法中通常采用拟合的均方误差（mean square error，MSE）来作为性能指标。

(3) 可以实现两类分类和多类分类　对于工具箱的使用而言，理解如何实现从二类分类到多类分类的过渡才是最核心的内容。下面仅以 1-a-r 算法为例，解释如何由二类分类器构造多类分类器。

二类支持向量机分类器的输出为 [1，-1]，当面对多类情况时，就需要把多类分类器分解成多个二类分类器。在第一种工具箱 LS_SVMlab 中，文件 Classification_LS_SVMlab.m 中实现了三类分类。训练与测试样本分别为 $n1$、$n2$，它们是 3×15 的矩阵，即特征矢量是三维，训练与测试样本数目均是 15；由于是三类分类，所以训练与测试目标 $x1$、$x2$ 的每一分量可以是 1、2 或是 3，分别对应三类，如下所示。

$n1=[rand\ (3,\ 5),\ rand\ (3,\ 5)+1,\ rand\ (3,\ 5)+2]$；

$x1=[1*ones\ (1,\ 5),\ 2*ones\ (1,\ 5),\ 3*ones\ (1,\ 5)]$；

$n2=[rand\ (3,\ 5),\ rand\ (3,\ 5)+1,\ rand\ (3,\ 5)+2]$；

$x2=[1*ones\ (1,\ 5),\ 2*ones\ (1,\ 5),\ 3*ones\ (1,\ 5)]$。

1-a-r 算法定义为，对于 N 类问题，构造 N 个两类分类器，第 i 个分类器用第 i 类训练样本作为正的训练样本，将其他类的训练样本作为负的训练样本，此时，分类器的判决函数不取符号函数 sign，最后的输出是 N 个两类分类器输出中最大的那一类。

在文件 Classification_LS_SVMlab.m 的第 42 行：codefct = 'code_MOC'，就是设置由二类到多类编码参数。当第 42 行改写成 codefct = 'code_OneVsAll'，再去掉第 53 行最后的引号，按 F5 运行该文件，命令窗口输出有：

codebook =

 1 -1 -1

-1 1 -1

-1 -1 1

old_ codebook =

 1 2 3

比较上面的 old_ codebook 与 codebook 输出，注意到对于第 i 类，将每 i 类训练样本作为正的训练样本，其他的训练样本作为负的训练样本，这就是 1-a-r 算法定义。这样通过设置 codefct = 'code_OneVsAll' 就实现了支持向量机的 1-a-r 多类算法。其他多类算法也与之雷同，这里不再赘述。值得注意的是，对于同一组样本，不同的编码方案得到的训练效果不尽相同，实际中应结合实际数据，选择训练效果最好的编码方案。

（4）核函数及参数选择　常用的核函数有多项式、径向基、双曲正切（Sigmoid）型。对于同一组数据选择不同的核函数，基本上都可以得到相近的训练效果。所以核函数的选择应该具有任意性。对训练效果影响最大是相关参数的选择。在 Classification_LS_SVMlab.m 的第 38、39 行分别设定了 gam、$sig2$ 的值，这两个参数是第 63 行 trainlssvm 函数的输入参数。在工具箱文件夹的 trainlssvm.m 文件的第 96、97 行有这两个参数的定义。

% gam：Regularization parameter

% $sig2$：Kernel parameter (bandwidth in the case of the 'RBF_kernel')

这里，gam 是控制对错分样本惩罚的程度的可调参数，$sig2$ 是径向基核函数的参数。所以在充分理解基本概念的基础上，将这些概念与工具箱中的函数说明相结合，就可以自如地运用这个工具箱了，因此所以最好的学习途径是函数自带的函数说明。

最佳参数选择目前没有十分好的方法，在 Regression_LS_SVMlab.m 的第 46 至 49 行的代码是演示了交叉验证优化参数方法，可这种方法相当费时。实践中可以采用网格搜索的方法：如 $gam=0:0.2:1$，$sig2=0:0.2:1$，那么 gam 与 $sig2$ 的组合就有 6×6=36 种，对这 36 种组合训练支持向量机，然后选择正确识别率最大的一组参数作为最优的 gam 与 $sig2$，如果结果均不理想，就需要重新考虑 gam 与 $sig2$ 的范围与采样间隔了。

3. 主成分分析法

主成分分析法（PCA）在光谱图像数据分析中有很高的应用价值。主成分分析法是沿着协方差最大的方向由高维数据空间向低维数据空间投影，将原始的数据集进行转换，得到的新变量是原变量的线性组合，同时这些新变量能尽可能多地表征原变量的数据信息，既能实现数据的降维，又能消除原始数据中的冗余信息，且这些新变量是互不相关的。

由主成分分析法的原理可知，主成分图像是由原始光谱图像数据中所有波段下的图像经过线性组合而形成的，如式（16-63）所示：

$$PC_m = \sum_{i=1}^{n} \alpha_i Im_i \tag{16-63}$$

式中，PC_m 为第 m 个主成分，α_i 为该主成分的权重系数，Im_i 为单个波段的原始图像。

根据主成分分析法的原理，对经标定降维处理后的光谱图像数据块进行主成分分析，得到前四个主成分图像，如图 16-8 所示，其中图 PC1、PC2、PC3 和 PC4 分别为第一、第二、第三和第四主成分图像。由图可知，PC2 图像的轻微碰压伤区域的灰度与周边灰度相差最大，因此选择 PC2 图像做进一步处理。先采用中值滤波（3×3 模板）处理，以去除噪声；然后再进行阈值分割，完成特征提取。

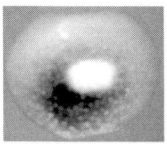
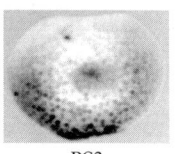
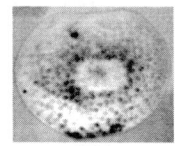

图 16-8 主成分分析得到的前四个主成分图像

4. 最大似然分类法

最大似然分类法（MLC）是基于贝叶斯准则的分类错误概率最小的一种非线性算法，应用广泛。通过计算出每个像元对于各类的归属概率，把该像元分到归属概率最大的类别中去。最大似然法的判别函数为式（16-64）：

$$g_i(x_i) = -\frac{1}{2} In \left| \sum_{il} \right| - \frac{1}{2}(X_i - \mu_l)^T \sum_{il}^{-1}(x_i - \mu_l) \tag{16-64}$$

式中，x_i 为第 i 个像素在 N 个波长下的灰度值所组成的向量（简称像元向量），N 为波段数；μ_l 为第 l 类中各像素灰度的平均值在 N 个波长下所组成的均值向量，$l=1, 2, \cdots n$ 的类别数，n 为类别总数；$\sum_{il}$ 为像元向量 x_i 与均值向量 μ_l 间的协方差矩阵。假如 $g_l(x) > g_m(x)$，对 $m = 1, 2, \cdots n$（$m \neq l$）成立，n 为类别总数，则 $x \in l$。由于试验仅检测轻微碰压伤这一种类别，因此只需考虑给定的概率阈值 k，即若 $g(x) > k$，该像元将被归类到所属类别。

采用最大似然分类法时，为了有效地提取轻微碰压伤的特征，需要寻找轻微碰压伤的均值向量（即参考向量）。因此，试验选取一小块轻微碰压伤区域作为感兴趣区域（ROI），同时尽量保证其表面轻微碰压伤的性质单一，纯度高，并计算该感兴趣区域在每个波段下的灰度平均值，得到均值向量。根据最大似然分类法原理，概率阈值的选择是影响检测结果的关键。因此，经过反复试验，当概率阈值为 [0.7, 0.9] 时，识别效果理想；概率阈值为 0.9 时，识别效果最佳。结果如图 16-9（3）所示。

5. 欧氏距离分类法

欧氏距离分类法（EDC）是以欧氏距离为基础的一种最小距离方法。欧氏距离分类法以特征空间中像元向量间的距离作为分类的依据，与最大似然分类法相比，欧氏距离分类法使用更为灵活、适用范围广且计算速度快。最大似然分类法要求计算特征区域的协方差矩阵，而欧氏距离分类法仅使用特征区域数据的均值向量，因而计算速度快、应用范围广。其基本原理是先求出未知向量到均值向量的距离，通过比较将其归为距离最小的一类。欧氏距离的公式如式（16-65）所示：

$$D_{ED}(x_i, \mu_l) = \sqrt{(x_i - \mu_l)^T (x_i - \mu_l)} \tag{16-65}$$

式中，x_i 为第 i 个像素在 N 个波长下的灰度值所组成的向量，N 为波段数；μ_l 为第 l 类中各像素灰度的平均值在 N 个波长下所组成的均值向量（$l=1, 2, \cdots n$）的类别数，n 为类别总数。若像元向量 x_i 与均值向量 μ_l 之间的欧氏距离在规定阈值范围内，该像元将被归类到 l 特征区域。

采用欧氏距离分类法时，同样也要选择合适的 ROI，为了保证试验条件的一致性，选择最大似然分类法的 ROI 作为此处的 ROI，计算得到均值向量。根据欧氏距离分类法原理处理图像，经反复试验，当阈值取 [0.5, 0.8] 时，识别效果理想；阈值取 0.6 时，识别效果最佳。结果如图 16-9（4）所示。

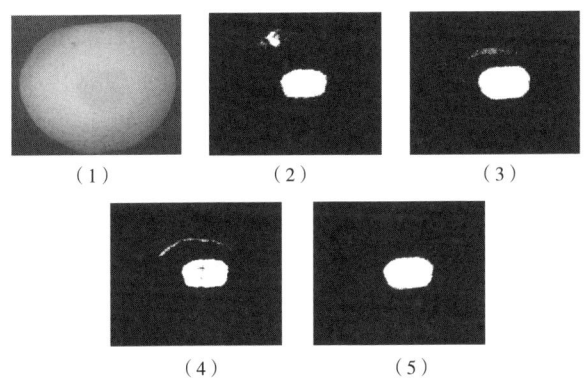

图 16-9　水晶梨原始图像及通过不同数据挖掘方法提取的轻微碰压伤特征图像
（1）原始图像　（2）主成分分析处理后图像　（3）最大似然分类法处理后图像
（4）欧氏距离分类法处理后图像　（5）马氏距离分类法处理后图像

6. 马氏距离分类法

马氏距离分类法（MDC）是以马氏距离为基础的一种最小距离方法。与欧氏距离分类法相比，欧氏距离仅代表了特征空间中以各类别特征向量为中心原点的圆域范围，这种距离没有考虑像元的离散情况，而马氏距离结合了同一类别像元分布的离散情况以及不同类别像元的分布离散情况。马氏距离还有很多优点：能够克服光照不均匀的影响，对噪声不敏感；且不受量纲的影响，未知向量与均值向量间的马氏距离与测量单位无关，因此不会因为测量单位的改变或样本各特征向量的值在数量级上的差异而导致距离计算上的差异或不能真实反映样本间的差异；马氏距离还可以排除变量之间相关性的干扰。马氏距离的公式为式（16-66）：

$$D_{MD}(x_i, \mu_l) = \sqrt{(x_i - \mu_l)^T \sum_{il}^{-1} (x_i - \mu_l)} \qquad (16-66)$$

式中，x_i 为第 i 个像素的 N 个波长下的灰度值所组成的向量；μ_l 为第 l 类特征区域中各像素灰度的平均值在 N 个波长下所组成的均值向量；$\sum_{il}$ 为像元向量 x_i 与均值向量 l 间的协方差矩阵。若像元向量 x_i 与均值向量 μ_l 之间的马氏距离在规定阈值范围内，该像元将被归类到 l 特征区域。

采用马氏距离分类法时，也要选择合适的 ROI，同样选择最大似然分类法的 ROI 作为此处的 ROI，计算得到均值向量。根据马氏距离分类法原理处理图像，经反复试验，当阈值取 [18, 30] 时，效果理想；阈值取 25 时，识别效果最佳。结果如图 16-9（5）所示。

7. 无信息变量消除算法结合偏最小二乘法

偏最小二乘法（PLS）是目前多元校正中最常用的方法之一。特别是在光谱建模中，传统观点认为 PLS 具有较强的抗干扰能力，可全波长（普通 PLS）、根据相关性选取某波段（iPLS、mwPLS）及多波段联合（FiPLS、BiPLS、siPLS）参与建模。随着对 PLS 的深入研究和应用，通过特定方法筛选特征变量可能会得到更好的定量校正模型，筛选特征变量可以简化模型，更重要的是剔除了不相关的变量从而可以得到预测能力更强的校正模型。

下面分别介绍无信息变量消除算法（uninformative variable elimination，UVE）、连续投影算法（successive projections algorithm，SPA）和遗传算法（genetic algorithms，GAs），并将特征变量筛选算法和PLS有机地结合起来，发挥各自的长处，建立更加稳定、预测能力更强的模型。

无信息变量消除算法是基于PLS回归系数b建立的一种波长选取方法，以用于消除不提供信息的变量，减少模型中所包含的变量数，降低模型的复杂性。其具体算法如下：

①将校正集光谱阵X（$n\times m$）和浓度阵Y（$n\times 1$）进行PLS回归，并选取最佳主因子数f。

②人为产生一噪声矩阵R（$n\times m$），将X与R组合形成矩阵XR（$n\times 2m$），该矩阵前m列为X，后m列为R。

③对矩阵XR和Y进行每次剔除一个样品的PLS交互验证，得到n个PLS回归系数组成矩阵B（$n\times 2m$）。

④按列计算矩阵B（$n\times 2m$）的标准偏差s（$1\times 2m$）和平均值mn（$1\times 2m$），然后计算$h(i)=mn(i)/s(i)$，$i=1,2\cdots,2m$。

⑤在[$m+1$，$2m$]区间取h的最大绝对值$h_{max}=\max(abs(h))$。

⑥在[1，m]区间去除矩阵X对应$h<h_{max}$的变量，并将剩余变量组成经无信息变量消除算法选取的新矩阵X_{UVE}。

该方法在选取波长时集噪声和浓度信息于一体，且较直观实用。将其应用于模拟和实际NIR光谱数据，并与其他相关方法进行比较，无信息变量消除算法得到的预测均方根误差（SEP）最小。有学者对无信息变量消除算法中的PLS主因子数的选取进行了改进，应用于红外光谱测定水和乙醇混合物中的乙醇含量，其结果优于相关系数等方法。

8. 连续投影算法结合偏最小二乘法

连续投影算法是1965年为解决凸可行问题（convex feasibility problem）时首先提出的，但现在它已被广泛应用于生物医学成像、计算机断层扫描、信号处理、光谱计量学等领域。该算法能够利用向量的投影分析，从光谱信息中充分寻找含有最低限度的冗余信息的变量组，使得变量之间的共线性达到最小。同时，可大大减少建模所用变量的个数，提高建模的速度和效率。连续投影算法的简要介绍如下：

记$x_{k(0)}$为初始迭代向量，M为需要提取的变量个数，光谱矩阵为n列。

①迭代开始前，任选光谱矩阵的1列n，把建模集的第n列赋值给x_n，记为$x_{k(0)}$。

②把未选入的列向量位置的集合记为s，$s=\{n,1\leq n\leq N,n\notin\{k(0),\cdots,k(m-1)\}\}$。

③分别计算xn对剩余列向量的投影，如式（16-67）所示：

$$Px_n = x_n - (x_n^T x_{k(m-1)}) x_{k(m-1)} (x_{k(m-1)}^T x_{k(m-1)})^{-1}, n\in s \qquad (16\text{-}67)$$

④记$k(m)=\arg(\max\|Px_n\|)$，$n\in s$；

⑤令$x_n=Px_n$，$n\in s$；

⑥$m=m+1$，如果$m<M$，回到b循环计算。

最后，提取出的变量为$\{xk(m)=0,\cdots,M-1\}$。对应于每一个$k(0)$和M，循环一次后进行多元线性回归分析（MLR），得到验证集的预测标准偏差（RMSEV），最小的RMSEV对应的$k(0)$和M就是最优值。

9. 遗传最小二乘法

遗传算法最初于 1975 年提出，它借鉴生物界自然选择和遗传机制，利用选择、交换和突变等算子的操作，随着不断的遗传迭代，使目标函数值较优的变量被保留，较差的变量被淘汰，最终达到最优结果，是一种具有高度的并行、随机和自适应性的搜索方法。许多研究表明，遗传算法对于解决优化问题，如条件选择、参数拟和等，具有许多优势：①搜索效率高，可用于参数空间大的优化问题；②响应平面连续，搜索具有鲁棒性；③可有效地避免局部优化；④适合于多变量、非线性优化；⑤搜索具有探索性或启发性（heuristics）等。因此，遗传算法尤其适合于处理传统搜索方法不宜解决的复杂和非线性问题。

遗传偏最小二乘法（genetic algorithm-partial least squares，GA-PLS）利用遗传算法全局快速搜索的优点，将遗传算法和 PLS 有机结合起来，发挥各自的长处，建立更加稳定、预测能力更强的模型。其基本思想是将 PLS 交互验证中因变量的预测值和实际值的相关系数 R 作为遗传算法的适应度函数，用遗传算法进行近红外光谱快速分析中的波长筛选，再用 PLS 对筛选后的波长变量建立分析校正模型。应用实例表明，这不仅优化了模型，而且增强了模型的预测能力。近十多年来，遗传算法被越来越多地应用到计量化学领域，特别是在波长筛选方面取得了较好的效果，其具体步骤如下：

(1) 确定控制参数 群体大小、交叉概率 pc 及变异概率 pm。

(2) 编码 对所有波长或波长区域进行编码，即把每一个波长或波长区域作为一个基因，然后对每一个基因（波长或波长区域）进行 0/1 二进制编码。若基因（波长）编码为 1，表示此波长被选中；若编码为 0，则表示未被选中。把所有基因的二进制编码排列在一起就构成了一条染色体，也称个体，如图 16-10 所示，图中 N 为染色体长度，即波长或波长区域的总数。

染色体：	0	1	1	0	…	1	0	0	1
波长或波长区域序号：	1	2	3	4	…				N

图 16-10　基因（波长或波长区域）编码组合为染色体示意图

(3) 适应度函数的确定 遗传算法根据适应度函数来评价个体的优劣，并作为以后进行遗传操作的依据（见第 5 步），因此适应度函数的确定至关重要。在波长筛选中，常对模型的预测能力采用交互验证法来评价，即采用交互验证均方根误差（RMSECV）、预测残差平方和（PRESS）或待测组分品质的预测值与实际值之间的相关系数（R）作为适应度函数。例如，采用 RMSECV 作为评价指标时，若 RMSECV 越小，则校正模型的预测能力越好，即目标函数如式 (16-68) 所示：

$$\min f(X) = \text{RMSECV} \tag{16-68}$$

这是一个求最小值的问题，它与遗传操作的依据相左，因此需要对其进行变换，即适应度函数如式 (16-69) 所示：

$$F(X_k) = \frac{1}{1 + f(X_k)} \tag{16-69}$$

式中，X_k 为种群中第 k 个染色体；$f(X_k)$ 为第 k 个染色体产生的 RMSECV；$F(X_k)$ 为第 k 个染色体的适应度值。

(4) 产生初始群体　随机或根据一定的限制条件产生一个给定大小的初始群体。初始群体为遗传算法的开始点，群体的大小即个体（染色体）的数目可根据波长或波长区域（基因）的多少选定。群体越大，其代表性也越广泛，最终进化到最优解的可能性也越大，但计算效率也越低。

(5) 选择　选择算子又称为复制算子，通过选择可把适应度高的个体直接遗传到下一代。选择操作是建立在对每一个个体的适应度评估基础之上的，即某一代中的每一个个体按照适应度的大小决定其被选择到下一代的概率。选择的目的是为了体现"优胜劣汰"的自然法则，提高全局收敛性和计算效率。最常用的选择方法为"轮盘赌"法，即每个个体被选择的概率与其适应度值成比例。

(6) 交叉　选择虽然可以使个体向着最优解方向移动，但却只是在现有的群体内寻优，不能产生与父代不同的个体。而交叉运算则可使两个相互配对的个体（染色体）按一定的杂交概率交换其部分基因，产生新的基因组合，从而形成两个新的个体。交叉算子有随机单点交叉、两点与多点交叉、均匀交叉和算术交叉等。在波长筛选中常采用随机单点交叉算子，其步骤如下：

①按交叉概率 p_c 确定种群中参加交叉操作的个体，并对它们进行两两随机配对，若参加交叉操作的染色体个数为 M，则共有 $[M/2]$ 对相互配对的个体组。此处 $[M/2]$ 表示对 $(M/2)$ 取整。

②对每一对相互配对的个体，随机选取某一基因座之后的位置为交叉点，若染色体的长度为 N，则共有 $(N-1)$ 个可能的交叉点位置。

③对每一对相互配对的个体，在其交叉点处相互交换两个个体的部分染色如图 16-11 所示。

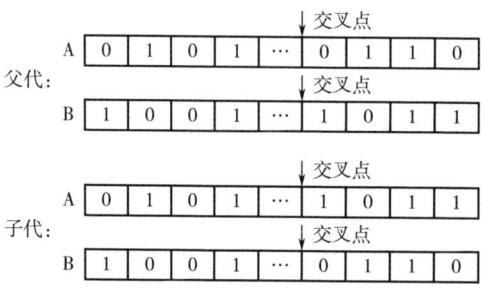

图 16-11　单点交叉算子示意图

(7) 变异　变异是让每个个体的每一位基因按一定的概率发生新的变化，这样就可维持群体的多样性，防止出现过早收敛现象，从而有利于保证算法的全局最优性。最简单的变异算子为基本位变异算子（如图 16-12 所示），其具体操作过程为：

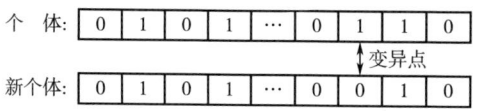

图 16-12　基本位变异算子示意图

①对个体的每一个基因座,依变异概率确定其是否为变异点。

②对每一个指定的变异点,对其基因值做"取反"运算(即将0变为1,1变为0),从而产生一个新的个体。

(8)收敛判据　在波长筛选中,常用遗传迭代次数作为收敛终止条件,其取值范围一般为100~1000。

> **思考题**
>
> 哪些数据处理方法用于定性分析?哪些数据处理方法用于定量分析?

参考文献

[1] 檀学文. 中国可持续食品供应链的现状、问题和展望. 北京：中国社会科学院农村发展研究所，2007.
[2] 任筑山，陈君石. 中国的食品安全过去、现在与未来 [M]. 北京：中国科学技术出版社，2016.
[3] 孟素荷. 食品工业的发展成果及问题 [J]. 食品安全导刊，2014（7）：28-29.
[4] 姚瑞玲. 计算机视觉技术在食品工业中的应用研究进展 [J]. 食品与发酵科技，2014（4）：93-97.
[5] 吴雪. 计算机视觉技术在农产品和食品检测中的应用 [J]. 粮油加工与食品机械，2002（03）：38-39.
[6] 蔡颖荷. 荧光光度法在食品检测中的运用分析 [J]. 科技风，2015（19）：123.
[7] 吴晓红，李小华. 荧光光度法在食品检测中的应用 [J]. 食品工业，2012（12）：172-175.
[8] 夏丽丽. 基于分形理论的高光谱图像压缩算法研究 [D]. 福建：厦门大学，2007.
[9] 陈蓓蓓，陆洋，马宁，等. 表面增强拉曼光谱技术在食品安全快速检测中的应用 [J]. 贵州科学，2012（06）：24-29.
[10] 刘燕德，刘涛，孙旭东，等. 拉曼光谱技术在食品质量安全检测中的应用 [J]. 光谱学与光谱分析，2010（11）：3007-3012.
[11] 董怡为. 食品的电特性及其应用（1）——基础理论 [J]. 食品科学，1995（4）：6-10.
[12] 李尧，齐力娜，程裕东，等. 介电特性在食品品质检测中的研究进展 [J]. 食品工业，2017（2）：229-232.
[13] 秦文. 蔬菜物料的介电特性及其应用研究 [D]. 重庆：西南大学，2006.
[14] 刘文超，廖宇兰，崔万春，等. 基于介电特性的水果无损检测技术的应用分析 [J]. 食品研究与开发．2011（6）：90-93.
[15] 方召，赵志翔. 谷物和种子介电特性的研究及应用进展 [J]. 农产品加工（创新版）．2010（02）：58-61.
[16] 魏然，王鹏，陈天浩，等. 不同冻藏温度对鸡胸肉电阻抗特性的影响 [J]. 食品工业科技，2016（20）：312-316+21.
[17] 汪希伟，洪冠，潘一凡，等. X射线成像系统及其在屏蔽包装食品检测中的应用 [J]. 包装与食品机械，2007（4）：24-29.
[18] 王凯强. 基于脂肪酸及~1H-NMR特征标志物的有机猪肉溯源技术研究 [D]. 北京：中国农业科学院；2015.
[19] 雷丹丹，关郁芳，王国栋，等. 固体~（13）C核磁共振技术在食品科学研究中的应用 [J]. 食品工业科技，2013（01）：392-396.
[20] 王仕兴，陈安然，彭金辉，等. 微波技术在食品加工与检测中应用 [J]. 粮食与油脂，2011（11）：5-9.
[21] 曾兰英. 微波加热法快速测定腊肠中水分含量 [J]. 安徽农业科学，2006（13）：3191.
[22] 闵锐，姚晓敏. 微波快速测定果蔬水分含量的研究 [J]. 食品研究与开发，1998（4）：52-54.
[23] 王英，张建强，李永武，等. 不同微波条件对速熟绿豆水分含量影响的研究 [J]. 粮食科技与经济，2013（3）：49-50+3.
[24] 朱海兰，朱周静，李科友. 微波加热法测定苦杏仁水分含量的研究 [J]. 西北林学院学报，2013（6）：117-120.
[25] 裴高璞，史波林，赵镭，等. 典型掺假蜂蜜的电子鼻信息变化特征及判别能力 [J]. 农业工程学报，2015（S1）：325-331.
[26] 徐赛，陆华忠，周志艳，等. 基于电子鼻的果园荔枝成熟阶段监测 [J]. 农业工程学报，2015（18）：240-246.
[27] 殷勇，郝银凤，于慧春. 基于多特征融合的电子鼻鉴别玉米霉变程度 [J]. 农业工程学报，2016（12）：254-260.
[28] 赵梦醒，丁晓敏，曹荣，等. 基于电子鼻技术的鲈鱼新鲜度评价 [J]. 食品科学，2013（06）：143-147.
[29] Company Te. Concept of an electronic nose. eNose Technology. 2016.
[30] Ferguson B, Zhang XC. Materials for terahertz science and technology [J]. Nature Materials, 2002, 1：26-33.

［31］Walther M, Fischer BM, Ortner A, et al. Chemical sensing and imaging with pulsed terahertz radiation［J］. Analytical and Bioanalytical Chemistry, 2010, 397（3）：1009-1017.

［32］Zhang XC, Shkurinov A, Zhang Y. Extreme terahertz science［J］. Nature Photonics, 2017, 11：16-18.

［33］Suslick B, Feng L, Suslick K. Discrimination of complex mixtures by a colorimetric sensor array coffee aromas［J］. Analytical Chemistry, 2010, 82（5）：2067-2673.

［34］F. Garcia-Ruiz SS, J. M. Maja, W. S. Lee, et al. Comparison of two aerial imaging platforms for identification of Huanglongbing-infected citrus trees［J］. Computers and Electronics in Agriculture, 2013, 91：106-115.

［35］K. Tanigaki TF, A. Akase, J. Imagawa. Cherry-harvesting robot［J］. Computers and Electronics in Agriculture, 2008, 63：65-72.

［36］郭志明, 尹丽梅, 石吉勇, 陈全胜, 邹小波, 2020. 粮食真菌毒素的光谱检测技术研究进展［J］. 光谱学与光谱分析, 40（6）：1751-1757.

［37］王明明. 苹果优势腐败菌的拉曼光谱及成像检测方法研究［D］. 镇江：江苏大学 2021.

［38］李江波, 张保华, 樊书祥, 等. 图谱分析技术在农产品质量和安全评估中的应用［M］. 武汉：武汉大学出版社, 2021.

［39］孙悦. 基于表面增强拉曼光谱技术的苹果典型农药残留高可靠性检测研究［D］. 镇江：江苏大学, 2021.

［40］陈萍. 茶叶重金属的表面增强拉曼光谱检测技术研究［D］. 镇江：江苏大学, 2022.

［41］邹小波, 赵杰文. 现代食品检测技术［M］. 3版. 北京：中国轻工业出版社, 2021.

［42］赵春江. 植物表型组学大数据及其研究进展［J］. 农业大数据学报, 2019.1（02）：5-18.

［43］杨增玲等. FTIR显微成像表征碱处理后玉米秸秆木质素含量及分布［J］. 农业工程学报, 2019.35（08）：280-286.

［44］应义斌, 蔡东平, 何卫国, 等. 农产品声学特性及其在品质无损检测中的应用［J］. 农业工程学报, 1997,（03）：213-217.

［45］吕吉光, 吴杰. 基于智能手机声信号哈密瓜成熟度的快速检测［J］. 食品科学, 2019, 40（24）：287-293.

［46］刘志刚, 王丽娟, 喜冠南, 等. 水果成熟度检测技术的现状与发展［J］. 农业与技术, 2020, 40（08）：17-21.

［47］危艳君, 饶秀勤, 漆兵, 等. 基于声学特性检测西瓜内部空心的研究［J］. 包装与食品机械, 2011, 29（05）：1-4.

［48］邹小波, 张俊俊, 黄晓玮, 等. 基于音频和近红外光谱融合技术的西瓜成熟度判别［J］. 农业工程学报, 2019, 35（09）：301-307.

［49］J. Chandrapala, C. Oliver, S. Kentish, M. Ashokkumar. Ultrasonics in food processing-Food quality assurance and food safety［J］. Trends in Food Science & Technology, 2012, 26（2）：88-98.

［50］马空军, 金思, 潘言亮. 超声波技术在食品研究开发中的应用现状与展望［J］. 食品工业, 2016, 37（09）：207-211.

［51］V. Mohammadi, M. Ghasemi-Varnamkhasti, L. A. González. Analytical measurements of ultrasound propagation in dairy products: A review［J］. Trends in Food Science & Technology, 2017, 61：38-48.

［52］仇登高, 徐世宏, 刘鹰, 等. 超声成像技术在大西洋鲑早期性别及发育期鉴别的应用研究［J］. 海洋科学, 2016, 40（6）：23-29.

［53］孙宗保, 王天真, 邹小波, 等. 基于超声成像技术的冷鲜与解冻牛肉鉴别方法［J］. 农业机械学报, 2019, 50（07）：349-354+166.

［54］高鹏, 朱永明. 电化学基础教程［M］. 北京：化学工业出版社, 2013.

［55］高志贤. 食品安全快速检测新技术及新材料［M］. 北京：科学出版社, 2015.

［56］刘清君. 基于手机的电化学生物传感技术［M］. 北京：科学出版社, 2017.

［57］朱小钿, 张燕, 彭宏威, 等. 免疫传感器在食品安全检测中的应用［J］. 食品安全质量检测学报, 2019, 10（03）：626-632.

［58］J. Hoyos-Arbeláez, M. Vázquez, J. Contreras-Calderón. Electrochemical methods as a tool for determining the antioxidant

capacity of food and beverages: A review [J]. Food Chemistry, 2017, 221: 1371-1381.
[59] F. Li, Z. Yu, X. Han, et al. Electrochemical aptamer-based sensors for food and water analysis: A review [J]. Analytica Chimica Acta, 2019, 1051: 1-23.
[60] 石丽敏, 黄岚, 梁志宏. 阻抗特性评价猪肉的新鲜度 [J]. 食品科学, 2013, 34 (11): 13-18.
[61] 杨剑雄, 崔猛, 李星恕. 基于电阻抗断层成像的酸奶中异物检出方法研究 [J]. 现代食品科技, 2014, 30 (08): 157-162.
[62] 韩恩, 李霞, 周立娜, 等. 电化学方法在食品化学污染物快速检测中的研究进展 [J]. 食品安全质量检测学报, 2014, 5 (07): 1937-1942.
[63] 关桦楠, 宋岩, 龚德状, 等. 基于电化学生物传感器检测食源性致病菌及其毒素的研究进展 [J]. 食品研究与开发, 2019, 40 (08): 206-211.
[64] 董秀秀, 王宇, 沈玉栋, 等. 基于新型纳米材料的电化学免疫传感器及其在食品安全检测中的应用进展 [J]. 中国食品学报, 2015, 15 (04): 136-146.
[65] 王蕾, 张莉蕴, 王玉可, 等. 快速检测技术在食品真菌毒素检测中的研究进展 [J]. 食品研究与开发, 2021, 42 (04): 187-192.
[66] 李晖, 廖跃华, 徐晓慧, 等. 纳米材料修饰电化学生物传感器在食品检测中的应用 [J]. 分析科学学报, 2020, 36 (06): 900-905.